U0187503

教育部高等学校电子信息类专业教学指导委员会规划教材
高等学校电子信息类专业系列教材

光纤通信

雒明世　段沛沛　屈檀　王彩玲　编著

清華大學出版社
北京

内 容 简 介

本书全面、系统地介绍了光纤通信系统的构成、原理及关键技术。本书分为12章，包括绪论、光纤传输理论及传输特性、光源和光发射机、光检测器和光接收机、光网络器件、光纤通信系统的设计、光缆线路的施工和测试、波分复用技术、光纤通信网、光通信新技术、光纤传感技术、光纤通信系统仿真。各章均附有本章小结和习题，课后习题类型丰富，难易适中，涵盖了主要教学内容，有助于学生对书中相关重点内容进行消化和理解。

本书内容深入浅出，理论与实践结合，可作为通信工程、电子信息类专业的本科生教材和参考用书，也可供相关专业的研究生和工程技术人员参考使用。

图书在版编目(CIP)数据

光纤通信/雒明世等编著. —北京：清华大学出版社，2023.9
高等学校电子信息类专业系列教材
ISBN 978-7-302-64187-2

Ⅰ. ①光…　Ⅱ. ①雒…　Ⅲ. ①光纤通信－高等学校－教材　Ⅳ. ①TN929.11

中国国家版本馆 CIP 数据核字(2023)第 133635 号

责任编辑：王　芳　李　晔
封面设计：李召霞
责任校对：郝美丽
责任印制：丛怀宇

出版发行：清华大学出版社
网　　址：http://www.tup.com.cn，http://www.wqbook.com
地　　址：北京清华大学学研大厦A座　　**邮　　编**：100084
社 总 机：010-83470000　　**邮　　购**：010-62786544
投稿与读者服务：010-62776969，c-service@tup.tsinghua.edu.cn
质量反馈：010-62772015，zhiliang@tup.tsinghua.edu.cn
课件下载：http://www.tup.com.cn，010-83470236
印 装 者：三河市龙大印装有限公司
经　　销：全国新华书店
开　　本：185mm×260mm　　**印　　张**：18.75　　**字　　数**：492千字
版　　次：2023年10月第1版　　**印　　次**：2023年10月第1次印刷
印　　数：1～1200
定　　价：69.00元

产品编号：094605-01

前言

PREFACE

“光纤通信”是信息与通信工程学科一门重要的专业课程。课程所包含的内容是通信工程、电子信息类等专业本科生应具备的知识结构的重要组成部分,其基本理论还是一些交叉学科的生长点和新兴边缘学科发展的基础。本书是依据教育部有关专业教学指导委员会制定的本科指导性专业规范和《电子信息类专业教学质量国家标准》,按照西安石油大学通信工程专业人才培养方案和教学大纲修订的需要编写的。本书的编写目的是使学生通过本书的学习理解光纤通信的基本原理和系统组成,了解光通信发展中的前沿问题和发展趋势,使其具备独立思考及运用所学知识解决实际问题的能力,从而为将来进行光纤通信及相关领域的理论和实验研究以及工程项目的开发打下坚实的基础。

本书共12章。第1章介绍了光纤通信的发展史及我国光纤通信的应用及发展趋势;分析了光纤通信中的一些基本概念及其系统组成、优缺点等。第2章介绍了光纤的结构和类型,分析了光纤的导光原理(光纤的射线光学理论和波动理论)及光纤的相关特性。第3章介绍了半导体激光二极管和半导体发光二极管的工作原理、应用及光发射机的组成和参数,说明了外调制器的工作原理。第4章介绍了光检测器的原理、特性和产品及特性参数,然后介绍了数字光接收机的组成及技术指标,最后介绍了光收发模块。第5章介绍了光纤通信网络中常用有源器件和无源器件的基本工作原理,讨论了它们在网络中的作用及应用方法,并给出了技术参数。第6章介绍了光纤通信系统设计的原则,对数字和模拟光纤链路设计的技术指标、要求及方法进行了具体讨论,最后给出了光纤通信系统实例。第7章介绍了光缆的结构、类型和技术规范,光缆线路施工的步骤及方式,并介绍了施工中常用的器件和测试仪器、故障检修的方法和排除步骤。第8章介绍了波分复用的工作原理、基本组成,详细介绍了系统所用关键设备的工作原理与技术参数,并给出了波分复用设备实例。第9章介绍了光接入网、计算机高速互联光网络、智能光网络及全光网的基本概念和原理,并介绍了构建这些网络的支撑技术。第10章介绍了光纤通信的有关系统和网络的新技术,阐述了这些新技术的原理、特点及其关键技术。第11章介绍了光纤传感技术的发展历程,阐述了光纤传感器的基本构成、工作原理及其应用。第12章介绍了基于OptiSystem软件的光纤通信系统仿真举例。本书力求充分体现应用型人才培养的思路,内容编排由浅入深、循序渐进,从基本概念和基本原理到工程实践相关技术及方法均有涉猎,能够在帮助学生掌握光纤通信相关理论的基础上,提升学生分析问题和解决问题的能力。

本书建议授课学时为48~56。授课教师可针对不同基础及需求的学习对象选择适当的内容安排教学。

本书第1~5章、第9章、第12章、附录A和附录B由雒明世编写,第6~8章由段沛沛编写,第10章和第11章由王彩玲编写。本书第2章、第8章和第10章由屈檀负责审稿。全书由雒明世统编定稿。在编写过程中参考了参考文献中所列的相关书籍和资料,在此向这些书籍和资料的编写者表示衷心的感谢。计算机学院卢胜男、闫效莺、张延老师和张蒙蒙、何潘金、陈利军、姚翌、金浩、白艳红、胡进腾等同学对本书各章节内容进行了校对，本书的编写和出版也得到了清华大学出版社的大力支持，在此一并表示衷心的感谢。

由于编者水平有限，书中难免存在不妥之处，恳请广大读者批评指正。

编　者

2023 年 6 月

目录

CONTENTS

第1章 绪 论

CHAPTER 1

通信系统将信息从一个地方传送到另一个地方，距离可能是几米，也可能是几万千米。要传送的信息通常被电磁波携带，其频率在几兆赫兹到几百太赫兹。光通信系统采用电磁波谱中可见光或近红外区域的电磁波(约100THz)，为了与载波频率在1GHz量级的微波通信系统相区分，通常称其为光波通信系统。自1980年以来，光纤通信系统就是利用光纤进行光传输的通信系统，在世界上得到广泛应用，使电信技术发生了根本变革。光波技术与微电子技术并称为信息时代的基石。本章回顾了光纤通信的发展历史，介绍了光纤通信系统的基本组成及其优缺点；分析了光纤通信中一些基本概念和背景知识，介绍了光纤通信的应用和发展趋势。

1.1 光纤通信发展的历史回顾

1.1.1 早期的光通信

所谓光通信就是用光波载运信息，实现通信。光纤通信是以光波作为传输信息的载波、以光纤作为传输介质的一种通信方式。图1.1所示为光纤通信的简单示意图。其中，用户通过电缆或双绞线与发送端和接收端相联，发送端将用户输入的信息(语音、文字、图形、图像等)经过处理后调制在光波上，然后入射到光纤内传送到接收端，接收端对接收到的光波进行处理，还原出发送用户的信息输送给接收用户。

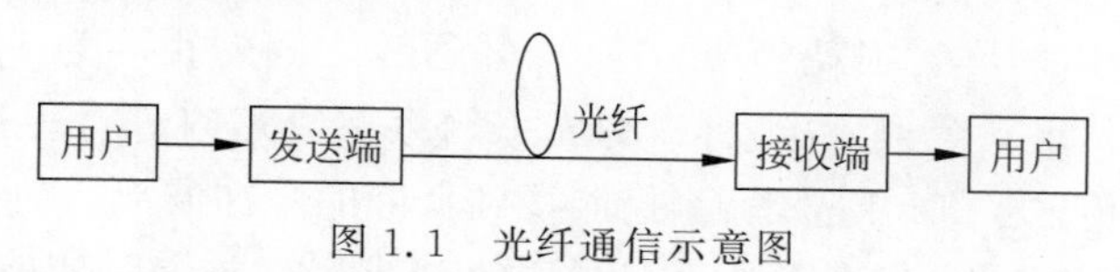

图1.1 光纤通信示意图

广义地说，我国三千多年前开始使用的烽火台、现在用来指挥交通的红绿灯以及战争中采用的信号弹均可算作光通信。而我们今天所指的光通信与这种利用普通光的视觉通信不同，通常是指用容量大、传输距离远的光波作为载波来传递信息的通信方式。真正意义上的光通信是起源于1880年贝尔发明的“光电话”。

如图1.2所示，贝尔利用太阳光或弧光灯作光源，光束通过透镜1聚焦在话筒的振动镜片上，当人对着话筒说话时，振动镜随着话音振动，从而使反射光的强度随着话音的变化而变化。受话音调制的反射光经大气传输到接收端。接收端利用凹面镜将大气中传送来的调制光波聚焦在硅光电池上，硅光电池将光转变成电流，经过话筒就可以听到发送端讲话的声音。

贝尔光电话的发明证明了利用光波作为载波传递信息的可能性，但由于各种技术条件的限制，这种光电话只能传输200m左右，而且传输质量不高。在光电话问世后一段漫长的时间

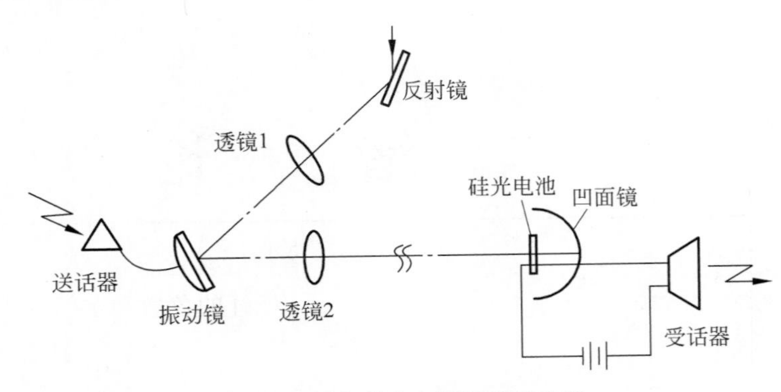

图 1.2 贝尔的光电话原理示意图

里，由于缺乏稳定可靠的光源和低损耗的传输介质，光通信的进展缓慢。

在光通信技术沉睡 80 年之后，1960 年美国科学家发明了第一台红宝石激光器，使光通信的研究进入了一个崭新的阶段。激光器发出的激光与普通光相比，具有谱线窄、方向性好、亮度极高的优点，是一种理想的光载波。激光与电磁波具有相似的性质，但频率又比无线电波高得多，因而可以极大地增加通信容量。激光的出现，引起了通信研究工作者的极大兴趣，使激光很快在通信领域中得到应用。美国麻省理工学院利用氦氖激光器和二氧化碳激光器模拟无线电通信进行了激光大气传输实验。

但是好景不长，虽然激光光束的方向性很好、亮度极高，能使光能量集中在非常小的范围内在一个方向上进行传输，但由于地球表面大气层中云、雾、雨、雪对激光束的强烈衰减，使得作为“无线光通信”的大气光通信的前景又黯淡下来。但正是这段时期大气光通信的迅速发展，对光源、光电探测器、光调制器和各种非线性光学材料的发展都产生了极大的推动作用。同时，随着大功率半导体激光器的出现及自适应光学的运用，大气光通信在一些特殊应用场合（如军事场合、太空通信、边远山区的光接入）有着广阔的应用前景。

为了克服大气传光的缺点，人们想到将激光束限制在特定的光路中进行传输，从而避免外界的影响，实现持久可靠的通信。在这种思想指导下，先后提出了空心式光波导管、薄膜式光波导、透镜阵列式光波导等多种传光方式。例如，20 世纪 60 年代报道了一种透镜阵列式光波导系统，该实验系统放置在直径为 90mm 的充气管道中，管中配置了焦距为 70m、直径为 60mm 的透镜，每个透镜的反射损耗为 0.5%，相邻透镜之间的距离为 140m。这样在传播过程中光束隔一段距离又重新会聚一次，可以将光束约束在管道内进行传播。实验中脉冲光束在这样的管道中累计传输了 120km 之后，仍能得到良好的脉冲波形。但由于这种光波导系统体积庞大，不便于安装和使用，只有当光束与管道的轴线严格对中时才能有效传输，这对于长距离通信是很难做到的，因而未能得到实际的推广应用。

激光器和光波导为人们探索光通信的新技术提供了很好的思路，半导体激光器和低损耗光纤的出现，使得光纤通信相对于其他通信方式具有许多突出的优点，并得以迅速发展，成为重要的通信方式。

1.1.2 光纤通信的发展史

1966 年英国华裔科学家高琨提出可通过降低光纤中杂质浓度的方法将光纤损耗从 1000dB/km 降低到 20dB/km，使人们看到了光纤通信的曙光。

1970 年，康宁公司第一次宣布研制出的高纯硅酸盐玻璃单模光纤在 1mm 附近波长区域的损耗小于 20dB/km。同期，双异质结结构的 GaAs/GaAlAs 半导体激光器实现了可以在室温下连续工作。小型光源和低损耗光纤的同时问世,在全世界范围内掀起了发展光纤通信的高潮。1970 年可以看成是光纤通信正式起步的一年。

1972 年,康宁公司又推出了损耗为 7dB/km 的光纤,1973 年贝尔实验室又将此项指标降为 2.5dB/km,1976 年日本茨城通信研究所采用化学汽相轴向沉积法(Chemical Vapor Axial Deposition,CVAD)将光纤损耗降低到 0.5dB/km,1979 年又降低到 0.2dB/km,已接近理论极限值。目前,采用各种工艺制造的石英单模光纤都已接近理论极限值,随着光放大器的出现,损耗不再是限制光纤通信容量的主要因素,如何降低光纤的色散和非线性效应则成为关键问题,如色散位移光纤和大有效面积光纤。

在光纤损耗不断降低的同时,半导体激光器也不断得到发展,尤其是能带工程的出现使其性能得到质的飞跃。1970 年,在室温下连续工作的半导体激光器问世的同时,分布布拉格反射(Distributed Bragg Reflection,DBR)激光器也诞生了,这进一步改善了激光器的光谱特性。1975 年,波长大于 1000nm 的长波长 InGaAsP 激光器的出现使光纤的第二个和第三个通信窗口得以利用,同年制造出了第一个多量子阱结构,半导体激光器的性能得到显著改善。目前通信系统中普遍采用的量子阱结构 DFB 激光器阈值电流在 10mA 以下,光谱线宽(20dB)小于 0.1nm,输出功率在 1mW 以上,能在 2.5Gb/s 的速率下直接调制工作。

伴随着半导体激光器和光纤制造工艺的发展以及许多光纤通信新技术的产生,光纤通信系统的容量不断得到提高。自 1976 年美国的亚特兰大第一条光纤通信实验系统到最新的 273 路 40Gb/s 的密集波分复用实验系统,几十年时间传输速率已从 47Mb/s 提高到 11Tb/s。回顾光纤通信的发展历程,光纤通信系统的发展大概可以分为 5 个阶段。

从技术特点上看,第一代光纤通信系统的工作波长为 0.85μm(短波长),使用多模光纤,GaAlAs/GaAs(镓铝砷/砷化镓)半导体激光器 Si 材料的光电检测。这种系统主要用于中小容量、低速短距离的通信。

早在 1970 年人们就认识到,光纤通信系统工作于 1.3μm 时,光纤损耗小于 1.0dB/km,且有最低色散,可大大增加中继距离。1978 年,工作于 0.85μm 的第一代光纤通信系统正式投入商业应用,其传输速率为 20～100Mb/s,最大中继间距约 10km,最大通信容量(BL)约 500(Mb/s)×km。与同轴系统相比,光纤通信系统中继间距长,投资和维护费用低,是工程和商业运营的追求目标。

第二代光纤通信系统工作波长为 1.3μm,光源采用 InGaAsP/InP(铟镓砷磷/铟磷)半导体激光器,光电检测器采用锗(Ge)材料,早期采用多模光纤,由于多模光纤的模间色散限制了系统的传输速率(<100Mb/s),故后期采用单模光纤。1987 年单模光纤的第二代光通信系统开始商业营运,其传输速率高达 1.7Gb/s,中继距离为 50km。

随着 1.3μm 的 InGaAsP 半导体激光器和检测器的研制成功,在 20 世纪 80 年代初,早期的采用多模光纤的第二代光纤通信系统问世,其中继距离超过了 20km,但由于多模光纤的模间色散,早期系统的传输速率限制在 100Mb/s 以下。采用单模光纤能克服这种限制,一个实验室于 1981 年演示了传输速率为 2Gb/s、传输距离为 44km 的单模光纤通信实验系统。至 1987 年,商业运行的 1.3μm 单模第二代光纤通信系统,工作在 1.7Gb/s 时无中继距离可达 50km。第二代光纤通信系统的无中继距离受到 1.3μm 附近光纤损耗(典型值为 0.5dB/km)的限制。石英光纤最低损耗约为 1.55μm。1979 年,在该波长区域还制作出了 0.2dB/km 的低损耗光纤。

由于 1.55μm 处高的光纤色散,当时多纵模同时振荡的常规 InGaAsP 半导体激光器的脉冲展宽问题尚未解决,就推迟了第三代光纤通信系统的问世。后来的研究表明,色散问题可以通过使用在 1.55μm 附近具有最小色散的色散位移光纤(DSF)与单纵模激光器来克服。在 20 世纪 80 年代,这两种技术都得到发展,1985 年,在实验室传输 4Gb/s 的信号,无中继距离超过 100km。

第三代光纤通信系统工作波长为 1.55μm,采用色散位移光纤(DSF)和单频激光器来改善色散特性。1990 年投入通信商业的第三代系统工作于 2.4Gb/s,设计精良的可超过 10Gb/s,中继距离超过 100km。

1990 年,工作于 2.5Gb/s、1.55μm 的第三代光纤通信系统已能商业运行。这样的第三代光纤通信系统,通过精心设计激光器和光接收机,其传输速率可以超过 10Gb/s。第三代光纤通信系统的缺点在于每隔 60～70km 后需要采用电中继系统对光信号进行整形、放大和重新定时,虽然可以采用相干检测的方案改善接收机的灵敏度,即相干光波通信系统,来提高无中继传输距离,但随着光放大器的出现,这个问题得到有效解决,相干光通信系统的研究也随之滞后。

第四代光纤通信系统的特征是采用光放大器(OA)和频分与波分复用技术,甚至采用相干光纤通信方式。特别是在 20 世纪 90 年代初期掺铒光纤放大器的问世,推动了全光纤通信的进展,并使整个光纤通信领域产生重大变革。

第四代光纤通信系统中采用光放大器(OA)来增加无中继距离和采用频分与波分复用(FDM 与 WDM)技术来增加比特率。可以说光放大器和 WDM 技术的采用引起了光纤通信领域的重大变革。在第四代系统中,每隔 60～100km 采用一个掺铒光纤放大器(EDFA)来补偿光纤损耗,EDFA 在 20 世纪 80 年代被提出后,在 1990 年就已经商用化。1991 年报道的一个实验中利用一个环路结构实现了 2.5Gb/s 信号无电中继传输 21 000km 以及 5Gb/s 信号传输 14 300km,这表明基于 EDFA 的第四代光纤通信系统可用于跨洋通信中。1996 年实际的基于光放大器的越洋通信系统就产生了,将 5Gb/s 的信号传输了 11 300km。目前第四代光纤通信系统发展的重点是采用 WDM 技术增加复用的信道数,以提高通信容量。EDFA 的采用使多信道同时放大成为可能,而无须将各信道解复用出来分别放大。1996 年报道的实验中实现 20 路 5Gb/s 的信号无电中继传输了 9100km,总速率达 100Gb/s,比特率-距离乘积高达 910(Tb/s)×km。目前美国的 Lucent 公司、德国的 HHI 公司、日本的 NTT 实验室、NEC 公司和富士通公司以及法国的 Alcatel 公司在超大容量 DWDM 通信系统的研究方面保持了很高的水平。2000 年 NEC 公司报道了 160 路 20Gb/s 的 DWDM 系统,传输距离为 1500km;Lucent 公司报道了 82 路 40Gb/s 的 DWDM 系统,传输距离为 300km。目前 DWDM 系统总传输速率的世界纪录是日本 NEC 公司在 2001 年创造的,实现了 273 路 40Gb/s 的 DWDM 通信系统,总传输速率高达 11Tb/s。在 DWDM 通信系统中,随着单信道传输速率的提高和复用信道数的增加,光纤不再是一个"透明"的管道,光纤的色散和非线性效应成为限制通信容量进一步提高的最主要因素。

第五代光纤通信系统的技术特征是在强功率下,光纤非线性效应引起的脉冲压缩抵消光纤色散效应产生的脉冲展宽的新概念产生的光孤子通信,其技术的成功可实现光信号脉冲的保形传输,具有巨大的潜力和美好的前景。1989 年,掺铒光纤放大器开始用于光孤子放大之后,各国纷纷开始了对光孤子通信的研究。1990—1992 年,美国、英国的实验室将 2.5Gb/s 和 5Gb/s 的数据传输了 10^4km 以上;日本的实验室将 10Gb/s 的数据传输了 10km。1995 年,法国的实验室将 20Gb/s 的数据传输了 10km;同年,线性试验分别将 20Gb/s 和 40Gb/s 的数据传输 8100km 和 5000km。在日本东京周围的城域网中进行的线性光孤子系统现场试验中,分别将 10Gb/s 和 20Gb/s 的数据传输了 2500km 和 10km。

第五代光纤通信系统就是为了克服光纤色散的影响而发展起来的。光放大器虽然能弥补光纤的损耗，但在多次放大的过程中，也会导致光纤的色散积累，进而严重影响通信质量。虽然有多种色散补偿的方案，但光孤子技术被认为是最终的解决方案。光孤子技术是基于光纤的非线性压缩与光纤色散引起展宽相互抵消的机理来实现脉冲在无损耗光纤中的无变形传输。虽然这种思想早在1973年就已被提出，但直到1988年才由贝尔（Bell）实验室采用受激拉曼分布放大技术补偿光纤损耗，将光孤子脉冲传输了4000km，次年又将传输距离延长到6000km。EDFA用于光孤子放大开始于1989年，它在工程实际中有更大的优势，此后，国际上一些著名实验室纷纷开始验证光孤子通信作为高速长距离通信的巨大潜力。到1994年，已利用光孤子通信系统实现了10Gb/s信号的35 000km传输和15Gb/s信号的24 000km传输。1996年利用光孤子环路通信系统实现了7路10Gb/s的复用信号传输9400km。

在光纤通信系统不断发展的同时，光纤通信在通信网中的应用也得到了相应的发展。现在世界上许多国家都将光纤通信系统引入了公用电信网、中继网和接入网中。但是目前这种特殊介质的真正应用还仅仅是在现有电信网络的拓扑结构内用光纤代替铜线，使通信网的性能得到了某种改善，成本得到降低。而网络的拓扑结构基本上还是光纤通信出现之前的模式，光纤通信的潜力尚未完全发挥出来。进入20世纪90年代后，随着光纤与光波电子技术的发展，光子开关、光逻辑门、光互连，变频、路由器等许多新颖光纤与半导体功能光器件相继问世，在全世界范围内掀起了发展第三代通信网——全光通信网的潮流。在这种通信网中，不仅用光纤通信系统传输信号，交换、复用、控制与路由选择等亦全部在光域内完成，由此构建出真正的光通信网。

1.1.3 我国光纤通信的发展历程

我国在20世纪70年代中期成立专业研究队伍开展光纤通信的研究开发。在国家攻关计划的部门重点项目支持下，光有源、无源器件、光纤光缆、光纤通信系统的研究同时进行。在光器件方面，20世纪70年代后期研制出1310nm的激光器，随后又研制生产了光纤活动连接器，在光纤方面，80年代初先后研制成功多模光纤和常规的单模（G. 652）光纤，并生产出从4芯到12芯的层绞式光缆。在光纤通信系统方面，从20世纪70年代后期到80年代中期，先后完成了64Mb/s和140Mb/s复用设备（电端机）和光端机及传输系统的开发，开通了34Mb/s国产光纤通信试验工程。上述开发成果特别是器件、光纤与系统都已形成了产业，其中1B1H码型的光纤通信系统因适合国情，广泛用于省内网络，有时还用于国内干线网中，如京—汉—广140Mb/s架空光缆与直埋光缆工程。

20世纪80年代后期，在国家“七五”攻关项目安排下，相关科研院所都开展了5次群565Mb/s光纤传输系统的研制，565Mb/s是国际上已知的PDH线路的最高速率，用当时的电子器件来实现有不少难度。这一系统的研制工作充分地暴露了PDH的缺点——难以实现高速系统，不便于利用光纤潜在的巨大传输能力，干线沿途上下电路点需使用背对背的复分用器，运用上下路不灵活，帧结构中开销少，维护管理功能弱。当时正值国际电信联盟ITU酝酿同步数字系列（SDH）标准，电信科学技术第五研究所（原邮电部第五研究所）在征得主管部门同意后，率先终止了正在进行的565Mb/s系统攻关工作，并转为研究SDH的STM-1、STM-4系统，在20世纪90年代初研制出STM-1、STM-4复用设备，为其后全面开展SDH系统研制争取了时间，打下了基础。随后在国家科技攻关计划、国家“863计划”支持下，邮电部第五研究所和武汉邮电科学研究院先后完成了155Mb/s和622Mb/s全套网元及管理系统的开发。成都-攀枝花国产SDH设备155Mb/s和622Mb/s光纤通信示范工程于1995年开通，标志着中国跻身于世界少数生产 SDH 系统的国家的行列中。作为国家科技部重中之重项目的 2.5Gb/s SDH 光纤通信传输系统由武汉邮电科学研究院提前完成开发,并于 1997 年开通了海口-三亚试验线路。863 项目支持的 2.5Gb/s 自愈环系统先后在湖北、湖南、贵州等地开通。在 1998 年中还完成了 10Gb/s SDH 传输实验系统的开发。在开发 SDH 系统的同时,器件的开发工作也有新进展,量子阱激光器,铌酸锂调制器相继开发成功,色散位移光纤、色散补偿光纤、中心加强光纤与大容量用户光缆也都有产品投入市场。可以说用了将近 10 年,我国已全面掌握了 10Gb/s 及其以下速率的 SDH 系统技术,民族电信企业开发的 SDH 产品销售额已超过 10 亿元,初步形成了具有自主知识产权的 SDH 产品。

波分复用系统的开发可以说是我国光纤通信系统开发的第三个阶段,研究工作是从 1993 年开始的,国家"863 计划"立项支持北大、清华进行 4×622Mb/sWDM 系统的研制,研究成果用于广州-深圳 WDM 工程上,构成一个 4×2.5Gb/s 系统。在"863 计划"的继续支持下,武汉邮电科学研究院和邮电部第五研究所分别与高校合作,于 1998 年完成了 8×2.5Gb/s WDM 系统的开发,并先后应用在济南-青岛和广州-汕头干线工程中,目前正在安排开发 16×10Gb/s 系统。与 WDM 系统一道开发的还有合波器、分波器、色散补偿用光纤光栅、符合 DWDM 波长标准的激光器、掺铒光纤放大器、非零色散位移光纤等,上述开发工作的完成,为我国的 WDM 产业打下了基础。在安排开发更大容量 WDM 系统的同时,国家"863 计划"又安排了开发基于波分复用的光分插复用器 OADM 和光叉连接设备 OXC,在 1998 年 OADM 与 OXC 实验模型成果的基础上,着手开发具有 6 端口、每一端口为 8×2.5Gb/s 速率的实用化 OADM 和 4×4 的实用化 OXC,于 2000 年完成这些开发工作并连成试验网,检验自愈环和保护恢复功能。IP over WDM 帧结构和试验平台的研究工作也已经开始,为 21 世纪光纤通信研发工作打基础的 4×2.5Gb/s OTDM 实验模型的研究工作也同时进行。以宽带光纤传送网为目标的下一代光网络的研究已全面展开。

中国光通信技术的发展,经历了许多曲折和困难,如研发初期"巴统"的技术封锁、基础和配套工业设施跟不上、资金投入的不足、人才资源缺乏等。但我国光通信界的同行们为发展自己的民族光通信事业,克服重重困难,掌握了光纤、器件、系统等各方面的关键技术,使我国逐渐步入国际光通信的先进行列。特别是在关键技术上,都有自己的特色和创新,如 1B1H 的光线路码型、独特的网络管理系统、能构成自愈环的 PDH 设备、自行设计的全套 SDH 专用芯片、在线升级的 SDH 设备、通过 LAPS 实现的 IP over SDH 等,形成了自己的知识产权,为进一步发展打下了坚实基础。

1.2 光纤通信系统的基本组成及特点

光纤通信系统可以传输数字信号,也可以传输模拟信号。用户要传输的信息多种多样,一般有话音、图像、数据或多媒体信息。如图 1.3 所示为单向传输的光纤通信系统,包括发射、接收和作为广义信道的基本光纤传输系统。

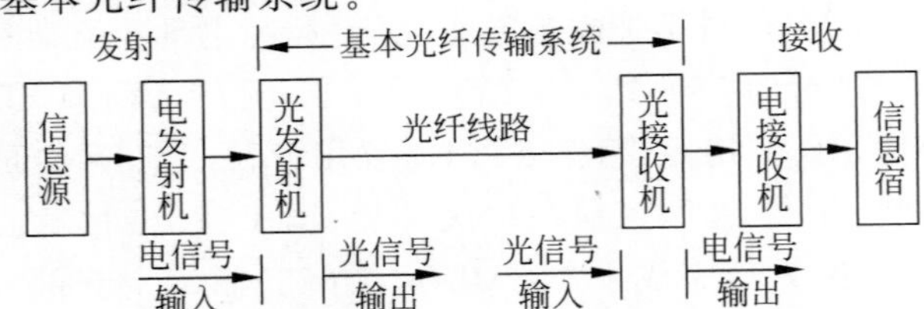

图 1.3 单向传输的光纤通信系统的基本组成结构

1.2.1 发射和接收

不管是数字系统，还是模拟系统，输入到光发射机带有信息的电信号，都通过调制转换为光信号。光载波经过光纤线路传输到接收端，再由光接收机把光信号转换为电信号。

电接收机的功能和电发射机的功能相反，它把接收的电信号转换为基带信号，最后由信息宿恢复用户信息。

在整个通信系统中，在光发射机之前和光接收机之后的电信号段，光纤通信所用的技术和设备与电缆通信相同，不同的只是由光发射机、光纤线路和光接收机所组成的基本光纤传输系统代替了电缆传输。

1.2.2 基本光纤传输系统

下面简要介绍基本光纤传输系统的3个组成部分。

1. 光发射机

光发射机的功能是把输入的电信号转换为光信号，并用耦合技术把光信号最大限度地注入光纤线路。发送光功率和光谱特性是光发射机的重要参数，分别决定通信系统的无中继距离和光纤色散的大小。光发射机由光源、驱动器和调制器组成，光源是光发射机的核心。光发射机的性能基本上取决于光源的特性，对光源的要求是输出光功率足够大，调制频率足够高，谱线宽度和光束发散角尽可能小，输出功率和波长稳定，器件寿命长。目前广泛使用的光源有半导体发光二极管(LED)和半导体激光二极管(或称激光器)(LD)，以及谱线宽度很小的动态单纵模分布反馈(DFB)激光器。调制方式主要有直接调制和外调制两种方式，如图1.4所示，直接调制是在光源上直接施加调制信号，使光源在发光过程中完成光的参数调制。半导体激光器或发光二极管都可采用直接调制。半导体激光器的调制信号连同偏流必须超过它的阈值才能实现调制。间接调制是利用晶体电光效应、磁光效应、声光效应等性质来实现对激光辐射的调制，这种调制方式既适用于半导体激光器，也适用于其他类型的激光器。间接调制最常用的是外调制的方法，即在激光形成以后加载调制信号。具体方法是在激光器谐振腔外的光路上放置调制器，在调制器上加电压，使调制器的某些物理特性发生相应的变化，激光通过它时得到调制。对某些类型的激光器，间接调制也可以采用内调制的方法，即用集成光学的方法把激光器和调制器集成在一起，用调制信号控制调制器件的物理性质，从而改变激光输出特性以实现调制。

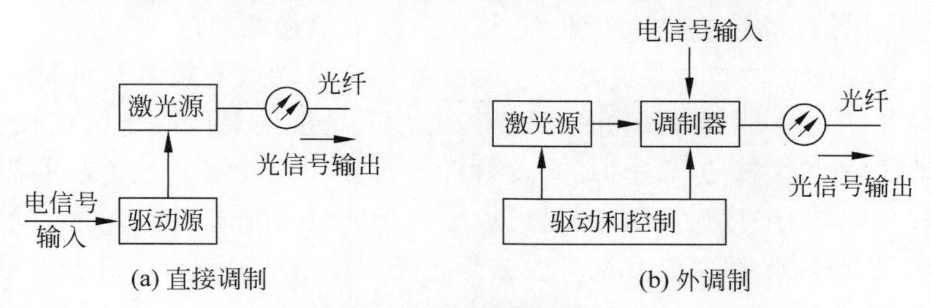

图1.4 直接调制和外调制方式

在高速通信(≥10Gb/s)中，为消除直接调制产生的啁啾(在直接调制激光二极管时，不仅输出光功率随调制电流发生变化，而且光的频率也会发生波动，即在幅度调制的同时还受到频率调制)的影响，需要采用外调制器将电信号调制到光载波上。

2. 光纤线路

光纤线路的功能是把来自光发射机的光信号，以尽可能小的畸变(失真)和衰减传输到光接收机。光纤线路由光纤、光纤接头和光纤连接器组成。光纤是光纤线路的主体，接头和连接器是不可缺少的器件。实际工程中使用的是容纳许多根光纤的光缆。

光纤线路的性能主要由缆内光纤的传输特性决定。对光纤的基本要求是损耗和色散这两个传输特性参数都尽可能地小，而且有足够好的机械特性和环境特性，例如，在不可避免的应力作用下和环境温度改变时，保持传输特性稳定。

目前使用的石英光纤有多模光纤和单模光纤。单模光纤的传输特性比多模光纤好，价格比多模光纤便宜，因而得到更广泛的应用。单模光纤配合半导体激光器，适合大容量长距离光纤传输系统，而小容量短距离系统用多模光纤配合半导体发光二极管更加合适。为适应不同通信系统的需要，已经设计了多种结构不同、特性优良的单模光纤，并成功地投入实际应用。

3. 光接收机

光接收机的功能是将从光纤线路输出、产生畸变和衰减的微弱光信号转换为电信号，并经放大和处理后恢复成发射前的电信号。一般数字式光纤通信系统中光接收机的性能可用误码率（BER）和接收机灵敏度来衡量。这两个性能参数是进行光纤通信系统设计和传输质量评估的重要参数，它们能够反映通信系统中多种噪声源的影响，如来自接收机内部的热噪声和放大器噪声，来自光发射机的强度和相位噪声，来自光信号在光纤传输过程中出现的色散引起的码间干扰、模分配噪声及非线性效应引起的干扰等。

光接收机由光检测器、放大器和相关电路组成，光检测器是光接收机的核心。对光检测器的要求是响应度高、噪声低和响应速度快。目前广泛使用的光检测器有两种类型：在半导体PN结中加入本征层的PIN光电二极管（PIN-PD）和雪崩光电二极管（APD）。

光接收机把光信号转换为电信号的过程（常简称为光/电或O/E转换），是通过光检测器的检测实现的。检测方式有直接检测和外差检测两种。

直接检测是用检测器直接把光信号转换为电信号。这种检测方式设备简单、经济实用，是当前光纤通信系统普遍采用的方式。

外差检测要设置一个本地振荡器和一个光混频器，使本地振荡光和光纤输出的信号光在混频器中产生差拍而输出中频光信号，再由光检测器把中频光信号转换为电信号。外差检测方式的难点是需要频率非常稳定，相位和偏振方向可控制，谱线宽度很窄的单模激光源；优点是有很高的接收灵敏度。

目前，实用光纤通信系统普遍采用直接调制-直接检测方式。外调制-外差检测方式虽然技术复杂，但是传输速率和接收灵敏度很高，是很有发展前途的通信方式。

光接收机最重要的特性参数是灵敏度。灵敏度是衡量光接收机质量的综合指标，它反映接收机调整到最佳状态时，接收微弱光信号的能力。灵敏度主要取决于组成光接收机的光电二极管和放大器的噪声，并受传输速率、光发射机的参数和光纤线路的色散的影响，还与系统要求的误码率或信噪比有密切关系。所以灵敏度也是反映光纤通信系统质量的重要指标。

按照传输信号划分，光纤通信系统可以分为光纤模拟通信系统和光纤数字通信系统，其中光纤数字通信系统是目前广泛采用的光纤通信系统。如图1.5所示，光纤数字通信系统主要由光发射机、光纤光缆和光接收机3个基本单元组成，虚线框内为光纤通信系统不同于电通信的关键所在，其中电端机（收、发部分）为常规的电子通信设备，在长距离通信中还需要中继器。此外系统中尚包括一些互连与光信号处理部件，如光纤连接器、隔离器、调制器、滤波器、光开关及路由器等。光信号在光纤中传输一段距离后不可避免地会受到噪声影响进而衰减，光信号将变得越来越弱，同时受光纤色散的影响，脉冲展宽会引起信号失真，此时需要对衰减并失真的光信号进行放大、整形和重新定时，然后再进行传输。中继方式有光电光和全光两种方式。光电光式结构复杂，成本较高，也不适合 DWDM 通信系统，已基本被弃用。全光中继方式中采用光放大器补偿光信号的衰减，采用色散补偿方法来补偿光脉冲的展宽，是目前 DWDM 通信系统中普遍采用的中继方式。

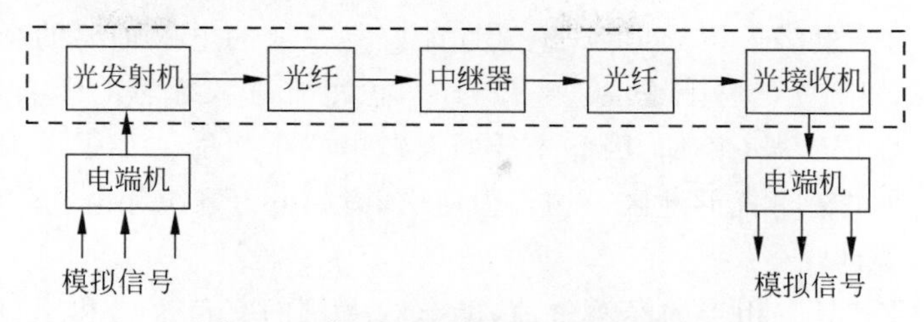

图 1.5 典型的光纤数字通信系统框图

在发送端，电端机对信息（如话音）进行 A/D 转换，用转换后的数字信号去调制发送机中的光源器件（如 LD），则光源器件就会发出携带信息的光波。即当数字信号为 1 时，光源器件发送一个“传号”光脉冲；当数字信号为 0 时，光源器件发送一个“空号”（不发光）。光波经低损耗光纤传输后到达接收端。在接收端，光接收机中的光检测器件（如 APD）把数字信号从光波中检测出来，由电端机将数字信号转换为模拟信号，恢复成原来的信息。这样就完成了一次通信的全过程。图 1.5 中的中继器起到放大信号、增大传输距离的作用。

通信系统的传输容量取决于对载波调制的频带宽度，载波频率越高，频带宽度越宽。光通信的主要特点为载波频率高，频带宽度宽，如图 1.6 所示。

光通信利用光纤可以在宽波长范围内获得很小的损耗。

虽然光波是属于整个电磁波谱中的一部分，但光通信和一般的电通信不同，主要差别在于光终端和传输介质。光纤通信用光作为传输信号，用光缆作为传输线路。因此在光纤通信中起主导作用的是激光器和光纤。半导体激光器的发光面积很小，它能输出功率稳定而且方向性极好的激光。激光可以运载巨大的信息量。光纤是一种介质光波导，具有把光封闭在其中进行传输的导波结构，它是由直径大约只有 0.1mm 的细玻璃丝构成的。由于其损耗低，所以适于长距离传输。正是由于半导体光源和光纤的采用，才使得光纤通信相比于其他通信方式有许多突出的优点：

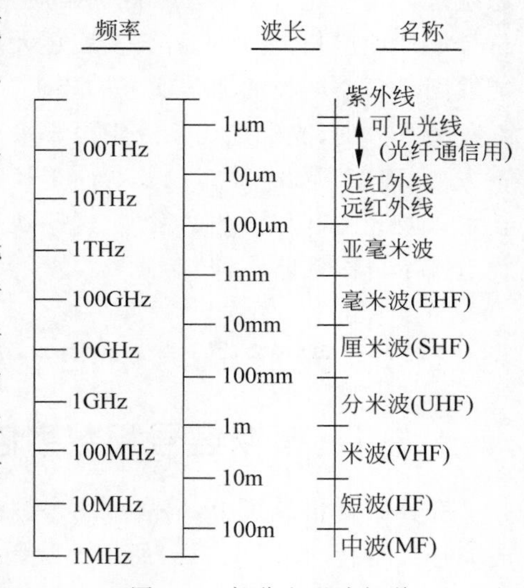

图 1.6 部分电磁波频谱

（1）光波频率高，可供利用的频带很宽。通信系统的传输容量取决于对载波调制的频带宽度，载波频率越高，频带宽度越宽，信息容量就越大。简单估算一下，理想状态下利用光信号可以同时传输 1250 亿路电话或同时传送 1 亿路电视。实际上，受光纤带宽和许多技术上的限制，不可能达到这么高的信息容量。但信息容量大的确是光纤通信的一个非常突出的优点。

（2）光纤带宽宽、损耗低，无中继传输距离远。目前采用密集波分复用技术就是为了充分挖掘光纤带宽，单根光纤的总传输速率已达到 11Tb/s。另外，光纤损耗已基本降至理论极限值，其中继距离可以非常长，一般几十千米乃至上百千米才需中继放大一次，这些都是电缆根本无法与之相比的。

(3) 光纤通信的保密性好,不易被窃听。由于在传输过程中光纤是将光信号束缚在光纤芯内传播的,光信号向外辐射、泄漏极少,光纤之间串音很小,在传输途中很难被窃听,所以光纤通信保密性好,在国防、军事和经济上都有重要意义。

(4) 光纤通信的抗电磁干扰能力强,绝缘性能好。一般的电磁辐射的频谱和光波的频谱相距甚远,它不会叠加到光信号上或混入光信号中,也很难进入纤芯内影响光信号的传送,而光电探测器对一般的电磁波不响应,因此光纤通信抗电磁干扰能力很强。因而光纤通信系统特别适合于在有强烈电磁干扰的地区或场合中使用,诸如电力系统和电气化铁路附近,这是一般电缆通信无法比拟的。

(5) 光纤通信系统具有相当的经济价值,能节约大量的有色金属和原材料。同等容量条件下,使用 1km 光纤相比于电缆通信能节约铜约 150 吨,节约铅约 500 吨。

(6) 光纤的尺寸小、重量轻,特别适合在一些空间有限的地方使用,像舰船、飞机、车辆、火箭、导弹等场合使用,这在国防军事上有十分重要的意义。

(7) 光纤通信系统化学稳定好,寿命长,适合在恶劣的工业环境下工作,如化学工厂、地下矿井等有腐蚀的场合。

正是因为光纤通信具备这些优点,才使得世界通信业务总量的 80%以上需经过光纤通信系统来传输。随着国际互联网的发展,许多多媒体宽带综合业务应运而生,社会对信息的需求量呈爆炸性增长,客观上需要发展超大规模、超大容量通信系统。事实证明利用光纤通信系统能够满足日益增长的通信业务的要求。

另一方面,光纤通信系统中由于采用光纤作为传输媒质,也存在连接比较困难、分路耦合不方便、强度不如金属线以及弯曲半径不能太小等缺点,但随着光纤自动焊接工艺、平面波导技术以及光缆制作工艺的发展,这些缺点对光纤通信系统的影响已越来越小,相对于其突出的优点基本可以忽略不计。

1.3 光纤通信中的一些基本概念

1.3.1 模拟信号和数字信号

在任一通信系统中,信息可用模拟或数字形式的电信号进行传送。在模拟情况下,信号随时间连续变化,如图 1.7(a)所示。我们所熟知的麦克风或摄像机等就是将声音或图像变成模拟的电信号。相对而言,数字信号仅取一些离散值,对二进制只可能取 0 与 1 两个值。二进制数字信号的最简单例子是电流或光的通和断,如图 1.7(b)所示,这两种可能性分别称为比特 1 和比特 0。每个比特持续一定时间 T_B,称为比特周期或比特时隙。比特率 B 定义为每秒传输的比特数目,因而 $B=1/T_B$。计算机中的数据就是典型的数字信号,字母表中的每个字母及其他符号,如十进制数字、全部标点符号等,都被赋予一个 ASCII 代码,而这些代码都与一个 7 比特的数字信号相对应。7 位编码的 ASCII 字符集只能支持 128 个字符,可以扩展成 8 位编码表示的 256 字符的 ASCII 扩展字符集,与 8 比特数字信号对应。模拟信号和数字信号都用带宽表示它们的特性。

以特定的时间间隔对模拟信号进行取样,可将其变换成数字信号。图 1.8 给出了模数变换的原理示意图。取样速率取决于模拟信号的带宽 Δf,根据取样定理,只要取样频率 f_s 满足奈奎斯特(Nyguist)准则:$f_s \geqslant 2\Delta f$,则一个带宽有限的模拟信号可用离散样本无任何失真地表示。变换的第一步是以适当的频率对模拟信号进行采样,采样值可为 $0 \leqslant A \leqslant A_{max}$ 范围

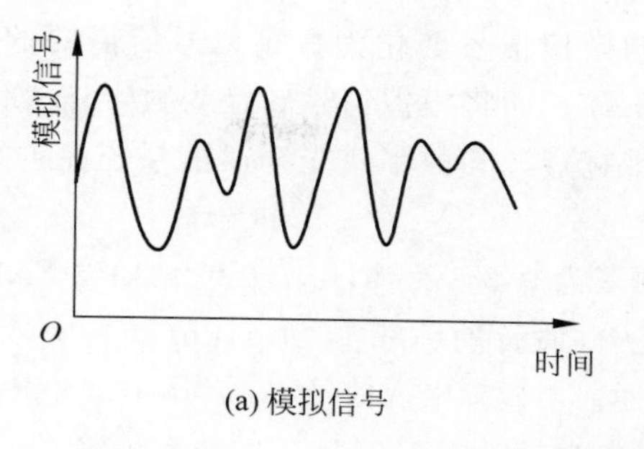

(a) 模拟信号

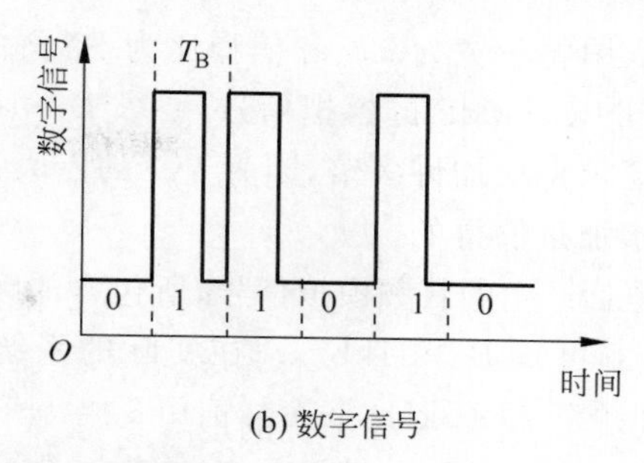

(b) 数字信号

图 1.7 模拟与数字信号

内的任意值，A_{max} 是所给模拟信号的最大振幅。可将 A_{max} 分为 M 个离散间隔(可以是不等间隔)，每个样值量化为这些离散值中的一个值。显然这样的量化处理可能导致附加噪声，称为量化噪声，它叠加在模拟信号原有的噪声上。

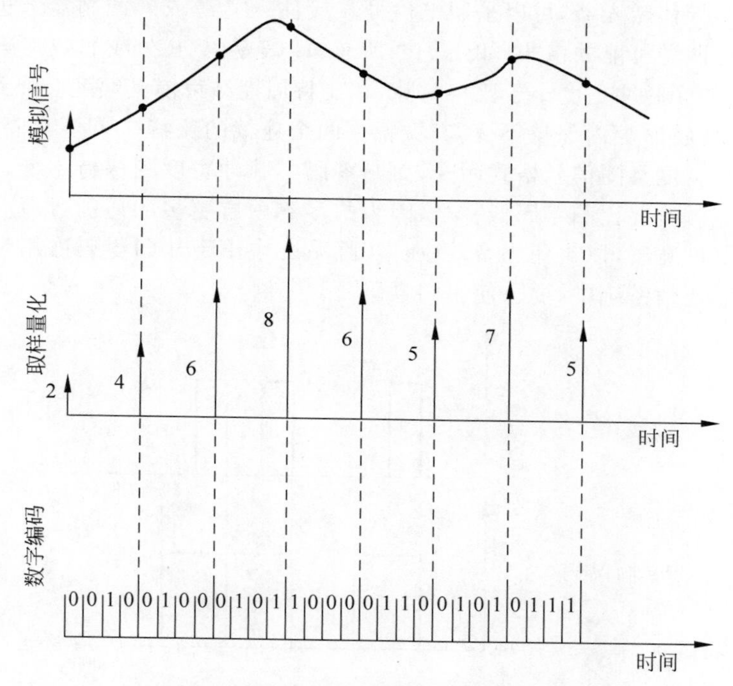

图 1.8 模拟信号的取样、量化与编码

量化噪声可通过选择离散电平的数目，使 $M > A_{max}/A_N$ 来减小，此处 A_N 为模拟信号的均方根噪声振幅，A_{max}/A_N 称为动态范围，与信噪比(SNR)有关，

$$\mathrm{SNR} = 20\lg(A_{max}/A_N) \tag{1.1}$$

其中，SNR 的单位是 dB。

模数变换的第三步对量化后的样值进行数字编码，通常可以采用脉冲编码调制(PCM)方法将样值变成 0 和 1 组合的二进制码。设编码采用的比特数为 m，考虑各种因素的影响，应满足 $m^3\log_2 M$，则数字信号比特率 B 可表示为

$$B = mf_s^3(2\Delta f)\log_2 M \tag{1.2}$$

其中考虑到奈奎斯特准则($f_s > 2\Delta f$)。同时为满足降低量化噪声的要求($M > A_{max}/A_N$)，则有

$$B > (\Delta f/3)\mathrm{SNR} \tag{1.3}$$

上式表明将带宽为 Δf 和信噪比为 SNR 的模拟信号转化为数字信号所需要的最低比特率。对于 SNR>30dB 的模拟信号，要求 $B>10\Delta f$。而将模拟信号转换为数字信号传输，对信道带宽的要求将增加许多倍，因为光纤的巨大带宽资源和数字式光纤通信系统优越的性能，这种带宽的增加是值得的。

对于电话产生的音频模拟信号，所包含的频率为 0.3～3.4kHz，$\Delta f=3.1$kHz，SNR=30dB，则由式(1.3)可知 $B>31$kb/s。在实际的系统中，话音所占带宽为 64kb/s，其中取样间隙为 125μs，取样频率 $f_s=8$kHz，每个样值用 8 比特表示。对模拟电视信号，$\Delta f=4$MHz，SNR=50dB，由式(1.3)可知 $B>66$Mb/s，在实际的系统中，数字电视信号以 100Mb/s 的速率传输。

1.3.2 调制格式

设计光纤通信系统的第一步是决定如何将电信号转换成光信号(模拟光信号或光比特流)。通常，对于半导体激光器，可以采用电信号直接注入光源或外调制器上进行调制。调制输出的光比特流有两种可能的格式，如图 1.9 所示，即归零码(RZ)或非归零码(NRZ)。归零码格式中，代表 1 的光脉冲宽度小于比特时隙，在比特周期结束前其幅度会降到零。在归零码中，光脉冲在整个比特时隙内保持不变，其振幅在两个连续的比特 1 间不会降到零。这样，在非归零格式中脉冲宽度会随信号格式而变，而归零码中脉冲宽度则保持不变。非归零码的一个优点是其比特流带宽要比归零码低一半，因为归零码中有更多的通断过渡。在非归零码应用中应严格控制脉冲宽度，以避免码型效应。实际系统中由于非归零码占用带宽窄而使用得较多。而在光孤子通信系统中，要求使用归零码。

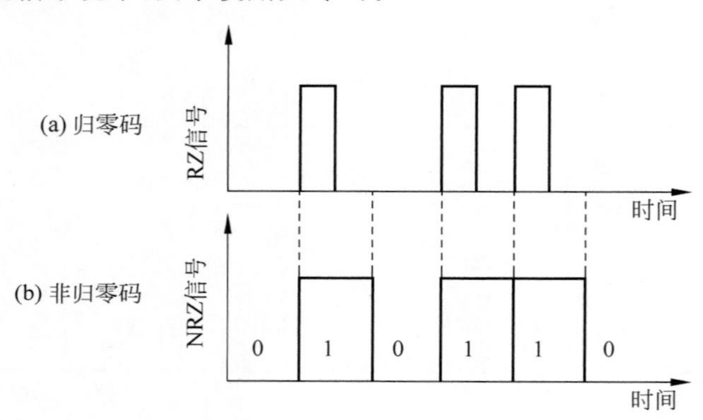

图 1.9　数据比特流 010110 表示格式

接下来的一个重要问题是选择什么变量把信息加载在光波上。一般信号都具有较低的频谱分量，不宜在信道中直接传输。实际系统中通常采用频谱搬移技术，利用基带信号来控制载波的几个特征参数中的一个，使这个参数按基带信号的规律变化。设在不考虑空间偏振特性时，调制前的光载波可表示为

$$E(t)=A\cos(\omega_0 t+\varphi) \tag{1.4}$$

其中，E 为电场；A 为振幅；ω_0 为载频；φ 为相位。根据信号与载波形式及调制器的特性的不同，可以构成不同的调制方式。例如，可以选择调制振幅 A、频率 ω_0 或相位 φ 中的任一个物理量。

对于模拟调制，这 3 种调制分别称为调幅(AM)、调频(FM)和调相(PM)。对于数字调制，可根据光载波的振幅、频率或相位是否在一个二进制信号的两种状态间变化，分别称为幅移键控(ASK)、频移键控(FSK)和相移键控(PSK)。进行 ASK 调制时，最简单的情况是使信号强度的两个变化状态中，一个状态为零，这种幅度键控通常称为通断键控(OOK)，以反映所

得光信号的通断特性。大多数数字光波通信系统使用 OOK-PCM 格式，而相干光波通信系统则使用 ASK、FSK 或 PSK-PCM 格式，具体采用哪一种应根据系统设计要求确定。

1.3.3　数字信号的复用方式

光纤通信具有很宽的频带资源，可传送高速大容量信息，但传送一路数字音频信号仅需 64kb/s 的速率，显然很不经济。为了充分利用光纤带宽就需要对数字信号进行复用。通常可用两种复用方法来提高通信容量，即时分复用（TDM）和频分复用（FDM）。对于 TDM，是将不同信道的信号交替排列组合成复合比特流。例如，如图 1.10(a)所示，对于 64kb/s 的单音频信道，比特间隔约为 15μs，若将相继的单音频信道的比特流分别延迟 3μs 插入，就可插入 5 个这样的信道，复用成 320kb/s 的比特流。如图 1.10(b)所示，对于 FDM，是将信道在频域内相互分开，每个信号由频率不同的载波携带，载波频率的间隔超过信号带宽，以防止信号频谱重叠引起串话。FDM 对模拟和数字信号都适用，并可用于多路无线电和广播电视传送。通过复用后的多路信号可直接加到半导体激光器或外调制器上产生多路复用后的光信号。对于数字信号，实现 TDM 很方便，已在电信网中广泛使用。

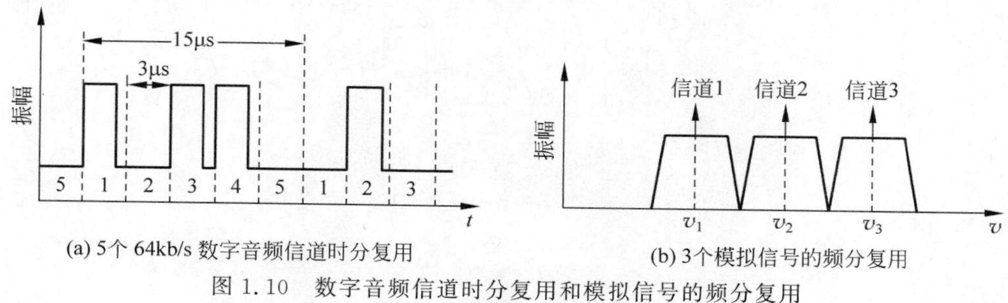

(a) 5个 64kb/s 数字音频信道时分复用　　(b) 3个模拟信号的频分复用

图 1.10　数字音频信道时分复用和模拟信号的频分复用

TDM 的概念可以进一步扩展以形成商用数字体系。在北美和日本用 24 路音频信道复用为一个基群，复合比特率为 1.544Mb/s。在中国与欧洲用 30 路音频信道复用为一个基群，复合比特率为 2.048Mb/s。为了便于在接收端将复合信号分开，在复合比特流中加放了额外的控制位。因此复合比特率为略大于 64kb/s 与信道数的积。使 4 个基群通过 TDM 成为 6.312Mb/s 和 8.44Mb/s 的二次群，继续这种步骤可获得更高的群路等级。表 1.1 即为按此复用方法合成的群路等级体系中 5 个不同群路的比特率。

表 1.1　数字通信系统群路等级及其标准比特率

群路等级	标准话路数			比特率/(Mb/s)		
	北美	欧洲	日本	北美	欧洲	日本
基群	24	30	24	1.544	2.048	1.544
二次群	96	120	96	6.312	8.448	6.312
三次群	672	480	480	44.736	34.368	32.046
四次群	1334	1920	1440	90	139.246	97.728
五次群	4032	7680	5760	274.176	565	396.200

1.3.4　同步数字体系

由表 1.1 可见，同一等级的群路，在不同的国家比特速率是不统一的。这种结构在复用方法上，除了几个低速率群路等级的信号（1.544Mb/s 和 2.048Mb/s）采用同步复用外，其他多数等级的信号采用异步复用，即靠插入一些额外比特使各路信号与复用设备同步并复用成高速信号，这种复用系统称为准同步系统（PDH）。它在点对点传输系统中已广泛应用，未出现什么问题。但随着电信网的发展和用户要求的提高，PDH 系统的弱点就不断暴露出来，缺乏范围统一的数字信号速率和帧结构标准，北美、欧洲、日本各有一套标准，自成体系，互不兼容，造成国际互通的困难；缺乏世界性的标准光接口规范，导致各个厂家开发的专用光接口大量出现，这些光接口无法在光路上互通，而必须通过光电转换成标准接口才能互通，限制了联网应用的灵活性，增加了联网应用的复杂性；复用与解复用结构复杂，缺乏灵活性，难以从高速信号中识别和提取低路信号等级，一步步将上路低速信号复用至高速线路信号进行传输，如图 1.11(a)所示。此外，网络的运行、管理和维护也比较复杂，设备和利用率很低。而下面将要介绍的同步数字体系（SDH）中，可以采用分插复用器（ADM）方便地实现这种上下路信号的分插复用，如图 1.11(b)所示。

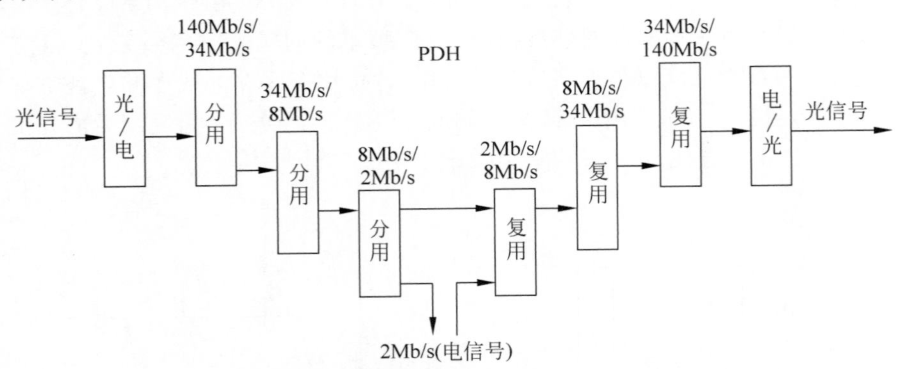

(a) PDH系统不同群路等级信号的上下路分插复用

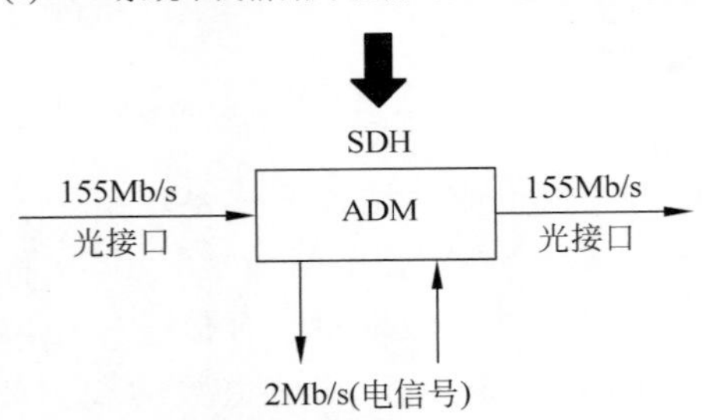

(b) SDH系统信号的上下路分插复用

图 1.11 PDH 和 SDH 系统上下路分插复用

随着电信业的发展，PDH 系统遇到了困难，这导致了一种新的标准——同步光网络（SONET）的问世。这一概念是由美国贝尔实验室率先提出的，后经几次修改扩充成为一套全新的传输技术体制，于 1988 年为国际电报电话咨询委员会（CCITT）接受为国际标准，并重新命名为同步数字体系（SDH），它涉及比特率网络节点接口、复用设备、网络管理、线路系统、换接口、信息模型、网络结构和抖动性能 8 方面的标准，已成为不仅适于光纤也适于微波和卫星传输的通信技术体制。SONET 体系的基本模块比特率为 51.8Mb/s，相应的光信号称为 OC-1（或 STS），以 OC 代表光载波。SONET 体系的一个明显的特点是高等级群路信号的比特率是基本 OC-1 等级 51.84Mb/s 的精确倍数，因而有 OC-12 为 622Mb/s，OC-48 为 2488Mb/s，OC-192 为 9953Mb/s。在 SDH 系统中，最基本、最重要的模块信号是 STM-1，其速率为 155.520Mb/s，STM 代表同步转移模块。更高级的 STM-N 信号是将基本模块信号 STM-1 按同步复用的结果，其中 N 为正整数。目前 SDH 只能支持 $N=1,4,16,64$ 和 256 等几个等级。SDH 为电信号的数字复用提供了一个国际标准，因而在世界范围内被广泛接受。表 1.2 为 CCITT 标准规定的几个 SONET/SDH 标准速率值。

表 1.2 SONET 与 SDH 数字体系的速率等级标准

SONET	SDH	速率(Mb/s)	话 音 路 数
OC-1	—	51.84 672	—
OC-3	STM-1	155.520	2016
OC-12	STM-4	622.080	8064
OC-48	SMT-16	2488.640	32 256
OC-192	STM-64	9953.280	129 024

1.3.5 异步转移模式

需要指出的是，在 SDH 的 STM 复用数字体系中，最显著的特点是不同群路信号是靠参考时钟对信道进行分割复用，利用固定的时隙分配，同一连接的通道在每一帧中的位置是确定的。SDH 已用于电路交换和时分复用，其基本交换单元是时隙，来自确定信道的信息被分插进帧中的确定位置，如图 1.12(a)所示，分配给该信道的时隙，不能转用于其他信道，因而一般信道利用率不高。在现代通信网中，信道中数字信号的复用方式不仅要便于高效传输，还要便于交换，若将传送的信息按一定长度进行分组，并按一定的格式，在其前面加上地址信息码和其他一些控制信息码，就可以以分组数据包的方式传输，并在节点上进行交换，这种信号传送与复用方式称为分组交换方式，如图 1.12(c)所示。分组数据包传送亦是一种 TDM 方式，其长度是可变的，且分组打包与传输同步进行，允许对任意比特率信号分组，信道利用率较高。但分组方式协议比较复杂，需靠硬件处理，因此对高比特应用比较困难。

鉴于上述两种信号传输、复用与交换方式的缺陷，1990 年后，国际上提出了另一种信号传输复用与交换方式，称为异步转移模式(ATM)，它基于快速分组交换的传送技术，具有分组交换对任意速率的适应性。ATM 将信息流按固定长度分成一个个数据包或称信元，如图 1.12(c)所示，每个信元长 53 字节，其中 48 字节称为信息字段并承载信息，信元开头的 5 字节称为信头，载有信元的地址信息和一些其他控制信息。ATM 虽然也是用 TDM 方式复用，但与同步数字转移模式(STM)不同，ATM 的信道分割不是靠参考时钟，而是靠信头区分。分配给同一连接的信元是按实际需要分配的，因而其出现位置是不规则的，应用在宽带综合业务数字网(B-ISDN) 中，信号传递、复用和交换都比较灵活和方便。

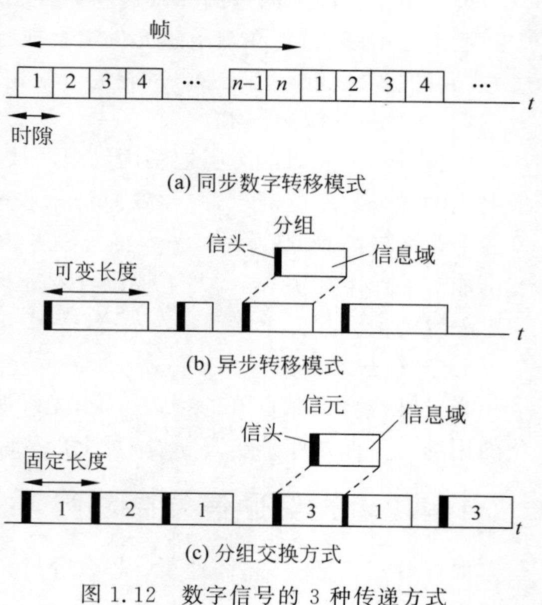

图 1.12 数字信号的 3 种传递方式

1.4 光纤通信的应用和发展趋势

1.4.1 光纤通信的应用

光纤可以传输数字信号，也可以传输模拟信号。光纤在通信网、广播电视网与计算机网和其他数据传输系统中，都得到了广泛应用。光纤宽带干线传送网和接入网发展迅速，是当前研究开发应用的主要目标。光纤通信的主要应用包括以下几个方面。

1. 通信应用

信息化时代的人们离不开方便快捷的通信，光纤通信通常运用于Internet、有线电视和(视频)电话。与传统金属铜线相比，光纤信号容易避免在传输过程中受到衰减、遭受干扰的影响，在远距离及大量传输信号的场合中，光纤优势更为显著。其次，它的传导性能良好，传输信息容量大，一条光纤通路可同时容纳多人通话，同时传送多套电视节目。光纤通信所具有的显著功能及独特优势，能够有助于电力系统的发展，我国许多地区的电力系统已经逐步由主干线向光纤过渡。目前，我国发展最为完善、规模最大的专用通信网就是电力系统的光纤通信网，其宽带、语音以及数据等一系列的电力生产和电信业务基本上都是利用光纤通信来进行承载。光纤通信技术在电力系统稳定和安全运行的保障，以及满足人们生活与生产方面有着重要的意义，因而受到了人们的青睐。

2. 医学应用

光导纤维内窥镜可以导入心脏和脑室，测量心脏血压值、血液中所含的氧气的饱和度、体温等，光导纤维连接的激光手术刀已成功应用于医学，同样也可用于光敏法治疗癌症。利用光导纤维制成的内窥镜，可以帮助医生检查胃、食道等疾病。光导纤维胃镜是由上千根玻璃纤维组成的软管，具有输送光线、传导图像的功能，且具有光纤的柔软、灵活、任意弯曲等优势，轻而易举通过食道进入胃里，并导出胃中图像，进行诊断和治疗。

3. 传感器应用

可应用于生活中路灯的光敏传感器、红外传感器，广泛运用于汽车中的温度传感器，交通中测速雷达传感器等，在与敏感元件组合或利用光纤本身的特性，可广泛用于工业测量流量、压力、温度、光泽、颜色等方面，在能量传输和信息传输方面也获得广泛的应用。

4. 光纤井下探测技术

传统石油工业只能有限地利用局限的技术开采油气储量，通常无法满足快速投资回收和最大化油气采收率的需求，并导致原油采收率平均只有30%。通过利用智能井技术，可以使原油采收率提高到55%～65%。传统测井方法虽然能提供有价值的数据，但作业成本高，并有可能对井产生损害，光纤井下探测技术能提高测井的效率，使数据更准确，且对井下状况有一定程度的安全保障。

5. 光纤艺术应用

光导纤维凭借其良好的物理特征，光纤照明和LED照明也越来越多地用于艺术装饰及美化的用途。可应用于广告显示、草坪上的光纤地灯、艺术装饰品等。

1.4.2 光纤通信发展趋势

对光纤通信而言，超高速度、超大容量和超长距离传输一直是人们追求的目标，全光网络也是人们不懈努力的成果。

1. 超大容量传输技术

光纤通信在未来发展中必然会用其自身所具备的传输技术来提高信息的传播量。WDM技术扩宽容量的方式是增加其传输渠道，而OTDM技术是通过提高单个信道的传输速率来提高容量，这也是一种很好的方法。在传输技术上为了实现更进一步的发展，可以和这两种技术有效结合，互相弥补以达到技术最优化。同时，考虑到归零编码方式的信号在超高速通信系统中所占的空间比较小，可以有效降低对色散分布的要求，对光纤非线性有很强的适应能力，会形成基于归零编码方式的超大容量OTDM/WDM通信系统。

2. 光孤子通信

光孤子通信在未来会应用到整个通信领域,也是较为理想的一种通信方式,其传播速度和传播方式备受关注。在未来的发展中,经过长时间的传播后,光孤子通信的传播波长和速度都会保持不变,这就给信息传播提供了便利,因此,必将成为未来的一种传播方式。在距离超长的信息传播技术中就可以应用此技术,并且在时域和频域的超短脉冲控制技术及超短脉冲的产生和应用技术使现行速率有很大的提升。从现阶段的发展来看,光孤子通信会攻克技术发展中的一些难题,取得突破性的进展,为未来远距离的通信奠定基础,尤其在海底光通信系统中,有光明的发展前景。

3. 全光网络

随着光纤通信的不断发展,预计未来在通信领域可以实现一种全光网,全光网是光纤通信技术发展的最高阶段,相较通信阶段是一种较理想的阶段,也是最全面的一个阶段。从光网络来看,在通信节点中还会有一定的技术限制,因此,全光网仍然是未来发展的重要趋势,能够为光纤通信的发展带来最大便利。全光网络还需要更进一步的发展,因此需要相关技术人员做好相应的技术改变,把这种网络作为一种全新的方式应用到通信领域,实现最大程度上的理想化。

4. 智能化趋势

从未来发展趋势来看,网络信息技术和通信技术让人们的生活变得多姿多彩。在发展中将计算机技术和通信技术有效结合,使两者优势有效融合,能够发挥最大优势,让光纤通信有更大化的载体。在现阶段的研究中,光纤通信技术的智能化是整体发展的趋势,为了实现利益最大化,在技术传输过程中需要更多的功能,这就需要研究人员不断挖掘新功能,最终实现连续控制、自保护、维修。智能化的最大优点是能够在很大程度上减轻工作量,实现智能化操作,并且为实现个性化的发展提供有力帮助。

综上所述,光纤通信技术作为新时代信息通信的主力,在信息技术领域中被广泛应用,在未来的发展中光纤通信必定会成为通信领域发展的主力军。

本章小结

光通信的发展过程包括早期的光通信和现代光纤通信两个时期。现代光纤通信时期是从1966年提出光纤通信概念开始到现在。根据光纤通信技术的进展又可划分为4个阶段:第一阶段(1966—1976年)是从基础研究到商业应用的开发阶段;第二阶段(1976—1986年)是以提高传输速率、增加传输距离为研究目标和大力推广应用的大发展阶段;第三阶段(1986—1996年)是进一步提高传输速率和增加传输距离并全面深入开展新技术研究的阶段;第四阶段(1996年至今)实现了超大容量的WDM光纤干线传输系统及基于WDM和波长选路的光网络,光纤通信正在向接入网领域推进。

随着光纤通信技术的发展,光纤通信已被引入公用电信网、中继网和接入网中,使通信网由第一代的纯电信网发展为第二代通信网。为了降低成本,第二代通信网络的拓扑骨架基本上是电信网的模式,只是将网络的骨架结构内的电线用光纤代替,属于光纤/同轴电缆混合网。其性能得到改善,但光纤通信的优势没有得到充分发挥。随着新型光纤、半导体功能光器件及相关技术的发展,全光通信网的来临将是指日可待。这种信号传输、交换、复用、控制与路由选择等全都在光域中进行的真正光波通信网称为第三代通信网。

总之,光纤通信的发展以大容量、高码速和远距离传输为目标。纵观它的发展过程,可以看出其发展的趋势是：

（1）由短波长向长波长发展；

（2）由多模光纤向单模光纤发展；

（3）由低码速向高码速发展；

（4）由点到点系统向光纤网络系统发展；

（5）配套的新技术、新型器件层出不穷。

光纤通信系统的基本组成有3部分：光发射机、光纤和光接收机。光纤传输系统包括电信号处理部分和光信号传输部分。光信号传输部分主要由基本光纤传输系统组成，包括光发射机、光纤传输线路和光接收机3个部分。

光纤通信的优点有：光波频率高，可供利用的频带很宽；光纤带宽宽、损耗低，无中继距离长；光纤通信的保密性好，不易被窃听；光纤通信的抗电磁干扰能力强，绝缘性能好；光纤通信系统具有相当的经济价值，能节约大量的有色金属和原材料；光纤的尺寸小，重量轻；光纤通信系统工作稳定性好，使用寿命长。

光纤通信系统可以传输数字信号，也可以传输模拟信号。光纤通信主要应用于通信网，包括：全球通信网、各国的公共电信网、各种专用通信网和特殊通信手段；构成因特网的计算机局域网和广域网；有线电视网的干线和分配网；综合业务光纤接入网等。随着移动互联网的普及和5G产业的发展，光纤通信技术已广泛应用于信息技术领域。光纤技术的发展目标一直是更大的容量、更长的距离和更高的速度。它的发展趋势是满足市场和人们生活乃至军事应用的需求，而其服务范围将扩展到各个领域，并且应用程序体验会更好。

习题

1.1 为什么要发展光通信？光通信与电通信有什么不同？

1.2 什么是光纤通信？目前使用的通信光纤大多数采用基础材料为 SiO_2 的光纤，它是工作在电磁波的哪个区？波长范围是多少？对应的频率范围是多少？

1.3 光纤通信具有哪些主要特点？

1.4 光纤通信系统由哪几部分组成？各部分的功能是什么？

1.5 实现光源调制的方法有哪些？请具体说明。

1.6 请查阅相关资料，论述当前光纤通信研究的一些最新技术以及光纤通信的发展趋势。

第2章 CHAPTER 2

光纤传输理论及传输特性

本章首先简要介绍了光纤的结构和类型，接着分析了光纤的导光原理(光纤的射线理论和波动理论)，最后分析了光纤的相关特性以及常用光缆类型。

2.1 光纤结构与类型

2.1.1 光纤的结构

光纤是由纤芯和包层同轴组成的双层或多层的圆柱体的细玻璃丝。光纤的外径一般为125～140μm，芯径一般为3～100μm。光纤是光纤通信系统的传输介质，其作用是在不受外界干扰的条件下，低损耗、小失真地传输光信号。

光纤主要由纤芯和包层组成，最外层还有涂覆层和套塑。其结构如图2.1所示。

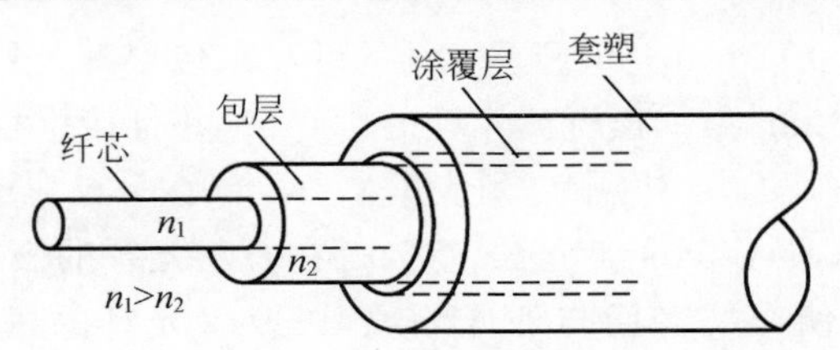

图2.1 光纤的结构示意图

光纤的中心部分是纤芯，其折射率比包层稍高，损耗比包层更低，光能量主要在纤芯内传输；包层是为光的传输提供反射面和光隔离，将光波封闭在光纤中传播，并对纤芯起着一定的机械保护作用。光纤纤芯和包层的折射率分别为 n_1 和 n_2。光波在光纤中是通过全反射传播的，因此只有 $n_1 > n_2$ 才能达到传导光波的目的。

为了实现纤芯和包层的折射率差异，就需要纤芯和包层的材料不同，目前纤芯的主要成分是石英(二氧化硅)。在石英中掺入其他杂质，就构成了包层，如果要提高石英材料的折射率，可以掺入二氧化锗、五氧化二磷等；如果要降低石英材料的折射率，可以掺入三氧化二硼、氟等。

实际的光纤不是裸露的玻璃丝，而是在光纤的外围附加涂覆层和套塑，主要是保护光纤，增加光纤的强度。

2.1.2 光纤的类型

根据光纤的材料、折射率分布、传输模式的多少等分类，主要有以下几种类型。

1. 按光纤的材料分类

按照光纤的材料来分，一般可分为石英光纤、掺稀土光纤、复合光纤、氟化物光纤、塑包光纤、全塑光纤、碳涂层光纤和金属涂层光纤共8种。

(1) 石英光纤是一种以高折射率的纯石英玻璃(SiO_2)材料为芯，以低折射率的有机或无机材料为包层的光学纤维。石英玻璃光纤传输波长范围宽，数值孔径(NA)大，光纤芯径大，力学性能好，很容易与光源耦合。在信息传输、传感、光谱分析、激光医疗、照明等领域的应用极为广泛。

(2) 掺稀土光纤是在光纤的纤芯中，掺杂铒(Er)、钕(Nd)、镨(Pr)等稀土族元素的光纤。1985年英国的南安普顿(Southampton)大学的佩恩(Payne)等首先发现掺杂稀土元素的光纤(Rare Earth Doped Fiber)有激光振荡和光放大的作用。目前使用的1550nm波段的EDFA(Erbium-doped Optical Fiber Amplifer)就是利用掺铒的单模光纤作为激光工作物质的。

(3) 复合光纤是在石英玻璃(SiO_2)原料中适当混合氧化钠(Na_2O)、氧化硼(B_2O_2)、氧化钾(K_2O_2)等氧化物制成的光纤。其特点是软化点低，纤芯与包层的折射率差别大，把光束缚在纤芯的能力强。主要应用于医疗业务中的光纤窥镜。

(4) 氟化物光纤(Fluoride Fiber)是由多种氟化物玻璃制成的光纤。这种光纤原料简称ZBLAN[氟化锆(ZrF_4)、氟化钡(BaF_2)、氟化镧(LaF_3)、氟化铝(AlF_3)、氟化钠(NaF)等氟化物简化的缩略语]。其工作波长为2～10μm，具有超低损耗的特点，用于长距离光纤通信，目前尚未广泛使用。

(5) 塑包光纤(Plastic Clad Fiber)是用高纯度的石英玻璃制成纤芯，用硅胶等塑料(折射率比石英稍低)作为包层的阶跃型光纤。它与石英光纤相比，具有纤芯粗、数值孔径(NA)高的优点。因此，易与发光二极管LED光源结合，损耗也较小。所以，非常适用于局域网(LAN)或者近距离通信。

(6) 全塑光纤(Plastic Optical Fiber)是光纤的纤芯和包层都是用塑料(聚合物)制成。塑料光纤的纤芯直径为1000pm，是单模石英光纤的100倍，并且接续很简单，而且易于弯曲，容易施工。在汽车内部或者家庭局域网中得到应用。

(7) 碳涂层光纤(Carbon Coated Fiber，CCF)是在石英光纤的表面上涂覆有碳膜的光纤。其利用碳素的致密膜层，使光纤表面与外界隔离，以改善光纤的机械疲劳损耗和氢分子的损耗。

(8) 金属涂层光纤(Metal Coated Fiber)是在光纤表面涂上Ni、Cu、Al等金属层的光纤。它在恶劣环境中得到广泛应用。

2. 按折射率分布分类

按照折射率分布，一般可以分为阶跃型光纤和渐变型光纤两种。

(1) 阶跃型光纤。如果纤芯折射率(指数)沿半径方向保持一定，包层折射率沿半径方向也保持一定，而且纤芯和包层折射率在边界处呈阶梯形变化的光纤，称为阶跃型光纤，又可称为均匀光纤。这种光纤一般纤芯直径为50～80μm，特点是信号畸变大。它的结构如图2.2(a)所示。

(2) 渐变型光纤。如果纤芯折射率沿着半径加大而逐渐减小，而包层折射率是均匀的，这种光纤称为渐变型光纤，又称为非均匀光纤。这种光纤一般纤芯直径为50μm，特点是信号畸变小。它的结构如图2.2(b)所示。

3. 按传输模式的多少分类

模式实际上就是光纤中一种电磁场场型结构分布形式。不同的模式有不同的电磁场场型。根据光纤中传输模式的数量，可分为单模光纤和多模光纤。

(1) 单模光纤是指只能传输基模(HE_{11})，即只能传输一个最低模式的光纤，其他模式均

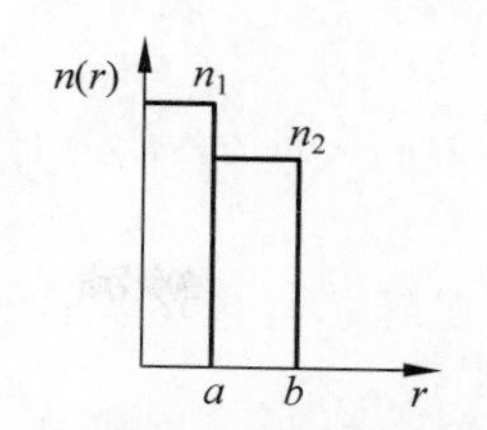

(a) 阶跃型光纤的折射率剖面分布

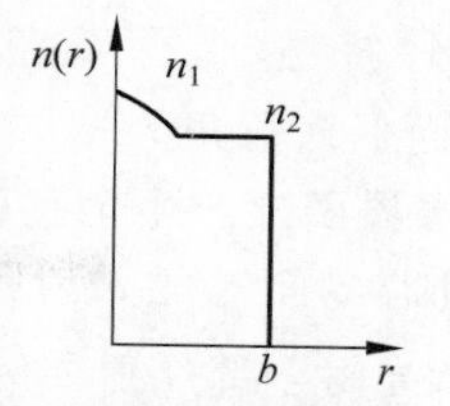

(b) 渐变型光纤的折射率剖面分布

图 2.2 阶跃型和渐变型光纤折射率分布

被截止。单模光纤的纤芯直径较小，为 4～10μm，通常，纤芯中折射率的分布认为是均匀分布的。由于单模光纤只传输基模，从而完全避免了模式色散，使传输带宽大大加宽。因此，它适用于大容量、长距离的光纤通信。这种光纤特点是信号畸变小。

(2) 多模光纤是指可以传输多种模式的光纤，即光纤传输的是一个模群。多模光纤的纤芯直径约为 50μm，由于模式色散的存在会使多模光纤的带宽变窄，但其制造、耦合、连接都比单模光纤容易。

2.2 光纤的射线光学理论分析

由物理学知识可知，光具有两重性，即光可被看作为光波，也可以看作为由光子组成的粒子流。因此光纤的导光原理可以使用射线理论和波动理论来分析。射线理论把光看作光线来分析，比较直观易懂，是一种近似方法，只能作定性的分析；波动理论要解麦克斯韦方程，很严密，可做定量分析，但较为复杂。本节重点分析光纤的射线理论。

2.2.1 从射线光学理论分析光纤的导光原理

光进入光纤后进行射线传播，通过空气、纤芯和包层 3 种介质。假设空气的折射率为 n_0 ($n_0 \approx 1$)，纤芯的折射率为 n_1，包层的折射率为 n_2，在空气与纤芯端面形成的界面 1 上，入射角为 θ_0，折射角为 θ。在纤芯和包层形成的界面 2 上，入射角为 ϕ_1，折射角为 ϕ_2。根据光的传输原理，光波在光纤中传输会出现临界状态、全反射状态和部分光进入包层 3 种状态。光在光纤中反射和传播如图 2.3 所示。

1. 光在临界状态时的传输情况

当 $\phi_2 = 90°$ 时的状态，称为临界状态，此时入射角为 ϕ_1。

临界状态时光波的传输情况如图 2.3(a)所示。在界面 2 上有

$$\phi_2 = 90° \tag{2.1}$$

$$\phi_1 = \phi_c \tag{2.2}$$

所以在界面 1 上就有

$$\phi = 90° - \phi_c \tag{2.3}$$

依据斯奈尔(Snell)定律(折射定律)有

$$n_0 \sin\theta_0 = n_1 \sin\theta = n_1 \sin(90° - \phi_c) = n_1 \cos\phi_c \tag{2.4}$$

因为 $n_0 \approx 1$，所以

$$\sin\theta_0 = n_1 \cos\phi_c \tag{2.5}$$

其中，

$$\cos\phi_c = \sqrt{1 - \sin^2\phi_c} = \sqrt{n_1^2 - n_2^2}/n_1 \tag{2.6}$$

所以

$$\sin\theta_0=\sqrt{n_1^2-n_2^2} \tag{2.7}$$

可见，在第一个界面上入射角为 θ_0，在第二个界面上的入射角为 ϕ_c 时，为临界状态。

2. 光在纤芯与包层界面上产生全反射传输情况

当光线在空气与纤芯界面上的入射角 $\theta_0'<\theta_0$，而在纤芯与包层界面上的入射角大于 ϕ_c 时，将出现全反射现象，光将全部反射回纤芯中，如图 2.3(b)所示。

当折射角 $\phi_2=90°$时，临界角的 ϕ_c 正弦值为

$$\sin\phi_c=n_1/n_2 \tag{2.8}$$

可见，ϕ_c 的大小由纤芯和包层材料的折射率之比来决定。

3. 部分光进入包层的情况

当光线在空气与纤芯界面上的入射角大于 θ_0，而在纤芯与包层界面上的入射角小于 ϕ_c 时，折射角小于 90°，将出现一部分光在纤芯中传播，一部分光折射入包层中，进入包层的光将要损耗掉，如图 2.3(c)所示。

总之，利用纤芯与包层界面折射率($n_1>n_2$)的关系，当光线在空气与纤芯界面上的入射角小于 θ_0 时，就会在纤芯与包层界面上出现全反射现象，光被封闭在纤芯中以"之"字形曲线向前传输，这时的入射角称为接收角。

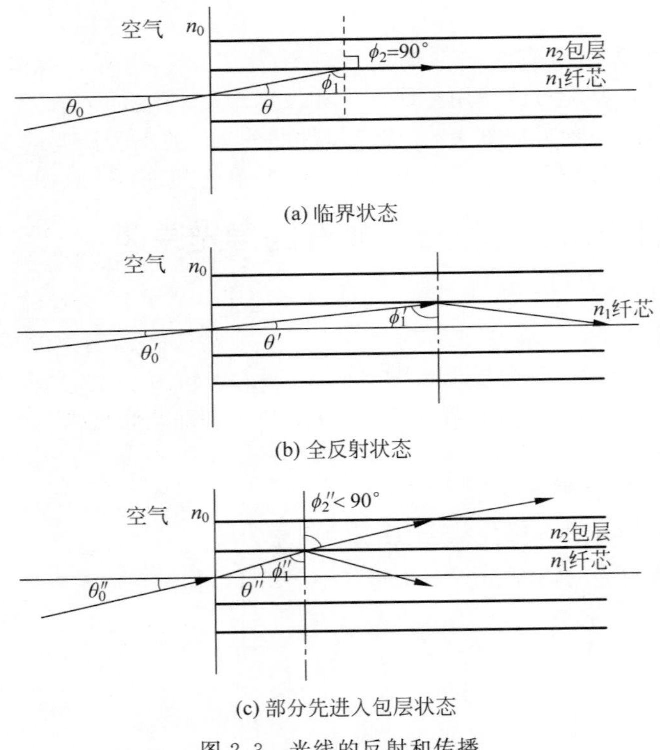

图 2.3　光线的反射和传播

2.2.2　传导模和数值孔径

当纤芯与包层界面满足全反射条件时，光就会被封闭在纤芯内传输，这样形成的模称为传导模；相反，当纤芯与包层界面不满足全反射条件时，就有部分光在纤芯内传输，部分光折射入包层，这种从纤芯向外辐射的模式称为辐射模。

接收角最大值 θ_0 的正弦与 n_0 的乘积，称为光纤的数值孔径，用 NA 表示，即

$$\mathrm{NA}=n_0\sin\theta_0=\sin\theta_0 \tag{2.9}$$

根据式(2.7)可知

$$\sin\theta_0=\sqrt{n_1^2-n_2^2}=n_1\sqrt{(n_1^2-n_2^2)}/n_1 \tag{2.10}$$

对于弱导光纤，有 $n_1\approx n_2$，此时

$$\Delta\approx(n_1-n_2)/n_1 \tag{2.11}$$

$$\sin\theta_1\approx n_1\sqrt{2\Delta} \tag{2.12}$$

其中，Δ 为相对折射率指数差。

光纤的数值孔径仅取决于光纤的折射率 n_1 和 n_2，与光纤的直径无关。数值孔径表示光纤接收和传输光能力的大小，相对折射率差(Δ)增大，数值孔径也随之增大。然而数值孔径越大，经光纤传输后产生的信号畸变也越大，因而限制了信息传输容量。

对于单模光纤，$\Delta=0.1\%\sim0.3\%$；对于跃变型多模光纤，$\Delta=0.3\%\sim3\%$。

【例 2-1】 一阶跃光纤折射率 $n_1=1.5$，相对折射率差 $\Delta=1\%$，长度 $L=1\text{km}$。求子午光线的最大时延差。

解：如图 2.4 所示，入射角为 θ 的光线在长度为 $L(ox)$ 的光纤中传输，所经历的路程为 $l(oy)$，在 θ 不大的条件下，其传播时间即时间延迟为

$$\tau=\frac{n_1 l}{c}=\frac{n_1 L}{c}\sec\theta_1\approx\frac{n_1 L}{c}\left(1+\frac{\theta_1^2}{2}\right)$$

子午光线的最大时延差即是最大入射角和最小入射角的光线之间时延差，近似为

$$\Delta\tau=\frac{L}{2n_1c}\theta_c^2=\frac{L}{2n_1c}(\text{NA})^2\approx\frac{Ln_1\Delta}{c}=50\text{ns/km}$$

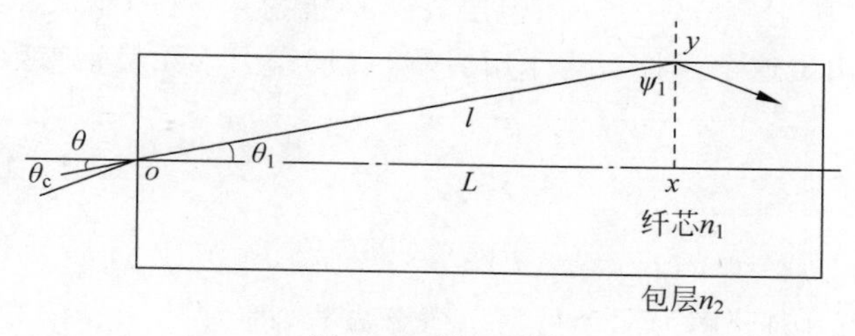

图 2.4　例 2-1 图

2.3　光纤的波动理论分析

用射线光学理论分析法虽然可简单、直观地得到光线在光纤中传输的物理图像，但由于忽略了光的波动性质，只能对光纤的传输特性提供近似的结果，不能了解光在纤芯、包层中的结构分布及其他许多特性。因此，在光波导理论中，采用波动光学的方法，即把光作为电磁波来处理，通过求解麦克斯韦方程组导出的波动方程，分析电磁场的分布性质，才能更准确地研究电磁波在光纤中的传输规律，得到光纤中的传播模式、场结构、传输常数及截止条件。本节先用波动光学的方法求解波动方程，而后引入模式理论得到光纤的一系列重要特性。

2.3.1　波动方程和电磁场表达式

对于圆柱形光纤，采用圆柱坐标系，假设光纤没有损耗，折射率 n 变化很小，在光纤中传播的是角频率为 ω 的单色光，电磁场与时间 t 的关系为 $\exp(\text{j}\omega t)$，则标量波动方程为

$$\nabla^2E+\left(\frac{n\omega}{c}\right)^2E=0,\quad \nabla^2H+\left(\frac{n\omega}{c}\right)^2H=0 \tag{2.13}$$

其中，E 和 H 分别为电场和磁场在直角坐标中的任一分量；c 为真空中的光速。选用圆柱坐

标(r,ϕ,z)，使 z 轴与光纤中心轴线一致，如图 2.5 所示。将式(2.13)在圆柱坐标中展开，得到电场的 z 分量 E_z 的波动方程为

$$\frac{\partial^2 E_z}{\partial r^2}+\frac{1}{r}\frac{\partial E_z}{\partial r}+\frac{1}{r^2}\frac{\partial^2 E_z}{\partial \phi^2}+\frac{\partial^2 E_z}{\partial z^2}+\left(\frac{nw}{c}\right)^2 E_z=0 \tag{2.14}$$

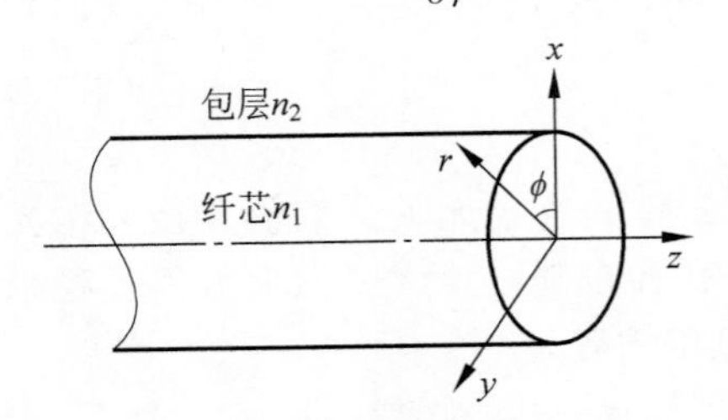

图 2.5 光纤中的圆柱坐标

磁场分量 H_z 的方程和式(2.14)完全相同，不再列出。解方程(2.14)，求出 E_z 和 H_z，再通过麦克斯韦方程组求出其他电磁场分量，就得到任意位置的电场和磁场。

把 $E_z(r,\phi,z)$ 分解为 $E_z(r)$、$E_z(\phi)$ 和 $E_z(z)$。设光沿光纤轴向(z 轴)传输，其传输常数为 β，则 $E_z(z)$ 应为 $\exp(-\mathrm{j}\beta z)$。由于光纤的圆对称性，$E_z(\phi)$ 应为方位角 ϕ 的周期函数，设为 $\exp(\mathrm{j}v\phi)$，v 为整数。$E_z(r)$ 为未知函数，利用这些表达式，电场 z 分量可以写成

$$E_z(r,\phi,z)=E_z(r)\mathrm{e}^{\mathrm{j}(v\phi-\beta z)} \tag{2.15}$$

把式(2.15)代入式(2.14)得到

$$\frac{\mathrm{d}^2 E_z(r)}{\mathrm{d}r^2}+\frac{1}{r}\frac{\mathrm{d}E_z(r)}{\mathrm{d}r}+\left(n^2k^2-\beta^2-\frac{v^2}{r^2}\right)E_z(r)=0 \tag{2.16}$$

其中，$k=2\pi/\lambda=2\pi f/c=\omega/c$；$\lambda$ 和 f 为真空中光的波长和频率。这样就把分析光纤中的电磁场分布，归结为求解贝塞尔(Bessel)方程(2.16)。

设纤芯$(0\leqslant r<a)$折射率 $n(r)=n_1$，包层$(r\geqslant a)$折射率 $n(r)=n_2$，实际上突变型多模光纤和常规单模光纤都满足这个条件。为求解方程(2.16)，引入无量纲参数 u、w 和 V

$$\begin{cases}u^2=a^2(n_1^2k^2-\beta^2), & 0\leqslant r<a\\ w^2=a^2(\beta^2-n_2^2k^2), & r\geqslant a\\ V^2=u^2+w^2=a^2k^2(n_1^2-n_2^2)\end{cases} \tag{2.17}$$

利用这些参数，把式(2.16)分解为两个贝塞尔微分方程，即

$$\frac{\mathrm{d}^2 E_a(r)}{\mathrm{d}r^2}+\frac{1}{r}\frac{\mathrm{d}E_z(r)}{\mathrm{d}r}+\left(\frac{u^2}{a^2}-\frac{v^2}{r^2}\right)E_z(r)=0 \tag{2.18a}$$

$$\frac{\mathrm{d}^2 E_a(r)}{\mathrm{d}r^2}+\frac{1}{r}\frac{\mathrm{d}E_z(r)}{\mathrm{d}r}+\left(\frac{w^2}{a^2}-\frac{v^2}{r^2}\right)E_z(r)=0 \tag{2.18b}$$

因为光能量要在纤芯$(0\leqslant r<a)$中传输，在 $r=0$ 处，电磁场应为有限实数；在包层$(r\geqslant a)$，光能量沿径向 r 迅速衰减，当 $r\to\infty$ 时，电磁场应消失为零。根据这些特点，式(2.18a)的解应取 v 阶贝塞尔函数 $J_v(ur/a)$，而式(2.18b)的解则应取 v 阶修正的贝塞尔函数 $K_v(wr/a)$。因此，在纤芯和包层的电场 $E_z(r,\phi,z)$ 和磁场 $H_z(r,\phi,z)$ 表达式为

$$\begin{cases}E_{z1}(r,\phi,z)=A\dfrac{J_v(ur/a)}{J_v}\mathrm{e}^{\mathrm{j}(v\phi-\beta\pi)}, & 0\leqslant r<a\\[2ex] H_{z1}(r,\phi,z)=B\dfrac{J_v(ur/a)}{J_v}\mathrm{e}^{\mathrm{j}(v\phi-\beta\pi)}, & 0\leqslant r<a\\[2ex] E_{z2}(r,\phi,z)=A\dfrac{K_v(wr/a)}{k_v(w)}\mathrm{e}^{\mathrm{j}(v\phi-\beta\pi)}, & r\geqslant a\\[2ex] H_{z2}(r,\phi,z)=B\dfrac{K_v(wr/a)}{k_v(w)}\mathrm{e}^{\mathrm{j}(v\phi-\beta\pi)}, & r\geqslant a\end{cases} \tag{2.19}$$

其中，下标 1 和 2 分别表示纤芯和包层的电磁场分量；A 和 B 为待定常数，由激励条件确定；$J_v(u)$和 $K_v(w)$如图 2.6 所示，$J_v(u)$类似于振幅逐渐衰减的正弦曲线，$K_v(w)$类似于指数衰减曲线。

式(2.19)表明，光纤传输模式的电磁场分布和性质取决于特征参数 u、w 和 β 的值。u 和 w 决定纤芯和包层横向(r)电磁场的分布，称为横向传输常数；β 决定纵向(z)电磁场分布和传输性质，所以称为(纵向)传输常数。

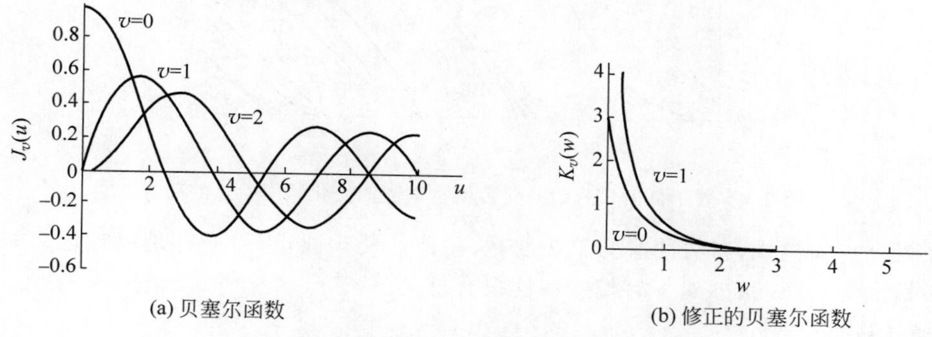

图 2.6　两种第一类贝塞尔函数

2.3.2　特征方程和传输模式

由式(2.19)确定光纤传输模式的电磁场分布和传输性质，必须求得 u、w 和 β 的值。由式(2.17)可看到，在光纤基本参数 n_1、n_2、a 和 k 已知的条件下，u 和 w 只和 β 有关。利用边界条件，导出 β 满足的特征方程，就可以求得 β 和 u、w 的值。

由式(2.19)确定电磁场的纵向分量 E_z 和 H_z 后，就可以通过麦克斯韦方程组导出电磁场横向分量 E_r、H_r 和 E_f、H_f 的表达式。因为电磁场强度的切向分量在纤芯包层交界面连续，在 $r=a$ 处应该有

$$\begin{cases} E_{z1}=E_{z2}, \quad H_{z1}=H_{z2} \\ E_{f1}=E_{f2}, \quad H_{f1}=H_{f} \end{cases} \tag{2.20}$$

由式(2.19)可知，E_z 和 H_z 已自动满足边界条件的要求。由 E_f 和 H_f 的边界条件导出 β 满足的特征方程为

$$\left[\frac{J_v(u)}{uJ_v(u)}+\frac{K'_v}{wK_v(w)}\right]\left[\frac{n_1^2}{n_2^2}\frac{J'_v(u)}{uJ_v(w)}+\frac{K'_v}{wK_v(w)}\right]=v^2\left(\frac{1}{u^2}+\frac{1}{w^2}\right)\left(\frac{n_1^2}{n_2^2}\frac{1}{u^2}+\frac{1}{w^2}\right) \tag{2.21}$$

这是一个超越方程，由这个方程和式(2.17)定义的特征参数 V 联立，就可求得 β 值。但数值计算十分复杂，其结果示于图 2.7 中。图中纵坐标的传输常数 β 的取值范围为

$$n_2k \leqslant \beta \leqslant n_1k \tag{2.22}$$

相当于归一化传输常数 b 的取值范围为 $0\leqslant b\leqslant 1$，有

$$b=\frac{w^2}{v^2}=\frac{(\beta/k)^2-n_2^2}{n_1^2-n_2^2} \tag{2.23}$$

横坐标的 V 称为归一化频率，根据式(2.17)得到

$$V=\frac{2\pi a}{\lambda}\sqrt{n_1^2-n_2^2} \tag{2.24}$$

图 2.7 中每一条曲线表示一个传输模式的 β 随 V 的变化，所以方程(2.21)又称为色散方

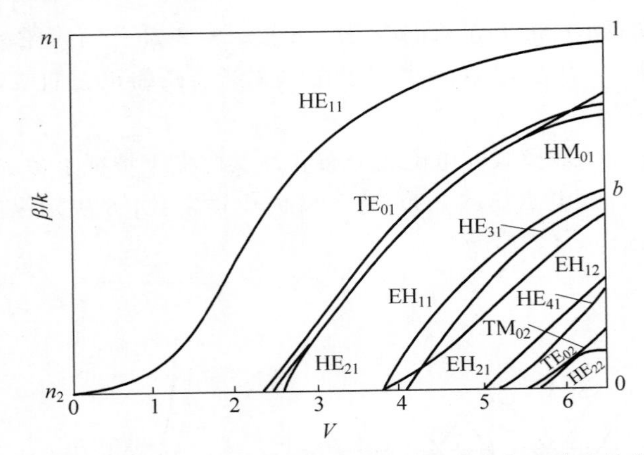

图 2.7　若干低阶模式归一化传输常数随归一化频率变化的曲线

程。对于光纤传输模式，有两种情况非常重要，一种是模式截止，另一种是模式远离截止。分析这两种情况的 u、w 和 β，对了解模式特性很有意义。

1. 模式截止

由修正的贝塞尔函数的性质可知，当 $(wr/a)\to\infty$ 时，$K_v(wr/a)\to\exp(-wr/a)$，要求在包层电磁场消失为零，即 $\exp(-wr/a)\to 0$，必要条件是 $w>0$。如果 $w<0$，电磁场将在包层振荡，传输模式将转换为辐射模式，使能量从包层辐射出去。$w=0(\beta=n_2k)$ 介于传输模式和辐射模式的临界状态，这个状态称为模式截止。u、w 和 β 值记为 u_c、w_c 和 β_c，此时 $V=V_c=u_c$。

对于每个确定的 v 值，可以从特征方程(2.21)求出一系列 u_c 值，每个 u_c 值对应一定的模式，决定其 β 值和电磁场分布。

当 $v=0$ 时，电磁场可分为两类。一类只有 E_z、E_r 和 H_f 分量，$H_z=H_r=0$，$E_f=0$，这类在传输方向无磁场的模式称为横磁模(波)，记为 TM_{0u}。另一类只有 H_z、H_r 和 E_f 分量，$E_z=E_r=0$，$H_f=0$，这类在传输方向无电场的模式称为横电模(波)，记为 TE_{0u}。在微波技术中，金属波导传输电磁场的模式只有 TM 波和 TE 波。

当 $v\neq 0$ 时，电磁场 6 个分量都存在，这些模式称为混合模(波)。混合模也有两类：一类 $E_z<H_z$，记为 HE_{vu}；另一类 $E_z>H_z$，记为 EH_{vu}。下标 v 和 u 都是整数。第一个下标 v 是贝塞尔函数的阶数，称为方位角模数，它表示在纤芯沿方位角绕一圈电场变化的周期数。第二个下标 u 是贝塞尔函数的根按从小到大排列的序数，称为径向模数，它表示从纤芯中心($r=0$)到纤芯与包层交界面($r=a$)电场变化的半周期数。

2. 模式远离截止

当 $V\to\infty$ 时，w 增加很快，当 $w\to\infty$ 时，u 只能增加到一个有限值，这个状态称为模式远离截止，其 u 值记为 u_∞。

波动方程和特征方程的精确求解都非常繁杂，一般要进行简化。大多数通信光纤的纤芯与包层相对折射率差 Δ 都很小(如 $\Delta<0.01$)，因此有 $n_1\approx n_2\approx n$ 和 $\beta=n_k$ 的近似条件。这种光纤称为弱导光纤，对于弱导光纤 β 满足的本征方程可以简化为

$$\frac{uJ_v\pm 1}{J_v(u)}=\pm\frac{wK_{v\pm 1}(w)}{K_v(w)} \tag{2.25}$$

由此得到的混合模 HE_{v+1u} 和 EH_{v-1u}(如 HE_{31} 和 EH_{11})传输常数 β 相近，电磁场可以线性叠加。用直角坐标代替圆柱坐标，使电磁场由 6 个分量简化为 4 个分量，得到 E_x、H_y、

E_z、H_z 或与之正交的 E_x、H_y、E_z、H_z。这些模式称为线性偏振(Linearly Polarized)模，并记为 LPH_{vu}。LP_{0u} 即 HE_{1u}，LP_{1u} 由 HE_{2u} 和 TE_{0u}、TM_{0u} 组成，包含 4 重简并，LPH_{vu} ($v>1$)由 HE_{v+1u} 和 EH_{v-1u} 组成，包含 4 重简并。

若干低阶 LP_{vu} 模简化的本征方程和相应的模式截止值 u_c 和远离截止值 u_∞ 列于表 2.1 中，这些低阶模式和相应的 V 值范围列于表 2.2 中。

表 2.1　LP_{vu} 模截止值和远离截止值

方位角模数	$w\to 0$ 本征方程	$w\to\infty$ 本征方程	截止值 u_c	远离截止值 u_∞
$v=0$	$J_1(u_c)=0$	$J_1(u_\infty)=0$	u_c　0	3.832　7.016　10.173　…
			u_∞　2.405	5.520　8.654　11.793　…
			LP_{0u}　LP_{01}	LP_{02}　LP_{03}　LP_{04}　…
$v=1$	$J_0(u_c)=0$	$J_1(u_\infty)=0$ $U_\infty\neq 0$	u_c　2.405	3.832　7.016　10.173　…
			u_∞　3.832	7.016　10.173　13.237　…
			LP_{0u}　LP_{11}	LP_{12}　LP_{13}　LP_{14}　…

表 2.2　低阶($v=0$ 和 $v=1$)模式和相应的 V 值范围

V 值范围	低阶模式			
0～2.405	LP_{01}	HE_{11}		
2.405～3.832	LP_{11}	HE_{21}	TM_{01}	TM_{11}
3.832～5.520	LP_{02}	HE_{12}		
5.520～7.016	LP_{12}	HE_{22}	TM_{021}	TM_{02}
7.016～8.654	LP_{03}	HE_{13}		
8.654～10.173	LP_{13}	HE_{23}	TM_{03}	TM_{03}

【例 2-2】　阶跃型光纤纤芯折射率 $n_1=1.5$，包层折射率 $n_2=1.48$，在工作波长为 1310nm 的条件下，要保证单模传输，纤芯的半径如何选择？

解：当 $V\leqslant 2.405$ 时可实现单模传输

$$V=\frac{2\pi a}{\lambda}\sqrt{n_1^2-n_2^2}$$

$$\frac{2\pi a}{1310\text{nm}}\sqrt{1.5^2-1.48^2}\leqslant 2.405$$

$$a\leqslant\frac{2.405\times 1.31}{2\pi\sqrt{1.5^2-1.48^2}}=2.054(\mu\text{m})$$

所以纤芯半径应小于 2.054μm。

2.4　光纤的制造工艺简介

光纤的制造工艺主要有原材料的提取、预制棒的熔炼、预制棒的拉丝和涂覆、光纤成品的测试 4 道工序。

2.4.1　原材料的提取

制造光纤的原材料主要有 $SiCl_4$、掺杂剂 $GeCl_4$ 和 $CFCl_3$，还有高纯氧。

2.4.2　预制棒的熔炼

预制棒的熔炼方法很多，常见的方法有外部气相氧化法棒外气相沉积法(Outside Vapor

oxidation rod outside Vapor Deposition,OVPO)、改进的化学气相沉积法(Modified Chemical Vapour Deposition,MCVD)、气相轴向沉积法(Vapour phase Axial Deposition,VPAD)、等离子体激活化学气相沉积法(Plasma activated Chemical Vapour Deposition,PCVD)。本节重点介绍 OVPO 和 MCVD。

1. OVPO

OVPO 制造示意图如图 2.8 所示。

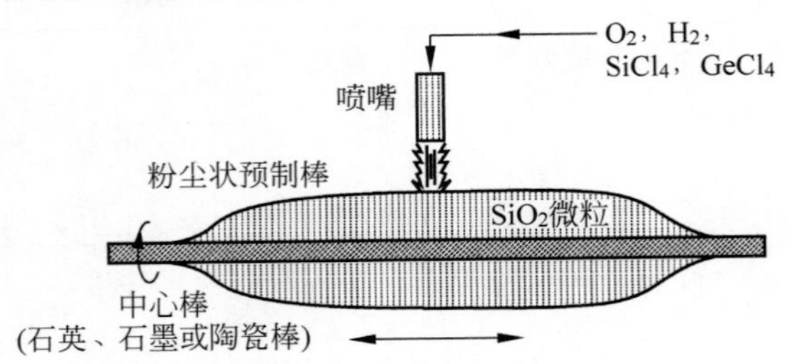

图 2.8 OVPO 制造示意图

喷嘴中的化学方程式为

$$\left.\begin{aligned} SiCl_4 + O_2 &\rightarrow SiO_2 + 2Cl_2 \uparrow \\ GeCl_4 + O_2 &\rightarrow GeO_2 + 2Cl_2 \uparrow \end{aligned}\right\} \tag{2.26}$$

外部气相氧化法棒外气相沉积法(OVPO 法)的基本步骤如下。

(1) 将由石墨或陶瓷制成的中心棒置于喷嘴下方,匀速旋转并来回平移,以便在中心棒上均匀沉积一层又一层从喷嘴出来的 SiO_2 玻璃粉尘。

(2) 控制金属卤化物蒸气流成分,即可形成纤芯和包层所需要的尺寸和预制棒,也可以使预制棒折射率分布是阶跃的,或是渐变的。

(3) 沉积过程完成后,经过脱水处理后,抽出中心棒,然后在干燥的大气中、在高温(大约1400℃)环境下将其玻璃化,制成洁净的玻璃预制棒。

2. MCVD

MCVD 如图 2.9 所示,它最先由贝尔实验室设计出来,现在已被全球广泛用于制造低损耗梯度型折射率光纤。这种方法是在石英管的内管壁上用化学气相沉积的方法形成芯子和包层,加热用氢氧焰喷灯。

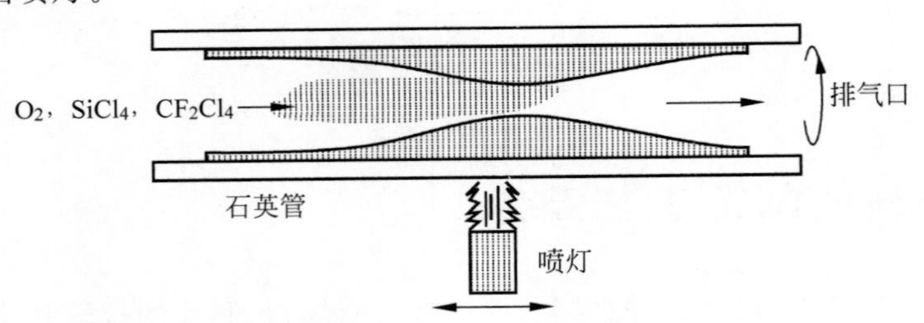

图 2.9 改进的化学气相沉积法

化学方程式为

$$\left.\begin{aligned} SiCl_4 + O_2 &= SiO_2 + 2Cl_2 \uparrow \\ CF_2Cl_4 + O_2 &= SiF_2 + CO_2 \uparrow + 2Cl_2 \uparrow \end{aligned}\right\} \tag{2.27}$$

混合的反应物气体通入石英反应管,旋转着的石英反应管被沿轴向移动的喷灯火焰加热,管内的气体发生化学反应,生成的 SiO_2 的粉尘沉积在管内壁上。几小时后,沉积就可以得到一根中空壁厚的石英管。加高温将石英管烧结成光纤预制棒。沉积的石英预制棒在拉丝后成为光纤的纤芯，石英反应管则成为光纤的包层。

由于改进的化学气相沉积法在生产的整个过程处在密闭状态，因而可得高纯度的 SiO_2，但其缺点是沉积效率较低。

2.4.3 预制棒的拉丝和涂覆

预制棒制作完成，下一步就是将预制棒拉丝成高质量的光纤，如图 2.10 所示。

在拉丝过程中，基本原预制棒的折射率分布保持不变。

预制棒的拉丝的基本步骤如下：

(1) 首先将预制棒送入高温炉(石墨电阻炉，温度 2200℃)加热软化至熔化。

(2) 高温下预制棒软化，甚至熔化，且黏度减小，在其表面张力作用下迅速收缩变细，并由拉丝轮以合适的张力向下拉成细丝。

(3) 通过激光测微计(光纤直径测试仪)测量细丝的直径，并将测量信息反馈给牵引机，从而精确地控制拉丝的过程。

(4) 新拉出的光纤再通过涂覆设备进行涂覆(氨基甲酸酯或硅树脂涂层)，以增加光纤的机械强度。

(5) 涂覆后的光纤经过固化炉使涂层固化，最后被绕在卷丝轮的套筒上。

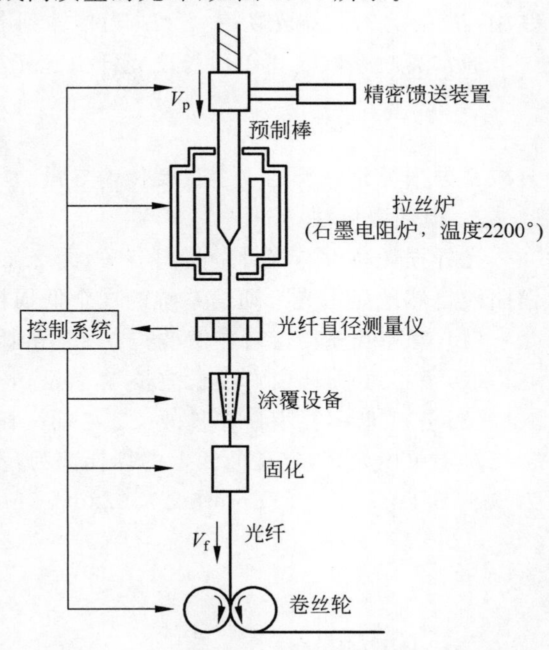

图 2.10　石英光纤拉丝机的结构示意图

(6) 为了进一步保护光纤，提高光纤的强度，将涂覆后的光纤再套上一层热塑性材料，简称套塑。

2.4.4 光纤成品的测试

光纤成品的测试主要包括以下几方面的内容。

(1) 拉伸强度：必须至少能够承受 690MPa 的压力。

(2) 折射率剖面。

(3) 光纤几何特征：纤芯直径、覆层规格及涂层直径应一致。

(4) 衰减性：各种波长的光信号随距离变化的衰减程度。

(5) 信息传输能力(带宽)。

(6) 色散。

(7) 操作温度/湿度范围。

(8) 衰减性和温度相关。

2.5 光纤的传输特性

2.5.1 损耗特性

1. 衰减系数

光功率的损耗是光纤的一个重要传输参量，是光纤传输系统中继距离的主要限制因素之

一。光纤内光功率的衰减规律为

$$\frac{\mathrm{d}p}{\mathrm{d}z}=-\alpha p \tag{2.28}$$

其中，α 为衰减系数，它是由各种因素造成的功率损耗引起的。

对式(2.28)进行积分得

$$P(L)=P(0)\mathrm{e}^{-\alpha L} \tag{2.29}$$

其中，$P(0)$为输入端光功率，$P(L)$为传输到 L 处的光功率。

通常衰减系数 α 用单位长度光纤引起光功率衰减的分贝来表示，单位为 dB/km。定义为

$$\alpha=-\frac{10}{L}\lg\frac{P(L)}{P(0)} \tag{2.30}$$

衰减系数损耗是光纤的一个重要传输参量，是光纤传输系统中继距离的主要限制因素之一。

2. 损耗谱特性

光纤损耗特性与光纤的材料有关，图 2.11 为石英光纤的损耗谱特性。由石英光纤的损耗谱曲线自然地显示光纤通信系统的 3 个低损耗窗口：

(1) 第一低损耗窗口在短波长 0.85 μm 附近。

(2) 第二低损耗窗口在长波长 1.31 μm 附近。

(3) 第三低损耗窗口在长波长 1.55 μm 附近。

对于单模光纤，实验曲线上的损耗值为：在 0.85 μm 时约为 2.5dB/km；在 1.31 μm 时约为 0.4dB/km；在 1.55 μm 时仅为 0.2dB/km，已接近理论值(理论极限为 0.15dB/km)。

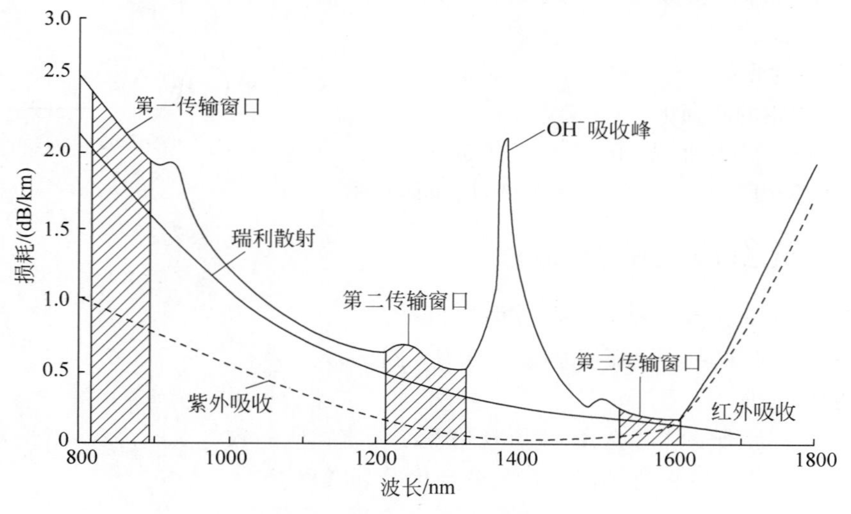

图 2.11 石英光纤的损耗谱特性

3. 损耗特性的分析

引起光纤损耗的原因很多，第一种因素与光纤材料有关，主要有吸收损耗和散射损耗；第二种因素与光纤的几何形状有关，光纤使用过程中，弯曲不可避免，在弯曲到一定的曲率半径时，就会产生辐射损耗。

1) 吸收损耗

光纤材料的吸收损耗主要包括本征吸收损耗、杂质吸收损耗和原子缺陷吸收损耗。

本征吸收损耗是构成光纤的石英材料本身所固有的，主要有两种基本吸收方式：紫外吸收和红外吸收。紫外吸收是光纤材料组成的原子系统中，一些处于低能级的电子会吸收光波

能量而跃迁到高能级状态，这种吸收的中心波长在紫外的 0.16μm 处，吸收峰很强，其尾巴延伸到光纤通信波段。在长波长区则小得多，约 0.05dB/km。红外吸收是石英材料的 Si-O 键因振动吸收能量，造成损耗，产生波长为 9.1μm、12.5μm 和 21μm 的 3 个谐振吸峰，其吸收拖尾延伸至 1.5～1.7μm 形成石英光纤工作波长的工作上限。

杂质吸收损耗：光纤中的有害杂质很多，主要有过渡金属离子和 OH 离子两大类。光纤材料中的金属杂质，如 V、Cr、Mn、Fe、Ni、Co 等，它们的电子结构产生 0.5～1.1μm 的边带吸收峰(0.5～1.1μm)而造成损耗。现在由于工艺的改进，可以减小金属杂质浓度至最小，因此它们的影响已经很小。OH 离子吸收损耗，在石英光纤中，O-H 键的基本谐振波长为 2.73μm，与 Si-O 键的谐振相互影响，在光纤的传输频带内产生一系列的吸收峰，影响较大的是在 1.39μm、1.24μm 及 0.95μm 波长上，在吸收峰之间的低损耗区构成了光纤通信的 3 个窗口。

原子缺陷吸收损耗是光纤材料的某个共价键断裂而产生原子缺陷，而吸收光能引起损耗，其吸收峰波长约 0.63μm，选择合适的制作工艺，这种因素的影响也可以减至最小。

2）散射损耗

光纤散射是由于光纤中介质的不均匀性而使光向各个方向散开的现象，光纤散射会使一部分光功率辐射到光纤外面而造成损耗。光纤散射损耗包括线性散射损耗和非线性散射损耗两大类。

线性散射损耗主要有瑞利散射损耗和波导散射损耗。

(1) 瑞利散射损耗。光纤在加热制造过程中，热扰动使原子产生压缩性的不均匀，造成材料密度不均匀，进一步造成折射率不均匀。这种不均匀性在冷却过程中固定了下来并引起光的散射，称为瑞利散射。这正像大气中的尘粒散射了光，使天空变蓝一样。瑞利散射的大小与光波长的四次方成反比。因此对短波长窗口的影响较大。

(2) 波导散射损耗。当光纤的纤芯直径沿轴向不均匀时，产生导模和辐射模间的耦合，能量从导模转移到辐射模，从而形成附加的波导散射损耗。但目前的光纤制造水平，这项损耗已降到 0.01～0.05dB/km 范围内。

非线性散射损耗，当光纤中传输的光强大到一定程度时，就会产生非线性受激拉曼散射和受激布里渊散射，使输入光能部分转移到新的频率分量上。在常规光纤通信系统中，半导体激光器发射的光功率较弱，因此这项损耗很小。但是采用掺铒光纤放大器(EDFA)时，非线性散射损耗就不能忽略了。

3）弯曲损耗

当理想的圆柱形光纤受到某种外力作用时，会产生一定曲率半径的弯曲，导致能量泄漏到包层，这种由能量泄漏导致的损耗称为辐射损耗。光纤受力弯曲有两类：宏弯和微弯。

(1) 宏弯是曲率半径比光纤直径大得多的弯曲，例如，当光缆拐弯时就会发生这样的弯曲。一般情况下弯曲半径大于 5mm 时，宏弯损耗可以忽略；但是弯曲半径在 5mm 以下减小时，宏弯损耗会极大地增加，所以应该避免这种情况。

(2) 微弯是光纤成缆时由于涂覆材料而产生的随机性扭曲，微弯引起的附加损耗一般很小，基本上观测不到。但是当温度低到 50～60℃时，微弯损耗加大。

2.5.2　损耗特性的测量

损耗特性的测量主要有剪断法、插入法和背向散射法 3 种基本方法。

1. 剪断法

由式(2.30)可知,光纤损耗系数

$$\alpha = \frac{10}{L}\lg\frac{P_1}{P_2} \quad (\mathrm{dB/km}) \tag{2.31}$$

其中,L 为被测光纤长度,单位为 km;P_1 和 P_2 分别为输入光功率和输出光功率,单位为 mW 或 W。由此可见,只要测量长度为 L_2 的长光纤输出光功率 P_2,保持注入条件不变,在注入装置附近剪断光纤,保留长度为 L_1(一般为 2～3m)的短光纤,测量其输出光功率 P_1(即长度为 $L=L_2-L_1$ 这段光纤的输入光功率),根据式(2.31)就可以计算出 α 值。剪断法测量光纤的损耗测量系统框图如图 2.12 所示。

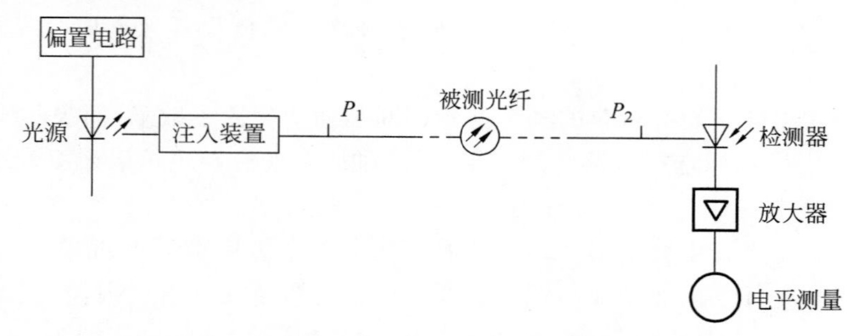

图 2.12 剪断法测量光纤的损耗测量系统框图

对于损耗谱的测量要求采用光谱宽度很宽的光源(如卤灯或发光管)和波长选择器(如单色仪或滤光片),测出不同波长的光功率 $P_1(\lambda)$ 和 $P_2(\lambda)$,然后计算 $\alpha(\lambda)$ 值。

2. 插入法

剪断法是根据损耗系数的定义,直接测量传输光功率实现的,所用仪器简单,测量结果准确,因而被确定为基准方法。但这种方法是破坏性的,不利于多次重复测量。在实际应用中,可以采用插入法作为替代方法。插入法是在注入装置的输出和光检测器的输入之间直接连接,测出光功率 P_1,然后在两者之间插入被测光纤,再测出光功率 P_2,据此计算 α 值。这种方法可以根据工作环境,灵活运用,但应对连接损耗作合理的修正。

3. 背向散射法

瑞利散射光功率与传输光功率成比例。利用与传输光相反方向的瑞利散射光功率来确定光纤损耗系数的方法,称为背向散射法。

设在光纤中正向传输光功率为 P,经过 L_1 和 L_2 点($L_1<L_2$)时分别为 P_1 和 P_2($P_1>P_2$),从这两点返回输入端($L=0$)。光检测器的背向散射光功率分别为 $P_\mathrm{d}(L_1)$ 和 $P_\mathrm{d}(L_2)$,经分析推导得到,正向和反向平均损耗系数为

$$\alpha = \frac{10}{2(L_2-L_1)}\lg\frac{P_\mathrm{d}(L_1)}{P_\mathrm{d}(L_2)} \quad (\mathrm{dB/km}) \tag{2.32}$$

其中,右边分母中因子 2 是光经过正向和反向两次传输产生的结果。

背向散射法不仅可以测量损耗系数,还可利用光在光纤中传输的时间来确定光纤的长度 L。显然,有

$$L = \frac{ct}{2n_1} \tag{2.33}$$

其中,c 为真空中的光速;n_1 为光纤的纤芯折射率;t 为光脉冲的往返传播时间。

图 2.13 所示为背向散射法光纤损耗测量系统的框图。光源应采用特定波长稳定的大功

率激光器，调制的脉冲宽度和重复频率应和所要求的长度分辨率相适应。耦合器件把光脉冲注入被测光纤，又把背向散射光注入光检测器。光检测器应有很高的灵敏度。

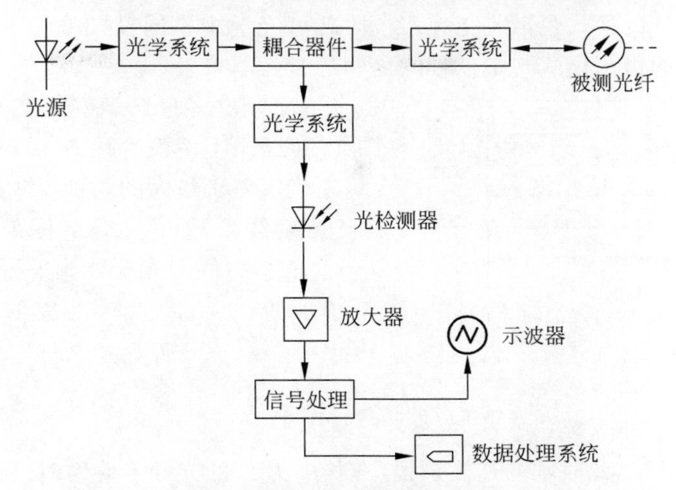

图 2.13　背向散射法光纤损耗测量系统的框图

用背向散射法的原理设计的测量仪器称为光时域反射仪(OTDR)。这种仪器采用单端输入和输出，不破坏光纤，使用非常方便。OTDR 不仅可以测量光纤损耗系数和光纤长度，还可以测量连接器和接头的损耗，观察光纤沿线的均匀性和确定故障点的位置，确实是光纤通信系统工程现场测量不可缺少的工具。

2.5.3　色散特性

1. 光纤色散的概念和种类

光信号在光纤中传输时不仅由于光纤损耗而使光功率变小，波形也会变得越来越失真。光信号通过光纤传播期间，波形在时间上发生展宽的现象称为光纤色散。色散用色散系数来表示，单位为 ps/(nm·km)。

光纤色散使输入的光信号在光纤传输过程中展宽到一定程度，就会产生码间干扰，增加误码率，从而限制了通信容量。

引起光纤色散的原因很多，主要有：

(1) 模式色散——也称为模间色散，在多模光纤中光信号是由很多模式携带的，不同的模式传输的相位常数不同，从而发生波形展宽，造成色散。

(2) 材料色散——由于材料折射率随光波长非线性变化引起的色散。

(3) 波导色散——由于光波导的结构(即光纤结构)而引起的色散。一般这种色散在无限大介质中是不存在的，但是光信号被限制在光纤中传输，光纤的纤芯和包层的折射率不同，必然会导致色散。

色散的程度在时域用脉冲展宽 $\Delta\tau$ 来描述，脉冲展宽 $\Delta\tau$ 也就是信号最先到达和最后到达的时延差，脉冲展宽 $\Delta\tau$ 越大，色散就越严重。$\Delta\tau$ 如果很大，则会产生码间干扰，整个光纤通信系统就不能正常的工作。因此对光纤色散的分析与研究是十分重要的。

色散的程度在频域可以用带宽来描述，二者的关系通过推导可得

$$B=\frac{441}{\Delta\tau} \tag{2.34}$$

其中，$\Delta\tau$ 为脉冲展宽，单位为 ps；B 为 3dB 光带宽(FWHM)，单位为 GHz。

2. 多模光纤的模式色散

1）多模阶跃型光纤的模式色散

多模阶跃型光纤的模式色散是指在多模阶跃型光纤中不同模式群速不同而引起的色散，可以用光纤中传输的最高模式与最低模式之间的时延差来表示。

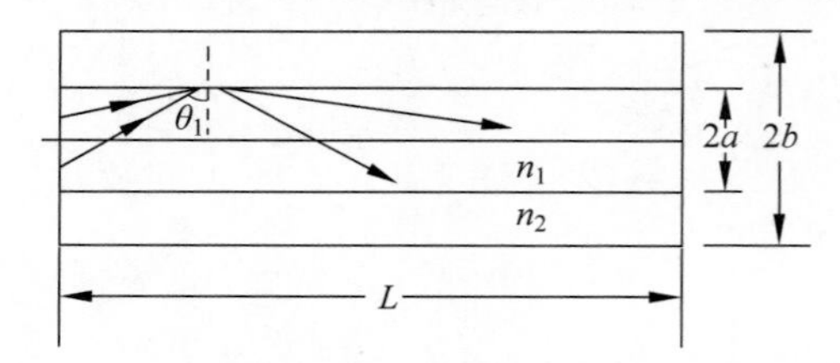

图 2.14 多模阶跃型光纤的模式色散

下面导出多模阶跃型光纤时延差的表达式，图 2.14 画出了多模阶跃型光纤的两条不同的子午线，它代表差别最大的两种模式的传输路径。

光射线形成导波的条件是 $90° > \theta_1 > \theta_c$，当 $\theta_1 = 90°$时，射线与光纤轴线平行，此时轴向速度最快，在长度为 L 的光纤上传输时所用的时间 τ_0 最短

$$\tau_0 = \frac{L}{v_1} = \frac{L}{c/n_1} = \frac{Ln_1}{c} \tag{2.35}$$

当 $\theta_1 = \theta_c$ 时，射线最陡，此时轴向速度最慢，在长度为 L 的光纤上传输时，所用的时间最长，计算式为

$$\tau_c = \frac{L}{v_1 \sin\theta_c} = \frac{L}{\frac{c}{n_1}\frac{n_2}{n_1}} = \frac{Ln_1^2}{cn_2} \tag{2.36}$$

这两条射线的最大时延差为

$$\Delta\tau_{SI} = \tau_c - \tau_0 = \frac{Ln_1}{c}\left(\frac{n_1 - n_2}{n_2}\right) \tag{2.37}$$

对于弱导波光纤，计算式为

$$\Delta\tau_{SI} = \frac{Ln_1}{c}\Delta \tag{2.38}$$

从式(2.38)中可以看出，多模阶跃型光纤的色散和相对折射指数差 Δ 有关，弱导波光纤 Δ 很小，因此可以减小模式色散。

【例 2-3】 对于 NA=0.275，$n_1 = 1.487$ 的多模阶跃型光纤，一个光脉冲传输了 5km，求光脉冲展宽了多少？

解：

$$\Delta\tau_{SI} = \frac{Ln_1}{c}\Delta = \frac{L}{c}\,\frac{(\mathrm{NA})^2}{2n_1} = \left(\frac{5\times10^3\times0.275^2}{3\times10^8\times2\times1.487}\right)\mathrm{ns} = 423.8\mathrm{ns}$$

$$B = \frac{441}{\Delta\tau} = \left(\frac{441}{423.8\times10^3}\right)\mathrm{GHz} = 1.04\times10^{-3}\mathrm{GHz} = 1.04\mathrm{MHz}$$

2）多模渐变型光纤的模式色散

对于多模渐变型光纤的时延差一般按照式(2.39)估算

$$\Delta\tau_{GI} = \frac{LN_1\Delta^2}{8c} \tag{2.39}$$

其中，$\Delta\tau_{GI}$ 为多模渐变型光纤的时延差；N_1 为纤芯模式群的折射率；Δ 为多模渐变型光纤的相对折射指数差。

多模渐变型光纤的时延差还受材料色散的影响，但相比之下略小一些，所以暂不分析。

【例 2-4】 对于 $N_1 = 1.487$，$\Delta = 1.71\%$的多模渐变型光纤，一个光脉冲传输了 5km，求光

脉冲展宽了多少？

解：

$$\Delta\tau_{GI}=\frac{LN_1\Delta^2}{8c}=\left(\frac{5\times10^3\times1.487\times(1.71\%)^2}{8\times3\times10^8}\right)\text{ns}=0.9\text{ns}$$

$$B=\frac{441}{\Delta\tau}=\left(\frac{441}{0.9\times10^3}\right)\text{GHz}=1.04\times10^{-3}\text{GHz}=1.04\text{MHz}$$

从例2-3和例2-4可以看出，多模渐变型光纤的时延差与多模阶跃型光纤时延差相比要小许多，也就是带宽要大许多，因此具有很大的优越性。

对于多模光纤，制造商通常给出每千米光纤带宽，单位为MHz/km。

3. 单模光纤的材料色散和波导色散

材料色散和波导色散引起的时延差 $\Delta\tau$ 可以从信号的群速度即调制包络的速度 v_g 来分析

$$v_g=\frac{\mathrm{d}\omega}{\mathrm{d}\beta}\tag{2.40}$$

光脉冲沿光纤传播的延迟时间称为群时延，即

$$\tau=\frac{L}{v_g}=L\frac{\mathrm{d}\beta}{\mathrm{d}\omega}\tag{2.41}$$

其中，β 为光信号传输相位常数；$\omega=2\pi c/\lambda$ 为光的角频率。

脉冲展宽程度为

$$\Delta\tau=\frac{\mathrm{d}\tau}{\mathrm{d}\omega}\Delta\omega=L\frac{\mathrm{d}^2\beta}{\mathrm{d}\omega^2}\left(-\frac{2\pi c}{\lambda^2}\Delta\lambda\right)=L\left(-\frac{2\pi c}{\lambda^2}\frac{\mathrm{d}^2\beta}{\mathrm{d}\omega^2}\right)\Delta\lambda\tag{2.42}$$

则

$$\Delta\tau=LD\Delta\lambda\tag{2.43}$$

其中，$\Delta\lambda$ 为光源发光的波长范围

$$D=-\frac{2\pi c}{\lambda^2}\frac{\mathrm{d}^2\beta}{\mathrm{d}\omega^2}\tag{2.44}$$

其中，D 称为色散系数。

由式(2.43)还可以知道减小时延差 $\Delta\tau$ 有两个途径：减小光纤的色散系数 D；减小光源发光的波长范围 $\Delta\lambda$。

1) 材料色散

由于材料折射率是随光波长非线性变化引起的，因此称为材料色散，可表示为

$$D_{\mathrm{m}}(\lambda)=-\frac{\lambda}{c}\frac{\mathrm{d}^2n}{\mathrm{d}\lambda^2}\tag{2.45}$$

SiO_2 的折射率及材料色散系数与波长的关系如图2.15所示。从图中可以看出不同波长 λ 的材料色散系数 D_{m} 是不同的，在第二低损耗的窗口的材料色散较小。在 $\lambda_0=1.27\mu\text{m}$ 时，时延差最小，这个波长称为材料的零色散波长。

2) 波导色散

由于光波导的结构不同而引起的色散，称为波导色散。波导色散系数用 D_{w} 表示

$$D_{\mathrm{w}}(\lambda)=-\frac{n\Delta}{c\lambda}V\frac{\mathrm{d}^2(Vb)}{\mathrm{d}V^2}\tag{2.46}$$

式(2.46)表明波导色散 D_{w} 是光波导的结构参数 V 和 b 的函数。对于多模光纤，波导色

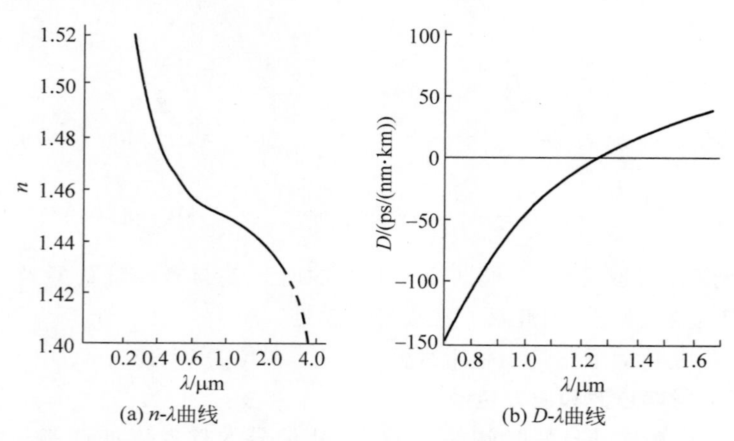

(a) n-λ曲线　　(b) D-λ曲线

图 2.15　SiO_2 的折射率及材料色散系数与波长的关系

散比材料色散小得多，常可忽略不计，但对于单模光纤，波导的作用则不能忽略。

图 2.16 为普通单模光纤的材料色散系数 D_m、波导色散系数 D_w 和总色散 D 随波长变化的曲线，总色散在 1.31μm 附近为零，这个波长称为零色散波长。而在 1.55μm 附近色散系数 D =15～18ps/(km・nm)。

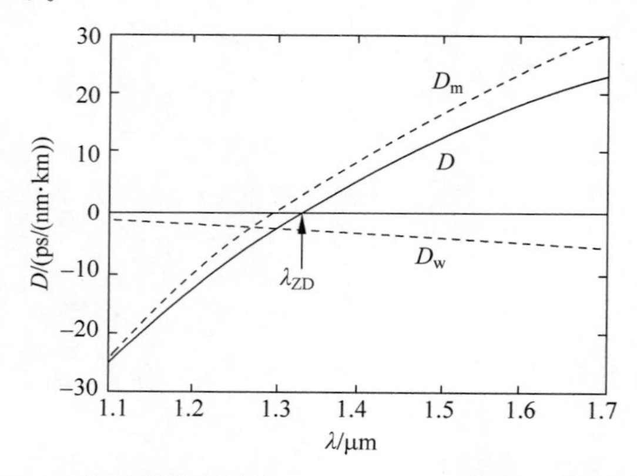

图 2.16　普通单模光纤的 D_m、D_w 和 D 随波长变化的曲线

在 1.55μm 附近的损耗最低，如果合理地设计光波导的结构就可以把零色散波长位移到 1.55μm 附近，这样 1.55μm 附近色散也最小，利用这种原理制成色散位移光纤(DSF)。无疑对长距离大容量的光纤通信是十分有利的。

2.5.4　色散特性的测量

色散特性的测量有相移法、脉冲时延法和干涉法等。这里只介绍相移法，这种方法是测量单模光纤色散的基准方法。

用角频率为 ω 的正弦信号调制的光波，经长度为 L 的单模光纤传输后，其时间延迟 t 取决于光波长 λ。不同时间延迟产生不同的相位 φ。用波长为 λ_1 和 λ_2 的受调制光波，分别通过被测光纤，由 $\Delta\lambda=\lambda_2-\lambda_1$ 产生的时间延迟差为 $\Delta\tau$，相位移为 $\Delta\varphi$。波长色散系数就是单位波长间隔内各频率成分通过单位长度光纤所产生的色散(时间差)，光纤色散系数用 $\Delta\tau=\Delta f/\omega$ 表示，得到光纤色散系数为

$$C(\lambda)L=\frac{\Delta\tau}{\Delta\lambda} \tag{2.47}$$

用 $\Delta\tau=\Delta\varphi/\omega$ 代入式(2.47),得到

$$C(\lambda)=\frac{\Delta\phi}{L\omega\Delta\lambda} \tag{2.48}$$

图 2.17 所示为相移法光纤色散测量系统的框图。用高稳定度振荡器产生的正弦信号调制光源,输出光经光纤传输和光检测器放大后,由相位计测出相位。可变波长的光源可以由发光管(LED)和波长选择器组成,也可以由不同中心波长的激光器组成。为避免测量误差,一般要测量一组 $\lambda_i-\varphi_i$ 值,再计算出 $C(\lambda)$。

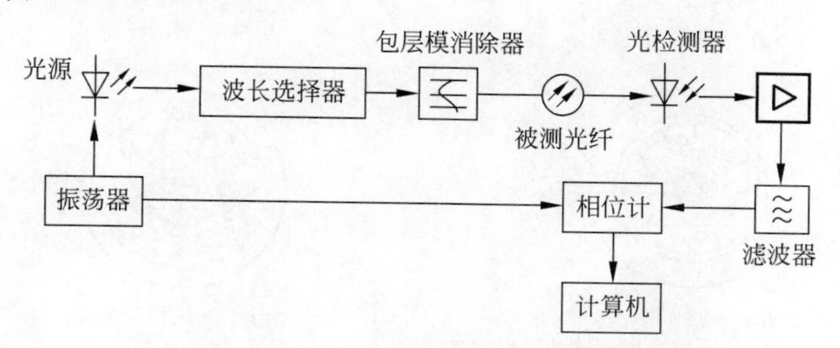

图 2.17 相移法光纤色散测量系统的框图

2.6 常用光缆类型

将若干根光纤按照一定的方式加上护套和加强材料就组成了一条光缆。光缆是以光纤作为信息传导材料的线缆。

光纤之所以用于制作光缆,主要有以下原因:

(1) 光缆不易被过大的张力断裂;

(2) 光缆具有良好的抗拉、抗冲击、抗弯曲等力学性能;

(3) 光缆的结构形式很多;

(4) 光缆加入电线,可以传输电能。

目前,光缆是有线通信的主流传输介质。

2.6.1 光缆的分类

1. 按缆芯结构分类

按缆芯结构的特点,光缆可分为层绞式光缆(经典结构光缆)、带状结构光缆、骨架结构光缆和单元结构光缆,如图 2.18 所示。

(1) 经典结构光缆。它是将若干根光纤芯线以强度元件为中心绞合在一起的一种结构,如图 2.18(a)所示。这种光缆的制造方法和电缆较相似,所以可采用电缆的成缆设备,因此成本较低。光纤芯线数一般不超过 10 根。

(2) 带状结构光缆。它是将 4~12 根光纤芯线排列成行,构成带状光纤单元,再将这些带状单元按一定方式排列成缆,如图 2.18(b)所示。这种光缆的结构紧凑,采用此种结构可做成上千芯的高密度用户光缆。

(3) 骨架结构光缆。这种结构是将单根或多根光纤放入骨架的螺旋槽内,骨架的中心是强度元件,骨架的沟槽可以是 V 形、U 形和凹形,如图 2.18(c)所示。由于光纤在骨架沟槽内具有较大空间,因此当光纤受到张力时,可在槽内做一定的位移,从而减少了光纤芯线的应力应变和微变。这种光缆具有耐侧压、抗弯曲、抗拉的特点。

(4) 单元结构光缆。它将几根至十几根光纤芯线集合成一个单位,再由数个单位以强度元件为中心绞合成缆,如图 2.18(d)所示。这样光缆的芯线一般为几十芯。

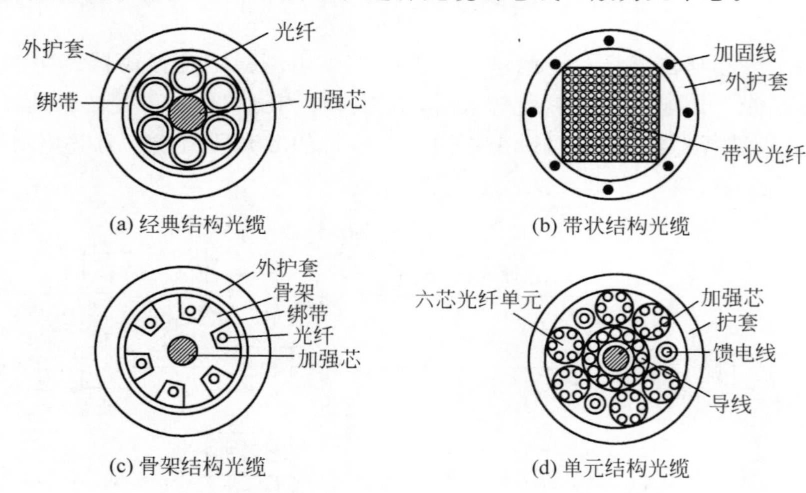

图 2.18 光缆结构

在公用通信网中使用的光缆结构如表 2.3 所示。

表 2.3 光缆结构

种类	结构	光纤芯线数	必要条件
长途光缆	层绞式	<10	低损耗、宽频带和可用单盘盘长的光缆来敷设;骨架式有利于防护侧压力
	单元式	10~200	
	骨架式	<10	
海底光缆	层绞式 单元式	4~100	低损耗、耐水压、耐张力
用户光缆	单元式	<200	高密度、多芯和低中损耗
	带状式	>200	
局内光缆	软线式 带状式 单元式	2~20	重量轻、线径细、可挠性好

2. 按线路敷设方式分类

按光缆线路敷设方式,光缆可分为架空光缆、管道光缆、直埋光缆、隧道光缆和水底光缆等。

(1) 架空光缆:是指以架空形式挂放的光缆,它必须借助吊线(镀锌钢绞线)或自身具有的抗拉元件悬挂在电杆或铁塔上。

(2) 管道光缆:是指布放在通信管道内的光缆,目前常用的通信管道主要是塑料管道。

(3) 直埋光缆:是指光缆线路经过市郊或农村时,直接埋入规定深度和宽度的缆沟中的光缆。

(4) 隧道光缆:是指经过公路、铁路等交通隧道的光缆。

(5) 水底光缆:是穿越江、河、湖、海水底的光缆。

3. 按使用环境与场合分类

按使用环境与场合,光缆主要分为室外光缆、室内光缆及特种光缆三大类。由于室外环境(气候、温度、破坏性)相差很大,故这几类光缆在构造、材料、性能等方面亦有很大区别。

(1) 室外光缆由于使用条件恶劣,光缆必须具有足够的机械强度、防渗能力和良好的温度特性，其结构较复杂。

（2）室内光缆结构紧凑、轻便、柔软，并应具有阻燃性能。

（3）特种光缆用于特殊场合，如海底、污染区或高原地区等。

4. 按通信网络结构或层次分类

按通信网络结构或层次分，光缆可分为长途网光缆和本地网光缆。

（1）长途网光缆，即长途端局之间的线路，包括省际一级干线、省内二级干线。

（2）本地网光缆，既包括长途端局与电信端局以及电信端局之间的中继线路，又包括接入网光缆线路。

2.6.2　光缆的特性

光缆的特性主要有以下3点。

（1）机械特性。为了提高光缆的机械特性，在拉制光纤时，可加涂覆层；为了加大光缆的应力，在光缆中加入固件。

（2）光学特性。在制造中要考虑光缆的光学性能。

（3）温度特性。光缆温度特性主要取决于光缆材料的选择及结构的设计，采用松套管进行二次被覆的光纤，其光缆温度特性较好。

本章小结

光纤是由纤芯和包层同轴组成的双层或多层的圆柱体的细玻璃丝。光纤的外径一般为125～140μm，芯径一般为3～100μm。

光纤的类型。按照光纤的材料来分，一般可分为石英光纤、掺稀土光纤、复合光纤、氟化物光纤、塑包光纤、全塑光纤、碳涂层光纤和金属涂层光纤8种；按照折射率分布来分，一般可以分为阶跃型光纤和渐变型光纤两种；根据光纤中传输模式的数量，可分为单模光纤和多模光纤。

光纤的导光原理可以使用射线理论和波动理论来分析。射线理论把光看作光线来分析，比较直观易懂，是一种近似方法，只能作定性的分析。利用射线理论可以直观地分析光线在纤芯中的传播，得到数值孔径的概念。波动理论需要求解麦克斯韦方程，进行定量分析，但过程较为复杂。利用波动理论可进一步分析光波的偏振、导波模形式和传输条件，体现了电磁场的应用。无论单模光纤还是多模光纤，色散都是一个关键性的指标，它对光纤带宽起着限制作用。损耗是光纤的一个重要传输参量，是限制传输距离的关键因素。

光缆一般由缆芯、加强元件和护套3部分组成，有时在护套外面加有铠装。光缆的特性主要有机械特性、光学特性和温度特性。

习题

2.1　什么是单模光纤？什么是多模光纤？

2.2　光纤和光缆的区别是什么？

2.3　按照光纤的射线光学理论，光纤是利用什么方式传导光的？

2.4　什么是数值孔径？其表达式是什么？

2.5　色散的定义是什么？用什么表示？其单位是什么？

2.6 损耗的定义是什么？用什么表示？其单位是什么？

2.7 在损耗谱上有3个窗口，每个损耗窗口附近波长是多少？

2.8 色散和带宽的关系是什么？

2.9 光波从空气中以角度 $\theta_1=33°$ 投射到平板玻璃表面上，这里的 θ_1 是入射光与玻璃表面之间的夹角。根据投射到玻璃表面的角度，光束一部分被反射，另一部分发生折射，如果折射光束和反射光束之间的夹角正好为90°，请问玻璃的折射率等于多少？这种玻璃的临界角又是多少？

2.10 计算 $n_1=1.48$ 及 $n_2=1.46$ 的阶跃折射率光纤的数值孔径。如果光纤端面外介质折射率 $n=1.00$，则允许的最大入射角 $\theta_{\max}$ 为多少？

2.11 均匀光纤芯与包层的折射率：分别为 $n_1=1.5$，$n_2=1.45$，试计算：

(1) 光纤芯与包层的相对折射率差 Δ 为多少？

(2) 光纤的数值孔径NA为多少？

(3) 在1m长的光纤上，由子午线的光程所引起的最大时延差 $\Delta\tau_{\max}=$？

2.12 已知阶跃折射率光纤中 $n_1=1.52$，$n_2=1.49$，

(1) 光纤浸没在水中($n_0=1.33$)，求光从水中入射到光纤输入端面的光纤最大接收角；

(2) 光纤放置在空气中，求数值孔径。

2.13 弱导阶跃光纤纤芯和包层折射率分别为 $n_1=1.5$，$n_2=1.45$，试计算：

(1) 纤芯和包层的相对折射率差 Δ；

(2) 光纤的数值孔径NA。

2.14 已知阶跃光纤纤芯的折射率为 $n_1=1.5$，相对折射(指数)差 $\Delta=0.01$，纤芯半径 $a=25\mu m$，若 $\lambda_0=1\mu m$，计算光纤的归一化频率 V 及其中传播的模数量 M。

2.15 一根数值孔径为0.20的阶跃折射率多模光纤在850nm波长上可以支持1000个左右的传播模式。试问：

(1) 其纤芯直径为多少？

(2) 在1310nm波长上可以支持多少个模？

(3) 在1550nm波长上可以支持多少个模？

2.16 已知均匀光纤的 $n_1=1.51$，$\Delta=0.01$，工作波长 $\lambda_0=0.85\mu m$，当纤芯半径 $a=25\mu m$，此光纤中传输的导模数是多少？若要实现单模传输，纤芯半径应为多少？

2.17 用纤芯折射率为 $n_1=1.5$，长度未知的弱导光纤传输脉冲重复频率 $f_0=8MHz$ 的光脉冲，经过该光纤后，信号延迟半个脉冲周期，试估算光纤的长度 L。

2.18 有阶跃型光纤，若 $n_1=1.5$，$\lambda_0=1.31\mu m$，那么

(1) 若 $\Delta=0.25$，为保证单模传输，光纤纤芯半径 a 应取多大？

(2) 若取芯径 $a=5\mu m$，保证单模传输时，Δ 应怎么选择？

2.19 渐变光纤的折射指数分布为

$$n(r)=n(0)\left[1-2\Delta\left(\frac{r}{a}\right)^{\alpha}\right]^{1/2}$$

求光纤的本地数值孔径。

2.20 某光纤通信系统，在 $1.31\mu m$ 工作波长下，当入纤光功率为1mW的光信号经过10km长光纤线路传输以后，其功率下降了40%，试计算该光纤的损耗系数 α。

2.21 某光纤在1300nm处的损耗为0.6dB/km，在1550nm波长处的损耗为0.3dB/km。假设下面两种光信号同时进入光纤：1300nm波长的 $150\mu W$ 的光信号和1550nm波长的 $100\mu W$

的光信号。试问这两种光信号在 8km 和 20km 处的功率各是多少？以 μW 为单位。

2.22　一段 12km 长的光纤线路，其损耗为 1.5dB/km。试回答：

(1) 如果在接收端保持 0.3μW 的接收光功率，则发送端的功率至少为多少？

(2) 如果光纤的损耗变为 2.5dB/km，则所需的输入光功率为多少？

2.23　有一段由阶跃折射率光纤构成的 5km 长的光纤链路，纤芯折射率 $n_1=1.49$，相对折射率差 $\Delta=0.01$。

(1) 求接收端最快和最慢的模式之间的时延差；

(2) 求由模式色散导致的均方根脉冲展宽；

(3) 假设最大比特率就等于带宽，则此光纤的带宽距离积是多少？

2.24　有 10km 长 NA=0.30 的多模阶跃折射光纤，如果其纤芯折射率为 1.45，计算光纤带宽。

2.25　对于 NA=0.275，$n_1=1.487$ 的多模阶跃型光纤，一个光脉冲传输了 8km，求光脉冲展宽了多少？对于 $n_1=1.487$，$\Delta=1.71\%$ 的多模渐变型光纤，一个光脉冲传输了 2km，求光脉冲展宽了多少？

2.26　现有一光纤，已知其折射率分布为阶跃型，芯层折射率为 1.56，波导宽度为 50μm，相对折射率差 $\Delta=0.01$，工作波长在 1.31μm 处，请问其是单模光纤还是多模光纤？若为多模光纤，则其最大的模数是多少？最大的数值孔径为多少？相应的孔径角是多大？若保持芯层折射率、相对折射率差和工作波长不变，波导宽度为多大时其为单模光纤，对应的截止波长是多少？若保持芯层折射率和工作波长不变，使相对折射率差为 0.001 时，若要制成单模光纤，这时芯层直径应如何变化？

2.27　普通单模光纤的零色散波长大约为多少？色散位移光纤(DSF)是利用什么原理制成的？

2.28　光纤的制造有几种方法？

2.29　如何将两根光纤熔接在一起？

2.30　光缆的敷设有几种方法？分别要注意什么？

第3章 光源和光发射机

CHAPTER 3

光源可实现从电信号到光信号的转换,是光发射机以及光纤通信系统的核心器件,它的性能直接关系到光纤通信系统的性能和质量指标。本章首先介绍半导体激光二极管(LD)和半导体发光二极管(LED)两种光源的工作原理和应用,然后介绍光发射机的组成和参数,最后讨论外调制器的功能。

3.1 激光二极管

光源是光发射机和光纤通信系统的核心器件,其功能是把电信号转换为光信号。目前光纤通信广泛使用的光源主要有半导体激光二极管(或称激光器)和发光二极管(或称发光管),有些场合也使用固体激光器,例如,掺钕钇铝石榴石(Nd:YAG)激光器。

本节将介绍激光二极管的工作原理、基本结构和主要特性。半导体激光器是向半导体PN结注入电流,实现粒子数反转分布,产生受激辐射,再利用谐振腔的正反馈,实现光放大而产生激光振荡的激光器,其英文LASER就是Light Amplification by Stimulated Emission of Radiation的缩写。所以讨论激光器工作原理要从受激辐射开始。

3.1.1 工作原理

1. 受激辐射和粒子数反转分布

有源器件的物理基础是光和物质相互作用的效应。在物质的原子中,存在许多能级,最低能级E_1称为基态,能量比基态大的能级$E_i(i=2,3,4,\cdots)$称为激发态。电子在低能级E_1的基态和高能级E_2的激发态之间的跃迁有3种基本方式,如图3.1所示。

(1) 在正常状态下,电子处于低能级E_1,在入射光作用下,它会吸收光子的能量跃迁到高能级E_2上,这种跃迁称为受激吸收。电子跃迁后,在低能级留下相同数目的空穴,如图3.1(a)所示。

(2) 在高能级E_2的电子是不稳定的,即使没有外界的作用,也会自动地跃迁到低能级E_1上与空穴复合,释放的能量转换为光子辐射出去,这种跃迁称为自发辐射,如图3.1(b)所示。

(3) 在高能级E_2的电子,受到入射光的作用,被迫跃迁到低能级E_1上与空穴复合,释放的能量产生光辐射,这种跃迁称为受激辐射,如图3.1(c)所示。

受激辐射是受激吸收的逆过程。电子在E_1和E_2两个能级之间跃迁,吸收的光子能量或辐射的光子能量都要满足玻尔条件,即

$$E_2-E_1=hf_{12} \tag{3.1}$$

其中,$h=6.628\times10^{-34}\text{J}\cdot\text{s}$为普朗克常数,$f_{12}$为吸收或辐射的光子频率。

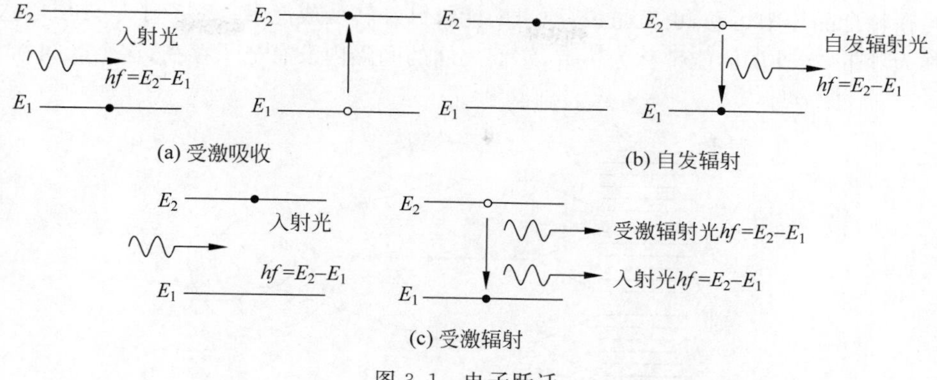

图 3.1　电子跃迁

受激辐射和自发辐射产生的光特点不同。受激辐射光的频率、相位、偏振态和传播方向与入射光相同，这种光称为相干光。自发辐射光是由大量不同激发态的电子自发跃迁产生的，其频率和方向分布在一定范围内，相位和偏振态是混乱的，这种光称为非相干光。

产生受激辐射和产生受激吸收的物质是不同的。设在单位物质中，处于低能级 E_1 和处于高能级 $E_2(E_2>E_1)$ 的原子数分别为 N_1 和 N_2。当系统处于热平衡状态时，存在下面的分布

$$\frac{N_2}{N_1}=\exp\left(-\frac{E_2-E_1}{kT}\right) \tag{3.2}$$

其中，$k=1.381\times10^{-23}$J/K，为玻耳兹曼常数，T 为热力学温度。由于 $E_2-E_1>0, T>0$，所以在这种状态下，总是 $N_1>N_2$。这是因为电子总是首先占据低能量的轨道。受激吸收和受激辐射的速率分别为 N_1 和 N_2，且比例系数(吸收和辐射的概率)相等。如果 $N_1>N_2$，即受激吸收大于受激辐射，当光通过这种物质时，光强按指数衰减，这种物质称为吸收物质。

如果 $N_2>N_1$，即受激辐射大于受激吸收，那么当光通过这种物质时，会产生放大作用，这种物质称为激活物质。$N_2>N_1$ 的分布和正常状态($N_1>N_2$)的分布相反，所以称为粒子(电子)数反转分布。

以氢原子为例，它的第一激发态能量为 $E_2=-3.40$eV，基态能量为 $E_1=-13.6$eV，则 $E_2-E_1=10.20$eV。

令 $g_2=g_1=1$，在室温 $T=300$K 时(kT 近似为 0.026eV)，可以计算出

$$\frac{N_2}{N_1}=\mathrm{e}^{-\frac{10.20}{0.026}}\approx\mathrm{e}^{-392}\approx10^{-170}$$

【例 3-1】　已知激光二极管发射红光，波长 $\lambda=-650$nm，单个光子的能量 E 等于多少？假设光源的功率为 1mW，光源每秒发射的光子数是多少？

解：根据式(3.1)可知

$$E_{\mathrm{p}}=hf=hc/\lambda=3.04\times10^{-19}\mathrm{J}$$

光源的功率为 $P=1$mW，则 1s 内光子的总能量为 $E=P\times1$。而 $E=E_{\mathrm{p}}\times N$，由此，可计算得光源每秒发射的光子数目 $N=E/E_{\mathrm{p}}=3.3\times10^{15}$。

从例 3-1 可以看到，尽管单个光子的能量很小，但功率 1mW 的光源，每秒发射的光子仍然大得惊人。试想一下，我们能否准确地测量到底有多少个光子呢？

2. 发光机理

制作 LD 的材料是半导体晶体。晶体中，原子核外的电子运动轨道因相邻原子的共有化运动要发生不同程度的重叠，如图 3.2 所示，电子已经不属于某个原子所有，它可以在更大范

围内甚至在整个晶体中运动，也就是说，原来的能级已经转变成能带。对应于最外层能级所组成的能带称为导带，次外层的能带称为价带，它们之间的间隔内没有电子存在，这个区间称为禁带。

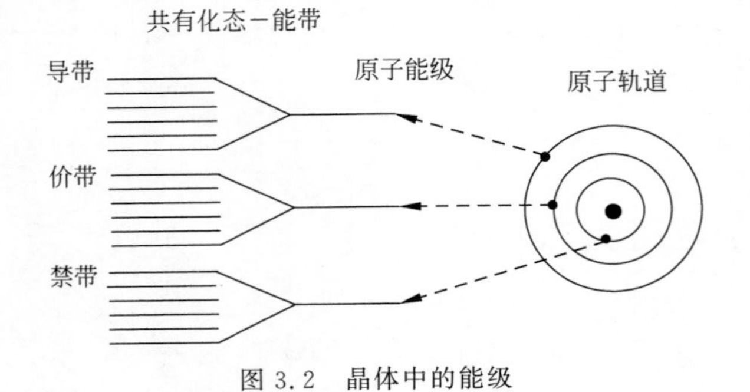

图 3.2 晶体中的能级

实际上，半导体激光器所发射出的光波长不是单一值。造成这种现象的原因有两个：一是半导体导带和价带都是由许多能级组成的，它们所具备的能量有微小差别；二是半导体的能带结构受掺杂和晶体缺陷影响较大，使得禁带宽度有微小的变化，所以用 $E_g=hv$ 计算出的波长是有一定的范围的量。

在光的受激辐射过程中必须保持能量和动量的守恒。禁带形状是与动量有关的，依照禁带的形状，可将半导体分成直接带隙和间接带隙两种，如图 3.3 所示。在直接带隙材料中，导带最小能级和价带最大能级有相同的动量，电子是垂直跃迁的，发光效率高，见图 3.3(a)；在间接带隙材料中，要完成电子的跃迁，必须有其他粒子的参与以保持动量守恒，在图 3.3(b)中，说明了能量为 E_p、动量为 k_p 粒子的参与过程。只有直接带隙半导体材料才能制作发光器件，这类材料有 GaAs、AlGaAs、InP 和 InGaAsP 等。

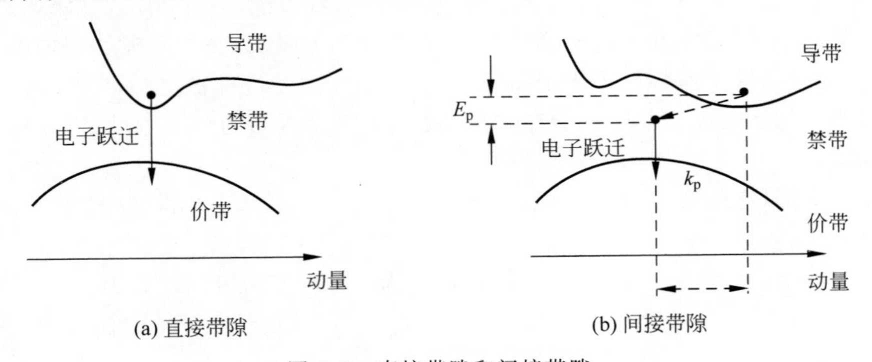

图 3.3 直接带隙和间接带隙

3. 激光振荡和光学谐振腔

粒子数反转分布是产生受激辐射的必要条件，但还不能产生激光。只有把激活物质置于光学谐振腔中，对光的频率和方向进行选择，才能获得连续的光放大和激光振荡输出。

基本的光学谐振腔由两个反射率分别为 R_1 和 R_2 的平行反射镜构成，并被称为法布里-珀罗(Fabry Perot，F-P)谐振腔。由于谐振腔内的激活物质具有粒子数反转分布，可以用它产生的自发辐射光作为入射光。入射光经反射镜反射，沿轴线方向传播的光被放大，沿非轴线方向的光被减弱。反射光经多次反馈，不断得到放大，方向性得到不断改善，结果增益得到大幅度提高。

4. 半导体激光器基本结构

半导体激光器的结构多种多样，基本结构为双异质结(Double Heterostructure，DH)平面条形结构。这种结构由3层不同类型的半导体材料构成,不同材料发射不同波长的光。结构中间有一层厚0.1～0.3μm的窄禁带P型半导体,称为有源层;两侧分别为宽禁带的P型和N型半导体,称为限制层。三层半导体置于基片(衬底)上,前后两个晶体介质里面作为反射镜构成F-P谐振腔。

(1) 在PN结两边使用相同的半导体材料,称为同质结。

(2) 这种结没有带隙差,因而折射率差很小,一般为0.1%～1%,有源区对载流子和光子的限制作用很弱,做成的激光器阈值电流很大,工作时发热严重,不能在室温情况下连续工作,只能在低温环境、脉冲状态下工作。

(3) 所谓异质结,就是两种不同材料构成的PN结。若在宽带隙的P型和N型(如GaAlAs)半导体材料间插进一薄层窄带材料的有源区材料(如GaAs),则带隙差形成的势垒将电子和空穴限制在有源区。载流子和光场的限制使激光器的阈值电流密度大大下降,可实现室温连续工作。

不同的半导体材料有着不同的禁带宽度,发射光的波长不同。表3.1为常用半导体材料的禁带宽度(带隙)及发光波长。

表3.1 常用半导体材料的禁带宽度(带隙)及发光波长

材料名称	分子式	发光波长 $\lambda/\mu m$	带隙能量 E_g/eV
磷化铟	InP	0.92	1.35
砷化铟	InAs	3.6	0.34
磷化镓	GaP	0.55	2.44
砷化镓	GaAs	0.87	1.424
砷化铝	AlAs	0.59	2.09
磷化铟镓	GaInP	0.64～0.68	1.82～1.94
砷化镓铝	AlGaAs	0.8～0.9	1.4～1.55
砷化镓铟	InGaAs	1.0～1.3	0.95～1.24
砷磷化铟镓	InGaAsP	0.9～1.7	0.73～1.35

5. LD结构

如图3.4所示,激光二极管通常是一个多层条形的结构,其中有源层、限制层和端镜面构成了其结构的基本部分。

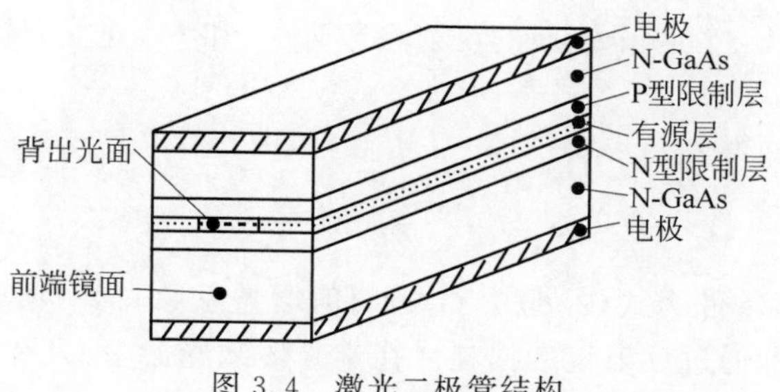

图3.4 激光二极管结构

1) 有源层和限制层

在图3.4中,有源层的材料是P型砷化镓GaAs材料,限制层分别是P型和N型砷化镓铝AlGaAs材料,在它们的界面上分别形成两个PN结,把这类由异种半导体相接的结构称为双异质结。图3.5(a)画出了双异质结的结构示意图,图3.5(b)是它的能带。

2) 端镜面

激光器两端是端镜面,两者是平行的,同时又是非常平坦光亮的,它可以使有源层产生的

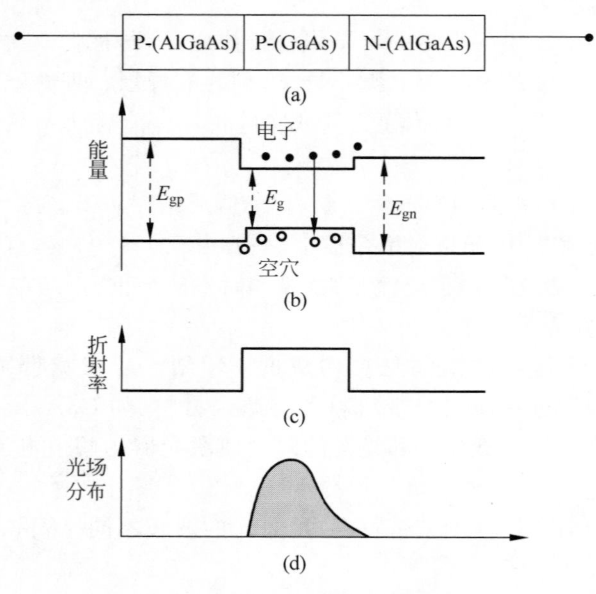

图 3.5 双异质结的结构示意图

光部分溢出，因此端镜面和有源层构成了光的容器。另外，有源层里产生的光不断从两端反射，形成光的振荡。随着电流不断注入，光逐渐被放大并趋于稳定的输出状态。综上所述，有源层实质上是一个矩形有源光波导，它与端镜面共同构成了具有频率选择的光波振荡器、放大器和光的储存器。

6. LD 阈值条件

粒子数反转、光学谐振腔是激光器获得激光的条件。除此之外，产生激光还必须满足阈值条件。只有光波在谐振腔内往复一次的放大增益大于各种损耗引起的衰减，激光器才能建立起稳定的激光输出。

设增益介质的增益系数和损耗系数分别为 G 和 α，谐振腔内光功率随距离 z 的变化可表示为

$$P(z)=P(0)\exp[(G-\alpha)z] \tag{3.3}$$

其中，$P(0)$为 $z=0$ 处的光功率。光束在腔内一个来回时，两次通过增益介质，这时的光增益为

$$\frac{P(2L)}{P(0)}=\exp[2(G-\alpha)L] \tag{3.4}$$

其中，L 为谐振腔的腔长。设两个镜面的反射系数为 r_1 和 r_2，建立光振荡的条件为

$$r_1r_2P(2L)\geqslant P(0) \tag{3.5}$$

将式(3.4)代入式(3.5)，得 $r_1r_2\exp[2(G-\alpha)L]\geqslant 1$，即

$$G\geqslant\alpha+\frac{1}{2L}\ln\left(\frac{1}{r_1r_2}\right) \tag{3.6}$$

这就是产生激光的阈值条件。式(3.6)中 G 为阈值增益系数，第一项 α 是谐振腔内增益介质的损耗系数，第二项表示通过反射镜的损耗。在半导体激光器中，只有当注入电流满足阈值条件时，才迅速出现激光输出。

光与半导体物质的相互作用可用速率方程来描述，速率方程反映了有源层内光子与电子的相互作用。速率方程为

$$\frac{\mathrm{d}s}{\mathrm{d}t}=Dns+R_{\mathrm{sp}}-\frac{s}{\tau_{\mathrm{ph}}} \tag{3.7}$$

$$\frac{\mathrm{d}n}{\mathrm{d}t}=\frac{J}{qd}-\frac{n}{\tau_{\mathrm{sp}}}-Dns \tag{3.8}$$

其中，s 和 n 分别为光子数目和电子数目，D 是描述光吸收与辐射相互作用强度的系数，R_{sp} 是自发辐射成为激光模式的载流子速率，τ_{ph} 是光子寿命，τ_{sp} 是电子寿命，d 是限制层厚度，J 是注入电流密度，q 是电子电荷。

式(3.7)的物理意义是在单位时间内，总光子数目取决于受激辐射产生光子数目、自发辐射产生光子数目、激光腔损耗造成的光子损失数目；式(3.8)的物理意义是在单位时间内，总电子数目取决于注入载流子数目、自发复合导致导带的电子损失数目、受激辐射导致导带的电子损失数目。

7. LD 模式

由上面的分析可知，在两平面反射镜之间形成了稳定的振荡，振荡频率可由谐振条件或称驻波条件得到。

在谐振腔中，光波是在两平面反射镜之间往复传输的，只有平面镜间距是半波长的整数倍时，光波才能得到彼此加强，这就是激光振荡的相位条件，即

$$L = m\frac{\lambda}{2n},\quad \lambda = \frac{2nL}{m} \tag{3.9}$$

其中，λ 为激光在真空中传播的光波波长，n 为增益介质的折射率，$m=1,2,\cdots$。利用 $\lambda=c/f$，可将式(3.9)重写成

$$f = m\frac{c}{2nL} \tag{3.10}$$

其中，f 为光波的频率，c 为光速。显然，激光器中振荡的光频率只能取某些分立值，m 的一系列取值对应于沿谐振腔轴向一系列不同的电磁场分布状态，一种分布就是一个激光器的纵模。谐振腔内的纵模很多，例如，某半导体激光器腔长 $L=300\mu m$，$n=3.5$，$\lambda=1.31\mu m$，则由式(3.10)可求出 $m=1603$。只有那些有增益且增益大于损耗的模式才能在激光的输出光谱中存在。若只剩下一个模称为单纵模激光器，否则称为多纵模激光器。相邻两纵模之间的频率之差

$$\Delta f = \frac{c}{2nL} \tag{3.11}$$

激光振荡也可以出现在垂直于腔轴线的方向上，这时在激光器出光的端面上出现稳定的光斑，将这种横向的光场分布称为横模。激光器的横模决定了激光光束的空间分布，它直接影响到器件和光纤的耦合效率。

【例 3-2】 已知 GaAs 激光二极管的中心波长为 0.85nm，谐振腔长为 0.4mm，材料折射率为 3.7。若在 $0.80\mu m \leqslant \lambda \leqslant 0.90\mu m$ 范围内，该激光器的光增益始终大于谐振腔的总衰减，试求该激光器中可以激发的纵模数量。

解：由式(3.9)和式(3.11)可以得出

纵模波长间隔：

$$\Delta\lambda = \frac{\lambda^2}{c}\Delta f = \frac{\lambda^2}{2nL} = \frac{0.85^2}{2\times 3.7\times 400} = 0.244\times 10^{-3}\ \mu m = 0.244nm$$

因此可以激发的纵模数量：

$$\frac{900nm - 800nm}{\Delta\lambda} = \frac{100}{0.244} \approx 410$$

3.1.2 半导体激光器的主要特性

1. 发射波长和光谱特性

半导体激光器的发射波长取决于导带的电子跃迁到价带时所释放的能量，这个能量近似

等于禁带宽度 E_g，由式(3.1)得到

$$hf = E_g \tag{3.12}$$

其中，$f=c/\lambda$，f 和 λ 分别为发射光的频率和波长，$c=3\times10^8\,\mathrm{m/s}$ 为光速，$h=6.626\times10^{-34}\,\mathrm{J\cdot s}$ 为普朗克常数，$1\mathrm{eV}=1.6\times10^{-19}\mathrm{J}$，代入式(3.12)得

$$\lambda = \frac{hc}{E_g} = \frac{1.24}{E_g} \tag{3.13}$$

2. 激光束的空间分布

激光束的空间分布用近场和远场来描述。近场是指激光器输出反射镜面上的光强分布；远场是指离反射镜面一定距离处的光强分布。近场和远场是由谐振腔(有源区)的横向尺寸，即平行于 PN 结平面的宽度 w 和垂直于结平面的厚度 t 所决定，并称为激光器的横模。

平行于结平面的谐振腔宽度 w 由宽变窄，场图呈现出由多横模变为单横模；垂直于结平面的谐振腔厚度 t 很薄，这个方向的场图总是单横模。

3. *P-I* 特性

典型的半导体激光器 P-I 特性如图 3.6 所示。当注入电流小于阈值电流 I_{th} 时，器件发出微弱的自发辐射光，是非相干的荧光；当注入电流超过阈值时，器件进入受激发射状态，发出的光是相干激光，光功率输出迅速增加，输出功率与注入电流基本保持线性关系。

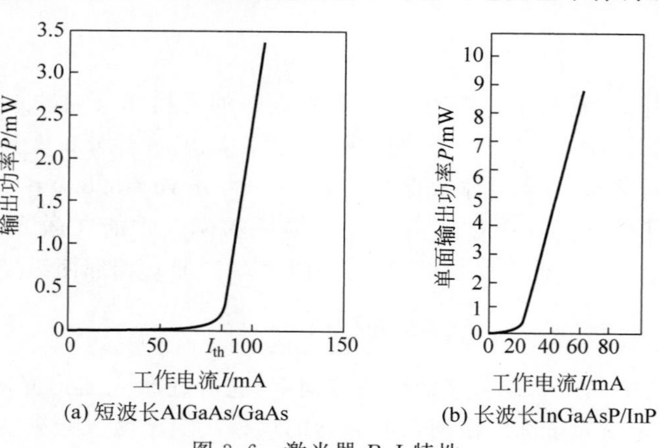

图 3.6 激光器 P-I 特性

短波长激光器的 I_{th} 一般为 50～100mA；长波长激光器的 I_{th} 一般为 20～50mA，目前较好的激光器阈值电流小于 10mA。

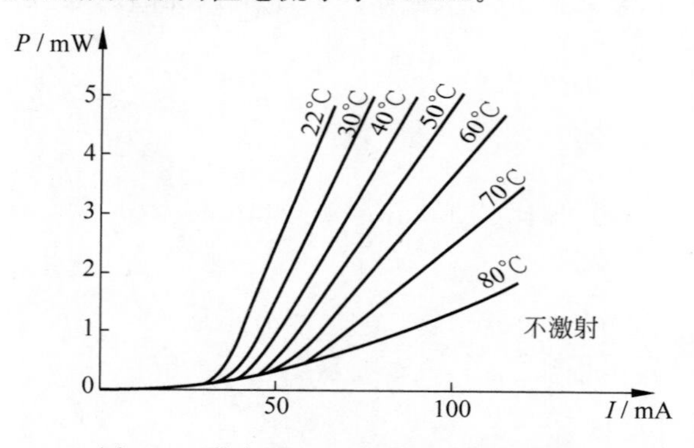

图 3.7 激光器 P-I 曲线随温度的变化

激光器的 P-I 特性对温度很敏感，如图 3.7 所示，随着温度的升高，阈值电流增大，发光功率降低。阈值电流与温度的关系可以表示为

$$I_{th}(T) = I_0 \exp\left(\frac{T}{T_0}\right) \tag{3.14}$$

其中，T 为器件的热力学温度，T_0 为激光器的特征温度，I_0 为激光器的特征常数。

为解决半导体激光器温度敏感的问题，可以在驱动电路中进行温度补偿，或是采用制冷器来保持器件的温度稳定，通常将半导体激光器与热敏电阻、半导体制冷器等封装在一起，构成组件。热敏电阻用来检测器件温度，控制制冷器，实现闭环负反馈自动恒温。

4. 光电效率

光电效率是表明电功率转换为光功率的比率。有以下几种表示方法：

(1) 内量子效率。激光器的发光是靠注入有源层的电子与空穴的复合辐射发光的，但是并非所有的注入电子与空穴都能够产生辐射复合。内量子效率代表有源层内产生光子数与注入的电子-空穴对数之比，即

$$\eta_{\mathrm{I}}=\frac{\text{单位时间内产生的光子数}}{\text{单位时间内注入的电子-空穴对数}} \tag{3.15}$$

(2) 外量子效率。激光器的内量子效率可以做得很高，有的甚至可以接近100%，但实际的激光器发射输出的光子数远低于有源层中产生的光子数，这一方面是由于发光区产生的光子被其他部分材料吸收，另一方面由于PN结的波导效应。光子能逸出界面的数目大大减少，所以定义外量子效率即总效率为

$$\eta_{\mathrm{T}}=\frac{\text{发射的光子数}}{\text{单位时间内注入的电子-空穴对数}} \tag{3.16}$$

(3) 外微分量子效率。外微分量子效率 η_{D} 定义为 P-I 曲线线性范围内的斜率，所以又称为斜率效率。可用下面的关系式来进行计算：

$$\eta_{\mathrm{D}}=\frac{q}{E_{\mathrm{g}}}\frac{\mathrm{d}P}{\mathrm{d}I}=0.8065\lambda\frac{\mathrm{d}P}{\mathrm{d}I} \tag{3.17}$$

其中，q、E_{g} 分别表示电子电量和禁带宽度。λ、P 和 I 的单位分别为μm、mW和mA。η_{D} 与激光器的结构参数、工艺水平以及温度有关，反映了激光器的电/光转换效率。实际工作中 η_{D} 使用较多，也最重要，该值为15%～20%，对于高性能器件，则为30%～40%。

5. 频率特性

在直接光强调制下，激光器输出光功率 P 和调制信号频率 f 的关系为

$$P(f)=\frac{P(0)}{\sqrt{[1-(f/f_{\mathrm{r}})^2]^2+4\xi^2(f/f_{\mathrm{r}})^2}} \tag{3.18a}$$

$$f_{\mathrm{r}}=\frac{1}{2\pi}\sqrt{\frac{1}{\tau_{\mathrm{sp}}\tau_{\mathrm{hp}}}\left(\frac{I_0-I'}{I_{\mathrm{th}}-I'}\right)-1} \tag{3.18b}$$

其中，f_{r} 和 ξ 分别称为弛张频率和阻尼因子，I_{th} 和 I_0 分别为阈值电流和偏置电流；I'是零增益电流，高掺杂浓度的LD，$I'=0$，低掺杂浓度的LD，$I'=(0.7\sim0.8)I_{\mathrm{th}}$；$\tau_{\mathrm{sp}}$ 为有源区内的电子寿命，τ_{ph} 为谐振腔内的光子寿命。

6. 光谱特性

激光器的光谱特性主要由其纵模决定。图3.8(a)和图3.8(b)分别为多纵模、单纵模激光器的典型光谱曲线。λ_{P} 为具有最大辐射功率的纵模峰值所对应的波长，称为峰值波长，典型值是850nm、1310nm和1550nm。$\Delta\lambda$ 为LD的谱宽，其定义为纵模包络下降到最大值一半时对应的波长宽度，也称半高全宽光谱宽度。单纵模激光器的谱宽度又称为线宽。多纵模激光器光谱特性包络内一般含有3～5个纵模，$\Delta\lambda$ 值为3～5nm，较好的单纵模激光器的 $\Delta\lambda$ 值约为0.1nm，甚至更小。$\Delta\lambda_{\mathrm{L}}$ 是一个纵模中光谱辐射功率为其最大值一半的谱线两点间的波长间隔。

对于单纵模激光器，定义边模抑制比(MSR)为主模功率 $P_{\text{主}}$ 与次边模功率 $P_{\text{边}}$ 之比，它是半导体激光器频谱纯度的一种度量。

$$\mathrm{MSR}=10\lg\frac{P_{\text{主}}}{P_{\text{边}}} \tag{3.19}$$

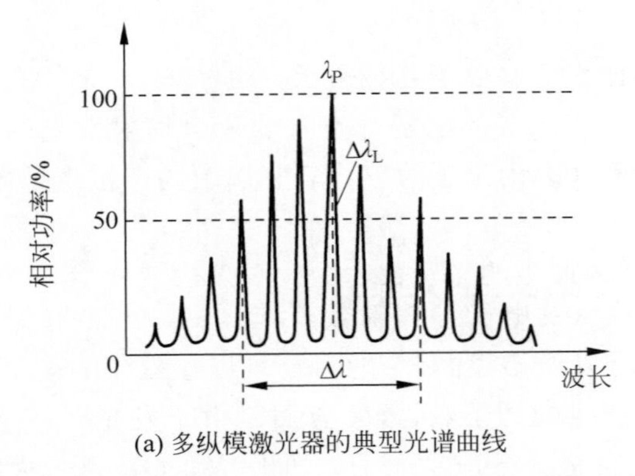

(a) 多纵模激光器的典型光谱曲线

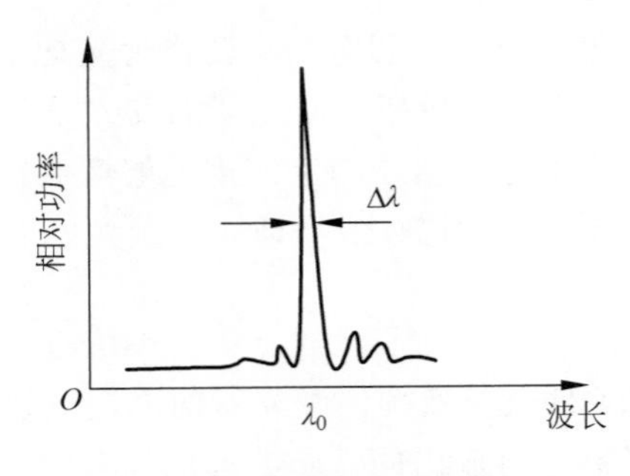

(b) 单纵模激光器的典型光谱曲线

图 3.8 激光器的光谱特性

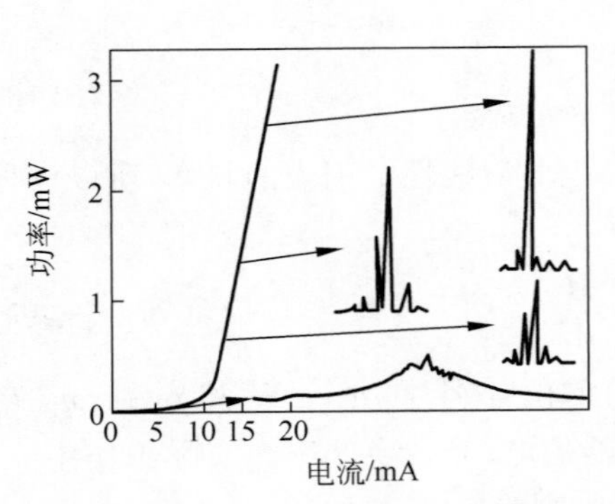

图 3.9 激光器输出谱线注入电流的变化

半导体激光器的发光谱线会随着工作条件的变化而发生变化，当注入电流低于阈值电流时，激光器发出的是荧光，光谱较宽；当电流增大到阈值电流时，光谱突然变窄，强度增强，出现激光；当注入电流进一步增大，主模的增益增加，而边模的增益减小，振荡模式减少，最后会出现单纵模，如图 3.9 所示。

谱宽也可以用频率为单位来表示，根据频率与波长的关系，可以得到

$$|\Delta f| = \frac{c}{\lambda^2} |\Delta\lambda| \tag{3.20}$$

7. 调制特性

将电信号加载到激光束上的过程称为调制。激光器输出是否能准确地重现输入信号取决于激光器的内部特性。在数字调制时，需要考虑激光器的瞬态特性。

1）电光延迟

当激光器在进行脉冲调制时，输出光脉冲的起点与注入电脉冲的起点之间存在一定的电光延迟时间 t_d，该值为纳秒的量级，如图 3.10 所示。存在延迟现象的原因是电子和光子密度达到平衡值时都需要一个时间过程。为了提高调制速率，就必须设法减小电光延迟时间 t_d。理论研究结果表明，t_d 与注入电流密度 J 有如下关系：

$$t_d = \tau_e \ln\left(\frac{J}{J - J_{th}}\right) \tag{3.21}$$

其中，τ_e 为复合区载流子的寿命，J_{th} 是阈值电流密度。如果加直流预偏置电流 J_b，式(3.21)则变为

$$t_d = \tau_e \ln\left(\frac{J}{J - J_{th} + J_b}\right) \tag{3.22}$$

显然，当 J_b 接近或等于 J_{th} 时，则 t_d 趋于零。所以半导体激光器在较高速率调制时都要加预偏置。

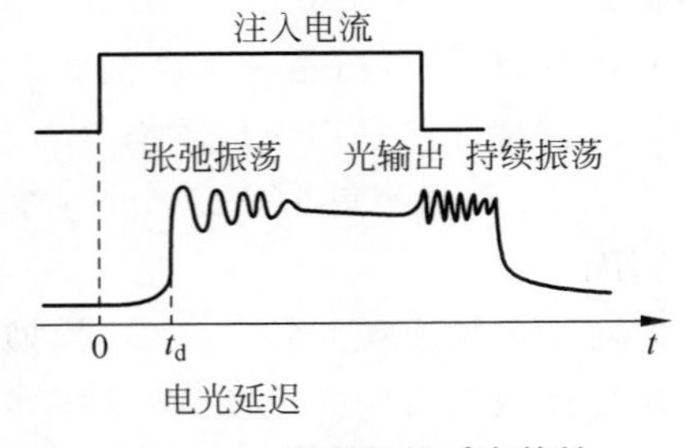

图 3.10 激光器的瞬态特性

2）张弛振荡

当电流脉冲注入激光器以后，输出光脉冲表现出衰减式的振荡，如图 3.10 所示。这种现象称为张弛振荡。张弛振荡的频率一般在几百兆赫兹至 2GHz 的量级。它

是激光器内部光电相互作用所表现出来的固有特性，增加直流预偏置也可以抑制张弛振荡，而且预偏置越接近阈值，效果越显著。

3）持续振荡

某些激光器在某些注入电流下发生的一种持续振荡，称为自脉动现象。不论是数字调制还是模拟调制，对于直接强度调制方式，其调制频率都受限于激光器的弛豫振荡频率，即

$$f_0=\frac{1}{2\pi}\frac{1}{(\tau_{sp}\tau_{ph})^{1/2}}\left(\frac{I}{I_{th}}-1\right)^{1/2} \tag{3.23}$$

腔长为 300μm 的激光器，τ_{sp} 和 τ_{ph} 大约分别为 1ns、2ps，当注入电流是阈值电流的两倍时，弛豫振荡频率为几吉赫兹。由式(3.23)可知，阈值较低的激光器，可以获得较大的带宽。当调制频率超过后，调制效率将大为降低。

8. 噪声

激光器输出光的强度总在随机变化，如果光纤链路上的连接器等器件产生的回射光进入激光器被激活放大，也会引起强度波动，这种波动引起激光器中的强度噪声，它用相对强度噪声来度量：

$$\text{RIN}=10\lg\frac{\overline{P}_N^2}{P^2B} \tag{3.24}$$

其中，$\overline{P_N}$ 是激光器产生的平均噪声功率，P 是它发出的平均功率，由于 RIN 的测量需要一个接收机和两者之间的链路，B 则是接收机和链路的带宽。式(3.24)中 RIN 的单位为 dB/Hz。

9. 啁啾

单纵模激光器在高速强度调制时，注入有源层的电子密度不断变化，导致折射率的变化，使激光器的输出波长和强度都发生变化，在调制脉冲的上升沿向短波长漂移，在调制脉冲的下降沿向长波长漂移，从而使输出谱线加宽，这种动态谱线加宽现象叫作啁啾。

对单纵模激光器动态调制时，输出光功率 $P(t)$ 变化所引起的激光频率变化可以近似地表示为

$$\delta f=\frac{\alpha}{4\pi}\left[\frac{d}{dt}\ln\Delta P(t)+\chi\Delta P(t)\right] \tag{3.25}$$

其中，α 是线宽增强因子，χ 为与激光器结构有关的常数。式(3.25)显示，在光脉冲的前沿，因为 $\Delta P(t)>0$，频率升高，而在光脉冲的后沿，频率下降，光脉冲的频谱展宽了。

啁啾的存在使得光信号的频谱大大展宽，构成对光纤通信性能的一个限制因素，对 1.55μm 的系统，如果传输距离为 80～100km，那么采用普通光纤时码率将被限制在 2Gb/s 以下；如果采用色散位移光纤，码率可得到一定的提高。其他解决频率啁啾问题的方法包括对注入电流脉冲形状的控制、注入锁定、采用耦合腔半导体激光器等，最直接的办法就是设计出具有较小线宽展宽因子的激光器，如采用量子阱结构设计。最根本的方法是采用外部调制器的外调制法，可以消除调制引起的频率啁啾。

3.1.3 LD 的类型

F-P 激光器是最常见的激光器类型，随着技术的进步，作为光纤通信系统的关键部件，激光器的制造工艺有了突飞猛进的提高，新的品种不断出现，使激光器的性能有了根本的改变，主要有以下几种类型。

1. 分布反馈激光器

利用分布反馈原理制成的激光器分成两类：一类是分布式布拉格反射(Distributed Bragg

Reflector,DBR)激光器；另一类是分布式反馈(Distributed FeedBack,DFB)激光器。

1) DBR激光器

图3.11所示为DBR激光器的结构。DBR激光器在有源层的附近增加了一段分布式布拉格光栅,它起着衍射光栅的作用。反射光经光栅相长干涉,相长干涉的条件是反射光波长等于两倍光栅间距Λ,这种选择性称作布拉格条件,即

$$m \cdot \frac{\lambda_B}{\bar{n}} = 2\Lambda \tag{3.26}$$

其中,$\bar{n}$是介质折射率,整数m代表布拉格衍射阶数,$m=1$时相长干涉最强。

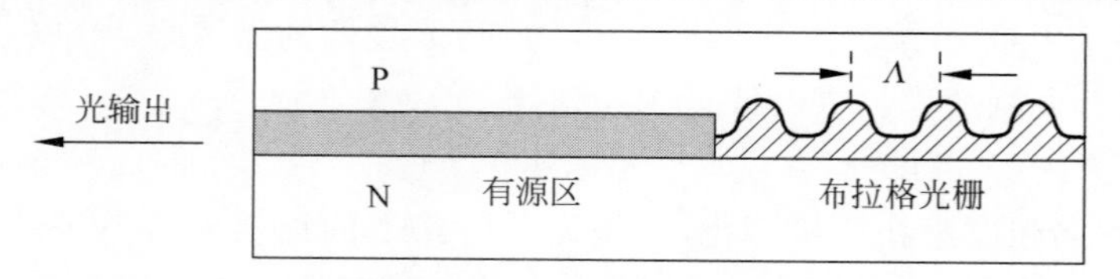

图3.11 DBR激光器的结构

2) 分布式反馈激光器

图3.12表示DFB激光器的结构。它没有集总反射的谐振腔反射镜,而是靠有源层上的布拉格光栅使有源层的光波产生部分反射,满足布拉格反射条件的特定波长的光会相长干涉,激光器输出光波长为

$$\lambda_m = \lambda_B \pm \frac{\lambda_B^2}{2nL}(m+1) \tag{3.27}$$

其中,n是有效折射率,L是衍射光栅有效长度,m是整数,λ_B是布拉格波长。实际上,由于制造过程或者有意使其不对称,只能产生一个模式。分布式反馈激光器可以通过改变光栅的周期Λ来调整发射波长。

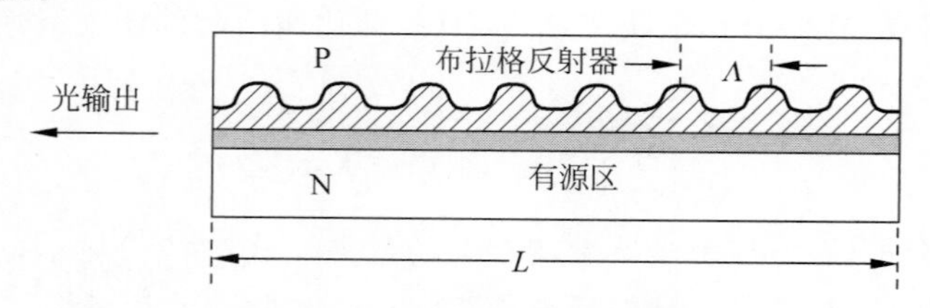

图3.12 DFB激光器的结构

2. 量子阱激光器

一般双异质结构激光器的有源层最佳厚度约为0.15μm,电子的辐射跃迁发生在两个能量之间,但当其有源层厚度减至可以和玻尔半径(1～50nm)相比拟时,半导体的性质将发生根本变化,此时,半导体的能带结构、载流子有效质量、载流子运动性质会出现新的效应——量子效应,相应的势阱称为量子阱,这种结构的激光器称为量子阱激光器。

量子阱结构可以通过改变有源层的厚度来改变发射波长,它大大地降低了阈值电流。采用厚度为5～10nm的多个薄层结构有源层可改进单量子阱器件性能。这种激光器称为多量子阱(MultiQuantum-Well,MQW)激光器,它具有调制性能更好、线宽更窄和效率更高的优点。

图3.13为4个量子阱半导体激光器的结构示意图和能级图,量子阱之间是限制层。量子阱激光器具有低阈值电流、可高温工作、谱线宽度窄和调制速度高等优点。

当阱数为4时,最高工作温度可达105℃,阱数达到10以后,最高温度有趋于饱和的趋

势，当阱数为 15 时，最高工作温度接近 160℃，这种 LD 不必使用帕尔贴（Peltier）电子制冷器，不需要补偿因温度引起性能变化的自动功率控制，可以延长使用寿命。

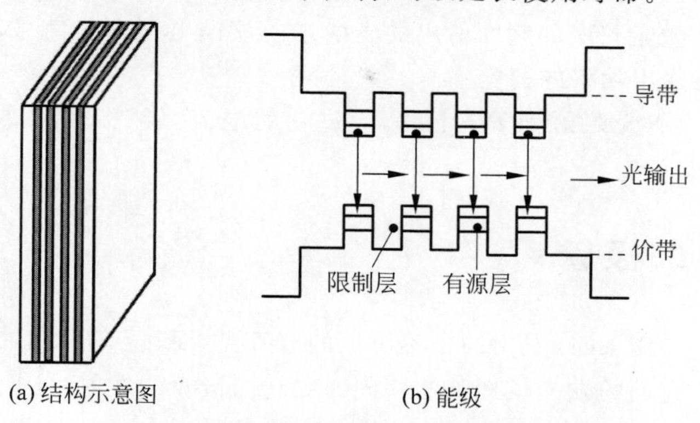

图 3.13　多量子阱 LD 的结构和能级

3. 垂直腔面发射激光器

垂直腔面发射激光器（Vertical Cavity Surface Emitting Laser，VCSEL）是一种电流和发射光束方向都与芯片表面垂直的激光器。垂直腔结构对于二维应用具有很好的灵活性，与光纤耦合时具有最高的耦合效率。

图 3.14 是 VCSEL 结构的原理图，其有源层位于两个限制层之间，并构成双异质结构。因为采用了隐埋制作技术，注入电流被完全限制在直径为 D 的圆形有源层。VCSEL 的腔长是隐埋双异质结构的纵向长度，一般为 5～10μm，而它的谐振腔的两个反射面不再是晶体的解理面，它的一个反射镜设置在 P 区边，另一个反射镜设置在 N 区边。

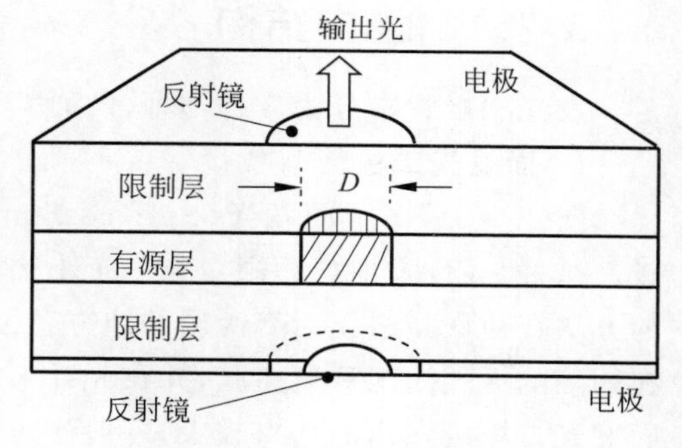

图 3.14　VCSEL 结构的原理图

垂直腔面发射激光器的主要优点如下。

（1）发光效率高。

（2）阈值电流低，为 1mA～1μA，工作电流也仅为 5～15mA。

（3）可以单纵模方式工作，也可以多纵模方式工作，从而减少了多模光纤应用时的相干和模式噪声。

（4）可任意配置高密度二维激光阵列。

（5）高的温度稳定性和工作速率。

（6）价格低、产量高等。

3.1.4　LD 组件及其技术指标

激光器组件是除激光二极管（LD）芯片外，还配置其他元器件和实现 LD 工作必要的少量电路块的集成器件，包括光隔离器、监测光电二极管（PD）、尾纤和连接器、LD 的驱动电路、热敏电阻、热电制冷器、自动温控（ATC）电路、自动功率控制（APC）电路等。

跟踪误差的定义是

$$E_{\mathrm{r}}=10\lg\left(\frac{P_{\mathrm{f}}(T)}{P_{\mathrm{f}}(25℃)}\right) \tag{3.28}$$

其中，$P_f(T)$表示温度为0℃或者65℃时激光器到光纤的耦合功率。其实，跟踪误差是一种在工作温度范围内保证光从激光器模块耦合入光纤的稳定性的方法，它是由监测光电二极管完成的，PD通过检测从激光腔尾部刻面射出的光线来向反馈电路发出信号，以决定是增加还是减少驱动电流以维持输出功率的稳定。

PD暗电流是指没有光照射到PD上时，流过它的电流。该指标反映了光电探测器的精确度。

3.2 发光二极管

光纤通信用的半导体LED发出的是不可见的红外光，而显示所用LED发出的是可见光，如红光、绿光等，但是它们的发光机理基本相同。发光二极管的发射过程主要对应光的自发辐射过程，当注入正向电流时，注入的非平衡载流子在扩散过程中复合发光，所以LED是非相干光源，并且不是阈值器件，它的输出功率基本上与注入电流成正比。

LED的谱宽较宽(30～60nm)，辐射角也较大。在低速率的数字通信和较窄带宽的模拟通信系统中，LED是可以选用的最佳光源，与半导体激光器相比，LED的驱动电路较为简单，并且产量高，成本低。

3.2.1 LED结构

发光二极管常分为3种类型，即面发光二极管、边发光二极管、超辐射发光二极管。

1. 面发光二极管

图3.15示出了面发光(Surface Emitting)二极管的典型结构。它由N-P-P双异质结构成。这种LED发射面积限定在一个小区域内，该区域的横向尺寸与光纤尺寸相近。利用腐蚀的方法在衬底材料正对有源层的地方腐蚀出一个凹陷的区域，使光纤与光发射面靠近，同时，在凹陷的区域注入环氧树脂，并在光纤末端放置透镜或形成球透镜，以提高光纤的接收效率。面发光二极管输出的功率较大，一般注入100mA电流时，就可达几毫瓦，但光发散角大，水平和垂直发散角都可达到120°，与光纤的耦合效率低。

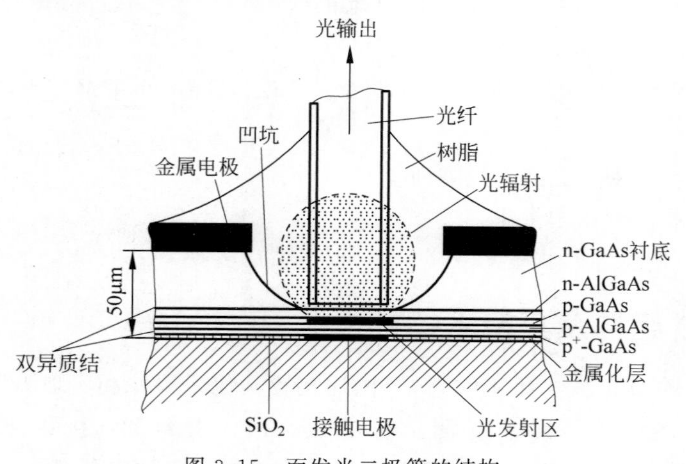

图3.15 面发光二极管的结构

2. 边发光二极管

图3.16示出了边发光(Edge-Emitting)二极管的典型结构。条形接触电极(40～50pm)可限定有源层的宽度，便于与纤芯匹配；同时导光层进一步提高了光的限定能力，把有源层产

生的光辐射导向发光面，以提高与光纤的耦合效率。有源层一端镀高反射膜，另一端镀增透膜，以实现单向出光。边发光二极管的垂直发散角 $\theta_{\perp}$ 约为 30°，水平发散角 $\theta_{\parallel}$ 为 120°，具有比面发光二极管高的输出耦合效率。

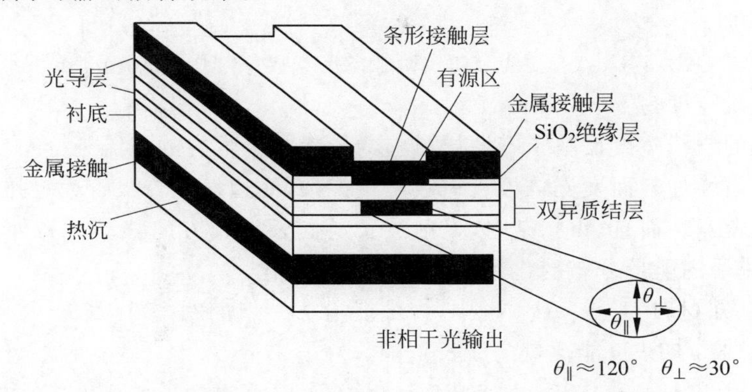

图 3.16　边发光二极管的典型结构

3. 超辐射发光二极管

超辐射发光二极管(superluminescent diode)的出现和发展是受到光纤陀螺的驱动，对它的要求是有高的功率输出并有宽的光谱宽度。图 3.17 是超辐射发光二极管的结构示意图。这种结构的目的是使得 SLD 既有很高的输出功率而又不产生激射振荡，因为要使输出功率增加，最简单的办法是增大注入电流，但过高的注入电流可能会导致激射振荡。

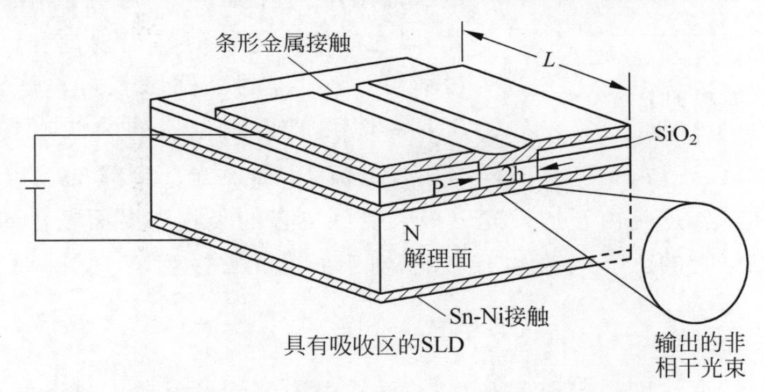

图 3.17　超辐射发光二极管的结构

3.2.2 LED 特性

作为光通信系统中所用的光源，我们所关注的发光二极管的技术指标包括发光效率、光谱特性、P-I 特性、调制特性、频率特性等。

1. 光谱特性

由于 LED 没有光学谐振腔以选择波长，所以它的光谱是以自发发射为主的光谱，发光谱线较宽。图 3.18 为典型 1.3μm LED 的光谱曲线。光谱曲线上发光强度最大时所对应的波长称为发光峰值波长 λ_P，光谱曲线上两个半光强点对应的波长差 $\Delta\lambda$ 称之为 LED 谱线宽度(简称谱宽)，它是一个与温度 T 和波长 λ 有关的量。

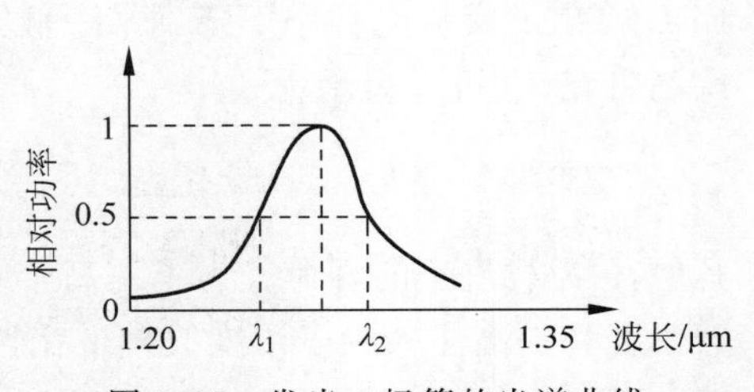

图 3.18　发光二极管的光谱曲线

$$\Delta\lambda = 1.8kT\left(\frac{\lambda^2}{hc}\right) \tag{3.29}$$

其中，c 为光速，h 为普朗克常数($h=6.626\times10^{-34}\text{J}\cdot\text{s}$)。由式(3.29)可见，谱宽随辐射波长 λ 的增加按 λ^2 增加。

一般短波长 GaAlAs/GaAs 发光二极管的谱线宽度为 10～50nm，长波长 InGaAsP/InP 发光二极管的谱线宽度为 50～120nm。

发光二极管的谱线宽度反映了有源层材料的导带与价带内的载流子分布。线宽随有源层掺杂浓度的增加而增加。面发光二极管一般是重掺杂，而边发光二极管为轻掺杂，因此面发光二极管的线宽就较宽。而且，重掺杂时，发射波长还向长波长方向移动。另外，温度的变化会使线宽加宽，载流子的能量分布变化也会引起线宽的变化。

【例 3-3】 已知材料 $Ga_{1-x}Al_xAs$ 中，带隙能量 $E_g=1.424+1.266x+0.266x^2$，$x$ 满足 $0\leqslant x\leqslant 0.37$，求这样的 LED 能覆盖的波长范围。

解：根据 $E_g=1.424+1.266x+0.266x^2$ 计算得 $1.424\leqslant E_g\leqslant 1.93$，由 $\lambda=1240/E_g$，可得波长范围为 $642\text{nm}\leqslant\lambda\leqslant 871\text{nm}$。

2. *P-I* 特性

发光二极管的 P-I 特性是指输出的光功率随注入电流的变化关系。为了便于比较，图 3.19 将各种发光管的注入电流与输出光功率的关系曲线都表示在一幅图中。由图 3.19 可见，面发光器件的功率较大，但在高注入电流时易出现饱和；而边发光器件的功率相对较低，但线性度较好；超辐射发光器件的 P-I 特性类似于激光器的曲线，但是没有明显的拐点，即没有阈值电流。一般而言，在同样的注入电流下，面发光二极管的输出光功率要比边发光二极管大 2.5～3 倍，这是由于边发光二极管受到更多的吸收和界面复合的影响。

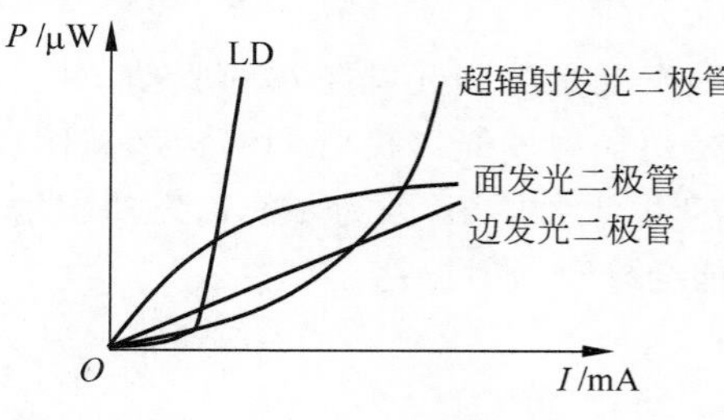

图 3.19 发光二极管的 P-I 特性

温度对发光二极管的 P-I 特性也有影响，对于面发光二极管，有

$$P = P_0\exp\left(-\frac{T}{T_0}\right) \tag{3.30}$$

其中，T_0 是器件的特征温度。当温度升高时，同一电流下的发射功率要降低，但与 LD 比较起来，发光二极管的温度特性相对较好，在实际应用中，一般可以不加温度控制。

3. 调制特性

在规定的正向偏置工作电流下，对 LED 进行数字脉冲或模拟信号电流调制，便可实现对输出光功率的调制。LED 有两种调制方式，即数字调制和模拟调制，具体见图 3.20。

调制频率或带宽是衡量发光二极管的调制能力，其定义是在保证调制度不变的情况下，当 LED 输出的交流光功率下降到某一低频参考频率值的一半时(如－3dB)的频率就是 LED 的调制带宽，它可以表示为

$$\Delta f = \frac{1}{2\pi\tau} \tag{3.31}$$

其中，τ 为载流子的寿命。为了提高带宽，希望缩短载流子的寿命，可以通过增大有源层的掺杂浓度和提高注入少子浓度改善带宽性能，但是带宽的增加却会使得 LED 输出光功率下降。例如，面发射 GaAlAs 发光管最高功率可达 15mW，而 3dB 带宽为 17MHz；当最大调制带宽为 1.1GHz 时，功率降低至 0.2mW。LED 的输出功率与调制带宽的乘积是一个常数，即

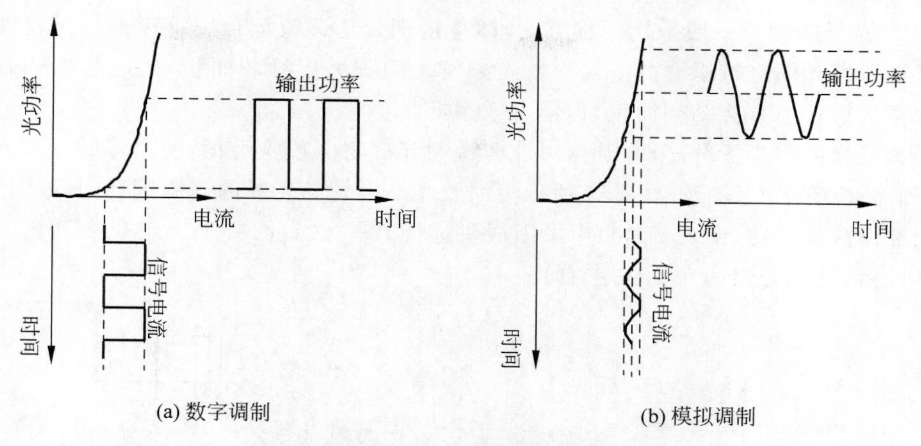

图 3.20　发光二极管的调制原理图

$$\Delta f \cdot P = \text{常数} \tag{3.32}$$

4. 频率特性

发光二极管的频率响应可以表示为

$$|H(f)| = \frac{P(f)}{P(0)} = \frac{1}{\sqrt{1+(2\pi f \tau_e)^2}} \tag{3.33}$$

其中，f 为调制频率，$P(f)$为对应于调制频率 f 的输出光功率，τ_e 为少数载流子(电子)的寿命。定义 f_c 为发光二极管的截止频率，当 $f=f_c=1/(2\pi\tau_e)$时，$|H(f_c)|=1/\sqrt{2}$，最高调制频率应低于截止频率。

3.2.3　光源 LD、LED 与光纤的耦合

LED 与光纤的耦合是发光二极管应用中一个重要的实际问题。因为发光二极管的输出光束发散性较大，可利用的光功率很小，这会直接影响光纤通信的中继距离。与 LD 比较起来，LED 与光纤的耦合效率要低得多。一般来说，LD 与单模光纤的耦合效率为 30%～50%，多模光纤为 70%～90%；LED 与单模光纤的耦合效率非常低，只有百分之几甚至更小，提高 LED 与光纤的耦合效率是一个很重要的现实问题。

耦合效率定义为入纤的光功率与发光管发出的功率之比，影响耦合效率的主要因素是光源的发散角和光纤的数值孔径。发散角大，耦合效率低；数值孔径大，耦合效率高。此外，光源发光面和光纤端面的尺寸、形状及两者之间的距离都会影响耦合效率。设光源的半径为 r_S，光纤的纤芯半径为 a，则入纤光功率计算公式为

$$P = P_S(\mathrm{NA})^2, \quad r_S \leqslant a \tag{3.34a}$$

$$P = P_S\left(\frac{a}{r_S}\right)^2(\mathrm{NA})^2, \quad r_S > a \tag{3.34b}$$

$$P = 2P_S n_1^2 \Delta\left[1 - \frac{2}{\gamma+2}\left(\frac{r_S}{a}\right)^\gamma\right] \tag{3.34c}$$

其中，NA 为光纤的数值孔径，P_S 为 LED 发出的光功率，其中式(3.34a)和式(3.34b)两式适用于阶跃光纤，式(3.34c)式适用于渐变光纤。式(3.34)应用的前提条件是 LED 与光纤之间介质的折射率 n 与光纤折射率 n_1 完全匹配，否则入纤功率将减少，减少系数为

$$R = \left(\frac{n_1 - n}{n_1 + n}\right)^2 \tag{3.35}$$

LED与光纤的耦合一般采用两种方法，即直接耦合与透镜耦合。直接耦合是将光纤端面直接对准光源发光面进行耦合的方法。当光源发光面积大于纤芯面积时，这是唯一有效的方法。这种直接耦合的方法结构简单，但耦合效率低。

当光源发光面积小于纤芯面积时，可在光源与光纤之间放置透镜，使更多的发散光线会聚进入光纤来提高耦合效率。如图3.21所示为面发光二极管与光纤的透镜耦合，其中图3.21(a)中光纤端部做成球透镜，图3.21(b)中采用截头透镜，图3.21(c)中采用集成微透镜。采用这种透镜耦合后，其耦合效率在10%左右。

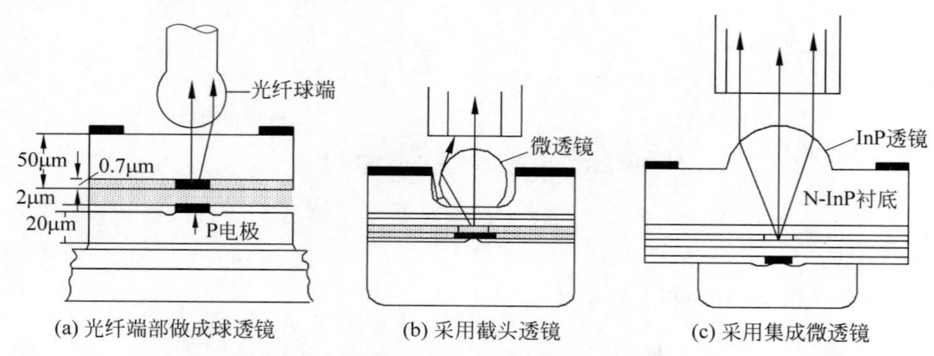

图3.21 面发光二极管与光纤的透镜耦合

对于发散光束非对称的边发光二极管和半导体激光器可以利用圆柱透镜的方法，如图3.22(a)和图3.22(b)所示。或者利用大数值孔径的自聚焦透镜，其耦合效率可以提高到60%，甚至更高。单模光纤和半导体激光器的耦合可以采用如图3.22(c)所示自聚焦透镜或者在光纤端面用电弧放电形成半球透镜的方法。

实际上，许多光源供应商提供的光源都附有一小段光纤，即尾纤，以保证连接总是处于最佳功率耦合状态。

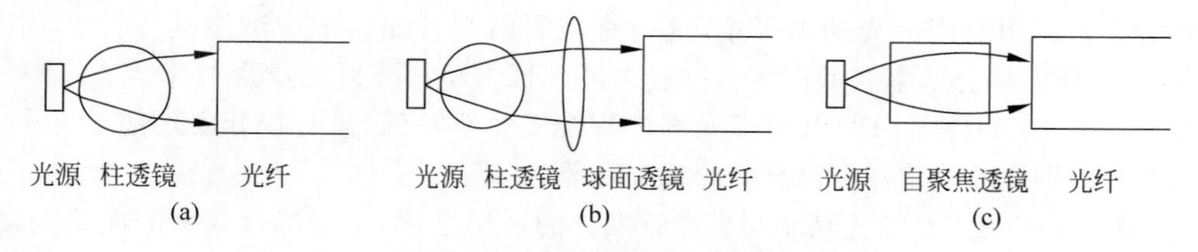

图3.22 光源与光纤的透镜耦合

3.2.4 LED技术参数

LED的典型技术参数如表3.2所示。

表3.2 LED的典型技术参数

有源层材料	类型	辐射波长/nm	谱宽/nm	耦合功率/μW	正向电流/mA	上升/下降时间/ns
AlGaAs	ELED	850	35～65	10～80	60～100	2/2～6.5/6.5
GaAs	SLED	850	40	80～140	100	—
GaAs	ELED	850	35	10～32	100	6.5/6.5
InGaAsP	SLED	1300	110	10～50	100	3/3
InGaAsP	ELED	1300	25	10～150	30～100	1.5/2.5
InGaAsP	ELED	1550	40～70	10～150	200～500	1.5/2.5

3.3　光发射机

3.3.1　模拟光发射机

按照光纤通信系统传输的是模拟信号还是数字信号，可以分为模拟传输系统和数字传输系统，采用的光发射机分别称为模拟光发射机和数字光发射机。从对激光器的调制来看，两者采取的调制方式分别是模拟调制和数字调制。

输入到光发射机的电信号要转换成适合驱动光源的电流信号后，才能加到光源上。电流信号可以是模拟信号（如有线电视系统中使用的视频信号），也可以是数字信号（如计算机数据），由光源输出的光功率与驱动电流的关系可知，当输入信号是模拟信号时，选择合适的工作点，可以得到变化规律相同的光功率信号。显然，输出特性的线性度越高，电光转换时的失真就越小。图 3.23(a)为模拟信号对光源调制的工作过程，图 3.23(b)为数字信号对光源调制过程。

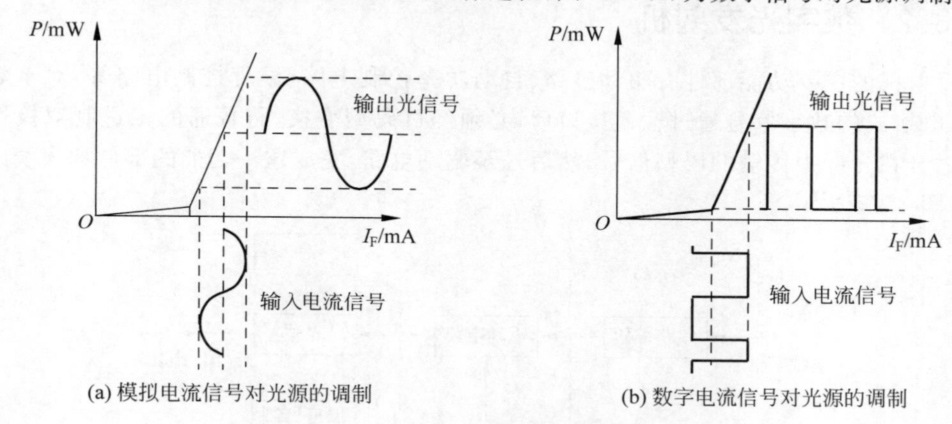

(a) 模拟电流信号对光源的调制　　(b) 数字电流信号对光源的调制

图 3.23　电信号对光源的调制过程

数字光发射机的功能是把电端机输出的数字基带电信号转换为光信号，并用耦合技术有效注入光纤线路，电光转换是用承载信息的数字电信号对光源进行调制来实现的。调制分为直接调制和外调制两种方式。受调制的光源特性参数有功率、幅度、频率和相位。这里着重介绍在实际光纤通信系统得到广泛应用的直接光强（功率）调制。

模拟光发射系统对其中光源的线性度要求较高，所以非线性补偿电路是模拟光发射机中的重要功能部件。图 3.24 为用于有线电视传输系统中的光发射机外形，表 3.3 是其主要技术指标。

图 3.24　模拟光发射机外形（宇成鹏展科技有限公司提供）

表 3.3　模拟光发射机主要技术指标

类　别	测试项目	测试数据
光特性	光波长/nm	1310±20
	光功率/mW	2、4、6、8、10、12、14、16、18、20
	CNR/dB	51
	CNR/dB	－65
	CSO/dBc	－60
	连接器	FC/APC

续表

类 别	测试项目	测试数据
射频特性	频率范围/MHz	47～750、47～860
	输入阻抗/Ω	75
	控制范围/dB	±3/±0.3
	输入反射损耗/dB	≥14、≥12
	输入电平/dBμV	80±5
	带内平坦度/dB	±0.75、±1

模拟光发射机的指标主要有载噪比(CNR)、复合二阶失真(CSO)和复合三阶差拍(CTB),它们反映了光发射机的非线性失真特性。

光发射机一般通过微处理系统提供自动调整光功率输出(APC)、自动调整制冷电流(ATC)及自动调制度调整(AMC)等功能,以保证激光器的最佳工作环境。

3.3.2 数字光发射机

光发射机的主要功能部件有驱动电路、自动功率控制电路、温度控制电路等,对于数字光发射机,电形式的数字信号通过输入接口后,必须经过码型变换,将普通的二进制双极性信号转换成适合在光纤中传输的码型信号,然后送至驱动电路,完成这一功能的部件称为线路编码单元,如图 3.25 所示。

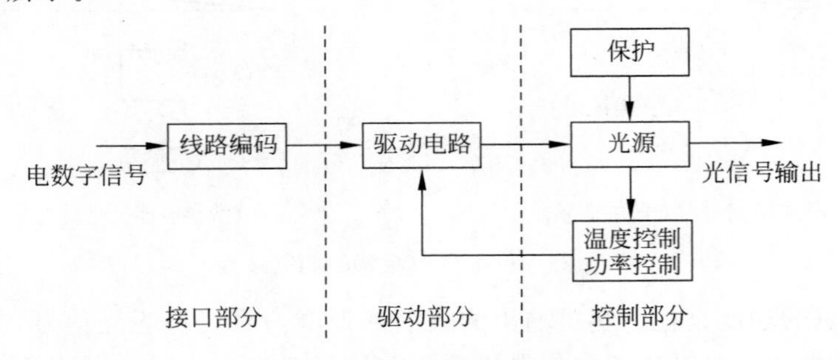

图 3.25 数字光发射机的组成

1. 线路编码单元

线路编码之所以必要,是因为电端机输出的数字信号是适合电缆传输的双极性码,而光源不能发射负脉冲,所以要变换为适合于光纤传输的单极性码。

数字光纤传输系统中常采用的码型是 5B6B 和插入码。5B6B 是将输入的码流分成 5 比特为一组,然后把每组编成 6 比特输出。通过这样的方式,可以达到平衡码流、避免码流中出现长连 0 和连 1 码,使码流中的时钟易于提取。5B 为一组,共有 32 个状态; 6B 为一组,共有 64 个状态。要在 64 个状态中选出 32 个代替 5B 的状态对应,选择的方法很多,原则是使 0 和 1 的分布比较均匀。表 3.4 给出了一种编码方案。

表 3.4 5B6B 编码方案

输入码字(5B)		输出码字(6B)		输入码字(5B)		输出码字(6B)	
		模式 1	模式 2			模式 1	模式 2
0	00000	110010	110010	3	00011	100011	100011
1	00001	110011	100001	4	00100	110101	100100
2	00010	110110	100010	5	00101	100101	100101

续表

输入码字(5B)		输出码字(6B) 模式1	输出码字(6B) 模式2	输入码字(5B)		输出码字(6B) 模式1	输出码字(6B) 模式2
6	00110	100110	100110	19	10011	010011	010011
7	00111	100111	000111	20	10100	110100	110100
8	01000	101011	101000	21	10101	010101	010101
9	01001	101001	101001	22	10110	010110	010110
10	01010	101010	101010	23	10111	010111	010100
11	01011	001011	001011	24	11000	111000	011000
12	01100	101100	101100	25	11001	011001	011001
13	01101	101101	000101	26	11010	011010	011010
14	01110	101110	000110	27	11011	011011	001010
15	01111	001110	001110	28	11100	011100	011100
16	10000	110001	110001	29	11101	011101	001001
17	10001	111001	010001	30	11110	011110	001100
18	10010	111010	010010	31	11111	001101	001101

插入码是把输入的二进制原始码流分成 m 比特一组，然后在每组 mB 码的末尾插入一个码，根据该插入码的用途，可以分成 mB1C、mB1H 和 mB1P。

mB1C 中 C 码称为补码，它实际上是第 m 位的补码，如果第 m 位为 1，则补码为 0，反之为 1。mB1H 中的 H 称混合码，它可以用于在线误差检测、区间通信或者是帧同步、公务、数据、监测等信息的传送。mB1P 中的 P 码是奇偶校验码，当 m 位码内 1 的个数为奇数时，则 P 码为 1，反之为 0。

输入数据的码型变换可以由编码器实现。由于对激光器的驱动必须是串行的数据脉冲，所以编码器的最后输出需将并行数据转换成串行形式。

2. 驱动电路

驱动电路的形式很多，图 3.26 为一种 LED 驱动电路的原理图。当数字信号为 0，即 u_{in} 为低电平时，三极管 VT 截止，LED 中没有电流流过，因此不发光；当数字信号为 1，u_{in} 为高电平，三极管 VT 饱和导通，LED 中有电流流过，所以发光。可见 LED 的光输出反映了输入数字信号的变化。

图 3.27 为 LD 的常用驱动电路。其工作原理如下：VT_2 管的基极加一个固定电压 U_B，输入数字信号电压 u_{in} 加在 VT_1 管的基极，当 u_{in} 为高电平 1 时，u_{in}>UB，VT_1 管导通，VT_2 管截止，LD 无光输出；以此类推，LD 在 u_{in} 为低电平时将输出光信号。通过控制 UB 的大小，可使三极管工作在非深度饱和和深度截止状态，从而缩短开关转换时间，实现高速率的调制。

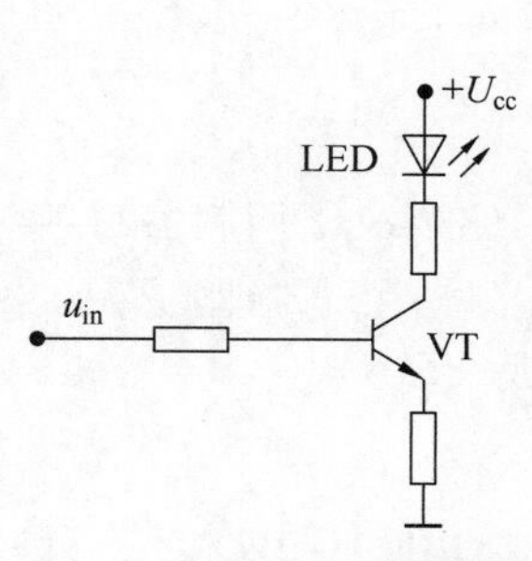

图 3.26 LED 驱动电路的原理图

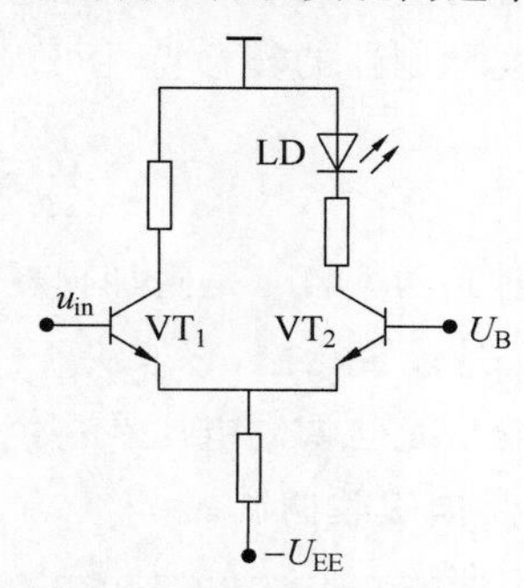

图 3.27 LD 的常用驱动电路

目前,数字光发射机的产品常以光发射模块的形式出现,线路编码单元通常不作为光设备的一个组成部分包括在其中,随着现代通信的发展,为了方便使用,将光发射和光接收的功能做在同一块芯片上,称为光收发合一模块。表3.5给出了工作波长为1550nm、应用于2.5Gb/s SDH STM-16光纤传输系统、最长传输距离120km的光发射模块的技术指标,其中的输出光功率是指当发射机发送伪随机序列信号时,在它输出端所测得的平均功率;消光比是表示数字信号为1时与表示数字信号为0时平均光功率之比。

表3.5 光发射模块TX5S331A技术指标

参数	范围	参数	范围
传输速率/(Mb/s)	2488.32	消光比/dB	>8.2
中心波长/nm	1535~1565	功耗/W@25℃	<4
输出光功率/dBm	≥-4	波长变化/nm,DWDM特定波	<0.16
谱宽/(nm,-20dB)	<0.3	使用温度/℃	0~60
边模抑制比/dB	>30	电源/V	±5.0

3.4 外调制器

3.4.1 外调制器的特点和类型

光源采用直接调制方式时,由于带宽受半导体光源的振荡频率的限制和光源啁啾效应的存在,使得这种方式无法应用在2.5Gb/s以上的高速率光纤通信系统中。此时,必须使用外调制器。图3.28为外调制光发射机的基本组成。外调制下的光源是在直流状态下工作,因而避免了激光器的啁啾效应。

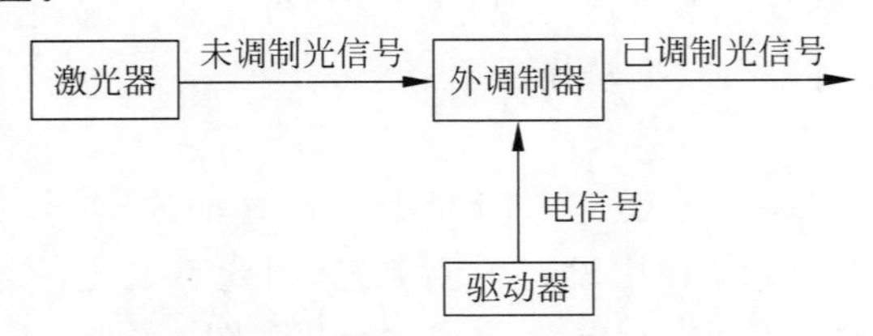

图3.28 外调制光发射机的基本组成

1. M-Z型电光强度调制器

图3.29是M-Z型调制器结构示意图,它用铌酸锂晶体($LiNbO_3$)制成,其中的光波导是在晶体上用钛扩散技术制作而成的。电信号加到如图3.29所示的电极上,来自激光器的连续波输入到调制器的左端,然后被均匀地分配到两个臂中,经过电信号的调制后从右端输出。M-Z型电光强度调制器的转移特性可表示为

$$P=\frac{P_S}{2L_e}\left[1+\sin\left(\pi\frac{V}{V_\pi}+\varphi_b\right)\right] \tag{3.36}$$

其中,P_S是入射光功率,L_e是附加损耗,V_π称作半波电压,它取决于调制器材料和尺寸,V是调制电信号,φ_b是配置相位,它取决于波导结构。图3.30画出了调制器P-V归一化关系曲线,可以看到,输出光与调制电压在一定范围内呈现线性的关系。

2. 多量子阱电吸收调制器

多量子阱电吸收(Multiple Quantum Well ElectroAbsorption,MQW-EA)调制器可将外调制器与激光器DFB集成为一体,其体积小,制造成本低,避免了M-Z型调制器的主要缺点,

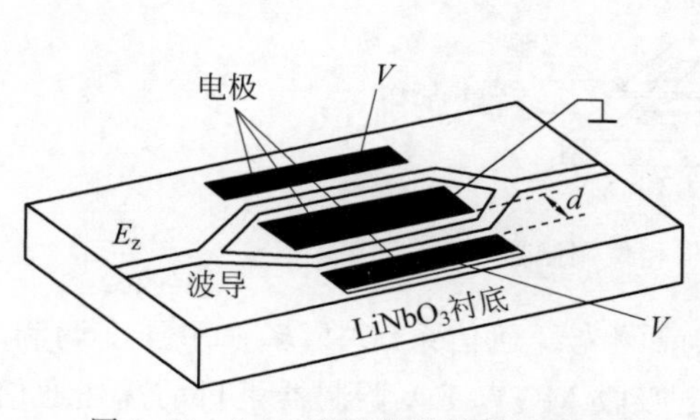

图 3.29　M-Z 型调制器结构示意图

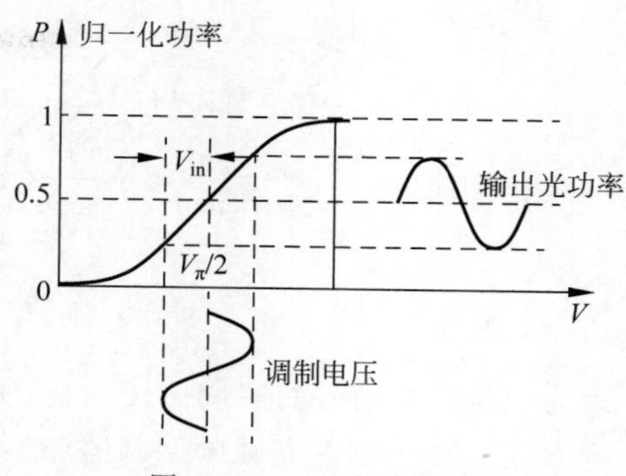

图 3.30　P-V 调制曲线

即 M-Z 型调制器要求较高的调制电压(10V),并且有较大的插入损耗。

该调制器工作过程是：由 DFB 激光器辐射的连续光波穿过由半导体材料构成的波导管。当不加电压时,因为波导管的截止波长小于入射光的波长,所以 DFB 激光器发射的光可顺利穿过波导管；当加上调制电压后,波导材料的禁带宽度变小,因而截止波长增大,波导材料开始吸收入射光,也即电场对光的作用等效成一个衰减器。转移特性表示为

$$P=P_0\exp\left[-\left(\frac{V}{V_0}\right)^{\alpha}\right] \tag{3.37}$$

其中,V 是调制电压,α 是和调制器的结构有关,对于 MQW 型,该值为 2～4,P_0 为调制电压为零时的输出光功率,V_0 为常数。光纤通信系统对调制的要求是：高的调制速率和宽的调制带宽；低的驱动电压；低的插入损耗；高消光比。

3.4.2　外调制器工作原理

外调制器通常是基于晶体的电光、声光、磁光等效应或者晶体对光频的吸收作用工作的。以晶体的电光效应为例,当把电压加到晶体上的时候,将使晶体的折射率发生变化,结果引起通过该晶体的光波特性发生变化,晶体的这种性质称为电光效应。

图 3.31 示出了 $LiNbO_3$ 波导相位调制器的结构,条形波导是通过在 x 切割的 $LiNbO_3$ 衬底上用钛扩散技术制造的,宽 9μm、长 1cm。调制电场 E_z 加在 z 方向,产生的折射率变化为

$$\Delta n_z=\frac{1}{2}n_0^3r_{33}E_z \tag{3.38}$$

其中,$LiNbO_3$ 晶体的参数 $n_0=2.29$ 是光子折射率,$r_{33}=30.8\times10^{-12}$ m/V 是电光系数,调制场 $E_z=V/d$,V 为调制信号电压,d 为电极间的距离。

传输光波在波导中产生的相位变化为

$$\Delta\varphi=\frac{\omega}{C}\Delta n_zL=\frac{2\pi}{\lambda}\cdot\frac{1}{2}n_0^3r_{33}\frac{V}{d}\cdot L=\pi\frac{V}{V_\pi} \tag{3.39}$$

其中,L 为波导长度,V_π 称为半波电压,有

$$V_\pi=\frac{\lambda}{n_0^3r_{33}}\left(\frac{d}{L}\right) \tag{3.40}$$

由于条形波导的 L/d 很大,使得半波电压大大下降。对于如图 3.31 所示的相位波导调制器,调制电极间距 8μm,半波电压仅为 0.85V。在相位匹配的行波状态下,调制带宽达 5GHz。

$LiNbO_3$ 晶体端面进行增透处理,单模尾纤用 V 形槽和 UV 环氧树脂粘胶。在波长为 1550nm 时,光纤→波导→光纤的 TE 模插入损耗仅 1.8dB。

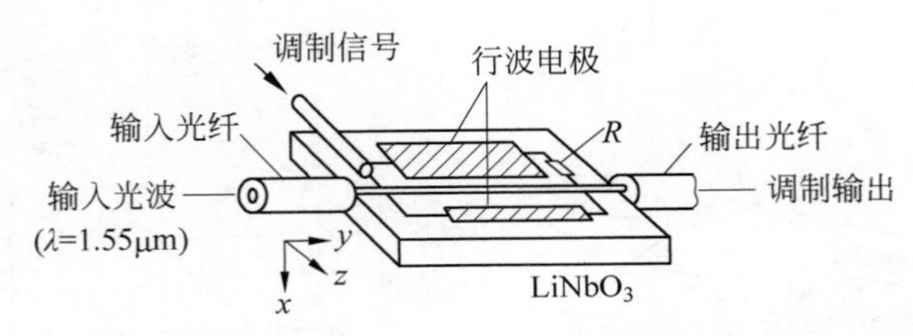

图 3.31 $LiNbO_3$ 波导相位调制器

因为相位调制信号的解调比较困难，所以在目前的光纤通信系统中，多采用强度调制/直接检测方式。M-Z 型电光强度调制器和多量子阱电吸收 MQW-EA 调制器是目前高速通信系统中的优选器件之一。对于 M-Z 型调制器，两臂各自的相对相位延迟分别为

$$\varphi_1 = \frac{\pi}{\lambda} \cdot n_e^3 r_{33} V \cdot \frac{L}{d} \tag{3.41}$$

$$\varphi_2 = -\frac{\pi}{\lambda} \cdot n_e^3 r_{33} V \cdot \frac{L}{d} \tag{3.42}$$

两束光在输出端产生干涉，从而可得到如式(3.36)的功率关系。

3.4.3 外调制器技术指标

调制深度 η_I 的定义为

$$\eta_I = \begin{cases} |I - I_0| / I_0, & I_0 > I_m \\ |I - I_0| / I_0, & I_m > I_0 \end{cases} \tag{3.43}$$

其中，I 为调制波光强，I_0 为不加调制信号时的光强，I_m 为加最大调制信号时的光强。

调制指数 η_φ 的定义为

$$\eta_\varphi = \frac{2\pi}{\lambda} \cdot \Delta n_{\text{eff}} \cdot d \tag{3.44}$$

其中，Δn_{eff} 为导模在外电场作用下产生的折射率增量，d 为电极长度。

半波电压定义为调制指数为 π 时的调制电压。调制带宽定义为

$$\Delta f_m = (\pi RC)^{-1} \tag{3.45}$$

其中，R 是调制器等效电路中与电容 C 并联的负载电阻，C 是调制器的集总电容，包括电极、连接器和引线电容，但主要由电极电容确定。

外调制器的技术指标还有最大调制频率、单位带宽驱动功率、插入损耗和消光比等。

M-Z 型电光强度调制器的调制深度可达 80%，半波电压约为 3.6V，调制带宽可达 17GHz，功耗 35μW/MHz。表 3.6 列出了工作速率为 10Gb/s $LiNbO_3$ 调制器的技术指标。

表 3.6 $LiNbO_3$ 调制器的技术指标

参数		范围
光学参数	工作波长/nm	1535～1565
	插入损耗/dB	<5
	消光比/dB	>12
	反射损耗/dB	>−40
射频参数	带宽/GHz	>8
	V_π(DC)/V	>5.5
	上升/下降时间/ps	<50

续表

参数		范围
偏置	V_π(DC) /V	<8
	阻抗/Ω	>1000

本章小结

光源 LD 和 LED 是光纤通信系统的关键器件。LD 基于光的受激辐射机理。LD 发光必须满足一定的阈值条件,主要参数有谱宽、P-I 特性,根据其光谱的形状,LD 有单纵模和多纵模之分,由于 LD 可以发出单色、定向性好和强度高的相干光,在长途光纤通信系统中得到了广泛的应用。新型的激光器-分布反馈激光器、量子阱激光器和垂直腔面发射激光器也在很多场合得到了普及。

LED 基于光的自发辐射机理。主要类型有面发光二极管和边发光二极管。LED 的谱宽较宽,在低速率的数字通信和较窄带宽的模拟通信系统中,LED 是可以选用的最佳光源。由于 LED 的辐射角较大,存在与光纤耦合的问题。

数字光发射机的主要参数有输出功率、消光比,应根据应用场合合理选用。

外调制器主要用在高速光纤通信系统中,它基于晶体的电光、声光、磁光等效应或者晶体对光频的吸收作用工作。对于电光晶体,晶体的折射率随着调制电压的变化而变化,从而引起通过该晶体的光波特性发生变化。由于激光器工作在直流状态,所以消除了光源啁啾。常用的类型是 M-Z 型电光强度调制器和多量子阱电吸收 MQW-EA 调制器。

习题

3.1 能带与能级的区别是什么?

3.2 半导体激光器发射光子的能量近似等于材料的禁带宽度,已知 GaAs 材料的 $E_g=1.43\text{eV}$,某一 InGaAsP 材料的 $E_g=0.96\text{eV}$,求它们的发射波长。

3.3 激光出射的条件是什么?

3.4 常用的激光器材料有哪些?

3.5 半导体发光二极管与半导体激光器发射的光子有什么不同?

3.6 InGaAsP 半导体激光器工作波长是 1300nm,腔长为 250μm,损耗系数 $\alpha=30\text{dB/cm}$,解理面反射率 $r_1=r_2=0.31$,试求增益阈值。

3.7 某 CaAs 激光器发光波长为 800nm,其谐振腔长为 400μm,材料折射率 $n=3.6$,设在波长 750~850mm 的范围内增益大于总损耗系数,求在该激光器中的模式数量。

3.8 光电效率有哪几种表示方法?并解释它们的含义。

3.9 某激光器的斜度效率 $\mathrm{d}P/\mathrm{d}I$ 是 0.095mW/mA,工作波长是 1500nm,计算外微分量子效率。

3.10 设激光器中载流子数目 n 的关系满足

$$\frac{\delta n}{\delta t}=\frac{J}{qd}=\frac{n}{\tau}$$

其中,τ 是截流子的寿命,证明 $t_d=\tau_e\ln\left(\frac{J}{J-J_{th}}\right)$。

3.11　试述 RIN 的定义。

3.12　激光器的 RIN＝－135dB/Hz，接收机带宽 1GHz，接收到的平均功率为 25μW，求在接收机端接的 LD 噪声功率。

3.13　已知某 DFB 激光器的光栅间距 $\Lambda=0.22\mu m$，衍射光栅有效长度 $L=300\mu m$，介质折射率 $\bar{n}=3.5$，设布拉格衍射阶数 $m=1$，求模式波长和它们的间距。

3.14　试述 VCSEL 激光器的工作原理。

3.15　试述 LED 输出光与光纤耦合的方法。

3.16　试述半导体激光器和发光二极管的主要区别。

3.17　某发光二极管发出的光功率是 0.75mW，光源的半径为 35μm，纤芯半径为 25μm，数值孔径 NA＝0.20，求入纤光功率的数值。

3.18　某光源折射率为 3.6，如果其尺寸小于纤芯尺寸，并且光纤与光源之间的微小间隙充满折射率为 1.305 的凝胶，那么从光源到光纤的功率损耗是多少分贝？设纤芯折射率为 1.465。

3.19　光发射机的性能指标有哪些？

3.20　试述外调制器的工作原理。

第4章 光检测器和光接收机

CHAPTER 4

光接收机是光纤通信系统的重要组成部分,它的作用是把光发射机发送的并经光纤传输的携带有信息的光信号转化为相应的电信号,然后放大并再生恢复为原始电信号。本章首先介绍光检测器 PIN 光电二极管和 APD 雪崩二极管的原理、特性和产品,讨论光检测器的特性参数,然后介绍数字光接收机的组成及技术指标,最后介绍光收发模块。

4.1 光检测器的工作原理

光检测器的作用是将接收到的光信号转换成电流信号。其工作过程的基本机理是光的受激吸收。光检测器的工作过程与 LED 相反,如果把能量大于 E_g 的光照射到半导体材料上,则处于低能带的电子吸收该能量后被激励而跃迁到高能带上,可以通过在半导体 PN 结上外加电场,将处于高能带的电子取出,从而使光能转变为电能,如图 4.1 所示。

当能量超过禁带宽度 E_g 的光子入射到半导体材料上时,每一个光子若被半导体材料吸收将会产生一个电子-空穴对,如果此时在半导体材料上加上电场,电子-空穴对就会在半导体材料中渡越,形成光电流。如图 4.2 所示,左侧入射的信号光透过 P^+ 区进入耗尽区,当 PN 结上加反向偏置电压时,耗尽区内受激吸收生成的电子-空穴对分别在电场的作用下做漂移运动,电子向 N 区漂移,空穴向 P^+ 区漂移,从而在外电路形成了随光信号变化的光生电流信号。耗尽区的宽度由反向电压的大小决定。符号 P^+ 表示重掺杂区。

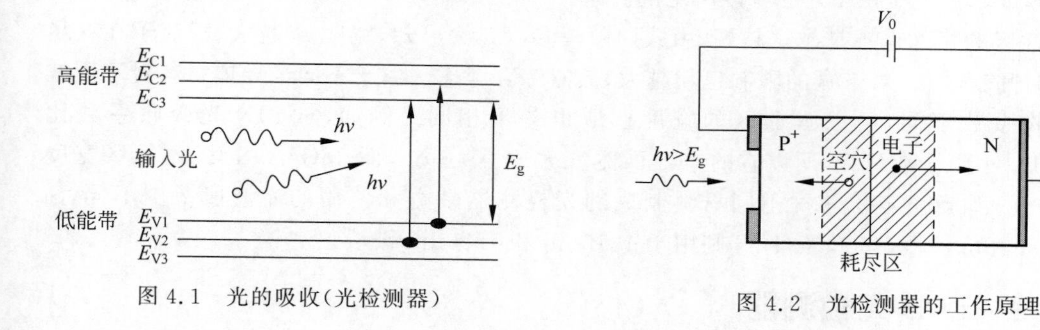

图 4.1 光的吸收(光检测器)

图 4.2 光检测器的工作原理

4.1.1 PIN 光检测器

PIN 光检测器也称为 PIN 光电二极管,在此,PIN 的意义是表明半导体材料的结构,P^+ 和 N 型半导体材料之间插入了一层掺杂浓度很低的半导体材料(如 Si),记为 I,称为本征区,如图 4.3 所示。

在图 4.3 中,入射光从 P^+ 区进入后,不仅在耗尽区被吸收,在耗尽区外也被吸收,它们形

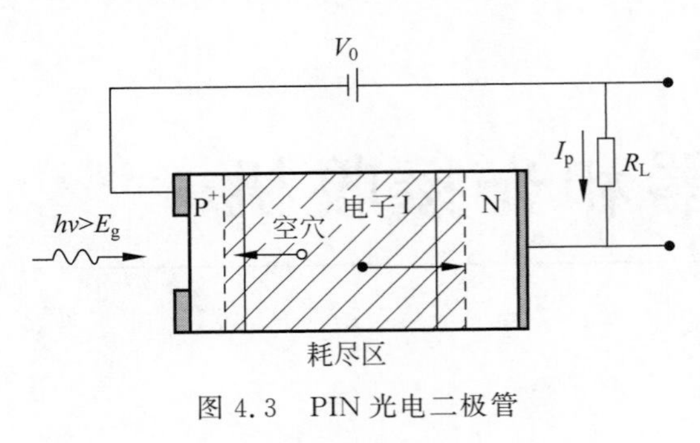

图 4.3　PIN 光电二极管

成了光生电流中的扩散分量，如 P^+ 区的电子先扩散到耗尽区的左边界，然后通过耗尽区才能到达 N 区，同样，N 区的空穴也是要扩散到耗尽区的右边界后才能通过耗尽区到达 P^+ 区。将耗尽区中光生电流称为漂移分量，它的传送时间主要取决于耗尽区宽度。显然扩散电流分量的传送要比漂移电流分量所需时间长，结果使光检测器输出电流脉冲后沿的拖尾加长，由此产生的时延将影响光检测器的响应速度。设耗尽区宽度为 w，载流子在耗尽区的漂移时间可由下式计算，即

$$t_{tr} = \frac{w}{v_d} \tag{4.1}$$

其中，v_d 是载流子的漂移速度；t_{tr} 的典型值为 100ps。

如果耗尽区的宽度较窄，大多数光子尚未被耗尽区吸收，便已经到达了 N 区，而在这部分区域，电场很小，无法将电子和空穴分开，所以导致了量子效率比较低。实际上，PN 结耗尽区可等效成电容，它的大小与耗尽区宽度的关系如下：

$$C_d = \frac{\varepsilon A}{w} \tag{4.2}$$

其中，ε 是半导体的介电常数；A 是耗尽区的截面积。C_d 的典型值为 1～2pF。可见，耗尽区宽度 w 越窄，结电容越大，电路的 RC 时间常数也越大，不利于高速数据传输。考虑到漂移时间和结电容效应，光电二极管的带宽可以表示成

$$B_{PD} = \frac{1}{2\pi[(w/V_d) + R_L(\varepsilon A/w)]} \tag{4.3}$$

其中，R_L 是负载电阻。由上述分析可知，增加耗尽区宽度是非常有必要的。

由图 4.3 可见，I 区的宽度远大于 P^+ 区和 N 区的宽度，所以在 I 区有更多的光子被吸收，从而增加了量子效率；同时，扩散电流却很小。PIN 光检测器反向偏压可以取较小的值，因为其耗尽区厚度基本上是由 I 区的宽度决定的。

当然，I 区的宽度也不是越宽越好，由式(4.1)和式(4.3)可知，宽度 w 越大，载流子在耗尽区的漂移时间就越长，对带宽的限制也就越大，故需综合考虑。由于不同半导体材料对不同波长的光吸收系数不同，所以本征区的宽度选取也各不相同。例如，Si PIN 光吸收系数比 InGaAs PIN 小两个数量级，所以它的本征区宽度大约是 40μm，而 InGaAs PIN 本征区宽度大约是 4μm。这也决定了两种不同材料制成的光检测器带宽和使用的光波段范围不同，Si PIN 用于 850nm 波段，InGaAs PIN 则用于 1310nm 和 1550nm 波段。

4.1.2　APD 光检测器

雪崩光电二极管(Avalanche Photo Diode，APD)光检测器的工作机理如下：入射信号光在光电二极管中产生最初的电子-空穴对，由于光电二极管上加了较高的反向偏置电压，电子-空穴对在该电场作用下加速运动，获得很大动能，当它们与中性原子碰撞时，会使中性原子价带上的电子获得能量后跃迁到导带上去，于是就产生新的电子-空穴对，新产生的电子-空穴对称为二次电子-空穴对。这些二次载流子同样能在强电场作用下，碰撞别的中性原子进而产生新的电子-空穴对，这样就引起了产生新载流子的雪崩过程。即一个光子最终产生了许多的载

流子，使得光信号在光电二极管内部就获得了放大。

从结构上看，APD 与 PIN 的不同在于增加了一个附加层 P，如图 4.4 所示。在反向偏置时，夹在 I 层与 N^+ 层间的 PN^+ 结中存在着强电场，一旦入射信号光从左侧 P^+ 区进入 I 区后，在 I 区被吸收产生电子-空穴对，其中的电子迅速漂移到 PN^+ 结区，PN^+ 结中的强电场便使得电子产生雪崩效应。

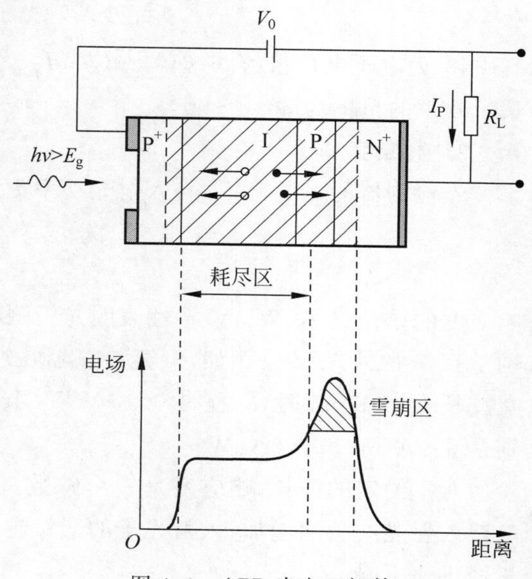

图 4.4　APD 光电二极管

与 PIN 光检测器比较起来，光电流在器件内部就得到了放大，从而避免了由外部电子线路放大光电流所带来的噪声。从统计平均的角度设一个光子产生 M 个载流子，它等于 APD 光电二极管雪崩后输出的光电流 I_M 与未倍增时的初始光电流 I_P 的比值

$$M=\frac{I_M}{I_P} \tag{4.4}$$

其中，M 称为倍增因子，倍增因子与载流子的电离率有关。电离率是指载流子在漂移的单位距离内平均产生的电子-空穴对数。电子电离率与空穴电离率是不相同的，分别用 α_e 和 α_h 表示，它们与反向偏置电压、耗尽区宽度、掺杂浓度等因素有关，记为

$$k_A=\frac{\alpha_h}{\alpha_e} \tag{4.5}$$

其中，k_A 为电离系数，它是光检测器性能的一种度量。它对 M 的影响可由式(4.6)给出，即

$$M=\frac{1-k_A}{e^{-(1-K_A)\alpha_e w}-k_A} \tag{4.6}$$

当 $\alpha_h=0$ 时，仅有电子参与雪崩过程，$M=e^{\alpha_e w}$，增益随 w 指数增长；当 $\alpha_e W=1$ 且 $k_A\to 1$ 时，由式(4.6)可得 $M\to\infty$，出现雪崩击穿。通常，M 值的范围为 10～500。

APD 光电二极管出现雪崩击穿是因为所加的反向偏置电压过大，考虑到 M 与反向偏置电压之间的密切关系，常用经验公式描述它们的关系，即

$$M=\frac{1}{1-(V/V_{BR})^n} \tag{4.7}$$

其中，n 是与温度有关的特性指数，$n=2.5$～7；V_{BR} 是雪崩击穿电压，对于不同的半导体材料，该值范围为 70～200V；V 为反向偏置电压，一般取其为 V_{BR} 的 80%～90%。APD 管使用时必须注意保持工作电压低于雪崩击穿电压，以免损坏器件。

4.2　光检测器的特性参数

4.2.1　光检测器的性能参数

1. 量子效率

入射光(功率为 P_{in})中含有大量光子，能转换为光生电流的光子数和入射的总光子数之比称为量子效率，量子效率 η 定义为相同时间内一次光生电子-空穴对和入射光子数的比值，即

$$\eta=\frac{\text{每秒光生电子-空穴对}}{\text{每秒入射光子数}}=\frac{I_P/q}{P_{in}/hv}=\frac{I_P}{P_{in}}\frac{hv}{q} \tag{4.8}$$

其中,q 为电子电荷量(1.6×10^{-19}C);I_p 为产生的光电流;h 为普朗克常数;v 为光子频率。量子效率的范围为 50%～90%。

2. 响应度

光检测器的光电流 I_P 与入射光功率 P_{in} 之比称为响应度,有

$$R=\frac{I_P}{P_{in}} \tag{4.9}$$

响应度的单位是 A/W。该特性表明光检测器将光信号转换为电信号的效率。R 的典型值范围是 0.5～1.0A/W。例如,Si 光检测器在波长为 900nm 时,R 值是 0.65A/W;Ge 光检测器在波长为 1300nm 时,R 值是 0.45A/W;InGaAs 在波长为 1300nm 和 1550nm 时,响应度分别是 0.9A/W 和 1.0A/W。

对于给定的波长,响应度是一个常数,但是当考虑的波长范围较大时,它就不是常数了。随着入射光波长的增加,入射光子的能量越来越小,如果小于禁带宽度时,响应度会在截止波长处迅速下降。

响应度与量子效率的关系为

$$R=\frac{\eta q}{hv} \tag{4.10}$$

考虑到 APD 光检测器的雪崩效应,它的响应度可表示为

$$R_{APD}=M\frac{\eta q}{hv}=MR_{PIN} \tag{4.11}$$

APD 光检测器的响应度为 0.75～130。

【例 4-1】 设 PIN 光电二极管的量子效率为 80%,计算在 1.3μm 和 1.55μm 波长时的响应度;说明为什么在 1.55μm 处光电二极管比较灵敏。

解:由式(4.10)可知

$$R=\frac{\eta q}{hv}=\frac{q}{hc}\eta\lambda=\frac{q\lambda}{1.24}$$

可计算出,在 1.3μm 波长时,响应度为 0.84A/W,在 1.55μm 波长时,响应度为 1A/W。因为响应度正比于波长,故在 1.55μm 处光电二极管比 1.3μm 处灵敏。

3. 响应光谱

为了产生光生载流子,入射光子的能量必须大于光检测器材料的禁带宽度,即满足条件

$$hv>E_g \tag{4.12}$$

常用半导体材料的禁带宽度和对应波长见表 4.1。式(4.12)也可以表示成

$$\lambda<\frac{hc}{E_g}=\lambda_c \tag{4.13}$$

其中,λ_c 称为截止波长。也就是说,对确定的半导体检测材料,只有波长小于截止波长的光才能被检测到,并且探测器的量子效率随着波长的变化而变化,这种特性被称作响应光谱。所以光检测器不具有通用性,各种材料的响应光谱不同。常用的光电半导体材料有 Si、Ge、InGaAs、InGaAsP、GaAsP 等,图 4.5 给出了常用的几种材料的响应光谱。

表 4.1　常用半导体材料的禁带宽度和对应波长

半导体材料	禁带宽度 E_g/eV	波长/nm
Ge	0.775	1610
GaAs	1.424	876
InP	1.35	924
AlGaAs	1.42～1.92	879～650
InGaAs	0.75～1.24	1664～1006
InGaAsP	0.75～1.35	1664～924

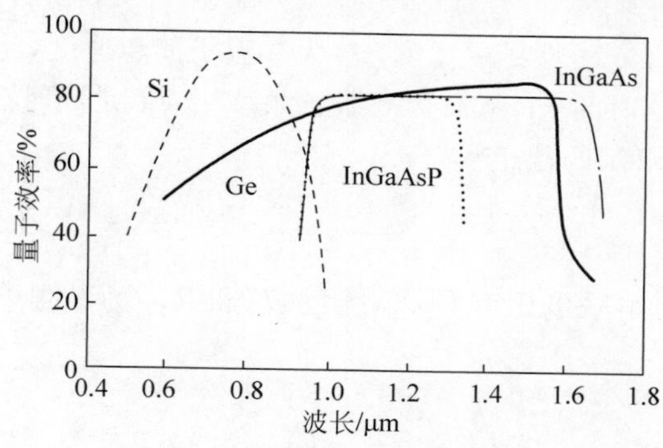

图 4.5　半导体材料的响应光谱

【例 4-2】　一个光电二极管，P 型和 N 型区域均采用 InP，本征层采用 InGaAs。其中 InP 在温度为 300K 时，其带隙能量为 1.35eV，计算 InP 的截止波长是多少？

解：由式(4.13)可知

$$\lambda_c=\frac{hc}{E_g}=\frac{(6.63\times10^{-34}\,\mathrm{J\cdot s})(3\times10^{8}\,\mathrm{m/s})}{(1.35\mathrm{eV})(1.6\times10^{-19}\,\mathrm{J/eV})}=920\mathrm{nm}$$

4. 响应时间

响应时间是反映光检测器对瞬变或高速调制光信号响应能力的参数。它主要受以下 3 个因素的影响：

(1) 耗尽区的光载流子的渡越时间；

(2) 耗尽区外产生的光载流子的扩散时间；

(3) 光电二极管及与其相关的电路的 RC 时间常数。

响应时间可以用光检测器输出脉冲的上升时间和下降时间来表示。当光电二极管的结电容比较小时，上升时间和下降时间较短且比较一致；当光电二极管的结电容比较大时，响应时间会受到负载电阻与结电容所构成的 RC 时间常数的限制，上升时间和下降时间都较长。

一般光检测器的产品技术指标中给出的是上升时间，对于 PIN 管而言，通常上升时间 $t_r<1$ns；对于 APD 管而言，$t_r<0.5$ns。光检测器的带宽与上升时间成反比，可表示为

$$B=\frac{0.35}{t_r}\tag{4.14}$$

5. 频率特性

对于幅度一定，频率为 $\omega=2\pi f$ 的正弦调制信号，截止频率 f_c 定义为光生电流 $I(\omega)$ 下降 3dB 的频率。当光电二极管具有单一时间常数 τ_0 时，

$$f_c=\frac{1}{2\pi\tau_0}=\frac{0.35}{\tau_r}\tag{4.15}$$

PIN 光电二极管响应时间或频率特性主要由光生载流子在耗尽层(这里是 I 层)的渡越时间 τ_d 和包括光电二极管在内的检测电路 RC 常数所确定。当调制频率 ω 与渡越时间 τ_d 的倒数可以相比时,耗尽层(I 层)对量子效率 $\eta(\omega)$ 的贡献可以表示为

$$\eta(\omega) = \eta(0) = \frac{\sin(\omega\tau_d/2)}{\omega\tau_d/2} \tag{4.16}$$

由 $\eta(\omega)/\eta(0)=1/\sqrt{2}$ 得到由渡越时间 τ_d 限制的截止频率

$$f_c = \frac{0.42}{\tau_d} = 0.42\frac{v_s}{w} \tag{4.17}$$

其中,渡越时间 $\tau_d = w/v_s$,w 为耗尽层宽度,v_s 为载流子渡越速度,比例于电场强度。减小耗尽层宽度 w,可以减小渡越时间 τ_d,从而提高截止频率 f_c,但是同时要降低量子效率 η。

由电路 RC 时间常数限制的截止频率

$$f_c = \frac{1}{2\pi R_t C_d} \tag{4.18}$$

其中,R_t 为光电二极管的串联电阻和负载电阻的总和,C_d 为结电容 C_j 和管壳分布电容的总和。

$$C_j = \frac{\varepsilon A}{w} \tag{4.19}$$

其中,ε 为材料的介电常数,A 为发光二极管结面积,w 为耗尽层宽度。

6. 暗电流

暗电流是指光检测器上无光入射时的电流。虽然没有入射光,但是在一定温度下,外部的热能可以在耗尽区内产生一些自由电荷,这些电荷在反向偏置电压的作用下流动,形成了暗电流。显然,温度越高,受温度激发的电子数量越多,暗电流越大。对于 PIN 管,设温度为 T_1 时的暗电流为 $I_d(T_1)$,当温度上升到 T_2 时则有

$$I_d(T_2) = I_d(T_1) \cdot 2^{(T_2-T_1)/C} \tag{4.20}$$

其中,C 是经验常数,硅光电二极管的 C 值为 8。

暗电流最终决定了能被检测到的最小光功率,也就是光电二极管的灵敏度。根据所选用半导体材料的不同,暗电流的变化范围为 0.1~500nA。

4.2.2 光检测器的噪声

光检测器的噪声是限制光纤通信系统接收机灵敏度的关键因素,噪声是反映光电二极管特性的一个重要参数,它直接影响光接收机的灵敏度。光电二极管的噪声包括由信号电流和暗电流产生的散粒噪声(Shot Noise)和由负载电阻和后继放大器输入电阻产生的热噪声。其噪声源有以下几种。

1. 散粒噪声

如果入射光功率是一恒定值,光生电流就是一个常量。而实际上,光生电流是一个随机变量,它围绕着某一平均统计值而起伏,这种起伏称作散粒噪声的电流起伏 $i_s(t)$。考虑散粒噪声电流的影响后,光电二极管中的光生电流表示为

$$I(t) = I_p + i_s(t) \tag{4.21}$$

其中,I_p 为平均电流。散粒噪声可以用均方散粒噪声电流表示,即

$$\sigma_s^2 = \langle i_s^2(t) \rangle = 2q(I_p + I_d)B \tag{4.22}$$

其中,B 是带宽,为光电二极管及后继放大器的等效噪声带宽,它与考查点有关,如果考查点

在光电二极管的输出端，则 B 为光电二极管的带宽；如果考查点在光检测器后的判决电路端，则 B 为接收机的带宽。需要说明的是，式(4.11)已经考虑了暗电流的影响。

对于雪崩光电二极管，散粒噪声受到了雪崩效应的影响，其计算公式为

$$\sigma_s^2(\mathrm{APD}) = \langle i_s^2(t) \rangle = 2qM^2 F_A (I_p + I_d) B \tag{4.23}$$

其中，F_A 称为过剩噪声系数，它由下面的公式计算，即

$$F_A = k_A M + (1 - k_A)(2 - 1/M) \tag{4.24}$$

其中，k_A 是电离系数，它与选用的半导体材料有关，对于 Si，k_A 为 0.03；对于 Ge，k_A 为 0.8；对于 InGaAs，k_A 为 0.5。

式(4.24)表明，为了得到较小的过剩噪声系数，就需要有较小的电离系数，这就是为什么用 Si 材料制作的 APD 性能要优于其他材料制作的 APD 的原因。

当电离过程仅仅是由电子引起的时候，$\alpha_h = 0$，$k_A = 0$，此时 F_A 的极限值为 2。

散粒噪声属于白噪声，为了降低它的影响，通常在判决电路之前使用低通滤波器，使得信道的带宽变窄。

2. 热噪声

温度变化导致的瞬间电子数目围绕其平均值的起伏称为热噪声。热噪声由均方热噪声电流表示，即

$$\sigma_T^2 = \langle i_T^2(t) \rangle = (4k_B T / R_L) B \tag{4.25}$$

其中，k_B 为玻耳兹曼常数(1.38×10^{-23} J/K)；T 为热力学温度；R_L 为等效负载电阻，是负载电阻和放大器输入电阻并联的结果。式(4.25)适用于 PIN 和 APD 光检测器。因此，光电二极管输出的总均方噪声电流为

$$\langle i_n^2 \rangle = 2e(I_P + I_d)B + \frac{4kTB}{R} \tag{4.26}$$

3. 过剩噪声因子

雪崩倍增效应不仅对信号电流而且对噪声电流同样起放大作用，所以如果不考虑别的因素，APD 的均方量子噪声电流为

$$\langle i_P^2 \rangle = 2qI_P B g^2 \tag{4.27}$$

这是对噪声电流直接放大产生的，并未引入新的噪声成分。事实上，雪崩效应产生的载流子也是随机的，所以引入新的噪声成分，并表示为附加噪声因子 F。$F(>1)$是雪崩效应的随机性引起噪声增加的倍数，设 $F = g^x$，APD 的均方量子噪声电流应为

$$\langle i_P^2 \rangle = 2qI_P B g^{2+x} \tag{4.28}$$

其中，x 为附加噪声系数。

同理，APD 暗电流产生的均方噪声电流应为

$$\langle i_d^2 \rangle = 2qI_P B g^{2+x} \tag{4.29}$$

附加噪声系数 x 与器件所用材料和制造工艺有关，Si-APD 的 $x = 0.3 \sim 0.5$；Ge-APD 的 $x = 0.8 \sim 1.0$；InGaAs-APD 的 $x = 0.5 \sim 0.7$。当式(4.28)和式(4.29)的 $g = 1$ 时，得到的结果和 PIN 相同。

4. 1/*f* 噪声

除了散粒噪声和热噪声以外，光电二极管还存在 $1/f$ 噪声，顾名思义，该噪声与频率成反比，一般而言，它的影响只在低频范围内，当信号的调制频率大于 100MHz 时，就可以忽略它对光电二极管输出信号的作用了。

综上所述，光电二极管总的噪声电流均方值可以表示为

$$\sigma^2=\sigma_s^2+\sigma_T^2 \tag{4.30}$$

在实际使用中，噪声也可以用单位带宽的电流均方根表示，对于散粒噪声，有

$$i_{sN}=i_s/\sqrt{B}=\sqrt{2q(I_P+I_d)} \tag{4.31}$$

【例 4-3】 铟砷化镓 InGaAs 光电二极管在波长为 1300nm 时有如下参数：初级体暗电流 $I_d=4\text{nA}$，负载电阻 $R_L=1000\Omega$，量子效率 $\eta=0.90$，表面暗电流可以忽略，入射光功率为 300nW（−35dBm），接收机带宽为 20MHz，计算接收机的各种噪声。

解：首先计算初级光电流

$$I_p=\frac{\eta e\lambda}{hc}P_{in}=\frac{0.90(1.6\times10^{-19}\text{C})(1.3\times10^{-6}\text{m})}{(6.628\times10^{-34}\text{J}\cdot\text{s})(3\times10^{8}\text{m/s})}(3\times10^{-7}\text{W})=0.282\mu\text{A}$$

由式(4.27)可知，量子噪声均方根电流

$$\langle i_q^2\rangle=2eI_pB=2(1.6\times10^{-19}\text{C})(0.282\times10^{-6}\text{A})(20\times10^{6}\text{Hz})=1.80\times10^{-18}\text{A}^2$$

即 $i_q\approx1.3\text{nA}$。

由式(4.29)可知，光检测器暗电流

$$\langle i_d^2\rangle=2eI_dB=2(1.6\times10^{-19}\text{C})(4\times10^{-9}\text{A})(20\times10^{6}\text{Hz})=2.56\times10^{-20}\text{A}^2$$

即 $i_d=16\text{nA}$。

由式(4.25)可知，负载均方热噪声电流

$$\langle i_T^2\rangle=\frac{4kT}{R_L}B=\frac{4(1.38\times10^{-23}\text{J/K})(293\text{K})}{1\text{k}\Omega}20\times10^{6}\text{Hz}=323\times10^{-18}\text{A}^2$$

即 $i_T\approx18\text{nA}$。

4.2.3 光检测器产品介绍

1. PIN 产品及参数

PIN 光电二极管具有较好的光电转换线性度、响应速度快、不需要高的工作电压等优点，得到了广泛的应用。图 4.6 为 PIN 管的外形图。表 4.2 为其性能指标。

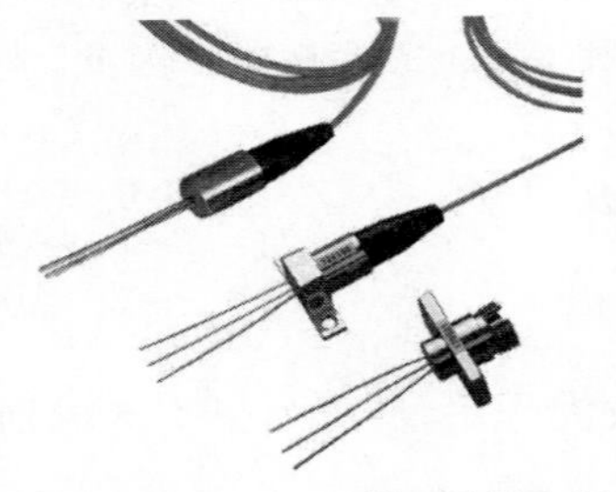

图 4.6 PIN 光电二极管（深圳飞通光电股份有限公司提供）

表 4.2 长波长 PIN 管的性能指标

参数	符号	测试条件	最小	典型	最大
波长/nm	λ		1100	—	1600
暗电流/nA	I_d	$V_R=5\text{V}$，25℃	—	1	5
响应度/(A/W)(1310nm)	R	$V_R=5\text{V}$，$\lambda=1310\text{nm}$	0.80	—	—
饱和光功率/mW	P	$V_R=5\text{V}$	—	—	10
光敏面直径/μm	Φ		—	75	—
上升、下降时间/ns	T_l、t_f	$R_L=50\Omega$	—	0.1	—
电容/pF	C	$V_R=5\text{V}$	—	—	0.75

表 4.2 的饱和光功率决定了光电流作为光功率的线性关系的最大功率值。当入射光功率比较大时，光生电流不再与输入功率成正比，而是呈饱和趋势，式(4.9)不再成立。光敏面直径则决定了光电二极管的激活区，当光从光纤耦合到光电二极管必须考虑该参数的作用，应选择合适的透镜系统，使得光电二极管的感光区达到最大光覆盖。电容的数值依赖于所加的反向偏振电压，所以表 4.2 中给出了测试条件。

除了上述的性能指标外，还有该光电二极管额定极限值，它们是：存储温度为−40℃～

+85℃,工作温度为−40℃～+85℃,反向电压为30V。

光电二极管的输出电流比较小,必须在它后面加放大器,对微弱的电流信号进行放大,将光电二极管和放大器制作在一起就是光检测器组件。如PIN-TIA组件和APD-TIA组件,其中TIA称为互阻放大器,它可以将电流信号转换成电压信号,在光接收机中,常将它称为前置放大器。

2. APD产品及参数

图4.7示出了传输速率为2.5Gb/s、APD-TIA同轴带尾纤的光检测器组件示意图,它具有内置的AGC电路,差分输出,采用5针带尾纤封装。表4.3给出了该APD-TIA组件的光电性能。

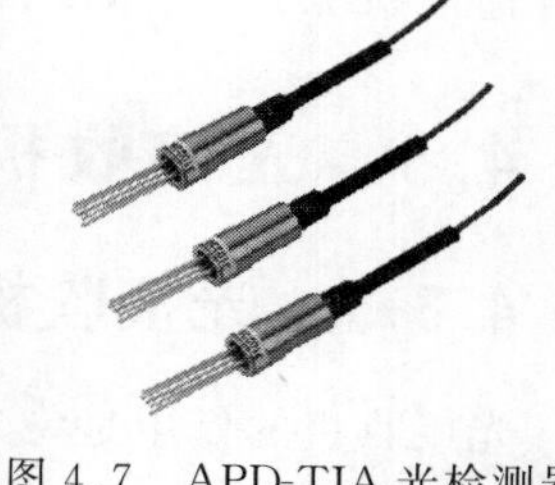

图4.7　APD-TIA光检测器组件示意图

表4.3　APD-TIA组件的光电性能

参　　数	符号	测试条件	范　围		
			最小值	典型值	最大值
响应波长/nm	λ	—	1260	—	1580
APD击穿电压/V	V_{BR}	$I_d=100\mu A, T_C=+25℃$	50	—	70
V_{BR}温度系数/(V/℃)	V_{BR}	$T_C=-20\sim+25℃$	—	0.126	—
工作电流/mA		DC	35	50	65
响应度/(A/W)	R	Pin = −30dBm, λ = 1310nm, $M=1$	0.75	0.85	—
带宽(−3dB)/GHz		AC, PL = 50Ω, M = 10, λ = 1310nm, Pin=−30dBm	1.5	1.8	—
输出阻抗/Ω	Z_0	差分输出	40	60	80
跨阻/kΩ	Z_t	差分输出,f=100MHz	1.6	2	2.5
饱和光功率/dBm	P_s	AC,PL=50Ω,NRZ,2.48832Gb/s, PRBS = 223-1, RER = 10^{-10}, λ=1550nm	−7	−5	—
灵敏度/dBm	P_t	AC,PL=50Ω,NRZ,2.48832Gb/s, PRBS = 223-1, RER = 10^{-10}, λ=1550nm	—	−33	−31
光反射/dB	ORL	λ=1310nm,单横光纤	—	—	−30

APD-TIA的极限额定参数有TIA工作电压(+5V)、TIA工作电流(70mA)、APD偏置电压(V_{BR})、APD偏置电流(2mA)等。

使用光电二极管的注意事项如下。

(1) 静电防护,仪器设备、工具、电路板接地良好,操作者需穿戴防静电服并通过高电阻接地;

(2) 焊接温度不超过260℃,焊接时间不超过10s。

(3) 严禁超过额定极限电压。

APD是有增益的光电二极管,采用APD的光接收机具有较高的灵敏度,有利于延长系统的传输距离。但是采用APD要求有较高的偏置电压和复杂的温度补偿电路,结果增加了成本。因此在灵敏度要求不高的场合,一般都采用PIN。

Si-PIN和Si-APD用于短波长(0.85μm)光纤通信系统。InGaAs-PIN用于长波长(1.31μm和1.55μm)系统,性能非常稳定,通常把它和使用场效应管(FET)的前置放大器集成在同一基片上，构成 PIN-FET 接收组件，以进一步提高灵敏度，改善器件的性能。这种组件已经得到广泛应用。InGaAs-APD 的特点是响应速度快，传输速率可达几到十几 Gb/s，适用于高速光纤通信系统。由于 Ge-APD 的暗电流和附加噪声系数较大，很少用于实际通信系统。

4.3 光接收机

4.3.1 光接收机的组成

光接收机的作用是将光纤终端的光信号转换为电信号，然后进行放大、处理，最后还原成原始的电信号形式。光接收机是光纤通信系统的重要组成部分，它的性能的优劣直接影响了整个光纤通信系统的性能。

光纤通信系统分模拟和数字两种传输系统。在这两种不同系统中采用的光接收机分别称为模拟光接收机和数字光接收机。模拟光接收机比较简单，原理框图如图 4.8(a)所示，光检测器的输出信号经低噪声前置放大器放大后，送入主放大器做进一步放大处理，然后根据模拟信号的调制方式，选择相应的解调器，解调后的信号即为所需的模拟电信号。

数字光接收机原理框图如图 4.8(b)所示，考虑到数字系统的普及性，本节重点介绍数字光接收机各部分的功能及相关的技术指标。如图 4.8 所示，光接收机主要由光检测器、前置放大器、主放大器、滤波器、判决电路、时钟恢复电路、自动增益控制电路等电路组成。

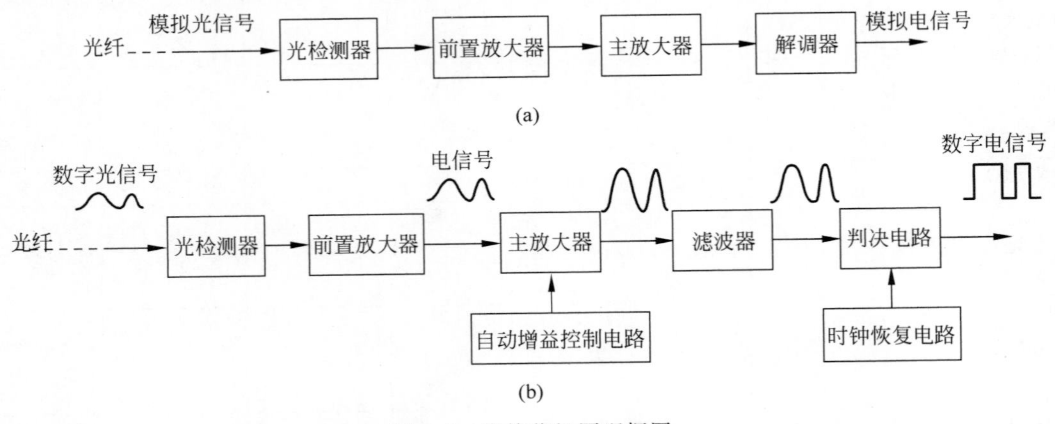

图 4.8　光接收机原理框图

1. 光检测器

光检测器是光接收机实现光/电转换的关键器件，其性能特别是响应度和噪声直接影响光接收机的灵敏度。对光检测器的要求如下。

(1) 波长响应要和光纤低损耗窗口(0.85μm、1.31μm 和 1.55μm)兼容。

(2) 响应度要高，在一定的接收光功率下，能产生尽可能大的光电流。

(3) 噪声要尽可能低，能接收微弱的光信号。

(4) 性能稳定，可靠性高，寿命长，功耗和体积小。

2. 前置放大器和主放大器

1) 前置放大器

从光检测器输出的电流信号十分微弱，必须经过前置放大器放大，前置放大器在光接收机中起关键作用，要求它有足够小的噪声、适当的带宽和一定的增益。前置放大器有多种类型，如双极型晶体管前置放大器、场效应晶体管互阻抗前置放大器、PIN-FET(PIN 管与场效应管)

前置放大器等。图 4.9 所示为广泛采用的采用互阻放大器作为前置放大器的基本结构，其输出电压为

$$v_{\text{out}} = I_{\text{P}} R_{\text{F}} \tag{4.32}$$

互阻放大器的主要优点是：动态范围较宽；输出阻抗小，不易感应耦合噪声；性能稳定，容易通过调节 RF 控制增益。

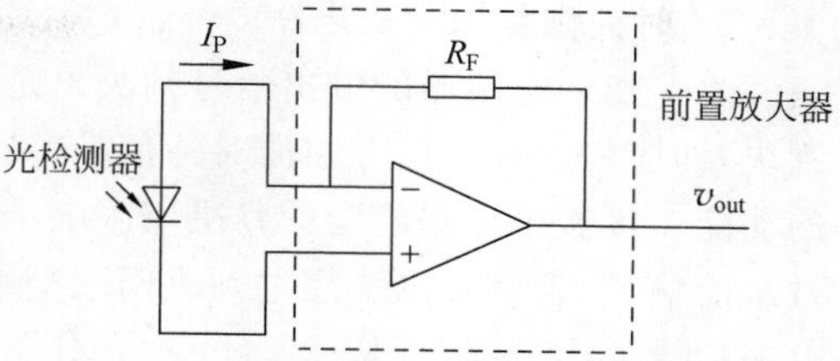

图 4.9　互阻放大器作为前置放大器

2）增益可调节的主放大器

前置放大器输出信号的幅度对于信号的判决是不够的，因此还需主放大器做进一步的放大。主放大器除了将前置放大器输出的信号放大到判决电路所需要的信号电平外，还起着调节增益的作用。当光电检测器输出的信号出现起伏时，通过光接收机的自动增益控制电路对主放大器的增益进行调整，即输入信号越大，增益越小；反之，对于小的信号呈现较大的增益，这样主放大器的输出信号幅度在一定范围不受输入信号的影响。一般主放大器的峰-峰值输出大约是几伏。

主放大器一般是多级放大器，它的作用是提供足够的增益，并通过它实现自动增益控制（AGC），以使输入光信号在一定范围内变化时，输出电信号保持恒定。主放大器和 AGC 决定着光接收机的动态范围。

3. 滤波器

在数字光纤通信系统中，光脉冲从光发射机输出，经过光纤长距离传输，由于光纤色散的影响，波形将出现拖尾，系统中其他的器件，如光放大器、光检测器等，因其带宽的限制和非理想的传输特性，会使光脉冲发生畸变，同时加剧码元间的串扰，造成判决电路误判，产生误码。所以在判决电路前必须加滤波器对已发生畸变和有严重码间干扰的信号进行均衡，使其尽可能地恢复原来的状况，以利于定时判决。

滤波器的机理可以用如图 4.10 所示的波形来说明。图 4.10(a)中的波形表示单个已经发生拖尾现象的码元，在其他码元的判决时刻，其存在的拖尾会对其他码元造成串扰。但经过滤波器后输出的波形，在该码元判决时刻，波形的瞬时值为最大值；而这个码元波形的拖尾在邻码判决时刻的瞬时值应为零。这样，即使经过滤波均衡以后的输出波形仍有拖尾，但是这个拖尾在邻码判决的这个关键时刻为零，从而不干扰对相邻码元的判决，上述情况可从图 4.10(b)中明显地看出。

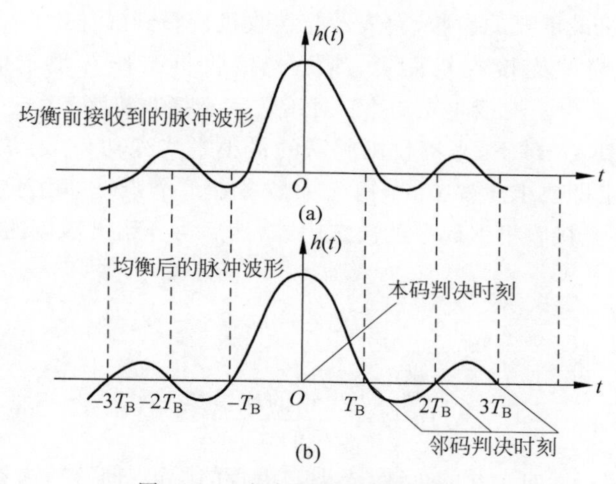

图 4.10　滤波器均衡波形示意图

4. 时钟恢复和判决电路

为了能从滤波器的输出信号判决出是0码还是1码，首先要设法知道应在什么时刻进行判决，即应将混合在信号中的时钟信号(又称定时信号)提取出来，这是时钟恢复电路应该完成的功能。接着再根据给定的判决门限电平，按照时钟信号所"指定"的瞬间来判决由滤波器送过来的信号，若信号电平超过判决门限电平，则判为1码；低于判决门限电平，则被判为0码。上述信号再生过程，可从图4.11中十分明显地看出来。

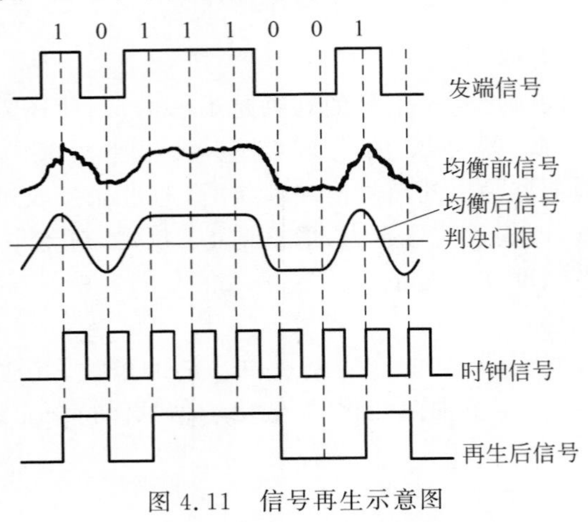

图4.11 信号再生示意图

4.3.2 光接收机的噪声特性

光接收机的噪声有两部分：一部分是外部电磁干扰产生的，这部分噪声的危害可以通过屏蔽或滤波加以消除；另一部分是内部产生的，这部分噪声是在信号检测和放大过程中引入的随机噪声，只能通过器件的选择和电路的设计与制造尽可能减小，一般不可能完全消除。

光接收机噪声的主要来源是光检测器的噪声和前置放大器的噪声。因为前置级输入的是微弱信号，其噪声对输出信噪比影响很大，而主放大器输入的是经前置级放大的信号，只要前置级增益足够大，主放大器引入的噪声就可以忽略。

4.3.3 光接收机的技术指标

灵敏度是光接收机最重要的参数，它表示光接收机调整到最佳工作状态时，接收机接收微弱信号的能力。对于模拟光接收机而言，则是光接收机工作在规定信噪比(Signal Noise Ratio，SNR)所要求的最小平均接收光功率；对于数字光接收机而言，它等于在满足特定误码率(Bit Error Rate，BER)条件下，光接收机所需的最小平均光功率，通常，数字光接收机要求的误码率小于10^{-9}，也即要求1×10^{9}个码元中最多有1个错码。由于灵敏度与误码率密切相关，所以先讨论数字光接收机误码率的决定因素，然后再介绍灵敏度的表达式及与误码率的关系。

1. 误码率

误码率的定义是

$$\mathrm{BER}=\frac{\text{出错的比特数}}{\text{总的比特数}} \tag{4.33}$$

造成误码的原因很多，如光纤的色散、光电二极管的噪声、前置放大器的噪声等，这里讨论的是光接收机噪声对误码率的影响。

为了计算光接收机的误码率，必须知道滤波器输出信号的概率分布。图4.12(a)为比特1和比特0的脉冲电平示意图，记接收比特1和比特0的概率密度函数分别为$p(v/1)$、$p(v/0)$，如图4.12(b)所示，判决电平为v_{th}。显然，在判决时刻将比特1误判成0的概率是$p(v/1)$曲线中$v \leqslant v_{\text{th}}$的概率，它由下式计算，即

$$P_1 = \int_{-\infty}^{v_{\text{th}}} p(v/1)\mathrm{d}v \tag{4.34}$$

其中，P_1的下标1表示应出现比特1。同样，判决时刻将比特0误判成1的概率即是曲线中的概率可表示为

$$P_0 = \int_{v_{\text{th}}}^{\infty} p(v/0)\mathrm{d}v \tag{4.35}$$

P_0的下标0表示应出现比特0。假设比特1和0到达的概率相同，都是1/2，误码率则为

$$s = \frac{1}{2}[P_1 + P_0] \tag{4.36}$$

滤波器输出信号在取样时刻的统计特性常用高斯分布近似来描述，高斯分布的概率密度为

$$f(x) = \frac{1}{\sqrt{2\pi}\sigma}\exp\left[-\frac{(x-m)^2}{2\sigma^2}\right] \tag{4.37}$$

其中，m为高斯随机变量的均值，也称为数学期望；σ为方差。利用概率密度函数便可计算P_1和P_0。设比特1对应的高斯输出均值和方差分别是b_1和σ_1^2，比特0对应的高斯输出均值和方差分别是b_0和σ_0^2，如图4.13所示。

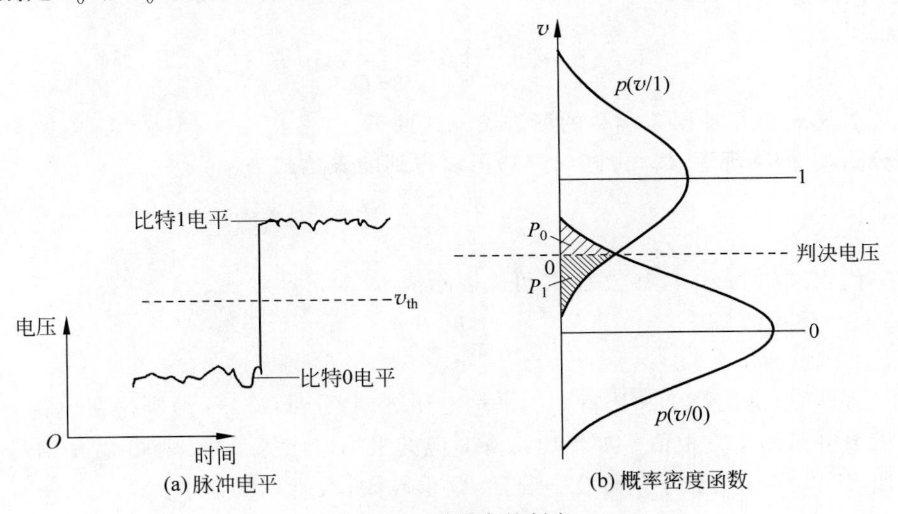

图4.12 误码率的判定

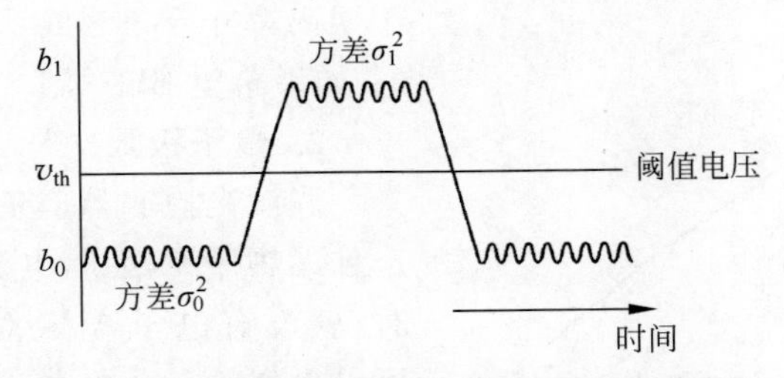

图4.13 比特1和比特0的高斯噪声统计特性

先考虑发送比特0的情况，此时的误码是由于噪声超过了阈值，从而误判成1。运用式(4.35)和式(4.37)，可得

$$P_0=\int_{v_{th}}^{\infty}p(v/0)\mathrm{d}v=\int_{v_{th}}^{\infty}f_0(v)\mathrm{d}v=\frac{1}{\sqrt{2\pi}\sigma_0}\int_{v_{th}}^{\infty}\exp\left[-\frac{(v-b_0)^2}{2\sigma_0^2}\right]\mathrm{d}v \tag{4.38}$$

其次考虑发送比特 1 的情况，此时的误码是由于取样的信号加噪声落在阈值以下。这种情况的概率是

$$P_1=\int_{-\infty}^{v_{th}}p(v/1)\mathrm{d}v=\int_{-\infty}^{v_{th}}f_1(v)\mathrm{d}v=\frac{1}{\sqrt{2\pi}\sigma_1}\int_{-\infty}^{v_{th}}\exp\left[-\frac{(b_1-v)^2}{2\sigma_1^2}\right]\mathrm{d}v \tag{4.39}$$

引入互补误差函数

$$\mathrm{erfc}(x)=\frac{2}{\sqrt{\pi}}\int_x^{\infty}\exp(-y^2)\mathrm{d}y \tag{4.40}$$

则式(4.38)和式(4.39)可分别表示成

$$P_0=\frac{1}{\sqrt{2\pi}\sigma_0}\int_{v_{th}}^{\infty}\exp\left[-\frac{(v-b_0)^2}{2\sigma_0^2}\right]\mathrm{d}v=\frac{1}{2}\mathrm{erfc}\left(\frac{v_{th}-b_0}{\sqrt{2}\sigma_0}\right) \tag{4.41}$$

$$P_1=\frac{1}{\sqrt{2\pi}\sigma_1}\int_{-\infty}^{v_{th}}\exp\left[-\frac{(b_1-v)^2}{2\sigma_1^2}\right]\mathrm{d}v=\frac{1}{2}\mathrm{erfc}\left(\frac{b_1-v_{th}}{\sqrt{2}\sigma_1}\right) \tag{4.42}$$

可以证明，选取合适的 v_{th}，满足下列关系

$$\frac{v_{th}-b_0}{\sigma_0}=\frac{b_1-v_{th}}{\sigma_1}=Q \tag{4.43}$$

此时，误码率 BER 最小，即

$$\mathrm{BER}=\frac{1}{2}\mathrm{erfc}\left(\frac{Q}{\sqrt{2}}\right)\approx\frac{1}{\sqrt{2\pi}Q}\exp\left(-\frac{Q^2}{2}\right) \tag{4.44}$$

其中的近似表达式由互补误差函数的渐进展开式而来。

下面分析 Q 的物理意义。由式(4.43)可以得到的表达式为

$$v_{th}=\frac{\sigma_0 b_1-\sigma_1 b_0}{\sigma_0+\sigma_1} \tag{4.45}$$

将式(4.45)代入式(4.43)中，参数 Q 又可以表示成

$$Q=\frac{b_1-b_0}{\sigma_0+\sigma_1} \tag{4.46}$$

其中，分子(b_1-b_0)是比特 1 和比特 0 的平均电压之差，分母$(\sigma_0+\sigma_1)$则是在比特 0 和比特 1 电平上的噪声电压的均方根值。如果比特 0 对应的平均电压等于零，则 Q 就是信号电压与噪声电压之比，所以称 Q 为数字信噪比。显然，Q 值越大，误码率就越小。

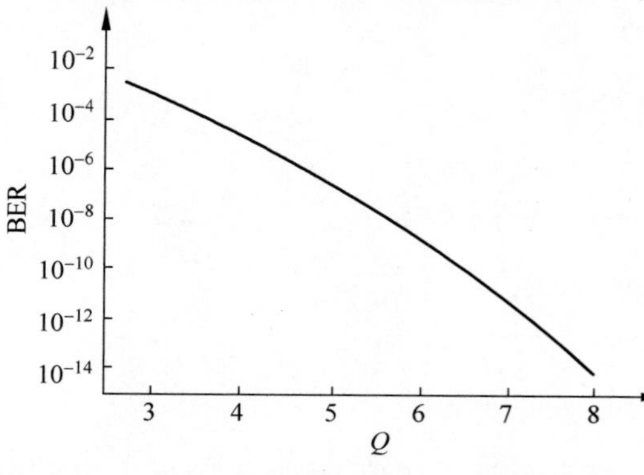

图 4.14 BER 与 Q 的关系曲线

图 4.14 显示了 BER 与 Q 的关系曲线。对于误码率小于 1×10^{-9} 的要求，可以查到 $Q=6$；如果希望 $\mathrm{BER}<1\times10^{-12}$，必须使 $Q>7$。

2. 量子极限

假设光检测器具有理想特性，量子效率为 1，且无热噪声，无暗电流，这样没有光功率入射时，就没有电子-空穴对产生。在该条件下，就可以得到数字系统中对于给定误码率所要求的最小接收光功率，这个最小接收到的功率值就是量子极限。量子极限的计算公式如下：

$$P_r = N_p \cdot \frac{hcB}{2\lambda} \tag{4.47}$$

其中，N_p 是比特 1 所含的平均光子数；B 为比特率。

N_p 值取决于所需达到的特定比特率。对于理想光检测器，已经不能用前述的高斯分布来描述噪声特性，而是应用泊松分布形容电子-空穴对产生的起伏，即

$$P(n) = (N_p)^n \frac{e^{-N_p}}{n!} \tag{4.48}$$

其中，n 为 N_p 个光子产生的电子-空穴对数。

光功率入射到光检测器上而没有产生电子-空穴对的概率是

$$P(0) = e^{-N_p} \tag{4.49}$$

由此可以推导得出误码率的表达式

$$\mathrm{BER} = e^{-N_p} \tag{4.50}$$

由式(4.50)可以算得，当要求 $\mathrm{BER}=1\times10^{-9}$ 时，$\mathrm{Np}=9\ln10\approx21$，也就是说，每个比特 1 含有的平均光子数应至少为 21 个，这就是所谓的量子极限值。用式(4.47)可以得到对于确定波长、比特率、量子极限的功率要求。

量子极限是对系统特性的基本物理限制，大多数接收机的灵敏度要比量子极限高出 20dB 左右。

3. 灵敏度

灵敏度是衡量光接收机性能的综合指标。灵敏度的定义是，在保证通信质量(限定误码率或信噪比)的条件下，光接收机所需的最小平均接收光功率 $\langle P\rangle_{\min}$，并以 dBm 为单位。由定义得

$$S_r = 10\lg\left[\frac{\langle P\rangle_{\min}(W)}{10^{-3}}\right]\ (\mathrm{dBm}) \tag{4.51}$$

灵敏度表示光接收机调整到最佳状态时，能够接收微弱光信号的能力。光接收机的灵敏度与诸多因素有关，比如光检测器的灵敏度、前置放大器的类型和噪声特性、光脉冲形状、非理想均衡等，计算方法有很多种，也较为复杂。

光接收机中光检测器类型的不同，灵敏度的计算方法也不一样。对于 PIN 光检测器，光接收机的灵敏度可表示为

$$S_{r,\mathrm{PIN}} = \frac{1+E}{1-E} Q\left(\frac{hc}{q\lambda}\right)\langle i_a^2\rangle^{1/2} \tag{4.52}$$

其中，E 是消光比，此处的定义是 $E=P_0/P_1$，P_0、P_1 分别为传输比特 1 和比特 0 的功率；Q 为数字信噪比；h 是普朗克常数；c 是光速；λ 是光波长；$\langle i_a^2\rangle^{1/2}$ 是考虑光检测器和放大器等因素在内的接收机噪声电流的均方根值，它也与光接收机的带宽有关。

对于 APD 光接收机，如果忽略其暗电流，则灵敏度为

$$S_{r,\mathrm{APD}} = A\left(\frac{1+E}{1-E}\right)\left\{qQF_A I_1 R_b\left(\frac{1+E}{1-E}\right) + \left[(2qQF_A I_1 R_b)^2 \frac{E}{(1-E)^2} + \frac{\langle i_a^2\rangle}{M^2}\right]^{1/2}\right\} \tag{4.53}$$

其中，$A=Q(hc/q\lambda)$；F_A 为过剩噪声系数；I_1 为与波形有关的参数，其值一般在 1～3.2；R_b 为比特率；M 为倍增因子。

当光接收机灵敏度一定时，由式(4.53)可见，需要的信号功率随着雪崩增益增大而减小。同时，过剩噪声系数也增大。可见存在一个倍增因子的最优值 M_{opt}，使得灵敏度为最小值。

由于过剩噪声系数是一个与材料有关的量，光接收机的灵敏度与光检测器材料密切相关，计算说明，小的电离系数 k_A 值对灵敏度具有明显的改善作用。

4. 自动增益控制和动态范围

主放大器是一个普通的宽带高增益放大器，由于前置放大器输出信号幅度较大，所以主放大器的噪声通常不必考虑。主放大器一般由多级放大器级联构成，其功能是提供足够的增益 A，以满足判决所需的电平 I_m。$I_m = I_{P1}A$，利用式 $I_{P1} = 2g\rho\langle P\rangle$ 得到

$$A = \frac{I_m}{2g\rho\langle P\rangle} \tag{4.54}$$

其中，g 为 APD 倍增因子；ρ 为光检测器的响应度；$\langle P\rangle$ 为 0 码和 1 码的平均光功率。

主放大器的另一个功能是实现自动增益控制(AGC)，使光接收机具有一定的动态范围，以保证在入射光强度变化时输出电流基本恒定。

动态范围(DR)的定义是：在限定的误码率条件下，光接收机所能承受的最大平均接收光功率 $\langle P\rangle_{max}$ 和所需最小平均接收光功率 $\langle P\rangle_{min}$ 的比值，单位用 dB 表示。根据定义

$$\mathrm{DR} = 10\lg\frac{\langle P\rangle_{max}}{\langle P\rangle_{min}}(\mathrm{dB}) \tag{4.55}$$

动态范围是光接收机性能的另一个重要指标，它表示光接收机接收强光的能力，数字光接收机的动态范围一般应大于 15dB。

由于使用条件不同，输入光接收机的光信号大小要发生变化，为实现宽动态范围，采用自动增益控制(Automatic Gain Control，AGC)是十分有必要的。AGC 一般采用接收信号强度检测及直流运算放大器构成的反馈控制电路来实现。对于 APD 光接收机，AGC 控制光检测器的偏压和电放大器的增益；对于 PIN 光接收机，AGC 只控制电放大器的增益。

【例 4-4】 一个数字光纤接收端机，在保证给定误码率指标条件下，最大允许输入光功率为 0.1mW，灵敏度为 0.1μW，求其动态范围。

解：由式(4.54)可知

$$P_{max} = 10\lg\frac{0.1\times10^{-3}}{10^{-3}} = -10\mathrm{dBm}$$

$$P_{min} = 10\lg\frac{0.1\times10^{-6}}{10^{-3}} = -40\mathrm{dBm}$$

所以动态范围 DR 为 30dB。

4.4 光收发合一模块

光收发合一模块是将传统分离的发射、接收组件合二为一的一种新型光电器件，其应用的领域包括千兆以太网、同步数字传输系统(SDH /SONET)、CWDM、CDMA 光纤直放站、光纤通道、城域网等，传输速率分为 155Mb/s、622Mb/s、1.25Gb/s、2.5Gb/s、10Gb/s 等，采用的波长为 850nm、1310nm、1550nm，传输距离从几百米到一百多千米。

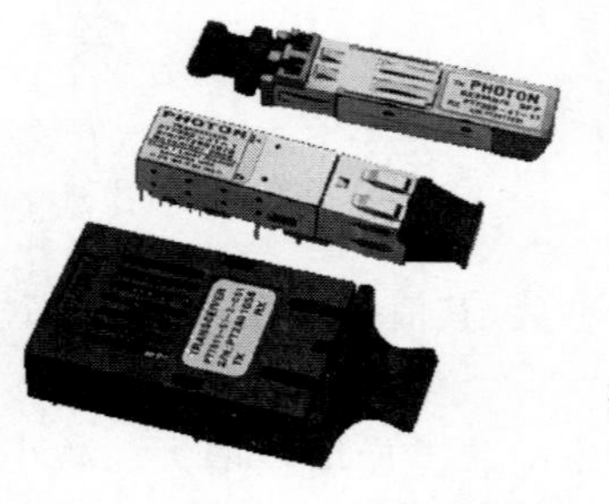

图 4.15　光收发合一模块外形

光收发合一模块通常由插拔式光电器件、电子功能线路和光接口几个部分组成，图 4.15 为一些光收发合一模块的外形图。

这里介绍某光收发合一模块产品，产品可提供如下功能：2.488Gb/s 光发射接收单元；16 路 155.52Mb/s 复用/解复用；

1310/1550nm 无制冷 DFB 激光器和 APD 型光接收组件；传输距离为 40～80km；提供差分 LVPECL(低压正发射极耦合逻辑)数据接口；提供诊断环回及线路环回；提供＋3.3V 电源。图 4.16 是该产品的结构框图，产品型号 RTXM163/164。

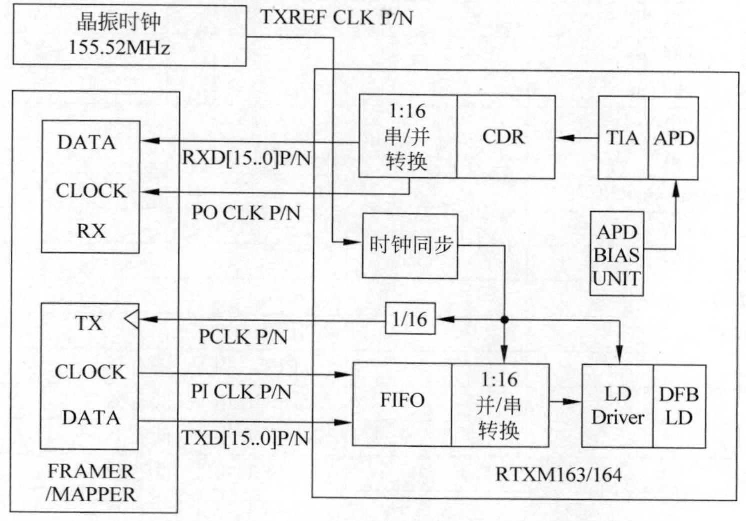

图 4.16　2.5Gb/s 长程 Transponder 模块结构

数据发送部分的工作如下：待发送的并行 16 位数据 TXD[15..0]在输入信号时钟作用下进入 FIFO(先进先出)缓冲器，然后被转换成串行数字形式，送入 LD 驱动器，经过 DFB LD 变为光脉冲输出。数据接收部分的工作如下：光信号由 APD-TIA(由 APD BIAS UNIT 提供偏置电压)检测放大后，进入 CDR(时钟数据恢复)电路，CDR 内设限幅放大器、锁相环等电路，将 2.5Gb/s 的数据处理后再送入串行到并行转换电路中，最后并行 16 位输出到外部电路。图 4.16 的左侧是外部电路，它分为数据发送(DATA TX)和数据接收(DATA RX)两部分，数据在这里可以根据要求(如 SDH 系统)进行处理，如转换为帧结构形式，所以，也可将这部分电路称为成帧器/映射器(framer/mapper)。该模块采用了外接的系统时钟，通过分频器(clock synthesizer)的信号为发送数据通过 2.5Gb/s 的时钟信号。电路中的诸多控制时钟 CLK 均可根据需要设置为上升沿或下降沿触发(P/N)。

表 4.4 是该产品的光接口技术指标，表 4.5 是它的电接口技术指标。

表 4.4　RTXM163/164 光接口技术指标

性能参数		测试环境	最小值	典型值	最大值
发射部分	平均输出光功率/dBm		−2	0	+3
	消光比/dB		8.2	10	
	输出眼图		满足 Telcordia GR-253 和 ITU-T G.975 建议要求		
	中心波长/nm	RTXM164	1290	1310	1330
		RTXM163	1480	1550	1580
	边模抑制比/dB		30		
	−20dB 带宽/nm				1
接收部分	接收灵敏度/dBm	PRBS=223-1		−32	−31
	饱和光功率		−7		
	通道代价/dB	RTXM164			1
		RTXM163			2
	接收光回损/dB				−27
	无光告警点/dBm			−38	−36

表 4.5 RTXM163/164 电接口技术指标(武汉电信器件公司提供)

性能参数		测试环境	最小值	典型值	最大值
LVPECL 输入	输入高电平/V		VCC−1.25		VCC−0.55
	输入低电平/V		VCC−2.00		VCC−1.40
	建立时间/ns		1.5		
	保持时间/ns		1		
LVPECL 输出	输出高电平/V	外部 270Ω 电阻直流到地 正负端负载阻抗 100Ω	VCC−1.1		VCC−0.8
	输出低电平/V		VCC−1.9		VCC−1.4
	差分输出峰-峰值/mV		1000		1800
	建立时间/ns		2		
	保持时间/ns		2		
激光器输出光功率监测			500mV		
激光器偏置电流监测			20mV/mA		
激光器关断			LVPECL 电平(高有效)		
激光器失效告警			LVPECL 电平(低有效)		
无光告警输出			LVPECL 电平(低有效)		
诊断环回使能			LVPECL 电平(低有效)		
线路环回使能			LVPECL 电平(低有效)		
MUX/DEMUX 复位			LVPECL 电平(低有效)		

本章小结

光检测器基于半导体材料对光的吸收原理进行工作,它是将光信号转换成电流信号的器件,分成 PIN 光电二极管和 APD 雪崩光电二极管两类,它们均工作在反向偏置条件下。评价光检测器的性能指标有量子效率、响应度、响应光谱、响应时间、暗电流等。

光检测器的噪声主要有散粒噪声和热噪声,它们反映了光检测器的重要特征,对整个光接收机的性能有关键的影响。

光接收机分为模拟光接收机和数字光接收机两类,数字光接收机的基本组成是光检测器、前置放大器、主放大器、滤波器和判决电路。误码率和灵敏度反映了它的技术性能。

光收发合一模块已经投入商用,它是将传统分离的发射、接收组件合二为一的一种新型光电器件,对于一般光系统而言都可以满足要求,所以有必要了解这类产品。

习题

4.1 求 PN 光电二极管的宽度 w,使得带宽为最佳值。

4.2 请解释光电二极管中各种噪声产生的原因。

4.3 一个光电二极管由 Ge 材料制成,已知其禁带宽度为 0.775eV,求它的截止频率。

4.4 一光电检测器当输入平均光功率为 1μW 时,其平均输出电流为 0.2μA,试求此光电检测器的响应度。

4.5 某光电二极管材料是由 InGaAs 制作的,在 100ns 的脉冲时间段内共入射了波长为 1300nm 的光子 6×10^6 个,平均产生 5.4×10^6 个电子-空穴对,试计算量子效率。

4.6 当波长为 1310nm 时,InGaAs 的量子效率大约为 85%,试计算它的响应度。

4.7 已知某 InGaAs-PIN 管的带宽是 2.5GHz,响应度为 0.7A/W,暗电流为 3nA,计算

当入射光功率为 0.1μW 时总噪声电流的均方根值。设负载电阻为 50kΩ。

4.8　某 PIN 光电二极管的平均输入功率是 0.1μW，响应度 R 等于 1，暗电流平均值 3nA，负载电阻 $R=50\text{k}\Omega$，带宽 2.5GHz，在室温下工作，试计算总的噪声电流的均方根、信噪比、等效噪声功率各是多少？

4.9　已经测得某光接收机的灵敏度为 10μW，求其信号强度。

4.10　什么是雪崩增益效应？

4.11　试述 APD 和 PIN 在性能上的主要区别。

4.12　一个 GaAsPIN 光电二极管平均每三个入射光子，产生一个电子-空穴对。假设所有的电子都被收集，那么

(1) 计算该器件的量子效率；

(2) 当在 0.8μm 波段，接收功率是 10^{-7}W 时，计算平均输出光电流；

(3) 计算这个光电二极管的长波长截止点 λc（超过此波长光电二极管将不工作）。

4.13　某光纤通信系统，采用的 LED 光源发射功率 10mW，PIN 光检测器响应度为 0.6A/W，暗电流 5nA，负载电阻 50Ω，接收机带宽 10MHz，工作温度 300K，光纤损耗为 20dB，另外有 14dB 的光源耦合损耗和 10dB 的连接、熔接损耗。试计算接收到的光功率、检测到的电流和功率、散粒噪声和热噪声功率、SNR 值$\left(\text{SNR}=\dfrac{I_{\text{p}}^{2}}{\rho^{2}}\right)$。

4.14　某数字传输系统，工作波长为 1310nm，比特率为 10Mb/s，要求 $\text{BER}=1\times10^{-9}$，试计算光检测器的最小入射光功率。

4.15　光接收机由哪几个部分组成？其中时钟恢复的作用是什么？为什么在光接收机线性通道中要加入均衡滤波器？

4.16　光接收机有哪些主要性能指标？它们的定义是什么？

4.17　一种硅 APD 在波长 900nm 时的量子效率为 65%，假定 0.5mW 的光功率产生的倍增电流为 10mA，试求 APD 的 g 值。

第5章 光网络器件

CHAPTER 5

光纤通信系统中的器件可以分成有源器件和无源器件两大类。有源器件的内部存在光电能量转换的过程,而没有该功能的则称为无源器件。由于光纤系统网络化程度日益提高,本章所讨论的器件在光网络中得到广泛的应用,所以本章所涉及的器件也称为光网络器件。

5.1 光放大器

5.1.1 概述

光信号沿光纤传输一定距离后,会因为光纤的衰减特性而减弱,从而使传输距离受到限制。通常,对于多模光纤,无中继器的传输距离超过20km,对于单模光纤,不到80km。为了使信号传送的距离更大,就必须增强光信号。光纤通信早期使用的是光一电一光再生中继器,需要进行光电转换、电放大、再定时脉冲整形及电光转换,这种中继器适用于中等速率和单波长的传输系统。对于高速、多波长应用场合,则中继的设备复杂,费用昂贵。在光纤网络中,当有许多光发送器以不同比特率和不同格式将光发送到许多接收器时,无法使用传统中继器,因此产生了对光放大器的需要。经过多年的探索,科学家们已经研制出多种光放大器。光放大器的作用如图5.1所示。与传统中继器比较起来,它具有两个明显的优势。

(1) 可以对任何比特率和格式的信号都加以放大,这种属性称之为光放大器对任何比特率和信号格式是透明的。

(2) 不只是对单个信号波长,而是在一定波长范围内对若干个信号都可以放大。

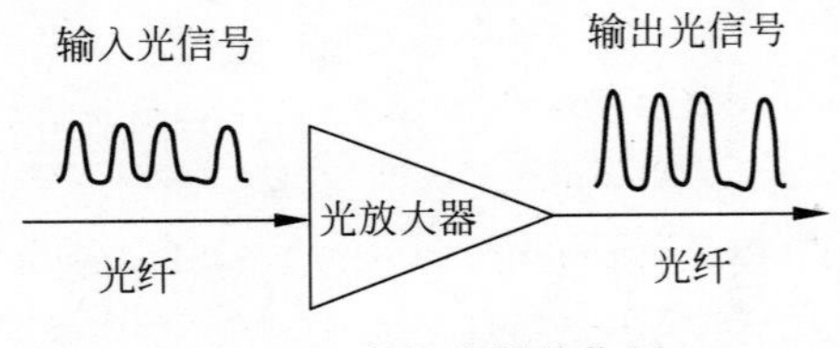

图5.1 光放大器的作用

光放大器是基于受激辐射机理来实现入射光功率放大的,工作原理如图5.2所示。图中的激活介质为一种稀土掺杂光纤,它吸收了泵浦源提供的能量,使电子跳到高能级上,产生粒子数反转,输入信号光子通过受激辐射过程触发这些已经激活的电子,使其跃迁到较低的能级,从而产生一个放大信号。泵浦源是具有一定波长的光能量源,以目前使用较为普及的掺铒光纤放大器来说,其泵浦光源的波长有1480nm和980nm两种,激活介质则为掺铒光纤。

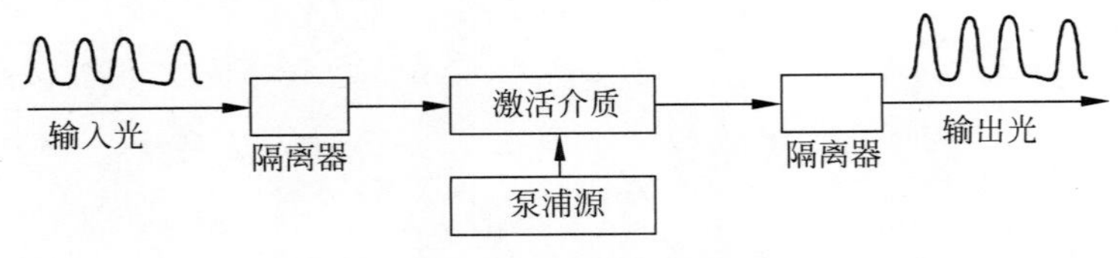

图5.2 光放大器工作原理

图 5.3 给出了掺铒光纤放大器中掺铒光纤(Erbium Doped Fiber,EDF)长度、泵浦光强度与信号光强度之间的关系。泵浦光能量入射到掺铒光纤中后,将能量沿光纤逐渐转移到信号上,也即对信号光进行放大。当沿掺铒光纤传输到某一点时,可以得到最大信号光输出。所以对掺铒光纤放大器而言,有一个最佳长度,这个长度为 20～40m。而 1480nm 泵浦光的功率为数十毫瓦。

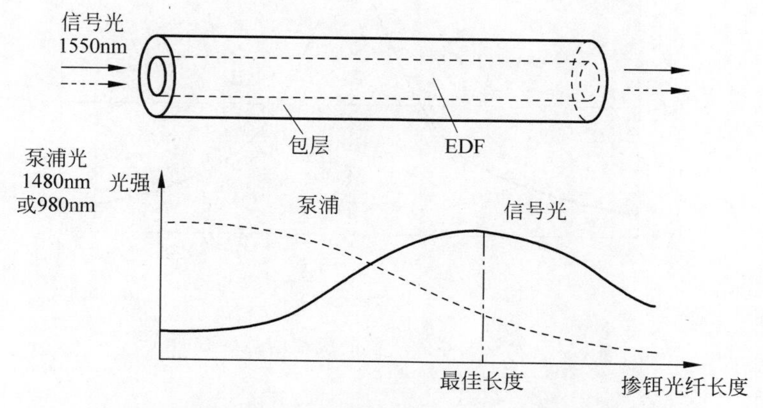

图 5.3　掺铒光纤中泵浦光功率与信号光功率之间的转换

1. 增益系数

光放大器是基于受激辐射或受激散射的原理来实现对微弱入射光进行放大的,其机制与激光器类似。当光介质在泵浦电流或泵浦光作用下产生粒子数反转时就获得了光增益。增益系数可表示为

$$g(\omega,P)=\frac{g_0(\omega)}{1+(\omega-\omega_0)^2T_2^2+P/P_{\text{sat}}} \tag{5.1}$$

其中,$g_0(\omega)$是由泵浦强度决定的增益峰值,ω 为入射光信号频率,ω_0 为介质原子跃迁频率,T_2 称作偶极子弛豫时间,P 是信号光功率,P_{sat} 是饱和功率,它与介质特性有关。对于小信号放大有$\frac{P}{P_{\text{sat}}}\ll 1$,则式(5.1)可表示为

$$g(\omega)=\frac{g_0(\omega)}{1+(\omega-\omega_0)^2T_2^2} \tag{5.2}$$

设光放大器增益介质长度为 L,信号光功率将沿着放大器的长度按指数规律增长

$$\frac{\mathrm{d}P(z)}{\mathrm{d}z}=g(\omega)P(z) \tag{5.3}$$

$$P_{\text{out}}=P(L)=P_{\text{in}}\exp[g(\omega)L],\quad \omega=\omega_0 \tag{5.4}$$

$$G(\omega)=\frac{P_{\text{out}}}{P_{\text{in}}}=\exp[g(\omega)L] \tag{5.5a}$$

$$G=10\lg\left(\frac{P_{\text{out}}}{P_{\text{in}}}\right)\text{dB} \tag{5.5b}$$

可见,放大器增益是频率的函数。当 $\omega=\omega_0$ 时,$g(\omega)$为最大,$G(\omega)$也为最大。图 5.4 画出了放大器增益曲线和其增益系数曲线。当 $G(\omega)$降至最大值一半时,$(\omega-\omega_0)^2T_2^2=1$,记 $\Delta\omega_g=2|\omega-\omega_0|$,则 $\Delta v_g=\Delta\omega_g/2\pi$。我们将 $\Delta\omega_g=2/T_2$ 称作 $g(\omega)$的半最大值全宽(Full Width at Half Maximum,FWHM),而 Δv_A 则是 $G(\omega)$的 FWHM,也称作光放大器的带宽。经计算,得到

$$\Delta v_g = \frac{2}{\pi T_2} \tag{5.6}$$

$$\Delta v_A = \Delta v_g \left[\frac{\ln 2}{g_0 L - \ln 2}\right]^{1/2} \tag{5.7}$$

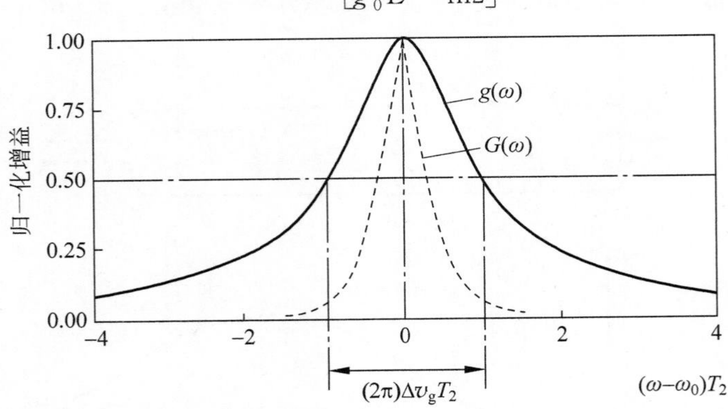

图 5.4　光放大器的增益曲线和增益系数曲线

2. 增益饱和

当输入光功率比较小时，G 是一个常数，也就是说，输出光功率与输入光功率成正比，此时的增益用符号 G_0 表示，称为光放大器的小信号增益。但当 P_{in} 增大到一定数值后，光放大器的增益开始下降，这种现象称为增益饱和，如图 5.5 所示。

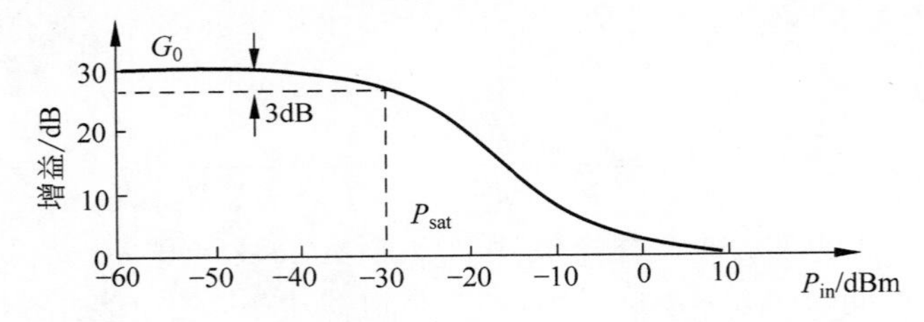

图 5.5　增益 G 与输入光功率的关系曲线

当光放大器的增益降至小信号增益 G_0 的一半，用分贝表示为下降 3dB 时，所对应的输出功率称为饱和输出光功率。

产生增益饱和的原理可由式(5.1)解释。当 P 较大时，分母中 P/P_{sat} 便不能省略。假设 $\omega=\omega_0$，则有

$$g(\omega, P) = \frac{g_0(\omega)}{1 + P/P_{sat}} \tag{5.8}$$

将式(5.8)代入式(5.3)，并积分，就可以得到大信号增益

$$G = G_0 \exp\left[-\frac{(G-1)P_{out}}{GP_{sat}}\right] \tag{5.9}$$

其中，$G_0=\exp[g_0(\omega)L]$，由上式可知，随着 P_{out} 的增加，G 值将下降。根据饱和输出光功率的定义，可求得它的表达式

$$P_{out} = \frac{G_0 \ln 2}{G_0 - 2} P_{sat} \tag{5.10}$$

3. 噪声系数

我们知道，光放大器是基于受激辐射或散射的机理工作。在这个过程中，绝大多数受激粒子因受激辐射而被迫跃迁到较低的能带上，但也有一部分是自发跃迁到较低能带上的，它们会

自发地辐射光子。自发辐射光子的频率在信号光的范围内,但相位和方向是随机的。那些与信号光同方向的自发辐射光子经过有源区时被放大,所以叫作放大的自发辐射。因为它们的相位是随机的,所以对于有用信号没有贡献,就形成了信号带宽内的噪声。

光放大器的主要噪声来源是放大的自发辐射(Amplified Spontaneous Emission,ASE)。放大自发辐射功率为

$$P_{ASE}=2n_{sp}hv(G-1)\Delta v \tag{5.11}$$

其中,hv 是光子能量,G 是放大器增益,Δv 是光带宽,n_{sp} 是自发辐射因子,它的定义是

$$n_{sp}=\frac{N_2}{N_2-N_1} \tag{5.12}$$

N_1 和 N_2 分别是受激高能级和低能级上的粒子数。当高能级上的粒子数远大于低能级粒子数时,$n_{sp}\to 1$,自发辐射因子为最小值。n_{sp} 为 1.4~4 时,自发辐射噪声是一种白噪声,叠加到信号光上,会劣化信噪比(SNR)。信噪比的劣化用噪声系数 F_n 表示,其定义

$$F_n=\frac{(SNR)_{in}}{(SNR)_{out}} \tag{5.13}$$

1) 输入信噪比

光放大器输入端的信号功率 P_{in} 经光检测器转化为光电流为

$$\langle I\rangle=RP_{in} \tag{5.14}$$

其中,R 为光检测器的响应度。$\langle I\rangle^2=(RP_{in})^2$ 则表示检测的电功率。

由于信号光的起伏,光放大器输入端噪声的考虑以光检测器的散粒噪声为限制,它可以表示为

$$\sigma_s^2=2q\langle I\rangle B \tag{5.15}$$

其中,q 为电子电荷,B 为光检测器的电带宽。由式(5.14)和式(5.15)可以得到输入信噪比

$$(SNR)_{in}=\frac{(RP_{in})^2}{2q(RP_{in})B}=\frac{RP_{in}}{2qB} \tag{5.16}$$

2) 输出信噪比

光放大器增益为 G,输入光功率 P_{in} 经光放大器放大后的输出为 GP_{in}。相应的光检测器电功率就是$(RP_{in})^2$。

光放大器的输出噪声主要由两部分组成,一是放大后的散粒噪声 $2q(RP_{in})B$,二是由自发辐射与信号光产生的差拍噪声。由于信号光和 ASE 具有不同的光频,落在光检测器带宽的差拍噪声功率为

$$\sigma_{S\text{-}ASE}^2=4(RGP_{in})(RS_{ASE}B) \tag{5.17}$$

其中,S_{ASE} 为放大自发辐射的功率谱,由此可得输出信噪比

$$(SNR)_{out}=\frac{(RGP_{in})^2}{2q(RGP_{in})B+4(RGP_{in})(RS_{ASE}B)}=\frac{RP_{in}}{2qB}\cdot\frac{G}{1+2n_{sp}(G-1)} \tag{5.18}$$

所以噪声系数

$$F_n=\frac{1+2n_{sp}(G-1)}{G} \tag{5.19}$$

当光放大器的增益比较大时,噪声系数可用自发辐射因子表示

$$F_n\approx 2n_{sp} \tag{5.20}$$

5.1.2 半导体光放大器

半导体光放大器(Semiconductor Optical Amplifier, SOA)分成法布里-珀罗放大器

(Fabry-Perot Amplifier，FPA)和行波放大器(Traveling-Wave Amplifier，TWA)两大类。法布里-珀罗放大器两侧有部分反射镜面，它是由半导体晶体的解理面形成的，其自然反射率达32%。当信号光进入腔体后，在两个镜面间来回反射并被放大，最后以较高的强度发射出去，见图5.6(a)。行波放大器在两个端面上有增透膜以大大降低端面的反射系数，或者有适当的切面角度，所以不会发生内反射，入射光信号只要通过一次就会得到放大，如图5.6(b)所示。它的光带宽较宽，饱和功率高，偏振灵敏度低。所以用途比法布里-珀罗放大器更广。

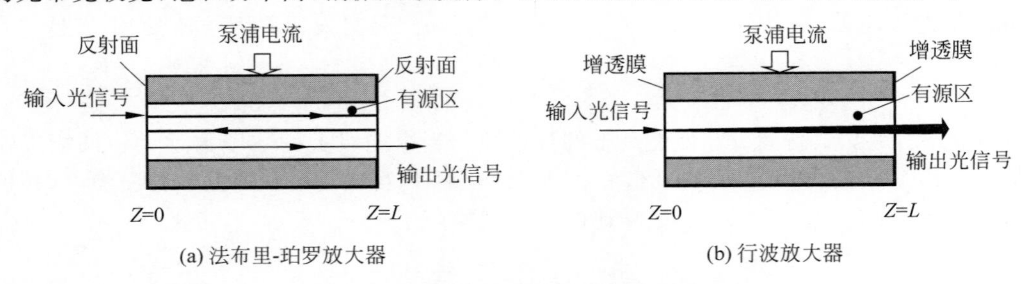

图 5.6　半导体光放大器的结构和机理

1. 光放大器的增益

法布里-珀罗放大器的增益可以表示为

$$G_{\mathrm{FPA}}(\omega)=\frac{(1-R)^2G_{\mathrm{s}}}{(1-RG_{\mathrm{s}})^2+4RG_{\mathrm{s}}\sin^2[(\omega-\omega_0)L/(c/n)]}\tag{5.21}$$

其中，R 为反射面的反射系数；G_{s} 为单程功率放大因子；L 为有源区长度；n 为折射率；c/n 即为光在有源区的速度。G_{s} 是一个与频率有关的参量，假设它与频率的关系为高斯型。由式(5.21)可作出图5.7。

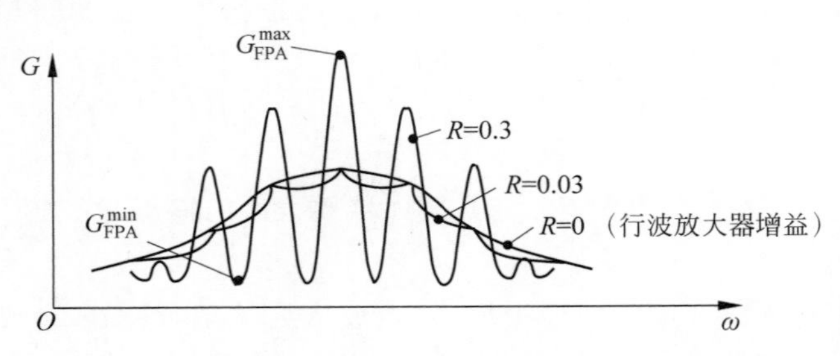

图 5.7　SOA 放大器的增益频谱

在图5.7中，$G_{\mathrm{FPA}}^{\max}=\dfrac{(1-R)^2G_{\mathrm{s}}}{(1-RG_{\mathrm{s}})^2}$、$G_{\mathrm{FPA}}^{\min}=\dfrac{(1-R)^2G_{\mathrm{s}}}{(1+RG_{\mathrm{s}})^2}$分别对应式(5.21)分母中的正弦项为0和1的情况。由图5.7可见，法布里-珀罗放大器的增益频谱是一条振荡曲线。峰值频率为

$$\omega_{\mathrm{N}}=\frac{2\pi vN}{2L}\tag{5.22}$$

在 $\omega=\omega_0$ 处，增益最大。随着反射系数的降低，增益振荡幅度逐渐减小，当 $R=0$ 时，增益频谱就为高斯型曲线，即行波放大器的增益曲线。将行波放大器的增益写为

$$G_{\mathrm{TWA}}=G_{\mathrm{s}}(\omega)\tag{5.23}$$

单程增益用光放大器的参数可表示为

$$G_{\mathrm{s}}=\exp[(\Gamma g-\bar{\alpha})L]\tag{5.24}$$

其中，Γ 为限制系数，它反映了有源区波导结构对辐射光子的引导作用；g 和 $\bar{\alpha}$ 是有源区每单位长度的增益系数和损耗系数，单位是1/m；L 为激活区长度。

SOA 增益典型值为 20～30dB。需要说明的是，SOA 的增益依赖于输入信号的偏振状态，不同的极化模式具有不同的增益。增益对偏振依赖是有源区的矩形形状和晶体结构所致，使得增益系数 g 和限制系数与偏振方向有关，由此造成的偏振增益差为 5～7dB。

减小 SOA 的偏振增益的差可采用两种方法：一种是使有源区的横截面成正方形；另一种是通过串联或是并联两个 SOA 来补偿增益差。这些方法的使用可以使偏振增益差降至 0.5dB。

2. 光放大器的带宽

法布里-珀罗放大器的带宽在图 5.7 上为振荡主峰对应的频宽。根据光放大器带宽的定义，由式(5.21)可知，增益减小到峰值一半时，$2(\omega-\omega_0)$值就是带宽，由此求得

$$\Delta\omega_{\mathrm{FPA}}=2\left(\frac{v}{L}\right)\arcsin\left[(1-RG_{\mathrm{s}})/2\sqrt{RG_{\mathrm{s}}}\right] \tag{5.25}$$

式(5.25)成立的条件是：$0.7<RG_{\mathrm{s}}<5.83$。

通常 FPA 的带宽值不超过 10GHz。对应 1550nm 的工作波长，允许的信道宽度约为 $0.08\mathrm{nm}\left(|\Delta\lambda|=\frac{\lambda^2}{c}|\Delta v|\right)$，而典型的 WDM 网络带宽是 30nm，即 3.746THz，所以 FPA 是无法应用在这样的系统中的。FPA 常用在有源滤波器、光子开关、光波长转换器和路由器等场合。以有源滤波器为例，由于 FPA 的增益具有周期性特点，各振荡峰间距为 $\Delta\omega_{\mathrm{N}}=\frac{2\pi v}{2L}=\frac{2\pi c}{2NL}$，通过改变泵浦电流可以改变有源区折射率，从而改变其振荡特性，由此实现可调谐的滤波。

理想行波放大器的反射系数 $R=0$，但实际上是很难做到的。一般用关系式

$$G_{\mathrm{s}}R<0.17 \tag{5.26}$$

作为行波放大器的条件。行波放大器的带宽用下式进行估算

$$\Delta\omega_{\mathrm{TWA}}\approx\frac{C}{L\sqrt{G_{\mathrm{s}}}}\sqrt{(1-R)^2/R} \tag{5.27}$$

TWA 的带宽大约是 40nm。图 5.8 给出了 FPA 与 TWA 的带宽比较。显然，FPA 增益较大，而带宽较小；TWA 增益略小，带宽较大。

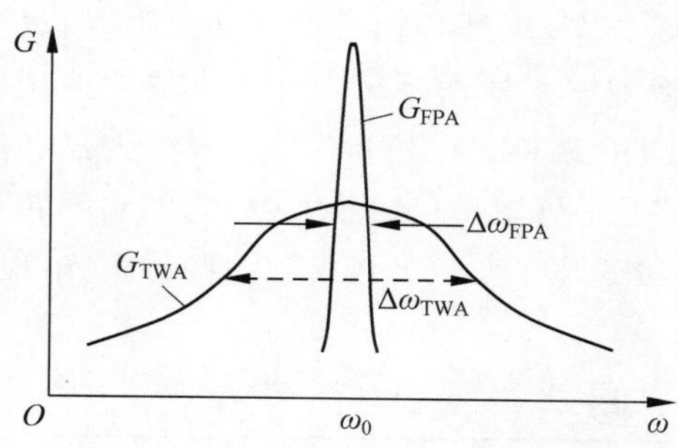

图 5.8　FPA 与 TWA 的带宽比较

3. 噪声系数

在前面已经提到，噪声系数主要取决于自发辐射因子 n_{sp}，对于 SOA，$n_{\mathrm{sp}}=\frac{N}{N-N_0}$，$N$ 是 SOA 的载流子浓度，N_0 是透明载流子浓度。考虑到内部损耗 $\bar{\alpha}$ 使得可用增益减小到 $g-\bar{\alpha}$，所以噪声系数可以表示为

$$F_{\mathrm{n}}=2\left(\frac{N}{N-N_0}\right)\frac{g}{g-\bar{\alpha}} \tag{5.28}$$

SOA 噪声系数的范围为 6～9dB。

5.1.3 掺杂光纤放大器

掺杂光纤放大器是利用光纤中掺杂稀土引起的增益机制实现光放大的。光纤通信系统最适合的掺杂光纤放大器是工作波长为 1550nm 的掺铒光纤放大器和工作波长为 1300nm 的掺镨光纤放大器。目前已商品化并获得大量应用的是 EDFA。

掺镨光纤放大器的工作波长为1310nm，与G-652光纤的零色散点相吻合，在已建立的1310nm光纤通信系统中有着巨大的市场。但由于掺镨光纤的机械强度较差，与常规光纤的熔接较为困难，故尚未获得广泛的应用。另一掺杂光纤放大器——掺铥光纤放大器工作的波段为光传输开辟了新的波段资源。下面首先讨论掺铒光纤放大器的工作机制。

1. EDFA结构

掺铒光纤放大器(Erbium Doped Fiber Amplifier，EDFA)是利用掺铒光纤作为增益介质、使用激光器二极管发出的泵浦光对信号光进行放大的器件。图5.9给了掺铒光纤放大器的结构。

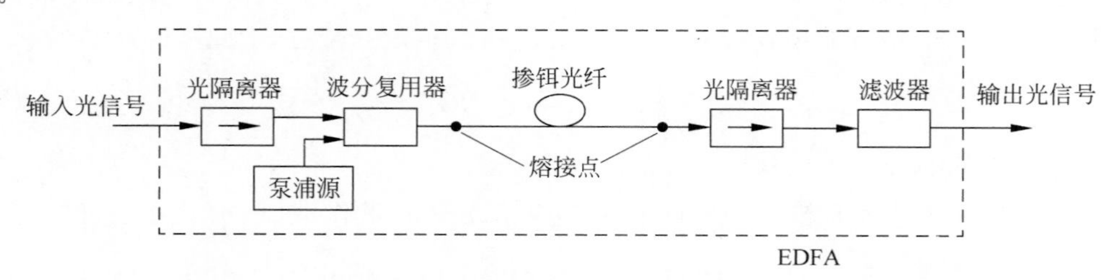

图5.9　EDFA的典型结构

掺铒光纤是EDFA的核心部件。它以石英光纤作为基质，在纤芯中掺入固体激光工作物质——铒离子。在几米至几十米的掺铒光纤内，光与物质相互作用而被放大、增强。

掺铒光纤的模场直径约为3～6μm，比常规光纤的9～16μm要小得多。这是为了提高信号光和泵浦光的能量密度，从而提高其相互作用的效率。但掺铒光纤芯径的减小也使得它与常规光纤的模场不匹配，从而产生较大的反射和连接损耗，解决的方法是在光纤中掺入少许氟元素，使折射率降低，从而增大模场半径，达到与常规光纤可匹配的程度。另外，在熔接时，通过使用过渡光纤、拉长常规光纤接头长度以减小芯径等方法减小MFD的不匹配。

为了实现更有效的放大，在制作掺铒光纤时，将大多数铒离子集中在纤芯的中心区域，因为在光纤中，可认为信号光与泵浦光的光场近似为高斯分布，在纤芯轴线上光强最强，铒离子在近轴区域将使光与物质充分作用，从而提高能量转换效率。根据掺铒光纤放大器的使用场合，有多种型号的掺铒光纤供设计EDFA时采用，如EDF-PAX-01用于设计在线放大器和前置放大器，其增益带宽具有平坦和宽的特性；EDF-LAX-01可用于在线放大器，它的功率转换效率高且噪声系数低；EDF-BAX-01能提供高的输出功率等。表5.1列出了一些掺铒光纤的技术指标。

表5.1　掺铒光纤的技术指标

型　　号	EDF-PAX-01	EDF-LAX-01	EDF-BAX-01
数值分析	0.24±0.02	0.24±0.02	0.22±0.02
截止波长/nm	953±35	953±35	920±40
峰值吸收波长/nm	≤1529.5	1530.5±0.5	1531±0.5
峰值衰减/(dB/m)	7±2	7±2	5±2
衰减(90nm)/(dB/m)	5±1.5	5±1.5	3.5±1.5
背景损耗(1200nm)/(dB/m)	≤35	≤15	≤15
饱和功率(1530nm)/mW	0.17	0.15	0.18
模场直径/μm	4.8～5.9	4.8～5.9	5.2～6.6

泵浦源是EDFA的另一核心部件，它为光信号放大提供足够的能量，是实现增益介质粒子数反转的必要条件，由于泵浦源直接决定着EDFA的性能，所以要求其输出功率高、稳定性

好、寿命长。实用的 EDFA 泵浦源都是半导体激光二极管，其泵浦波长有 980nm 和 1480nm 两种，应用较多的是 980nm 泵浦源，其优点是噪声低，泵浦效率高，功率可高达数百毫瓦。

泵浦光与信号同时进入光纤，在掺铒光纤入口处泵浦光最强，当它沿光纤传输时，将能量逐渐转移给信号光，使得信号强度越来越大，自己的强度逐渐变小。

除了激光二极管 LD 外，作为泵浦模块还包括监视 LD 性能的光电二极管 PD 和控制并稳定 LD 温度的热电冷却器。

按泵浦源所在的位置可以分为 3 种泵浦方式：第一种如图 5.9 所示，称作同向泵浦，在这种方式下，信号光与泵浦光以同一方向进入掺铒光纤，这种方式具有较好的噪声性能；第二种方式为反向泵浦，信号光与泵浦光从两个不同的方向进入掺铒光纤，如图 5.10(a)所示，这种泵浦方式具有输出信号功率高的特点；第三种方式为双向泵浦源，用两个泵浦源从掺铒光纤两端进入光纤，如图 5.10(b)所示，由于使用双泵浦源，输出光信号功率比单泵浦源要高，且放大特性与信号传输方向无关。

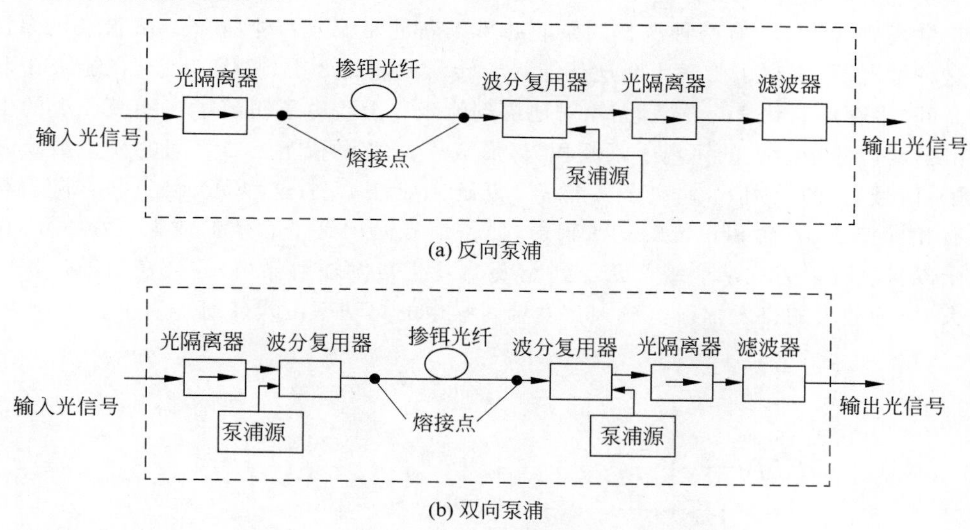

图 5.10　EDFA 的泵浦方式

图 5.11 为 3 种泵浦方式输出功率、噪声特性的比较，图 5.11(a)为输出光信号功率与泵浦光功率之间的关系，3 种泵浦方式的微分转换效率分别为 61%、76%和 77%。图 5.11(b)为噪声系数与放大器输出功率的关系，随着输出功率的增加，粒子反转数将下降，结果是噪声系数增大。图 5.11(c)为噪声系数与掺铒光纤长度之间的关系。由图 5.11 可见，不管掺铒光纤的长度如何，同向泵浦方式的 EDFA 噪声最小。

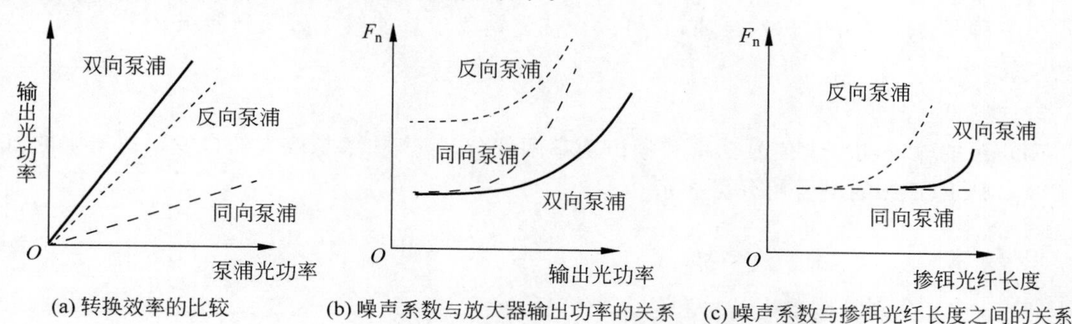

图 5.11　不同泵浦方式下输出功率及噪声特性比较

在图 5.10 中，波分复用器也称为合波器，它的功能是将 980nm/1550nm 或 1480nm/1550nm 波长的泵浦光和信号光合路后送入掺铒光纤，对它的要求是插入损耗小，而且对光的偏振不敏感。

光隔离器的功用是使光的传输具有单向性，防止光反射回原器件，因为这种反射会增加放大器的噪声并降低放大效率。

光滤波器的作用是滤掉工作带宽之外光放大器中的噪声，以提高系统的信噪比。

2. EDFA 工作原理

1）能级与泵浦

EDFA 的工作机理基于受激辐射。我们首先讨论激活介质掺铒石英的能级图，图 5.12 为掺铒石英的能级图，这里用三能级表示。铒离子从能级 2 到能级 1 的跃迁产生的受激辐射光，其波长范围为 1500～1600nm，这是 EDFA 得到广泛应用的原因。

为了实现受激辐射，需要产生能级 2 与能级 1 之间的粒子数反转，即需要泵浦源将铒离子从能级 1 激发到能级 2。有两种波长的泵浦源可以满足要求。一种是 980nm 波长的泵浦。

在这种情况下，铒离子受激不断地从能级 1 转移到能级 3 上，见图 5.12，在能级 3 上停留很短的时间（生存期），约 1μs，然后无辐射地落到能级 2 上。由于铒离子在能级 2 上的生存期约为 10ms，所以能级 2 上的铒离子不断积累，形成了能级 1 和能级 2 之间的粒子数反转。在输入光子（信号光）的激励下，铒离子从能级 2 跃迁到能级 1 上，这种受激跃迁将伴随着与输入光子具有相同波长、方向和相位的受激辐射，使得信号光得到了有效的放大；另一方面，也有少数粒子以自发辐射方式从能级 2 跃迁到能级 1，产生自发辐射噪声，并且在传输过程中不断得到放大，成为放大的自发辐射。放大自发辐射噪声的总功率由式（5.11）表示。

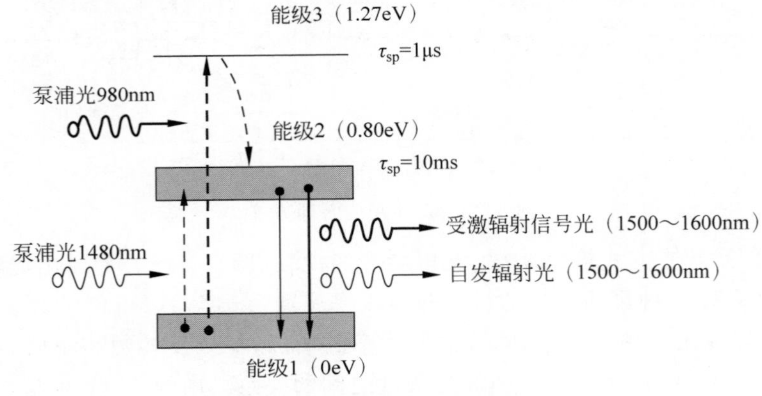

图 5.12　掺铒石英的能级图

另一种是 1480nm 波长的泵浦，它可以直接将铒离子从能级 1 激发到能级 2 上去，实现粒子数反转。

2）增益

EDFA 的输出功率含信号功率和噪声功率两部分，噪声功率是放大的自发辐射产生的，记为 P_{ASE}，则 EDFA 的增益用分贝表示

$$G_{\mathrm{E}} = 10\lg \frac{P_{\mathrm{out}} - P_{\mathrm{ASE}}}{P_{\mathrm{in}}}(\mathrm{dB}) \tag{5.29}$$

其中，P_{out}、P_{in} 分别是输出光信号和输入光信号功率。

EDFA 的增益不是简单一个常数或解析式，它与掺铒光纤的长度、铒离子浓度、泵浦功率等因素有关。泵浦光和信号光在通过掺铒光纤时，其光功率是变化的，它们之间满足

$$\frac{\mathrm{d}P_s}{\mathrm{d}z}=\sigma_s(N_2-N_1)-\alpha P_s \tag{5.30a}$$

$$\frac{\mathrm{d}P_s}{\mathrm{d}z}=\sigma_p N_1-\alpha P_p \tag{5.30b}$$

其中，P_s、P_p 分别表示信号光功率和泵浦光功率，σ_s、σ_p 分别是信号频率 ω_s、泵浦频率 ω_p 处受激吸收和受激发射截面，α'、α 分别是掺铒光纤对信号光和泵浦光的损耗，N_2、N_1 分别是能级 2 和能级 1 的粒子数。由式(5.29)和式(5.30a)可以知道增益 G_E 与掺铒光纤长度与泵浦功率之间的关系。由于式(5.30a)及式(5.30b)是一个超越方程，所以经常用数值解或图形来反映增益与泵浦功率或掺铒光纤长度的关系，如图 5.13 所示。

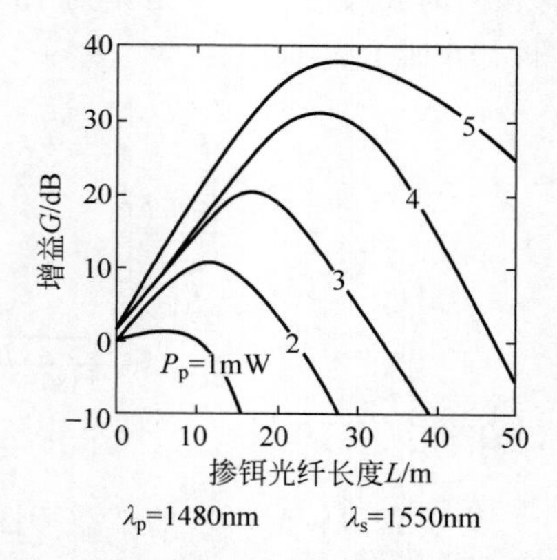

图 5.13　增益与掺铒光纤长度的关系

由图 5.13 可以看出，随着掺铒光纤长度的增加，增益经历了从增加到减小的过程，这是因为随着光纤长度的增加，光纤中的泵浦功率将下降，使得粒子反转数降低，最终在低能级上的铒离子数多于高能级上的铒离子数，粒子数恢复到正常的数值。由于掺铒光纤本身的损耗，造成信号光中被吸收掉的光子多于受激辐射产生的光子，引起增益下降。由上面的讨论可知，对于某个确定的入射泵浦功率，存在着一个掺铒光纤的最佳长度，使得增益 G_E 最大。图 5.13 也显示了不同泵浦功率下增益与掺铒光纤长度的关系。例如，当泵浦功率为 5mW 时，掺铒光纤长为 30m 的放大器可以产生 35dB 的增益。

增益估算关系式

$$G_E=\frac{P_{s,out}}{P_{s,in}}\leqslant 1+\frac{\lambda_p}{\lambda_s}\frac{P_{p,in}}{P_{s,in}} \tag{5.31}$$

其中，λ_p 和 λ_s 分别表示泵浦波长和信号波长，而 $P_{p,in}$ 和 $P_{s,in}$ 则为泵浦光和信号光的入射功率，单位为 mW。

图 5.14 示出了 EDFA 增益和噪声与输入光信号功率之间的关系。当输入光信号功率增大到一定值后，增益开始下降，出现了增益饱和现象，与此同时，噪声增加。

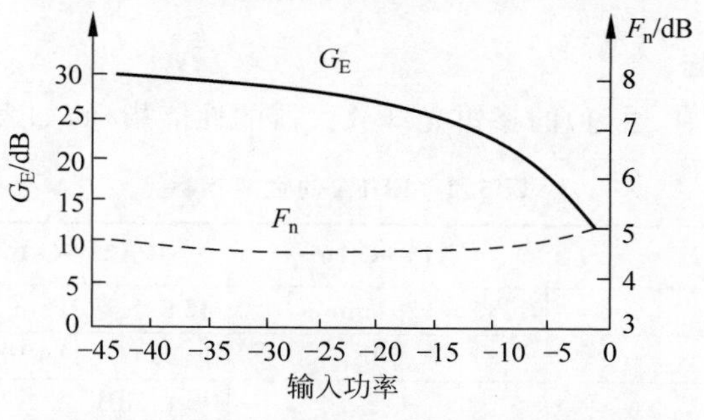

图 5.14　增益和噪声与输入光信号功率的关系

3）噪声系数

噪声系数用式(5.19)计算，实际上它也与掺铒光纤的长度及泵浦功率有关。理论分析还表明，噪声系数与泵浦源波长有关，使用 980nm 泵浦源的噪声特性优于 1480nm 泵浦源。EDFA 噪声系数的变化范围为 3.5～9dB。

3. EDFA 增益平坦性

增益平坦性是指增益与波长的关系，很显然，我们所希望的 EDFA 应该在所需要的工作波长范围具有较为平坦的增益，特别是在 WDM 系统中使用时，要求对所有信道的波长都具有相同的放大倍数。但是作为 EDFA 的核心部件——掺铒光纤的增益平坦性并不理想，如图 5.15 所示。

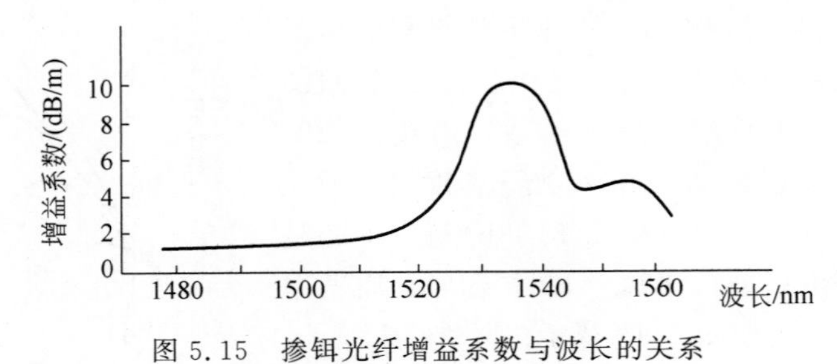

图 5.15　掺铒光纤增益系数与波长的关系

为了获得较为平坦的增益特性，增大 EDFA 的带宽，有两种方法可以采用：一种是采用新型宽谱带掺杂光纤，如在纤芯中再掺入铝离子；另一种方法是在掺铒光纤链路上放置均衡滤波器。如图 5.16 所示，该均衡滤波器的传输特性恰好补偿掺铒光纤增益的不均匀。

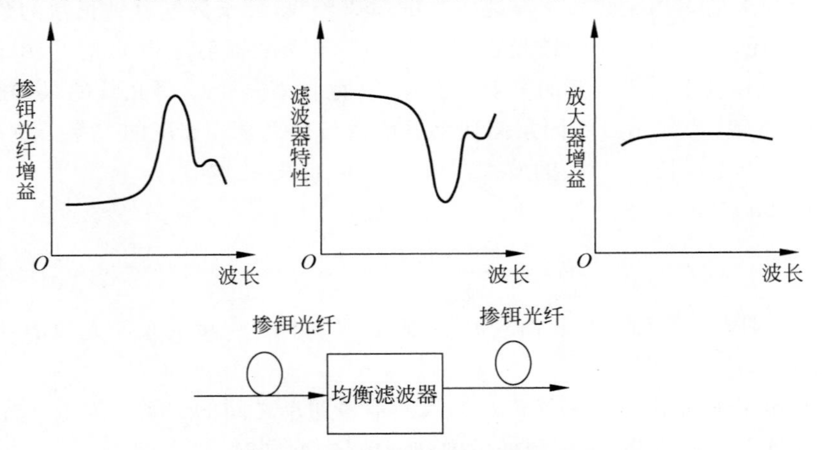

图 5.16　EDFA 中均衡滤波器的作用

4. EDFA 的性能指标

这里给出 3 种型号(16 通道)的掺铒光纤放大器的性能指标，如表 5.2 所示。

表 5.2　EDFA 的性能指标

参　　数	A1W-C-16	A2W-C-16	A3W-C-16
波长范围	1545～1561nm	1545～1561nm	1545～1561nm
典型输入功率范围	−17～−5dBm	−23～−11dBm	−20～−8dBm
噪声系数	≤5dB	≤4.5dB	≤4.5dB
输入/输出回波损耗	≥40dB	≥40dB	≥40dB
泄露到输入端的泵浦功率	≤−60dBm	≤−60dBm	≤−60dBm
泄露到输出端的泵浦功率	≤−30dBm	≤−30dBm	≤−30dBm
输出功率	≥17dBm	≥12dBm	≥17dBm
增益响应时间	≤5ms	≤5ms	≤5ms
信道增益	20～25dB	20～25dB	20～25dB
增益平坦度(增益固定)	≤1dB	≤1dB	≤1dB

续表

参　数	A1W-C-16	A2W-C-16	A3W-C-16
增益平坦度(增益可调)	≤1.2dB	≤1.2dB	≤1.2dB
偏振相关增益	0.2dB	0.2dB	0.2dB

除了光通道性能指标外，还有表明工作电压及功耗的电气性能以及温度、湿度的环境要求，在使用时都应注意。

5. 掺镨光纤放大器

目前已铺设的光纤大都工作在1310nm窗口，而EDFA只能用于1550nm的系统，所以工作在1310nm波段上的掺镨光纤放大器PDFA具有较大的实用价值。与EDFA不同的是，掺镨光纤是在氟化物玻璃而不是石英玻璃中掺入镨离子(Pr^{3+})制作的。目前已研制出的PDFA模块所采用泵浦波长为1017nm，在1310nm波长处放大器的增益可达24dB，噪声系数为6.6dB。在－3dBm输入时放大波段为1281～1381nm，放大带宽达37nm。

图5.17示出了PDFA的增益和噪声与波长的关系曲线，图中取输入信号功率为－30dBm。

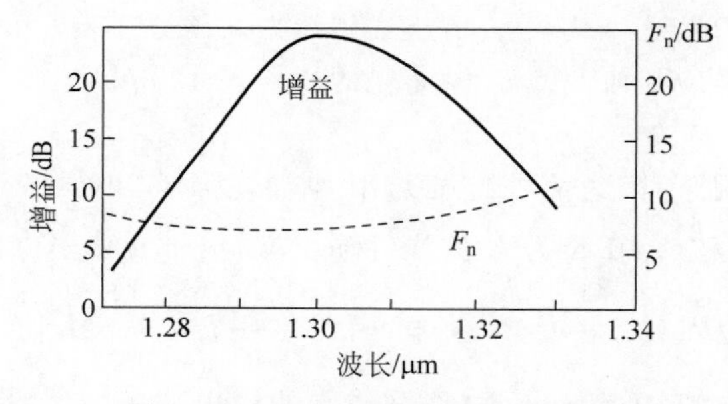

图5.17　增益和噪声与波长的关系

6. 掺铥光纤放大器

掺铥光纤是在氟化物玻璃中掺入铥离子(Tm^{3+})制作的，其工作波长范围为1450～1480nm，增益可达22dB，噪声系数在6dB以下，主要与EDFA配合应用在DWDM系统中。

5.1.4　拉曼光纤放大器

在常规光纤系统中，光纤一般呈现线性传输的特性，但当入射到光纤中的光功率较大时，光纤对光的响应将呈现为非线性，光纤的参数不再是恒定的，而是依赖于光强的大小。光纤中的非线性效应主要有自相位调制(Self Phase Modulation，SPM)、受激拉曼散射(Stimulated Raman Scattering，SRS)、受激布里渊散射(Stimulated Brillouin Scattering，SBS)、交叉相位调制(Cross Phase Modulation，XPM)和四波混频(Four Wave Mixing，FWM)。

受激拉曼散射是指当较强功率的光入射到光纤中时，会引起光纤材料中的分子振动，对入射光产生散射作用，它可以造成波分复用系统中的短波长信道产生过大的信号衰减，从而限制了系统的信道数目。

受激布里渊散射与受激拉曼散射相似，只不过强光入射到光纤中时引起的是声子振动，散射光方向与光传输方向相反。当光强达到某一数值时，将产生大量后向传输的波，对光通信造成不良的影响。

光纤中的非线性效应，一方面可以引起传输信号的损耗、信道之间的串话、信号频率的移动等不良后果；另一方面又可以被利用来开发出新型器件，如激光器、放大器、调制器等，如四波混频效应可以实现波长变换，自相位调制与光纤色散相互作用可以形成光孤子，使光孤子通信成为可能。

在光纤通信系统中，高输出功率的激光器和低损耗单模光纤的使用，使得光纤中的非线性效应越来越显著，这是因为单模光纤中的光场主要束缚于很细的纤芯内，场强非常大，低损耗又使得大的场强可以维持很长距离的缘故。对非线性效应有足够的重视。

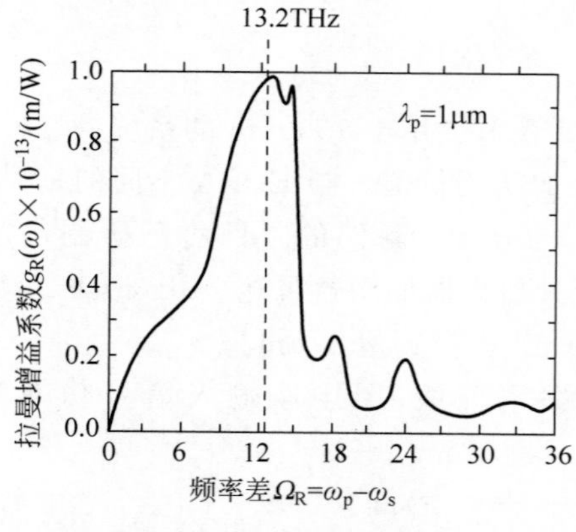

图 5.18　拉曼增益谱的实验曲线

基于受激拉曼散射机理，可以制造出拉曼光纤放大器(Raman Fiber Amplifier，RFA)。如果将频率为 ω_s 的小功率信号光与一个频率差为 $\Omega_R=\omega_p-\omega_s$ 的大功率泵浦光同时注入光纤，并且它们的频差（也称作频移）落在拉曼增益谱带宽范围之内，则信号光沿着光纤传输时将得到有效放大。对于固定的泵浦光频率，由于拉曼增益谱宽度很大，如图 5.18 所示，所以利用 SRS 效应可以在相当宽的波长范围对信号光进行放大。由图 5.18 可知，当 $\Omega=13.2$THz 时，拉曼增益达到最大。该频差对应的信号光(1550nm)要比泵浦光的波长长 100nm。

1. 增益

在小信号放大的情况下，因为信号光强 I_s 比泵浦光强 I_p 小很多，所以可以忽略泵浦光因对信号光放大而产生的衰减。在长为 L 的光纤输出端，信号光功率可由下式表示，

$$P_s(L)=P_s(0)\exp\left[g_R\frac{P_p(0)}{A_{eff}}L_{eff}-\alpha_s L\right] \tag{5.32}$$

其中，$P_s(0)$是信号光的输入功率，$P_p(0)$是泵浦光的输出功率，g_R 是拉曼增益系数，α_s 是光纤对信号光的衰减系数，A_{eff} 和 L_{eff} 分别为光纤有效面积和有效长度。

若没有拉曼放大，则经光纤输出的信号为 $P_s(0)=\exp(-\alpha_s L)$，故拉曼放大器的小信号增益定义为

$$G_R=\frac{P_s(L)}{P_s(0)\exp(-\alpha_s L)}=\exp\left[g_R\frac{P_p(0)}{A_{eff}}L_{eff}\right] \tag{5.33}$$

随着信号光的增强，泵浦光的减弱，增益会逐渐降低达到饱和。设 $\alpha_s=\alpha_p$ 可算得饱和增益

$$G_{R0}=\frac{1+r_0}{r_0+G_R\exp[-(1+r_0)]} \tag{5.34}$$

$$r_0=\frac{\omega_p P_s(0)}{\omega_s P_p(0)} \tag{5.35}$$

其中，G_R 为由式(5.33)定义的小信号增益。

2. 带宽

光纤的 SRS 增益与拉曼增益系数之间的关系是 $g(\omega)=g_R(\omega)I_p$，I_p 是泵浦光强度，因此有

$$g(\omega)=g_R(\omega)\frac{P_p}{A_{eff}} \tag{5.36}$$

SRS 增益与拉曼增益系数的形状相似，图 5.19 画出了泵浦功率分别为 100mW 和 200mW 的 SRS 增益，由拉曼增益谱曲线可见，在增益峰值附近的增益带宽为 6～7THz。如果采用不同波长的多个泵浦源同时作用，则可获得更为平坦的、带宽更宽的增益特性。目前拉曼

放大器的带宽已达 132nm。

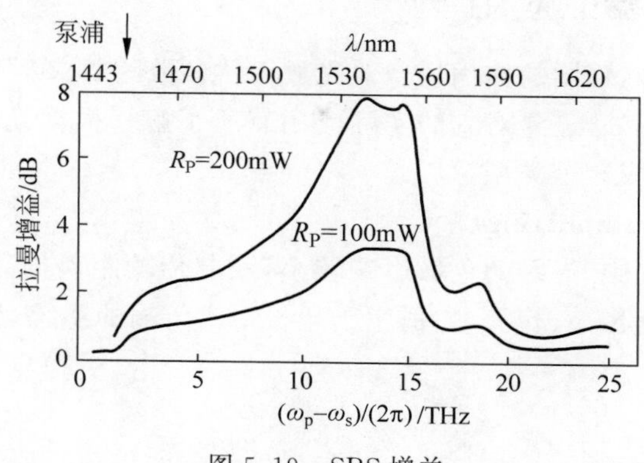

图 5.19　SRS 增益

3. 性能指标

表 5.3 给出了工作在 C 波段和 L 波段两种拉曼放大器的一些性能指标。

表 5.3　拉曼放大器的性能指标

参　数		X-RPU-C(C 波段)	X-RPU-L(L 波段)
波长范围/nm		1528～1562	1570～1612
泵浦功率输出(最小值)/mW		550	550
泵浦极化	典型值/%	5.0	5.0
	最大值/%	7.5	7.5
C 波段输入损耗	典型值/dB	0.8	
	最大值/dB	1.1	
L 波段输入损耗	典型值/dB	—	0.8
	最大值/dB		1.1
温度范围内输入损耗变化(最大值)/dB		0.2	0.2
波长范围内输入损耗变化(最大值)/dB		0.2	0.2
极化损耗	最大值/dB	0.1	0.1
极化模式色散	最大值/ps	0.1	0.1
泵浦源数目		4	4
功耗	典型值/W	40	40
	最大值/W	70	70
工作温度/℃		−5～70	−5～70
储存温度/℃		40～85	40～85
SMF28 增益/dB		10～12	10～12
LEAF 增益/dB		15～17	14～16
TW-RS 增益/dB		17～19	19～22
SMF28 增益/dB		−0.1～0.9	0.5～1.7
LEAF 增益/dB		−1～2.1	−1.1～2.7
TW-RS 增益/dB		−1.1～2.2	−1.6～3.3

注：SMF28,G652：常规单模光纤；LEAF,G652：非零色散位移光纤(大有效截面)；TW-RS,G652：低色散斜率光纤

上述拉曼光纤放大器带光输出、光监控，面板为数字可控式，内置集成化泵浦光与信号光复用器，具有低噪声、增益平坦性能好的特点，可应用在超长距离 DWDM 及 40Gb/s DWDM 等系统中。

5.1.5 光放大器的应用

光放大器的类型很多,不同的使用场合对光放大器参数的要求不一样,这就要求除了知道光放大器的一些基本特性外,还要对它的实际应用有所了解。根据光放大器在光链路中所处位置的不同,将其应用分成3个类型。

1. 在线放大(in-line amplifying)

在单模光纤通信系统中,光纤的色散影响较小,限制传输距离的主要因素是光纤的衰减,所以用光放大器可以补偿传输损耗。它适用于超长距离传输的系统,见图5.20(a)。

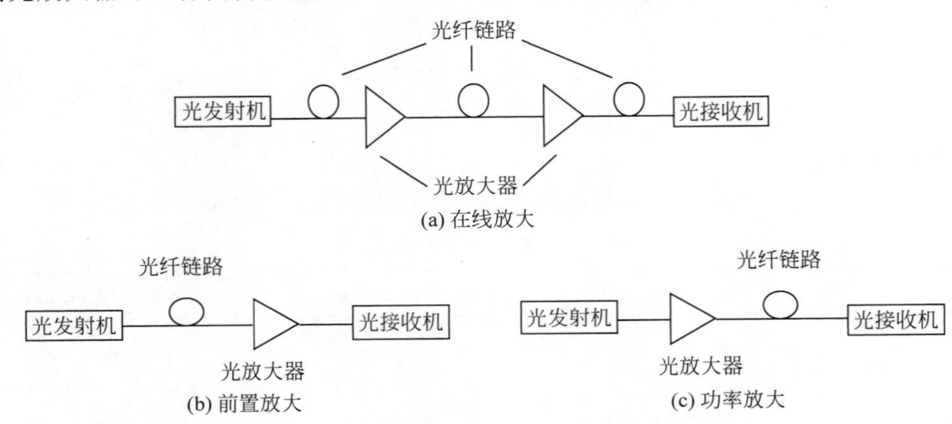

图5.20 光放大器的几种应用

每个在线放大器的增益必须恰好补偿前面一段光纤中的信号损耗。在设计光纤系统时,还要考虑放大器噪声等因素的影响,使用多个在线放大器,光纤链路中会积累ASE噪声,它随着信号光一起传输,最终影响输出端的信噪比,造成信噪比下降。当k个放大器级联时,考虑ASE噪声影响的噪声系数为

$$F_{\mathrm{n}}=\frac{F_{\mathrm{n1}}}{\alpha L_1}+\frac{F_{\mathrm{n2}}}{\alpha L_1 G_1\cdot\alpha L_2}+\cdots+\frac{F_{\mathrm{n}k}}{\alpha L_1 G_1\cdot\alpha L_2 G_2\cdots G_{k-1}\cdot\alpha L_k}\tag{5.37}$$

其中,αL_i表示两个放大器之间的链路损耗,$F_i G_i$表示放大器的噪声系数和增益。如果放大器之间链路长度相等,每个放大器的噪声系数和增益也相等,记为F、G,且每个放大器的增益恰好补偿与前一个放大器之间的链路损耗,即

$$F_{\mathrm{n}}=\frac{kF_{\mathrm{n1}}}{\alpha L_1}=kFG\tag{5.38}$$

可见噪声系数大大提高了,因而输出信噪比$(\mathrm{SNR})_{\mathrm{out}}=(\mathrm{SNR})_{\mathrm{in}}/F_{\mathrm{n}}$劣化了。通过放大器增益和级联数目的选择,可以得到总增益和$(\mathrm{SNR})_{\mathrm{out}}$的最佳组合。

一般而言,选择在线放大器的输入信号标称范围为-26dBm(2.5μW)~-9dBm(125μW),增益大于15dB。

2. 前置放大(pre-amplifying)

前置放大是指光放大器的位置在光纤链路末端、接收机之前,如图5.20(b)所示。在光电检测之前将弱信号放大,可以抑制在接收机中由于热噪声引起的信噪比下降。设接收机的噪声电功率为N,接收机可探测的最小电信号功率为S_0,则S_0/N为接收机要求的最小信噪比。当接收机前置光放大器时,接收到的信号电功率为G^2S',则此时接收机的信噪比为

$$\mathrm{SNR}'=\frac{G^2S'}{N+N'}\tag{5.39}$$

其中，N'为前置光放大器的自发辐射噪声经光电二极管转化为附加的背景噪声。设加前置放大器后接收机可探测到的最小电信号功率为 S'_0，且接收机要求的最小信噪比不变，仍为 S_0/N，则下式成立

$$\frac{G^2 S'_0}{N+N'}=\frac{S_0}{N} \tag{5.40}$$

式(5.40)又可表示成

$$\frac{S_0}{S'_0}=G^2\frac{N}{N+N'}=G^2\frac{1}{1+\frac{N'}{N}} \tag{5.41}$$

由于光放大器的增益足够高，使得 $G^2>1+\frac{N'}{N}$，也即 $S'_0<S_0$，它说明前置放大器的加入，使可检测到的最小信号功率降低了。换句话说，是使得接收机的灵敏度提高了。

3. 功率放大(power amplifying)

功率放大是指在光发射机后安装一个光放大器，如图 5.20(c)所示，以提高发射功率，一般可使传输距离增加 10～100km。如果同时使用前置放大，即可实现 200～250km 的无中继海底传输。由于功率放大器直接放置于光发射机后，其输入功率较高，要求的泵浦功率也较大。其输入一般要在－8dBm 以上，具有的增益必须大于 5dB。

【例 5-1】 用 EDFA 作为功率放大器，设其增益为 20dB，泵浦波长 $\lambda=980\text{nm}$，输入光信号的功率为 0dBm，波长为 1550nm，求所用的泵浦源功率为多少？

解：入射功率 0dBm，即为 1mW。由功率放大器增益表达式

$$G_E=10\lg\frac{P_{S,out}}{P_{S,in}}$$

可求出 EDFA 的输出光信号功率

$$P_{S,out}=P_S\times 10^{\frac{G_g}{10}}=1\text{mW}\times 10^{\frac{20}{10}}=100\text{mW}$$

由式(5.31)得

$$P_{P,in}\geqslant\frac{\lambda_S}{\lambda_P}(P_{S,out}-P_{S,in})=\frac{1550}{980}(100\text{mW}-1\text{mW})=156.6\text{mW}$$

5.2 光无源器件

光无源器件是能量消耗型光学器件，其种类繁多，功能各异，是一类实用性很强的不可缺少的器件，主要产品包括耦合器、滤波器、隔离器、衰减器、光开关和连接器等。它们的作用概括起来是连接光路，控制光的传输方向，控制光功率的分配，控制光波导之间、器件之间以及光波导与器件之间的光耦合、合波、分波。下面分别介绍几种主要的光无源器件。

5.2.1 耦合器

1. 耦合器类型

耦合器是对光信号实现分路、合路和分配的无源器件，是波分复用、光纤局域网、光纤有线电视网以及某些测量仪表中不可缺少的光学器件。图 5.21 展示了几种典型的光纤耦合器结构图。

其中图 5.21(b)也称为 2×2 耦合器，它用来完成光功率在不同端口间的分配，是构成其

他光学元件的基础。图 5.2.1(c)有多个输入端口和多个输出端口,称为星状耦合器,它通常完成将单个输入信号分配给多个输出信号的功能。星状耦合器常用多个 2×2 耦合器级联而成。图 5.21(d)除了涉及光功率的分配外,还涉及不同波长的分配,我们将它称为波分复用器。它可以看作一种特殊形式的光纤耦合器。光纤耦合器有熔锥型和研磨型。除用光纤制成耦合器外,还可用集成光波导制作耦合器。

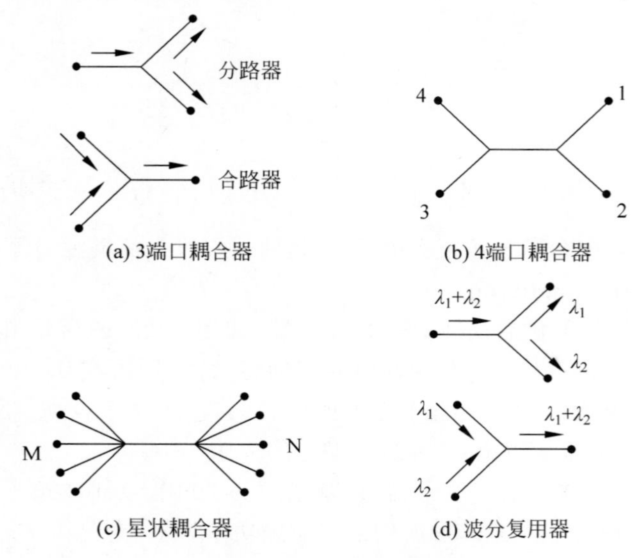

图 5.21　光纤耦合器结构图

2. 工作原理

2×2 耦合器是最简单的器件,我们以它为例来说明耦合器的工作原理。图 5.22 为熔锥型光纤耦合器结构示意图。

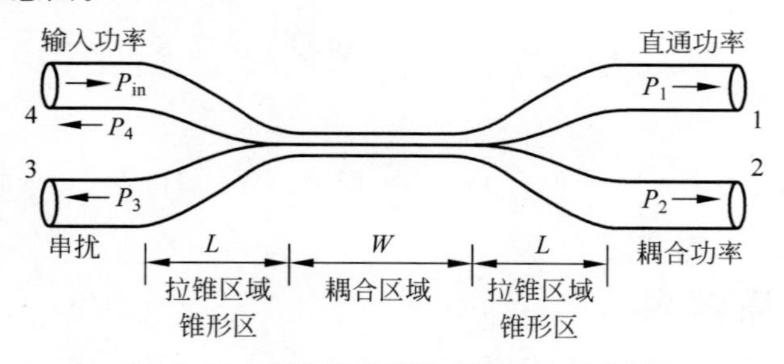

图 5.22　熔锥型光纤耦合器结构示意图

将两根单模光纤扭绞在一起,然后加热并拉伸,使它在长为 W 的距离内均匀熔融以形成耦合器。在耦合区,纤芯直径变小,归一化频率 V 下降,V 值越小模场直径越大,也即模场超过光纤直径的部分越多,如图 5.22 所示。这样,一个光模式的更多部分在耦合区的包层部分传播,然后被耦合到另一根光纤的纤芯中。

从一根光纤耦合到另一根光纤的光功率取决于耦合区内两个纤芯之间的距离、两个纤芯直径和工作波长,并与耦合区的长度有关。

图 5.22 中 P_{in} 是输入功率,P_1 称为直通功率,P_2 是耦合到第二根光纤中的功率,P_3、P_4 是由于耦合器弯曲和封装而产生的反射和散射功率。假设耦合器是无损耗的,因为 P_3、P_4 所占的比例很小,所以在此忽略掉,则耦合功率和直通功率分别可表示为

$$P_2=P_{in}\sin^2(cz) \tag{5.42}$$

$$P_1 = P_{in} - P_2 = P_{in}\cos^2(cz) \tag{5.43}$$

其中，c 为耦合系数，则有

$$c = \frac{\lambda}{2\pi n_1} \cdot \frac{U^2}{a^2 V^2} \cdot \frac{K_0\left(\frac{Wd}{a}\right)}{K_1^2(W)} \tag{5.44}$$

其中，d 为两光纤耦合区中的纤芯距离，K_0、K_1 为第二类零阶和一阶的贝塞尔函数。

图 5.23 示出了归一化功率与耦合区长度以及波长的关系。显然，当波长固定时，可以通过改变 W 等参数制作不同性能的耦合器。

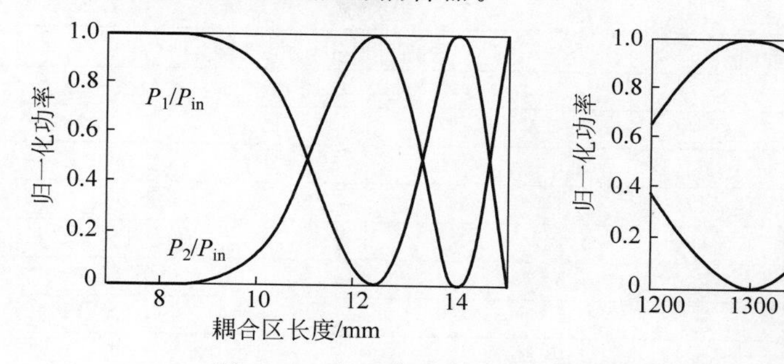

图 5.23 归一化功率与耦合区长度以及波长的关系曲线

3. 性能参数

表示光纤耦合器性能的主要参数有插入损耗、附加损耗、分光比与隔离度(串音)。在实际的耦合器中，信号通过它时，总会有一些损耗。两种基本类型的损耗就是插入损耗和附加损耗。

(1) 插入损耗是指光功率从特定的端口到另一端口路径的损耗。从输入端口 k 到输出端口 j 的插入损耗可表示为

$$L_i = 10\lg\frac{P_{in,k}}{P_{out,j}} \tag{5.45}$$

(2) 附加损耗的定义是输入功率与总输出功率的比值

$$L_e = 10\lg\frac{P_{in}}{\sum_j P_{out,j}} \tag{5.46}$$

对于如图 5.22(b)所示的 2×2 耦合器有

$$L_e = 10\lg\frac{P_{in}}{P_1 + P_2}$$

(3) 分光比是某一输出端口的光功率与所有输出端口光功率之比

$$S_R = \frac{P_{out,j}}{\sum_j P_{out,j}} \times 100\% \tag{5.47}$$

它说明输出端口间光功率分配的百分比。对于 2×2 耦合器可以是

$$S_R = \frac{P_2}{P_1 + P_2} \times 100\%$$

(4) 隔离度也称作为方向性或串扰，隔离度高意味着线路之间的串扰小。它表示输入功率出现在不希望的输出端的概率大小。对于 2×2 耦合器，其数学形式是

$$L_c = 10\lg\frac{P_3}{P_{in}} \tag{5.48}$$

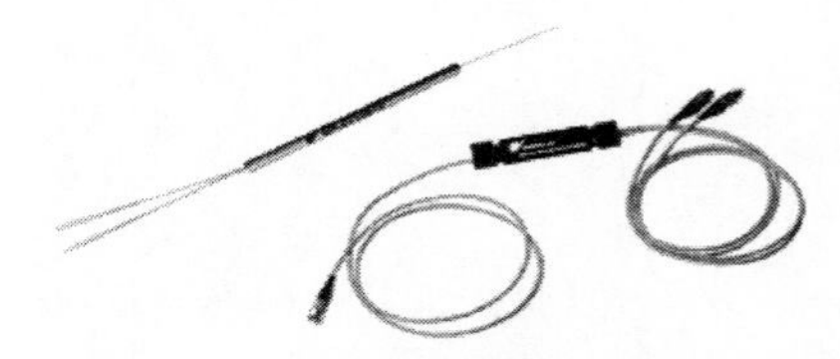
图 5.24 1×2 耦合器的实物照片

图 5.24 为某一耦合器的实物照片。表 5.4 为其性能指标，表中的均匀性是在工作带宽范围内，各输出端口输出功率的最大变化量。偏振相关损耗（Polarization Dependant Loss）是衡量耦合器对传输光信号偏振态敏感程度的参数，它指的是传输光信号的偏振方向发生 360°的变化时，耦合器输出端口输出光功率的最大变化量。

表 5.4 1×2 耦合器的性能指标

参 数	单 窗 口	
规格	*P*	*A*
工作波长/nm	1310 或 1550	
工作带宽/dB	±40	
附加损耗/dB	0.1	0.2
插入损耗/dB	3.4	3.6
偏振相关损耗/dB	0.1	0.13
均匀性	0.5	0.8
方向性/dB	55	
工作温度/℃	−20～+27	
储存温度/℃	−40～+85	
封装尺寸/mm	3.0×48	
分光比	插入损耗(最大值)/dB	
	P	*A*
50/50	3.4/3.4	3.6/3.6
40/60	4.4/2.5	4.6/2.8
30/70	5.6/5.8	6.0/2.0
20/80	7.4/1.2	7.7/1.3
10/90	10.8/0.6	11.2/0.7
5/95	13.8/0.4	14.5/0.5
3/97	16.5/0.3	17.0/0.4
1/95	21.0/0.2	22.0/0.3

5.2.2 滤波器

滤波器是一种波长选择器件，在光纤通信系统中有着重要的应用。特别在 WDM 光纤网络中每个接收机都必须选择所需要的信道，因此滤波器成为必不可少的部分。

滤波器分成固定波长滤波器和可调谐滤波器两大类。前者是允许一个确定波长的信号光通过，后者是可以在一定光带宽范围内动态地选择波长，如图 5.25 所示。

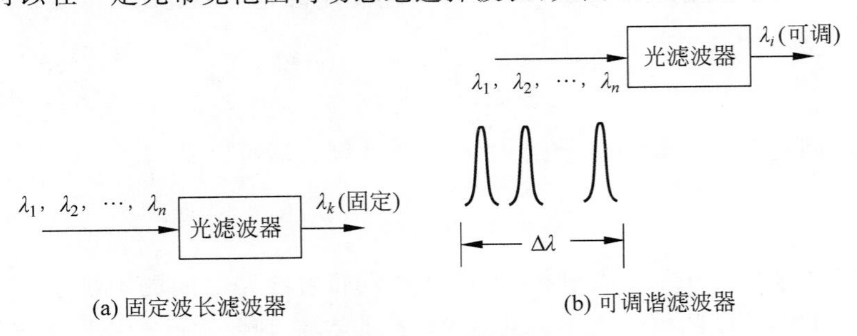

图 5.25 光滤波器类型

滤波器的特性如图 5.26 所示，此图给出了固定波长滤波器的主要参数，包括中心波长

λ_0、带宽 $\Delta\lambda$、插入损耗及隔离度等。对于可调谐滤波器，主要参数有调谐范围、带宽、可分辨信道数、调谐速度、插入损耗、偏振相关损耗和分辨率等。其中可分辨信道数是信道范围与最小信道间隔之比。调谐速度指的是滤波器调到指定波长所需要的时间。分辨率是滤波器能检测的最小波长偏移。

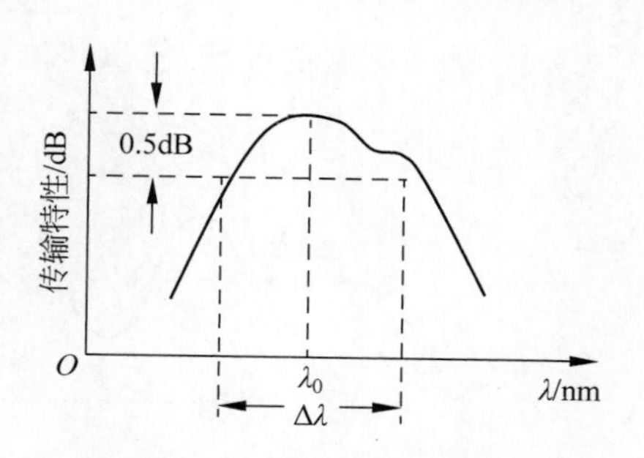

图 5.26 滤波器的特性

下面首先介绍固定波长滤波器的工作原理。

1. 固定波长滤波器

1）薄膜干涉滤波器

这种滤波器由多层不同材料的介质薄膜构成，一层为高折射率，一层为低折射率，交叠而成。每层介质的等效光学厚度为 $\lambda/4$，利用各层的反射光与入射光的干涉效应实现滤波。图 5.27 示出了薄膜干涉滤波器的原理。当光由光疏介质入射到光密介质时，反射光不产生相移；而当光由光密介质入射到光疏介质时，反射光产生 180°的相移。由于介质厚度为 $\lambda/4$，光经低折射率层传输、反射、再传输后的总相移为 360°，与经高折射率层的反射光同相叠加，这样，在中心波长附近，各层的反射光叠加，在滤波器的上端面形成很强的反射光，得到具有一定带宽的光信号。其他频率的光因不能满足相长干涉条件而不能被反射。

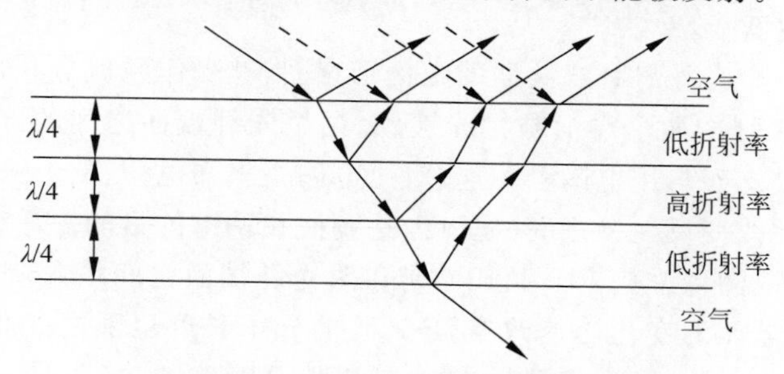

图 5.27 薄膜干涉滤波器的原理

2）F-P 固定波长滤波器

F-P 固定波长滤波器由两片平行镜组成的谐振腔构成，如图 5.28 所示。当入射光波长满足谐振条件时方能通过。该滤波器的传输特性可表示为

$$T_{\mathrm{FPF}}(\omega)=\frac{\alpha_{\mathrm{m}}(1-R)^2}{(1-\alpha_{\mathrm{m}}R)^2+4\alpha_{\mathrm{m}}R\sin^2[(\omega-\omega_0)L/v]} \tag{5.49}$$

其中，α_{m} 是介质和平行镜吸收引起的插入损耗，R 为两平行镜的反射率，v 是光在腔体中的速度，由式(5.49)可以看出，传输特性是与 R 密切相关的一个周期函数，图 5.28(b)画出了传输特性曲线，其中周期长度称为自由光谱范围(FSR)

$$\mathrm{FSR}=\frac{c}{2nL} \tag{5.50}$$

F-P 滤波器的带宽为

$$\Delta f_{\text{F-P}}=\frac{c}{2nL}\cdot\frac{1-R}{\pi\sqrt{R}} \tag{5.51}$$

定义

$$F=\frac{\mathrm{FSR}}{\Delta f_{\text{F-P}}}=\frac{\pi\sqrt{R}}{1-R} \tag{5.52}$$

为 F-P 滤波器的精细度，它反映滤波器的选择性，即能分辨的最小频率差。

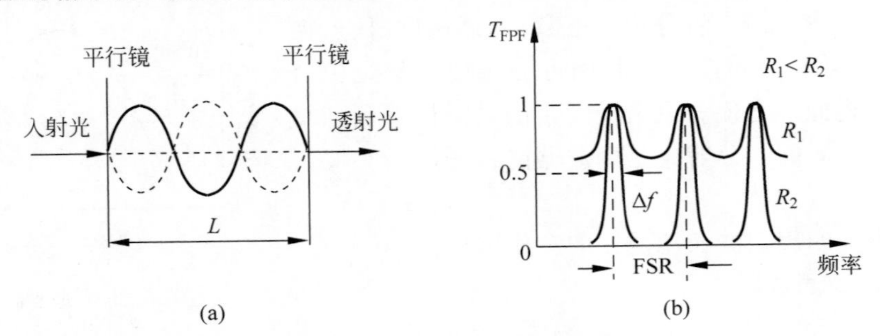

图 5.28 F-P 滤波器原理

2. 可调谐滤波器

严格来说，可调谐滤波器属于有源器件，它可以通过控制电压或温度的变化来改变滤波器的某些参数，从而达到波长动态选择的目的。

可调谐滤波器主要使用在 WDM 系统中，WDM 网络中所有波长都应基于 ITU 标准选取，如波长间隔约为 0.8nm(1550nm 窗口)，则对应信道频率间隔是 100GHz。所以可调谐滤波器的调谐范围、带宽应该根据要求来设计。

1) 光纤 F-P 滤波器

图 5.29 示出了一个光纤 F-P 滤波器的结构示意图，其工作原理与 F-P 固定波长滤波器相同，输入光纤和输出光纤的两个端面被抛光镀膜，两个光纤端面之间的部分构成了法布里-珀罗腔，这两根光纤经过支架与压电陶瓷相连，对压电陶瓷施加电压(300～500V)可使支架产生左右变化的位移，从而改变反射镜之间的长度，达到波长调谐的目的。

如果不是通过压电陶瓷改变 F-P 腔长而是在两光纤端面之间填入液晶介质，那么由于液晶的折射率随着施加电压的变化迅速改变，F-P 腔的光子长度也随之变化。这种填充液晶的滤波器调谐时间在 10μs 内，调谐范围达 80nm，波长分辨率 0.05～10nm，插入损耗为几个分贝。

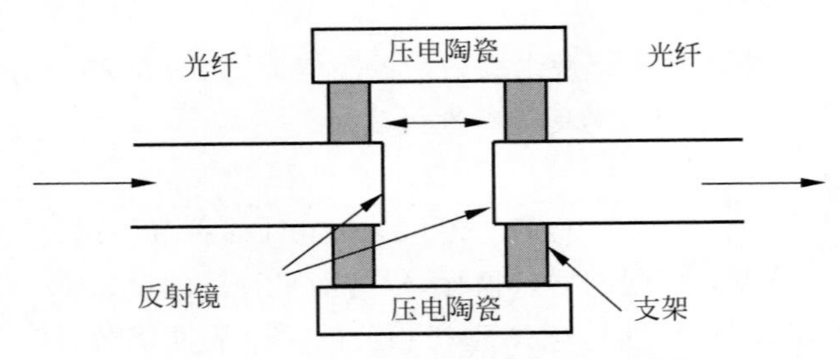

图 5.29 光纤 F-P 滤波器的结构示意图

2) 马赫-曾特干涉滤波器

马赫-曾特(M-Z)干涉滤波器的机理是基于单色光经过不同长度光波导传输后之间的干涉。在图 5.30 中，两个波长之和的光信号输入光纤，经过方向耦合器使它们均匀地被分配到滤波器的两臂上，光信号经过两臂时，获得的相位变化不等，也即产生了相位差，当它们以不同的相位到达第二个方向耦合器时，如果相位差满足一定的条件，那么在输出光纤端口 1，波长 λ_1“相长”干涉，波长 λ_2“相消”干涉，所以输出波长为 λ_1 的光波。同理，输出光纤端口 2 输出波长为 λ_2 的光波。在图 5.30 中，臂 2 上放置了光电材料，当臂上的电压改变时，该臂的折射率便发生变化，假设两臂的长度相等为 L，臂 1 的折射率为 n_1，臂长的折射率为 $n_1+\Delta n$，则在

第二个耦合器输入端两个臂中光波的相位差为

$$\Delta\phi = \frac{2\pi f_i L \Delta n}{c} \tag{5.53}$$

其中，$f_{i(i=1,2)}$ 表示两个光波频率，c 为光速。进一步用传输特性描述 M-Z 干涉滤波器，可表示为

$$T_{MZ} = \begin{cases} \cos^2(\Delta\phi/2) \\ \sin^2(\Delta\phi/2) \end{cases} \tag{5.54}$$

显然，如果 $\Delta\phi = \frac{2\pi f_1 L \Delta n}{c} = (2m-1)\pi$（$m$ 为整数），则由式(5.54)可知，在端口 1 将输出波长为 λ_1 的光波，在端口 2 则无光信号输出；如果同时满足条件 $\Delta\phi = \frac{2\pi f_2 L \Delta n}{c} = 2m\pi$，那么端口 2 将出现波长 λ_2 的光，也即 λ_1 和 λ_2 波长的光信号分别由端口 1 和端口 2 输出。

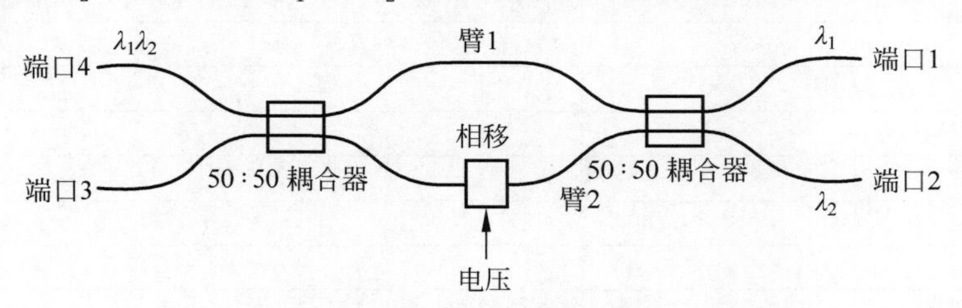

图 5.30　M-Z 干涉滤波器

由于 m 的多值性，M-Z 干涉滤波器的通带具有循环的特点，光信道间隔

$$\Delta f = c/(2L\Delta n) \tag{5.55}$$

图 5.30 中的电压起到调谐的作用，调谐时间小于 50ns。可调谐滤波器的类型还有光栅滤波器，声光滤波器。光栅滤波器是通过施加压力或者加热光栅改变光栅的周期长度，从而达到调谐的目的。声光滤波器的结构类似于 M-Z 干涉滤波器。其中的两臂被刻蚀在 $LiNbO_3$ 双折射半导体中，进入的光被输入偏振器分成 TE 波和 TM 波，见图 5.31，一个换能器产生表面声波，在 $LiNbO_3$ 中引起折射率的周期性波动，这种波动等效为动态的布拉格光栅，由于光栅的相互作用，满足谐振条件（对应某一波长）的 TE 模光能被转换成 TM 模，而 TM 模的光能转换成 TE 模，然后经输出偏振器输出，波长不满足谐振条件的信号将从另一个端口输出。

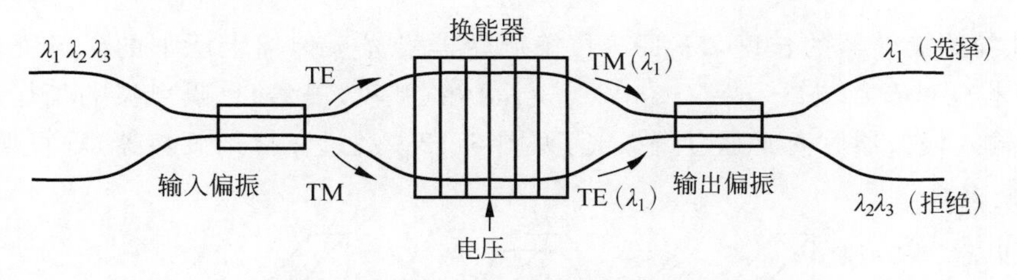

图 5.31　声光可调性滤波器的结构

表 5.5 示出了光梳滤波器的性能指标。表 5.5 中回波损耗也称为反射损耗，它反映了输入端反射的光功率占总输入光功率之比，以分贝表示为 $L_R = -10\lg\frac{P_{in}}{P_{out}}$(dB)。

表 5.5 光梳滤波器的性能指标

参数	指标	
信道间隔/GHz	50	100
工作波长范围/nm	C 波段 1528～1564	
	L 波段 1568～1610	
1568 至中心波长/nm	ITU-U 标准	
波长精度(0.5dB 通带内平均值)/nm	±0.02	±0.04
插入损耗(全通带)/dB	典型 2.0	典型 1.7
通带宽度 0.5dB/nm	≥0.15	≥0.35
通带宽度 25dB/nm	≤0.7	≤1.3
通带平坦度/dB	≤0.5	
插入损耗均匀性/dB	≤0.5	
隔离度/dB	≥25	
回波损耗/dB	≥45	
方向性/dB	≥55	
偏振相关损耗(PDL)/dB	≤0.3	
偏振模色散(PMD)/ps	≤0.2	
色散/(ps/nm)	±15	
工作温度/℃	0～+60	
储存温度/℃	−4.5～+8.5	
封装尺寸 A 型/mm	121×32×11.5	86×32×11.5
封装尺寸 B 型/mm	118×19×8	83×19×8

5.2.3 隔离器

隔离器是一种只允许光单方向传输的器件。光纤通信系统中的很多光器件(如激光器),光放大器对来自连接器、熔接点、滤波器的反射光非常敏感,反射光将导致它们的性能恶化,例如,半导体激光器的线宽受反射光的影响会展宽或压缩,甚至可达几个数量级。因此应在靠近这种光器件的输出端放置隔离器,阻止反射光的影响。

隔离器由 3 个功能部件组成:输入偏振器(起偏器)、法拉第旋转器和输出偏振器(检偏器),如图 5.32 所示。输入偏振器和输出偏振器的作用是将光变成固定偏振方向的线偏振光。法拉第旋转器是使入射光的偏振方向发生旋转变化,旋转的角度为

$$\alpha = \rho HL \tag{5.56}$$

其中,L 是法拉第旋转器的长度,H 是法拉第旋转器沿光束传播上所加的磁场强度,单位为 A/m(安培/米),对石英光纤,$\rho = 4.86\times10^{-6}$ rad/A(弧度/安培)。隔离器的工作过程如下:入射光经过输入偏振器后变成垂直偏振光,见图 5.32。经过法拉第旋转器,垂直偏振光的偏

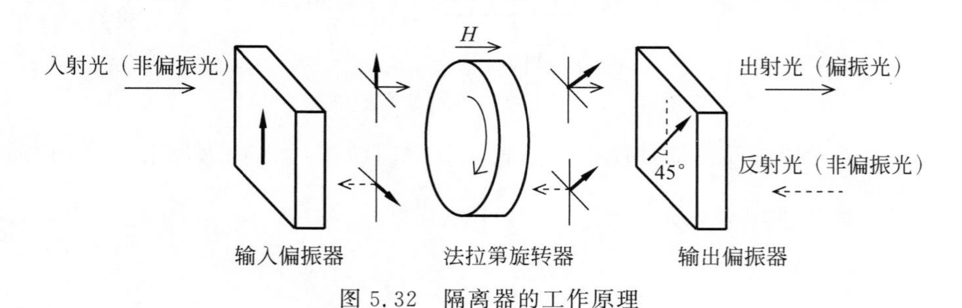

图 5.32 隔离器的工作原理

振方向旋转了45°，输出偏振器的方向设计成45°，所以允许其通过；另一方面，在隔离器的反方向上，反射光经输出偏振器变成45°的线偏振光，经法拉第旋转器又一次旋转45°后，变成了水平偏振，由于输入偏振器只允许垂直偏振光通过，所以反射光便无法到达隔离器输入端。

隔离器的主要性能指标有工作波长、典型插入损耗(参考值：0.4dB)、最大插入损耗(参考值：0.6dB)、典型峰值隔离度、最小隔离度(参考值：40dB)、最大偏振灵敏度(参考值：0.05dB)、回波损耗[参考值：60dB/60dB(输入/输出)]等。

5.2.4 环形器

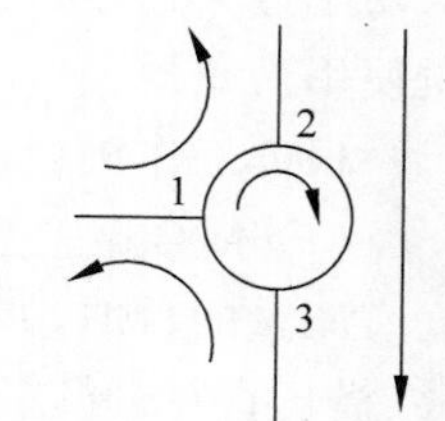

图5.33 3端口环形器

环形器有3端口、4端口和6端口之分，它是只允许某端口的入射光从确定端口输出的器件，如图5.33所示，对于3端口环形器，端口1的输入光信号只能从端口2输出，而端口2的输入光信号只能从端口3输出。环形器的主要功能部件为双折射分离器件、法拉第旋转器和相位旋转器。双折射分离器件不仅能使入射光分离成相互正交的偏振光，而且两者具有一定的分裂度，即在空间上可以分离开来，如图5.34所示。

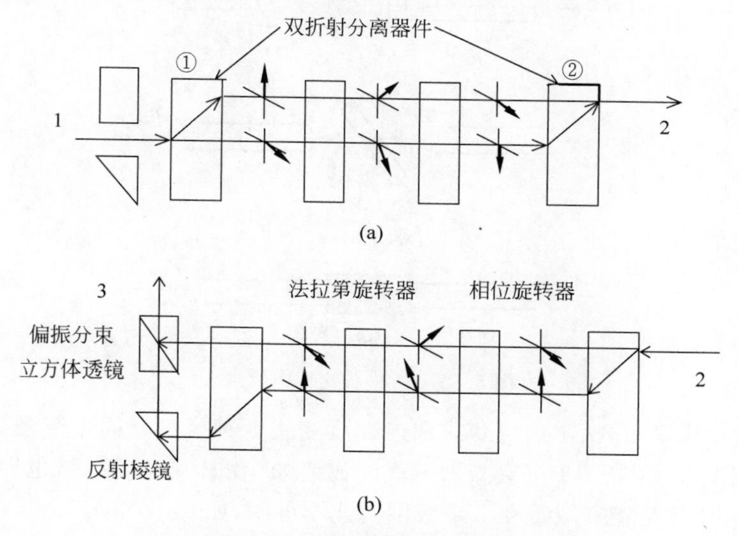

图5.34 环形器的工作原理

光束由端口1向端口2传播的工作过程如下：入射光经过双折射分离器件①后，被分离成两束，上束为垂直偏振光(也称E光)，下束为水平偏振光(也称为O光)，经过法拉第旋转器和相位旋转器分别再旋转45°后，上束变为水平偏振光，下束变为垂直偏振光，由于水平偏振光通过双折射分离器件②时其偏振方向不变，且不发生折射，而垂直偏振光通过时发生折射，过程与分离器件①相反，所以光束在端口2处被合成后输出。

光束由端口2向端口3传播的工作过程如图5.34(b)所示，经过双折射分离器件的两次分离后，它们已经偏离了端口1的轴，两束光线分别通过反射棱镜和偏振分束立方体透镜重新组合，并从端口3输出。

这里以某环形器产品说明其性能指标，它们是中心波长(1310nm或1550nm)、波长范围(20nm)、典型插入损耗(0.7dB)、最大插入损耗(0.8dB)、隔离度(≥45dB)、串扰(≥50dB)、回波损耗(≥55dB)、偏振相关损耗(≤0.1dB)、偏振模式色散(≤0.1ps)、最大承载功率(300mW)、最大承担拉力(5N)、光纤类型(Corning SMF28)、工作温度(－5～＋70℃)、环境温度(－40～＋85℃)、封装尺寸(5.5mm×5.5mm×54mm)等。

5.2.5 衰减器

衰减器的功能是对光功率进行预定量的衰减。在光纤通信系统中，许多场合都需要减少光信号的功率。例如，光接收机对光功率的过载非常敏感，必须将输入功率控制在接收机的动态范围内，防止其饱和；光放大器前的不同信道输入功率间的平衡，防止某个或某些信道的输入功率过大，引起光放大器增益饱和等。另外，在光系统的评估、研究和调整、校正等方面也大量使用衰减器。

根据工作机理，衰减器可以分为以下几种。

(1) 耦合型。它是通过输入、输出两根光纤纤芯的偏移来改变光耦合的大小，从而达到改变衰减量的目的，如图 5.35(a)所示。耦合型衰减器有横向位移和轴向位移两种，衰减器与位移、横场直径、纤态和两端面介质的折射率等因素有关。

(2) 反射型。如图 5.35(b)所示，通过改变反射镜的角度，控制透射光的大小。

(3) 吸收型。采用光吸收材料制成衰减片，对光的作用是吸收和透射。

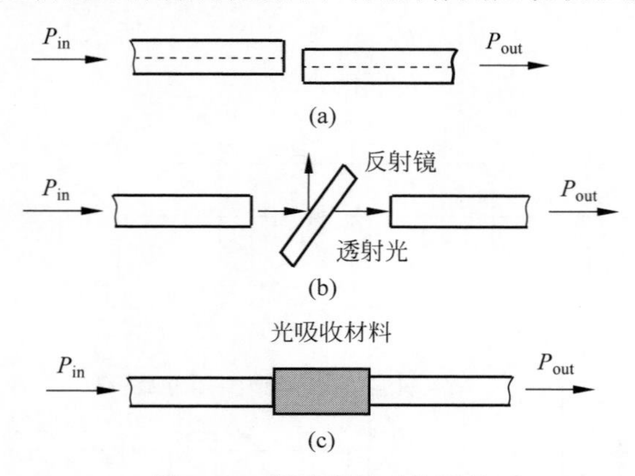

图 5.35 衰减器的工作原理

衰减器还可分成固定式、步进可变式和连续可变式 3 种类型。固定衰减器引入一个预定的损耗，例如，5dB、10dB 等。步进衰减器常表示成诸如 10dB×5 的形式，也即 5 步进式，每步为 10dB。连续可变式是指衰减量在一个范围内连续可调，如 0～60dB。

根据使用场合的不同，又可将衰减器分为在线型衰减器、适配器型固定衰减器、插头式衰减器、光纤端口终止器等。

技术参数主要有中心波长、带宽、衰减器、衰减精度、最小回波损耗、最大偏振灵敏度等，其中的衰减精度是指能精细调节衰减的准确性。

5.2.6 连接器

光纤的连接常采用两种办法。一种是要求两根光纤(缆)的连接是固定和永久的。在光缆施工中，因为一盘光缆的长度一般在 2km 以内，所以两根光缆的接续要采用熔接机将它们熔融相连。另一种是光纤与光发射机(附带尾纤)、光接收机或仪表之间的连接，或者是与另一根光纤暂时性的连接，这就要用到连接器。连接器是易出故障的器件，也是用途最广泛的无源器件。

1. 连接器结构

连接器的基本功能部件有插针件、闭锁装置、后壳、压接套管和保护套，图 5.36(a)为一个与光接收机相连的连接器的示意图。

图 5.36(b)是准备连接的光缆示意图。准备工作包括剥离光缆外层护套，揭开紧固件，除去缓冲管，将光纤裸露出来，这种准备好的光纤插进连接器时，插针才能护住裸露的光纤。

图 5.36 示出的结构称为套管结构，是应用最为广泛的一种形式。除此之外，还有双锥结构、V 形槽结构、球面空心结构和透镜耦合结构，如图 5.37 所示。

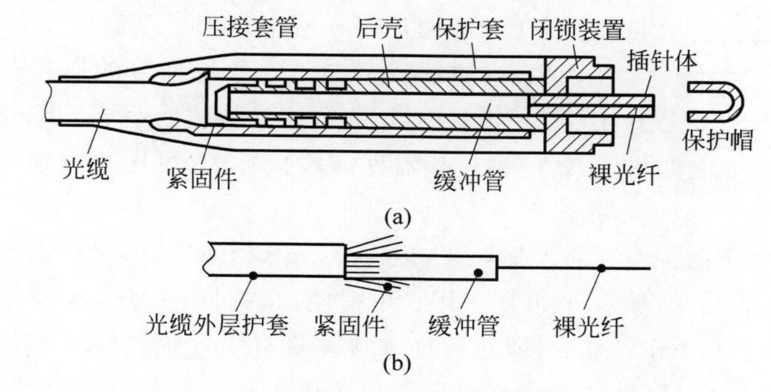

图 5.36　连接器的结构

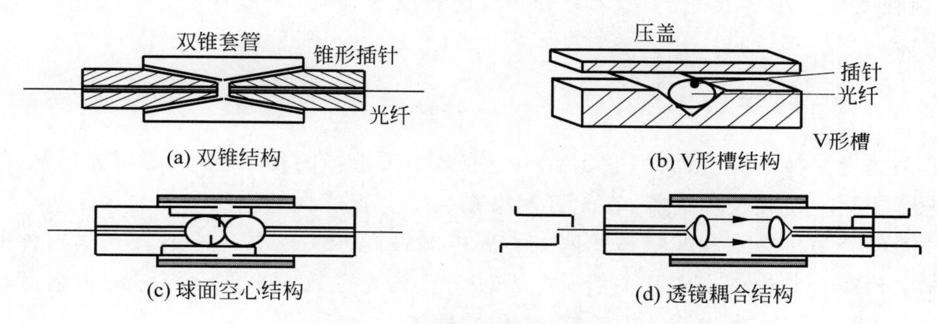

图 5.37　连接器的几种形式

2. 连接损耗

连接损耗产生的原因可归为两类：一类是光纤公差引起的固有损耗，如芯径、折射率分布等的失配，如图 5.38(a)所示；另一类是连接器加工装配引起的外部损耗，如图 5.38(b)所示。外部损耗往往是主要的，其中间隙和横向偏移造成的损耗占有较大的比例。

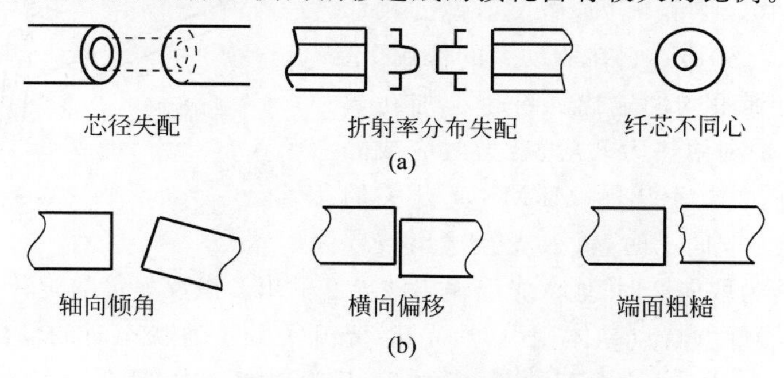

图 5.38　连接损耗机理

3. 连接器型号和参数

常用的连接器型号有 FC/PC、FC/APC、SC/PC、SC/APC 和 ST/PC，其中分子部分表示外部加强件的材料、固定方式：FC 是金属套筒，卡口螺旋式；SC 是插拔式，外壳为矩形；ST 是弹簧带锁卡口结构。分母部分表示内部光纤端面的处理形式：PC 的端面处理成凸球面形，APC 的端面处理成斜面。值得说明的是，APC 连接器端面的倾斜角为 8°，这是为了保证光传输到两光纤端面产生部分反射时，反射光不会反射传播回去，而是近距离消失。因为标准单模光纤的数值孔径是0.13，这相当于7.5°（NA＝$\sin\theta_0$），所以8°的倾斜角使反射光角度大于接收角，如图5.39所示。

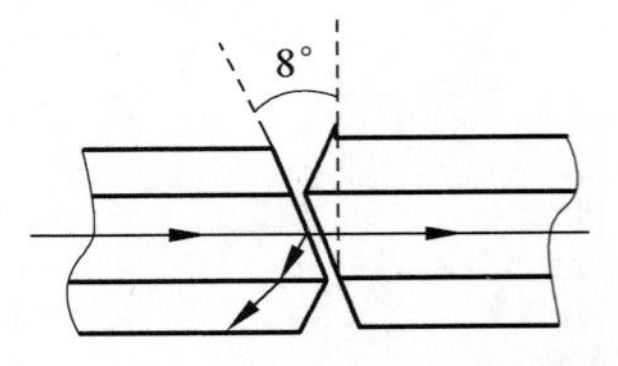

图5.39 APC的端面为斜面

除了单芯活动连接器外，已经有大量双芯和多芯连接器问世，它们在光纤用户接入网中得到了广泛应用。

连接器的规格型号繁多，各种型号的连接器都有自己的特点和用途。例如，FC/PC型连接器，插入损耗小，适用于长距离干线网。APC型连接器回波段损耗大，可用于高速率数字系统或模数视频系统。

连接器的主要性能指标有：插入损耗，一般在0.5dB以下；重复性，即每插拔一次或数次之后，其损耗的变化情况，一般应小于0.1dB；互换性，是指同一种连接器不同插针替换时损耗的变化量，它应小于0.1dB；寿命，即在保证连接器具有上述损耗参数范围内插拔次数的多少，一般应在千次以上；温度性能是指在一定温度范围内连接器损耗的变化量，一般为－25～＋70℃，损耗变化应小于或等于0.2dB。此外，还有反射损耗（一般应小于－35dB）、抗拉强度等性能指标。

5.2.7 光开关

光开关是光交换的关键器件，它具有一个或多个可选择的传输端口，可对光传输线路中的光信号进行相互转换或逻辑运算，在光纤网络系统中有着广泛的应用。

光开关可分为机械式和非机械式两大类。机械式光开关依靠光纤或者光学器件的移动，使光路发生转换。非机械式光开关依靠电光、声光、热光等效应来改变波导的折射率，使光路发生变化。下面对这两类光开关的结构、工作原理进行介绍。

1. 机械式光开关

新型机械式光开关有微光机电系统光开关和金属薄膜光开关两类。

微光机电系统（Micro Electro Mechanical Systems，MEMS）光开关在半导体衬底材料上制造出可以作微小移动和旋转的微反射镜阵列，微反射镜的尺寸非常小，约140μm×150μm，它在驱动力的作用下，将输入光信号切换到不同的输出光纤中。加在微反射镜上的驱动力是利用热力效应、磁力效应或静电效应产生的。图5.40示出了MEMS光开关的结构。当微反射镜为取向1时，输入光经输出波导1输出；当微反射镜为取向2时，输入光经输出波导2输出。微反射镜的旋转由控制电压（100～200V）完成。这种器件的特点是体积小，消光比（光开关处于通状态时的输出光功率与断状态时的输出光功率之比）大，对偏振不敏感，成本低，开关速度适中，插入损耗小于1dB。

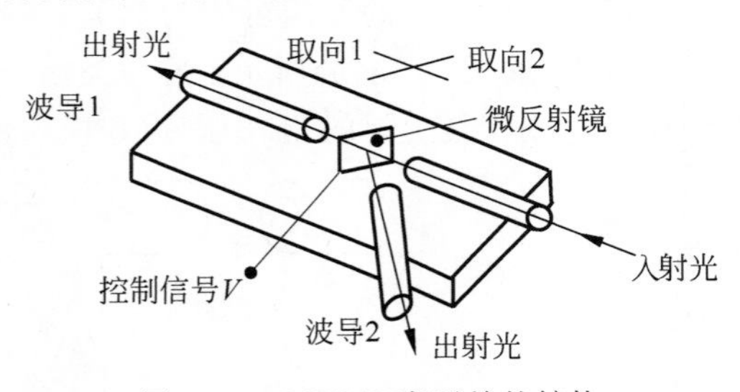

图5.40 MEMS光开关的结构

金属薄膜光开关的结构如图5.41所示。波导芯层下面是底包层，上面则是金属薄膜，金属薄膜与波导之间为空气。通过施加在金属薄膜与衬底之间的电压，使金属薄膜获得静电力，在它的作用下，金属薄膜向下移动与波导接触在一起，使波导的折射率发生改变，从而改变了通过波导光信号的相移。图5.42为金属薄膜M-Z型光开关结构示意图。如果不加电压，那么金属薄膜翘起，M-Z干涉滤波器两个臂的相移相同，此时光信号从端口2输出；如果加电压，那么金属薄膜与波导接触，导致该臂相移为π，光信号从端口1输出。

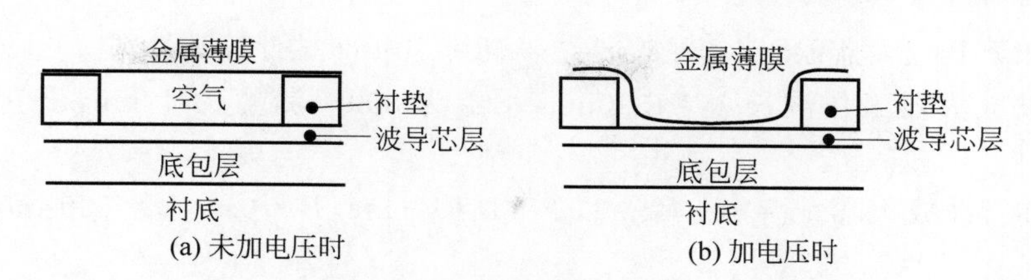

图 5.41 金属薄膜光开关的结构

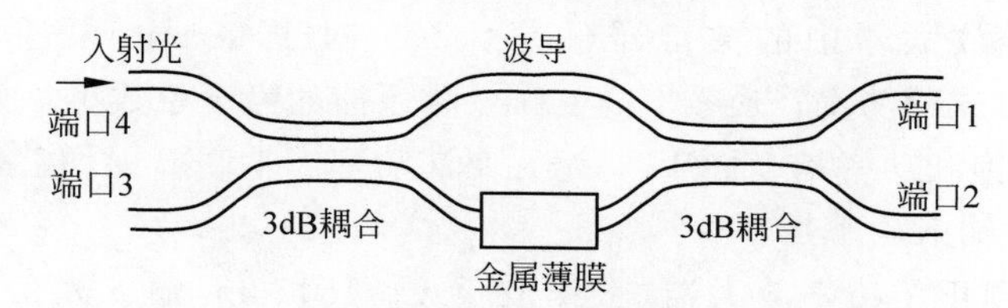

图 5.42 金属薄膜 M-Z 型光开关结构示意图

2. 非机械式光开关

非机械式光开关的类型有液晶光开关、电光效应光开关、热光效应光开关、半导体光放大器光开关等。

液晶光开关是在半导体材料上制作出偏振光束分支波导，在波导交叉点上刻蚀具有一定角度的槽，槽内注入液晶，槽下安置电热器。不对槽加热时，光束直通；加热后，液晶内产生气泡，经它的全反射，光改变方向，输出到要求的波导中。

电光效应光开关、热光效应光开关等是利用材料的折射率随电压和温度的变化而改变，从而实现光开关的器件。

半导体光放大器光开关利用改变放大器的偏置电压实现开关功能。

光开关的参数主要有波长范围、插入损耗、光路回波损耗、串扰、光路输入功率、偏振相关损耗、重复性、开关速度和寿命等。

本章小结

光放大器和光无源器件的重要性随着光纤通信应用范围的不断扩大而日益提升，它们的性能会直接影响到信号传输的各种指标。对于光放大器，应了解增益系数、增益饱和和噪声系数的含义，各类放大器的基本工作原理、参数和应用。EDFA 已经得到了广泛应用，读者对它应有足够的了解。光无源器件的种类很多，读者除了理解其基本工作原理外，更应注重它们的参数和应用，并且借助网络搜索有关产品的性能指标。

习题

5.1 某放大器增益参数 $g(v)=\dfrac{g_0}{1+4(v-v_0)^2/(\Delta v)^2}$，其中 Δv 为光带宽，v_0 为最大增益频率，证明 3dB 带宽 $2(v-v_0)$ 与光带宽 Δv 之比为 $\dfrac{2(v-v_0)}{\Delta v}=[\log_2(g_0/2)]^{-1/2}$。

5.2 放大的自发辐射噪声是怎样产生的？

5.3 某光放大器输入信号功率为 320μW，输入噪声功率在 1nm 带宽上是 30nW，输出信号功率是 50mW，且输出噪声功率在 1nm 带宽上是 12μW，该光放大器的噪声系数为多少？

5.4 已知F-B放大器 $RG_s=0.96$，$n=3.6$，$L=50\mu m$，试计算其带宽。

5.5 行波放大器工作波长 $\lambda=1300nm$，增益为30dB，带宽为40nm，求它产生的ASE功率。

5.6 已知行波放大器 $g=52(1/cm)$，$\bar{\alpha}=14(1/cm)$，$\Gamma=0.8$，$L=500\mu m$，计算其单程增益。

5.7 试述EDFA的工作原理。

5.8 掺铒光纤放大器中的关键器件是什么？对于980nm泵浦和1480nm泵浦的EDFA，哪一种泵浦方式的功率转换效率高？哪一种泵浦的噪声系数小？为什么？

5.9 设EDFA饱和功率是20mW，每毫瓦泵浦功率产生5dB的增益，泵浦功率是5mW，试问没有饱和的最大输入功率是多少？

5.10 有一个EDFA功率放大器，工作波长 $\lambda=1545nm$，输入光信号功率为 $-10dBm$ 时，输出光信号功率为22dBm，试求：

(1) 该放大器的增益；

(2) 所需的最小泵浦功率为多大？

5.11 在线放大器、前置放大器和功率放大器在功能和性能上有什么不同？

5.12 计算20个光放大器级联时的输出信噪比，设每个光放大器的噪声系数相等，$F=3dB$，光发射机信噪比为 10^8，两个放大器之间的光纤损耗为20dB，放大器的增益为20dB。

5.13 已知某2×2双锥形光纤耦合器的输入功率 $P_{in}=200\mu W$，另外3个端口的输出功率分别为 $P_1=90\mu W$、$P_2=85\mu W$、$P_3=6.3nW$，试求该耦合器的插入损耗、附加损耗、分光比和隔离度。

5.14 什么是滤波器的主要特性？解释M-Z干涉滤波器的工作原理。

5.15 法拉第旋转器由BIG晶体制成，$\rho=9°/(Oe\cdot cm)$，设磁场为1000Oe，求旋转光偏振面为45°时的晶体长度。注：$1Oe=10^3/4\pi(A/m)$。

5.16 连接器的类型有哪些？

5.17 引起连接器损耗的因素有哪些？

第6章 光纤通信系统的设计

CHAPTER 6

光纤通信系统具备多样化的拓扑结构，有星状结构、环状结构、总线结构和树状结构及它们的组合，其中最简单的就是点到点的传输结构。光纤通信系统的类型多样，从通信业务种类来看，可分为计算机网络及综合业务数字网；从网络覆盖范围来分，有骨干网、城域网、局域网等；按照数据传输速率又可分为低速网、中速网和高速网。面对不同的应用环境和传输体系，需要依据不同的要求完成光纤通信系统的设计。本章将围绕点到点传输的光纤通信系统，从设计原则、数字和模拟通信系统的设计等方面展开论述，并给出设计实例。

6.1 设计原则

6.1.1 工程设计

光纤通信系统的设计主要涉及两方面的内容——工程设计和系统设计，其中工程设计的主要任务是针对工程建设中的详细经费进行概预算，确定系统中的设备、线路的具体工程安装细节。具体而言，其主要内容涵盖对近期及远期通信业务量的预测；光缆线路路由的选择及确定；光缆线路敷设方式的选择；光缆接续及接头保护措施；光缆线路的防护要求；中继站站址的选择及建筑方式；光缆线路施工中的注意事项等。工程设计过程大致可分为几个主要环节：项目的提出和可行性研究；设计任务书的下达；工程技术人员的现场勘察；初步设计；施工图设计；设计文件的会审；对施工现场的技术指导及对客户的回访等。

6.1.2 系统设计的内容

与工程设计不同，系统设计的任务则是遵循建议规范，采用较为先进成熟的技术，综合考虑系统经济成本，合理选用器件和设备，明确系统的全部技术参数，完成实用系统的设计合成。在实际应用中，光纤通信系统的设计与诸多因素有关，如光纤、光源和光检测器的工作特性、系统结构和传输体制等，而这些相互关联的因素都需基于应用在设计过程中考虑和评估。

比如，在进行骨干网和城域网中普遍选用的同步数字序列（Synchronous Digital Hierarchy，SDH）体制的光纤通信系统的设计时，为了更好地完成设计，首先要掌握其标准和规范，SDH的传输速率分为STM-1（155.52Mb/s）、STM-4（622.08Mb/s）、STM-16（2.5Gb/s）和STM-64（10Gb/s）共4个级别，ITU-T对每个级别所使用的工作波长范围、光纤通道特性、光发射机和接收机的特性都进行了规定，并对其应用给出了分类代码，其中，STM-1标准光接口参数规范见表6.1。

表 6.1 STM-1 标准光接口参数规范

项目		单位	数值								
标称比特率		kb/s	STM-1 155520								
应用分类代码			I-1	S-1.1	S-1.2		L-1.1	L-1.2	L-1.3		
工作波长范围			1260～1360	1261～1360	1430～1576	1430～1580	1263～1360	1480～1580	1534～1566	1523～1577	1480～1580
	光源类型		MLM LED	MLM	MLM	SLM	MLM SLM	SLM	MLM	MLM	SLM
发送机在 S 点的特性	最大均方根谱宽(δ)	nm	40 80	7.7	2.5	/	4 /	/	3	2.5	/
	最大－20dB 谱宽	nm	/	/	/	1	/4	1	/	/	1
	最小边模抑制比	dB	/	/	/	30	/30	30	/	/	30
	最大平均发送功率	dBm	－8	－8	－8	－8	0	0	0	0	0
	最小平均发送功率	dBm	－15 －8	－15	－15	－15	－5	－5	－5	－5	－5
	最小消光比	dB	8.2	8.2	8.2	8.2	10	10	10	10	10
SR 点的光通道特性	衰减范围	dB	0～7	0～12	0～12	0～12	10～28	10～28	10～28	10～28	10～28
	最大色散	Ps/nm	18 25	96	295	NA	185 NA	NA	246	296	NA
	光缆在 S 点的最小回波损耗(含有任何活接头)	dB	NA	NA	NA	NA	NA	20	NA	NA	NA
	SR 点间最大离散反射系数	dB	NA	NA	NA	NA	NA	－25	NA	NA	NA
接收机在 R 点的特性	最差灵敏度	dBm	－23	－28	－28	－28	－34	－34	－34	－34	－34
	最小过载点	dBm	－8	－8	－8	－8	－10	－10	－10	－10	－10
	最大光通道代价	dB	1	1	1	1	1	1	1	1	1
	接收机在 R 点的最大反射系数	dB	NA	NA	NA	NA	NA	－25	NA	NA	NA

表中参数说明：S 点表示发送点；R 点表示接收点；应用分类代码中的符号 I 表示距离不超过 2km 的局内应用，S 表示距离在 15km 的局间短距离应用，*L* 表示距离在 40～80km 的局间长距离应用，符号后的数字则表示了 STM 的速率等级和工作波长(1310nm)；NA 表示不做要求。

再如，在对局域网(LAN)进行设计时，必须遵循IEEE、TIA/EIA等组织对其数据速率、波长(见表6.2)、波长范围及相应技术要求(见表6.3)等制定的相关标准。

表6.2　以太网LAN标准

数据速率/(Mb/s)	光纤标准	波长/nm
10	10Base-FL	850
100	100Base-FX	1310
100	100Base-SX	850
1000	1000Base-LX	1310
1000	1000Base-SX	850

表6.3　LAN中波长范围与相应光技术

波长标准/nm	下限/nm	中心波长/nm	上限/nm	光　源	探测器	光纤类型
850	820	850	920	LED/VCSEL	PIN	多模
1310	1270	1300	1380	LED/VCSEL/激光	PIN/APD	多模/单模

实际上，对于数据速率为10Mb/s或100Mb/s的LAN系统，IEEE 802.3u和TIA/EIA568A标准还明确了相应系统所用光缆的长度，表6.4中即为其建议的最大光缆长度。

表6.4　10/100Mb/s LAN最大光缆长度

LAN类型	波长/nm	最大长度/m		最大损耗/(dB/km)	带宽距离积/((Mb/s)·km)	
		纤芯50μm	纤芯62.5μm		纤芯50μm	纤芯62.5μm
10Base-F	850	1000	2000	3.75	500	160
100Base-FX	1310	2000	2000	1.5	500	500
100Base-SX	850		2000	3.75		500

实用的光纤通信系统的形式多样，在对其进行设计时除去必须遵循的标准外，还需考虑以下因素：①传输距离；②数据速率或信道带宽；③误码率(数字系统)或载噪比和非线性失真(模拟系统)。而在基于应用进行相关分析后，还要进一步决定：采用光纤的类型(多模光纤还是单模光纤)，其中涉及纤芯尺寸、折射率剖面、带宽或色散、损耗、数值孔径或模场直径等参数的选取；采用光源类型(LED还是LD光源)，其中涉及波长、谱线宽度、输出功率、有效辐射区、发射方向图、发射模式数量等指标的确定；采用接收器类型(PIN或APD接收器)，它涉及响应度、工作波长、速率和灵敏度等参量的选择。总之，光纤通信系统的设计是一个复杂的系统工程，需要全面考虑各种因素，才能确保所设计的系统行之有效。

6.1.3　系统设计的方法

在进行光纤通信系统设计时，需要依据应用需求做出合适的选择，确保获得预期的性能，为此有两种分析必不可少：功率预算及带宽预算。

1. 功率预算

功率预算的目的是使光纤通信系统在整个寿命期间，确保有足够的光功率到达光接收机，以保证系统有稳定可靠的性能。光发射机发送的功率减去光纤链路的损耗和系统裕量，即为接收机的接收功率。光纤链路的损耗包括光纤损耗、连接器损耗、接头损耗及诸如分路器和衰减器等元件设备引入的损耗。系统裕量是一个估计值，用于补偿器件老化、温度波动及将来可能加入链路器件引起的损耗，这个值为2～8dB。假设总的光功率损耗表示为P_T，光发射机发送的光功率为P_S(dBm)，光接收机的灵敏度为P_R(dBm)，则

$$P_T = P_S - P_R = \alpha L + A_C + A_S + M_C \tag{6.1}$$

其中，αL 为总长度 L、衰减为 α 的光纤损耗；A_C(dB)为连接器损耗，FC 型连接器一般为 0.8dB/个，PC 型连接器一般为 0.5dB/个；A_S(dB)为光纤固定接点损耗，一般为 0.1dB/个；M_C(dB)为系统裕量。

通过式(6.1)即可算出给定光纤的最大传输距离、连接器和接头等数量，进而确保所设计的系统符合功率预算，为获得性能良好的系统奠定基础。

【例 6-1】 某光纤链路共有 4 个连接器，每个衰减为 0.2dB；3 个接头，每个衰减为 0.02dB；光发射机的发射功率为－10dBm，接收机的灵敏度为－25dBm。如果使用衰减系数为 0.2dB/km 的单模光纤，且要求功率余量为 3dB，求链路中最大中继距离。

解： 根据式(6.1)，可知

$$-10-(-25)=0.2\times L+0.2\times 4+0.02\times 3+3$$

则链路最大中继距离 $L=55.7$km。

2. 带宽预算

带宽预算的目的是满足传输速率的要求。光纤通信系统的带宽除了与光纤的色散特性有关外，还与光发射机和光接收机等设备有关。工程上常用系统上升时间来表示系统的带宽。上升时间定义为：在阶跃脉冲作用下，系统响应从幅值的 10%上升到 90%所需要的时间，如图 6.1 所示。

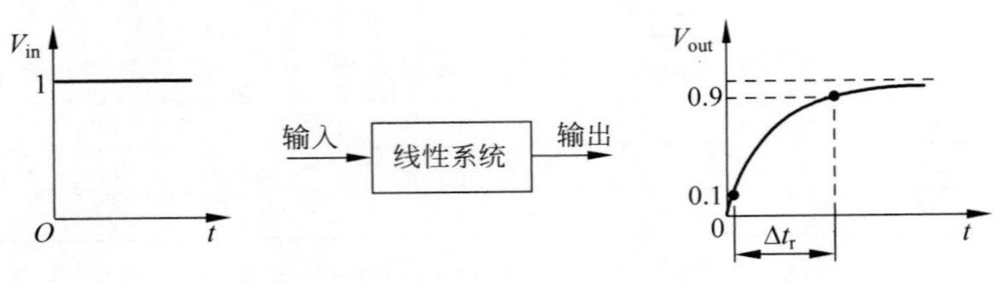

图 6.1　带宽受限的线性系统上升时间定义

由于系统带宽 Δf_{sys} 与上升时间 Δt_r 成反比，故在进行系统设计时常以下式作为标准，即

$$\Delta f_{sys}=0.35/\Delta t_r \tag{6.2}$$

不过式(6.2)仅适用于传输归零码的情况，对于传输非归零码的系统，则需修正为

$$\Delta f_{sys}=0.7/\Delta t_r \tag{6.3}$$

事实上，实际的系统上升时间与诸多因素有关，其中主要因素有光纤色散、光发射机和光接收机的上升时间。设由光纤色散引起的上升时间为 Δt_{fib}，光发射机等光电设备的上升时间为 Δt_{eq}，则系统的实际上升时间为

$$\Delta t_{sys}=\sqrt{(\Delta t_{fib})^2+(\Delta t_{eq})^2} \tag{6.4}$$

【例 6-2】 某 LAN 光纤链路工作波长 $\lambda=850$nm，链路长度 $L=2000$m，最大比特率为 16Mb/s，采用线宽为 20nm 的 LED 光源，光设备的上升时间为 8ns。问用 MMF(多模光纤) 62.5/125μm 的光纤可以达到指定的比特率吗？

解： 本题求解可分几步完成。

(1) 计算系统要求的上升时间。已经知道带宽与比特率的关系，故有 $\Delta f_{sys}=B=$ 16MHz，进而可以求得上升时间为

$$\Delta t_r=\frac{0.35}{\Delta f_{sys}}=\frac{0.35}{16\times 10^6}=21.9(\text{ns})$$

(2) 计算系统实际的上升时间。现在计算式(6.4)右边的值是否小于系统所要求的上升

时间。因为光电设备的上升时间 Δt_{eq} 为已知,所以只需计算光纤色散引起的上升时间 Δt_{fib}。已知

$$\Delta t_{fib}=\sqrt{(\Delta t_{mod})^2+(\Delta t_{ch})^2}$$

Δt_{mod} 是模式色散引起的脉冲展宽,Δt_{ch} 是色度色散引起的脉冲展宽。查表 6.4 可知,62.5/125μm 光纤工作于 850nm 时的带宽距离积为 160MHz·km,由于链路长度是 2km,所以模式带宽(光带宽)为

$$\Delta f_{mod}=\frac{160}{2}=80(\mathrm{MHz})$$

将其换算为电带宽,则有

$$\Delta f_{el-mod}=0.707\Delta f_{mod}=56.6(\mathrm{MHz})$$

所以光纤模式上升时间为

$$\Delta t_{mod}=\frac{0.35}{\Delta f_{el-mod}}=\frac{0.35}{56.6}=6.2(\mathrm{ns})$$

依据色度色散计算公式

$$D(\lambda)=\frac{S_0}{4}\left(\lambda-\frac{\lambda_0^4}{\lambda^3}\right),\quad \Delta t_{ch}=|D(\lambda)|\Delta\lambda L$$

可以求得

$$\Delta t_{ch}=0.1\times 20\times 2=4(\mathrm{ns}),\quad D(\lambda)\approx 0.1\mathrm{ns/(nm\cdot km)}$$

故有

$$\Delta t_{fib}=\sqrt{(\Delta t_{mod})^2+(\Delta t_{ch})^2}=\sqrt{(6.2)^2+(4)^2}=7.4(\mathrm{ns})$$

参考式(6.4)可知,实际的系统上升时间为

$$\Delta t_{sys}=\sqrt{(\Delta t_{fib})^2+(\Delta t_{eq})^2}=\sqrt{(7.4)^2+(8)^2}=10.9(\mathrm{ns})$$

通过前述分析可知:实际的系统上升时间小于系统所要求的上升时间 21.9ns,所以光纤的选择满足系统设计的要求。如果光纤的带宽不能满足要求,可以考虑调整其工作波长为 1300nm 或采用 LD 光源。

6.2 数字传输系统的设计

6.2.1 系统设计技术背景

数字传输(通信)系统是一类在通信信道中传送数字信号的通信系统。传统的数字传输系统存在速率标准不统一及非同步传输的问题,随着通信技术的发展,这些问题也得到了有效的解决。光纤数字传输系统除具有系统容量大、工程造价低等特点外,还因具备传输质量高、安全可靠的优点,而被用于构建国家通信网和国际通信网。

通常,为了衡量一个光纤数字传输网或数字传输系统性能的好坏可以使用一组相关指标,主要包括数据速率或信道带宽、传输距离、系统的误码性能指标、抖动性能指标等。对于光纤数字传输系统而言,其传输质量受多种因素制约,与系统所产生的抖动、光探测器性能、前置放大器性能、码速、光波形、消光比及线路码型等诸多因素有关。因此,数字传输系统的设计任务就是要通过器件的适当选择来减小不良影响,确保系统达到要求的性能。

6.2.2 系统部件选择

为了获得预期的系统性能,组成系统的部件的选择非常重要。在选择部件之前,应对将要

设计的系统的情况和指标有所了解，如系统的比特率、误码率及传输距离；对传输模拟信号的光纤通信系统，则应了解其信号带宽、信噪比和传输距离等。这些指标都将影响构成系统的部件选择。

1. 光纤选择

通常，在系统的传输容量确定后，就应确定系统的工作波长，然后选择工作在这一区域内的器件。如果系统传输距离不太远，码速不高，那么大多可以选择 860nm 波段；如果传输距离较远，则应选择 1300nm 或 1550nm 的长波长波段。

构造数字传输系统所用的光纤类型应该根据通信容量的大小和工作波长来决定。多模光纤和单模光纤除了工作模式上的差别外，它们在带宽、衰减常数、尺寸和价格等方面存在较大差异。一般而言，由于光在单模光纤中是沿着直线进行传播的，无反射，单模光纤理论上无模式色散，适用于长距离、高码速传输，但其芯径细，连接比多模光纤困难；而多模光纤由于容许不同模式的光于一根光纤上传输，存在模式色散，其带宽比单模光纤带宽小得多，衰减常数也比单模光纤大得多，表 6.5 为典型的多模、单模光纤在带宽和衰减常数上差异的比较。

表 6.5 多模光纤、单模光纤部分性能比较

光 纤 类 型	带宽/GHz	衰减常数/(dB/km)	工作波长/nm
0.85μm 梯度多模光纤	0.2～0.5	2～4	850
1.31μm 梯度多模光纤	0.2～2.0	0.5～2	1310
1.31μm 零色散单模光纤	20～1000	0.3～0.9	1310
1.55μm 零色散单模光纤	20～1000	0.19～0.5	1550

总的来说，单模光纤带宽较宽，衰减较低，所以比较适合高速、长距离传输系统，典型应用有 SDH、WDM 网等；而多模光纤承载多路光信号的传送，并不适合工作在长距离、高码速的情况下，但便于连接，所以比较适用于低速、短距离的系统和网络，典型的应用有计算机局域网、光纤用户接入网等。

2. 光电检测器选择

在光纤通信系统中，光电检测器被用于检测入射在其之上的光功率，并完成光/电信号的转换。作为光接收机中完成光电转换的重要部件，对其的基本要求是：在系统的工作波长上具有足够高的响应度，即对一定的入射光功率，能够输出尽可能大的光电流；具有足够快的响应速度，能够适用于高速或宽带系统；具有尽可能低的噪声，以降低器件本身对信号的影响；具有良好的线性关系，以保证信号转换过程中的不失真；具有较小的体积、较长的工作寿命等。

在实践中，光检测器的选取通常在光源选取之前，而其接收灵敏度和过载光功率则是主要考虑的参数。接收灵敏度是指在一定误码率(一般为 10^{-9})下，接收机所能接收到的最小光功率。过载功率是指接收机可以接收的最大光功率。当接收机接收的光功率开始高于灵敏度时，信噪比的改善会使误码率变小。但是若光功率继续增加到一定地步，接收机前置放大器将进入非线性区域，继而发生饱和或过载，使信号脉冲波形产生畸变，导致码间干扰迅速增加，误码率开始劣化(变大)。当误码率再次到达规定值时，对应的接收光功率即为过载功率。

在选取光检测器时，除去上述指标及基本要求外，还应综合考虑成本和复杂程度。目前常用的半导体光电检测器有两种：PIN 光电二极管和 APD 雪崩光电二极管，PIN 管与 APD 管相比，结构简单，成本较低，但灵敏度没有 APD 管高，一般来说，APD 管适用于接收灵敏度要求高的长距离传输和高速率通信系统；而 PIN 管适用于中、短距离和中、低速率系统。

3. 光源选择

光源是光纤传输系统中的重要器件。它的作用是将电数字脉冲信号转换为光数字脉冲信号并将此信号送入光纤线路进行传送。目前，光纤通信系统中普遍采用的两大类光源是激光器(LD)和发光管(LED)。在具体应用中选取LED或LD作为光源，需要参考一些系统参数，如色散、数据速率、传输距离和成本等。

相比较而言，LD的谱宽比LED的要窄得多。在波长800～900nm的区域里，LED的谱宽与石英光纤的色散特性的共同作用将带宽距离积限制在150(Mb/s)·km以内，要达到更高的数值，在此波长区域内则应采用激光器。当波长在1300nm附近时，光纤的色散很小，此时使用LED可以达到1500(Mb/s)·km的带宽距离积。若采用InGaAsP激光器，则该波长区域上的带宽距离积甚至可以超过25(Gb/s)·km。而当波长在1550nm附近时，单模光纤的极限带宽距离积可以达到500(Gb/s)·km。

此外，半导体激光器耦合进光纤的功率比LED要高出10～15dB，因此采用LD可以获得更大的无中继传输距离，但是其使用寿命相对较短，价格更高，稳定性相对较差，且调制电路复杂。与之相比，LED发光二极管使用寿命长、价格低、受温度影响小、工作稳定、调制电路简单。但发光功率低，适于工作在距离短、码速低的光纤通信系统中。所以，在实际应用中需要综合多种因素，对光源加以选择。

6.2.3　光通道功率代价和损耗、色散预算

当传输距离确定后，根据功率预算关系式(6.1)可以知道链路允许损耗与光发送机和接收机的功率关系。实际的数字光纤链路除了光纤本身的损耗、连接器和接头的损耗外，还存在着因模式噪声、模分配噪声、激光器频率啁啾、反射及码间干扰而导致的光通路功率代价。

1. 模式噪声

在多模光纤中，由于振动、微弯等机械扰动，各传输模式间的干涉在光检测器的受光面上产生的斑图将随时间波动，它会导致接收功率发生波动，并附加到总的接收噪声中，使得误码率劣化，这种波动称为模式噪声。在应用中，它表现为接收的光信号具有寄生调幅，模式噪声对于光源的频率漂移和光纤微小的机械畸变非常敏感，它可能大幅增加数字传输系统的误码率并使模拟系统的性能恶化。

多模光纤系统产生模式噪声的原因如下。

(1) 光源的相干性强，模式间色散(即群时延差)小，各模式产生干涉，又由于接头不完善，只有部分功率(或光斑)可通过接头。

(2) 有空间滤除或模式滤除，常见的例子是光纤接头不完善，进而导致只有一部分功率通过接头输至第二条光纤，即只有一部分光斑通过接头。

(3) 有光源频率漂移或者第一条光纤机械振动使空间滤除或模式滤除随时间而变，形成寄生调幅，成为噪声。所以，模式噪声其实是光源相干性、滤除特性和光纤传输特性的函数。

一般而言，运行速率低于100Mb/s的链路，可以不考虑模式噪声的影响，但当速率超过400Mb/s时，模式噪声就变得较为严重了。减小模式噪声可以采取下列方法：使用非相干光源LED；使用纵模数多的激光器；使用数值孔径较大的光纤或使用单模光纤。

2. 模分配噪声

普通激光器在直流或码速不高时虽有良好的单纵模谱线，但在高码速调制下呈现多纵模的光谱特性。不仅如此，各纵模的功率不是固定的，而是随时间变化、随机起伏的，尽管总的功率可维持不变，但各纵模的能量会随机分配。由于各谱线或纵模经过光纤传输后产生不同的

色散延时，在接收端汇集起来就造成光脉冲波形展宽。所以各纵模的能量与分布是随机的，由此产生的噪声就称为模分配噪声。模分配噪声是发送端光源和光纤传输的色散延时相互作用产生的结果。

多模 LD 在调制时，即使总功率不随时间改变，其各个模式的功率随着时间呈随机波动。由于光纤色散的存在，这些模式以不同的速度传播，造成各模式不同步，引起系统接收端电流附加的随机波动，形成噪声，使判决电路的信噪比降低。因此，为了维持一定的信噪比，达到要求的误码率，就要增大接收光功率。考虑模分配噪声需要增加的这部分功率就是要付出的功率代价。模分配噪声的影响在高速率的系统中表现较为明显。一般来说，模分配噪声在接收端是无法避免的，只能采用动态单纵模激光器，例如，分布反馈激光器(DFB LD)，接近零色散点的工作波长或低色散的单模光纤，才能有效减小模分配噪声的影响，从而得到长距离无中继和大容量的光缆传输系统。

3. 频率啁啾

单纵模激光器工作于直接调制状态时，由于注入电流的变化引起了有源区载流子浓度变化，进而使有源区折射率发生变化，结果导致谐振波长随时间漂移，产生频率啁啾，由于光纤的色散作用，频率啁啾造成光脉冲波形展宽，影响到接收机的灵敏度。

减小啁啾效应最理想的方法是通过选择激光器的工作波长接近于光纤的零色散波长，另外采用多量子阱结构 DFB-LD 或者采用外调制器都可以减少频率啁啾的影响。

4. 码间干扰

码间干扰是由光纤色散导致所传输的光脉冲展宽，最终相邻光脉冲彼此重叠而形成的。对于使用多纵模激光器的系统，即使光接收机能够对单根谱线形成的波形进行理想均衡，但由于各个谱线产生的波形经历的色散不同而前后错开，光接收机很难对不同模式携带的合成波进行理想均衡，从而造成光信号损伤，导致功率代价。

对光纤通信系统的码间干扰抑制方法主要采用的是线性均衡方法、分块均衡滤波方法和分集均衡技术，通过对通信信道的单周信道进行均衡处理，使得通信信号沿着各种不同的途径到达接收点，通过干涉叠加，实现码间干扰抑制。

5. 反射

在光传输路径上总是存在连接器、接头等折射率不连续的点，这时一部分光功率就会被反射回来，反射信号对光发射机和接收机都会产生不良影响。在高速系统中，这种反射功率造成的光反馈使激光器处于不稳定状态，表现为激光器的输出功率发生波动、激光器的谐振状态被扰乱，形成较大的强度噪声、抖动或相位噪声，同时引起发射波长、线宽和阈值电流的变化。

如果在两个反射点之间产生多次反射，反射光与信号光相互叠加，将产生干涉强度噪声，对高速系统将产生较大的影响。在 STM-1 标准光接口的主要指标中，为了控制反射的影响，规定了两种反射指标，即 S 点的最小回波损耗和 S-R 点之间的最大离散反射系数。

减小光反射的方法有：将光纤端面制成曲面或者斜面，从而使反射光偏离轴线，无法重新进入光纤传输；将光纤与空气交界面上涂上折射率匹配的物质，如凝胶；使用 PC 连接器；使用光隔离器。

综上所述，当考虑到以上诸多因素后，之前的功率预算关系式(6.1)尚不完整，还需要在其右侧添加一项光通道功率代价 P_C，取值范围为 1～2dB，如此一来，功率预算关系式将重新表达为

$$P_T = P_S - P_R = \alpha L + A_C + A_S + P_C + M_C \tag{6.5}$$

根据上式得出的 L 值也称为损耗受限系统中继距离。

如果仅考虑色散对传输距离的限制，则可利用下式来计算色散受限系统中继距离：

$$L_{\mathrm{d}}=\frac{10^{6}\times\varepsilon}{B\times D\times\delta\lambda} \tag{6.6}$$

其中，L_{d} 为色散受限中继距离(km)；ε 为与激光器有关的系数，光源为多纵模激光器时取 0.115，光源为 LED 时取 0.306；B 为信号比特率(Mb/s)；D 是光纤色散系数[ps/(nm·km)]；$\delta\lambda$ 是光源的均方谱宽(nm)。

对于采用单纵模激光器的系统，假设光脉冲为高斯波形，允许的脉冲展宽不超过发送脉冲宽度的 10%，计算公式为

$$L_{\mathrm{d}}=\frac{71\,400}{\alpha\times B^{2}\times D\times\lambda^{2}} \tag{6.7}$$

其中，λ 为工作波长(μm)；B 为信号比特率(Tb/s)；α 为啁啾系数，对于量子阱激光器，$\alpha=3$，若采用 EA 调制器，则取 $\alpha=5$。

实际设计时，应根据式(6.5)～式(6.7)分别计算后，取两者较小值为最大无中继距离。

6.3 模拟传输系统的设计

6.3.1 系统设计技术背景

模拟光纤传输系统是一种通过光纤信道传输模拟信号的通信系统。与数字光纤传输系统不同，模拟光纤传输系统采用参数大小连续变化的信号来代表信息。要求在光/电转换过程中信号和信息存在线性对应关系。因此，这类系统对于光源功率特性的线性要求及对系统信噪比的要求都比较高。由于噪声的累积，与数字传输系统相比，模拟传输系统的传输距离较短，但是通过采用频分复用(FDM)技术，模拟传输系统实现了一根光纤传输 100 多路电视节目，在有线电视(CATV)网络中拥有较强的竞争能力。

当系统是受带宽限制而不是受损耗限制，也不重点考虑终端设备的价格时，就应该考虑采用模拟系统。例如，视频信号的短距离传输，由于高速数模及模数转换的高价格及 PCM 调制占据的带宽，所以采用模拟传输更合理。目前，模拟光纤传输系统主要用于微波多路复用信号、同轴电缆 CATV 网络(HFC)、视频分配、天线遥控、雷达信号处理等场合。

6.3.2 系统组成

大多数光纤通信系统是数字系统，但有的时候，以模拟的形式传送信息具有更多的优点。图 6.2 为模拟光纤传输系统的示意图。在图 6.2 中，电模拟输入信号可以是微波多路复用信号、雷达信号、视频分配信号等。通常，为了充分发挥光纤的带宽潜力，光纤通信中采用了复用技术，其载波为光波。光纤通信复用技术主要分为 3 类：光波复用、光信号复用和副载波复用(SCM)。其中，光波复用包括波分复用(WDM)和空分复用(SDM)，光信号复用则包括时分复用(TDM)和频分复用(FDM)。

副载波复用是光纤通信技术中仅次于时分复用的最重要应用，主要应用领域是多路模拟电视信号的传输。在此，以副载波复用光纤传输系统(见图 6.3)为例，简述其工作过程。在副载波复用光纤传输系统中，首先会将多路信号分别调制到不同频率的副载波上，将这些已调波相混合；然后利用光强度调制将混合信号调制到光波上，并利用光纤进行传输；最后，在接收端电光检测器中检出混合信号，再经带通滤波器分离出各个已调载频，并解调出原始信号。

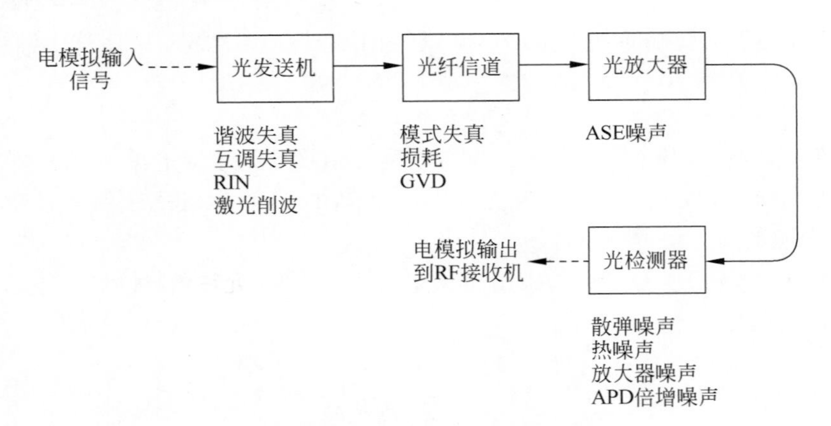

图 6.2 模拟光纤传输系统的示意图

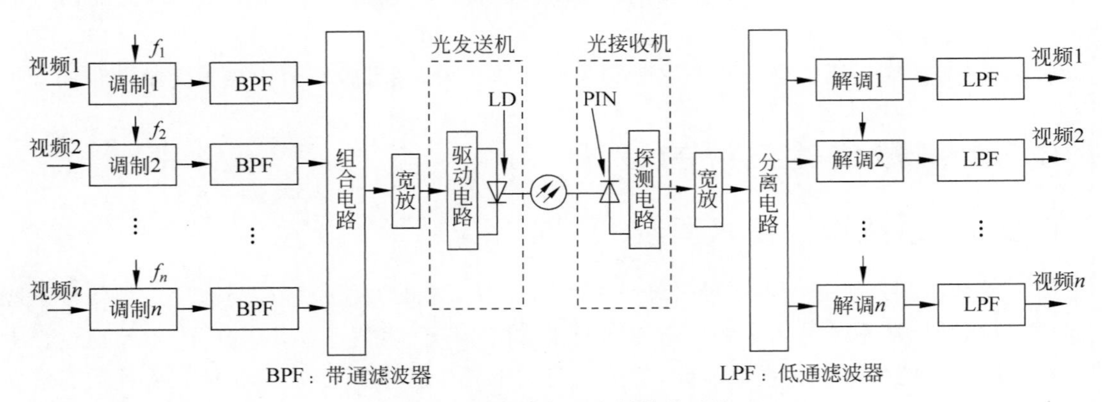

图 6.3 副载波复用光纤传输系统

6.3.3 系统的主要性能指标

对于副载波复用模拟电视光纤传输系统，评价其传输质量的特性参数主要是载噪比(Carrier to Noise Ratio，CNR)和信号失真。

1. 载噪比

载噪比的定义是：将满负载、无调制的等幅载波置于传输系统，在规定的带宽内特定频道的载波功率(C)和噪声功率(N)的比值，并以 dB 为单位，用公式表示为

$$\frac{C}{N}=\frac{\langle i_{\mathrm{c}}^{2}\rangle}{\langle i_{\mathrm{n}}^{2}\rangle} \tag{6.8}$$

$$\mathrm{CNR}=10\lg\frac{C}{N}=10\lg\frac{\langle i_{\mathrm{c}}^{2}\rangle}{\langle i_{\mathrm{n}}^{2}\rangle} \tag{6.9}$$

其中，$\langle i_{\mathrm{c}}^{2}\rangle$为均方载波电流，$\langle i_{\mathrm{n}}^{2}\rangle$为均方噪声电流。

系统总的载噪比与各个类型噪声成分导致的载噪比之间的关系是

$$\frac{1}{\mathrm{CNR}}=\sum_{i=1}^{n}\frac{1}{\mathrm{CNR}_{i}} \tag{6.10}$$

其中，n 为噪声类型的数目。

通常，调制方式不同，对 CNR 值的要求不同。对于幅度调制电视信号，CNR 应大于 50dB，若采用频率调制，该值只需大于 15dB。

设在电/光转换、光纤传输和光/电转换过程中，都不存在信号失真。对于单信道模拟传输

链路，其基本噪声类型是相对强度噪声 RIN 和光检测器噪声。

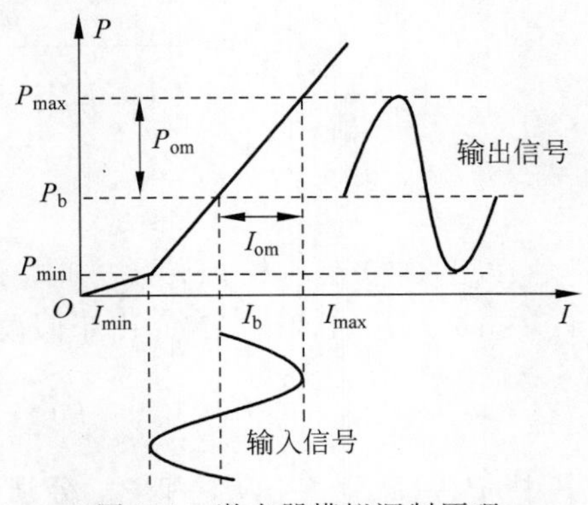

图 6.4　激光器模拟调制原理

如图 6.4 所示，在单信道模拟传输链路情况下，设激光器输入模拟信号为 $i(t)=I_{max}\sin(\omega t)$，由于假设不存在信号失真，激光器输出光功率为

$$P(t)=P_b+P_s m\sin(\omega t) \tag{6.11}$$

其中，$P_s=P_b-P_{th}$，P_b 和 P_{th} 分别为偏置电流 I_b 和阈值电流 I_{th} 对应的光功率，m 为调制指数，ω 为副载波角频率。

调制指数可以通过式(6.12)进行求解，即

$$m=P_{om}/P_b \tag{6.12}$$

其中，P_{om} 的定义见图 6.4。

暂时略去光纤传输因子 $10^{-\alpha L/10}$，α 为光纤线路平均损耗系数，L 为光纤线路平均损耗长度，若系统使用 PIN-PD，则从光检测器输出的(载波)信号电流为

$$i_r(t)=I_0[1+m\sin(\omega t)]=RP_r[1+m\sin(\omega t)] \tag{6.13}$$

其中，R 是光检测器的响应度；P_r 是它的平均接收功率；I_0 为平均信号电流；m 为调制指数。

依据式(6.13)可知，均方载波信号电流为

$$\langle i_c^2\rangle=\left(\frac{I_{max}}{\sqrt{2}}\right)^2 \tag{6.14}$$

其中，$I_{max}=mI_0$ 为信号电流幅度。

下面分别计算载波功率及噪声功率。

(1) 载波功率。其计算公式如下：

$$C=\frac{1}{2}(mI_0)^2=\frac{1}{2}(mRMP_r)^2 \tag{6.15}$$

其中，M 是光检测器的增益，对于 PIN 光电二极管，$M=1$。

(2) 噪声功率。激光器相对强度噪声 RIN 的产生是由于其输出光的强度总在随机变化，其噪声功率表达式为

$$\sigma_{RIN}^2=\text{RIN}(RP_r)B \tag{6.16}$$

其中，B 为频道的带宽；RIN 的典型值为$-130\sim-160$dB/Hz。

散粒噪声是光检测过程中由光生电流的随机效应产生的。由于器件内部物理过程使得光生电流围绕一个统计平均值而起伏，该起伏就是散粒噪声，其功率为

$$\sigma_{shot}^2=2q(I_d+I_p)M^2F_AB \tag{6.17}$$

其中，q 为电子电荷(1.6×10^{-19}C)；I_d 是光检测器的暗电流；$I_p=RP_r$ 是光电流；M 是光电二极管的增益；F_A 是光检测器的过剩噪声系数，对于 PIN 管，该数值为 1；B 为带宽。

热噪声功率表达式是

$$\sigma_T^2=\frac{4k_BT}{R_i}FB \tag{6.18}$$

其中 k_B 为波耳兹曼常数(1.38×10^{-23}J/K)，T 为绝对温度，F 是前置放大器的噪声系数，R_i 为前置放大器的输入电阻，B 为带宽。

依据分析可知，3 类噪声功率之和即为其总功率 N，进而可得到模拟系统的载噪比公式，即

$$\frac{C}{N}=\frac{\frac{1}{2}(mRMP_{\mathrm{r}})^2}{\mathrm{RIN}(RP_{\mathrm{r}})B+2q(I_{\mathrm{d}}+I_{\mathrm{p}})M^2F_{\mathrm{A}}B+\frac{4k_{\mathrm{B}}T}{R_{\mathrm{i}}}FB} \tag{6.19}$$

$$\mathrm{CNR}=10\lg\frac{C}{N} \tag{6.20}$$

以上是单信道模拟传输，如果是多信道模拟传输，设激光器输入模拟信号为 $i(t)=I_{\max}\sin\omega_i t(i=1,2,\cdots,N)$，由于假设不存在信号失真，激光器输出光功率为

$$P(t)=P_{\mathrm{b}}+P_{\mathrm{s}}\sum_{i=1}^{N}m_i\sin(\omega_i t) \tag{6.21}$$

其中，$P_{\mathrm{s}}=P_{\mathrm{b}}-P_{\mathrm{th}}$，$P_{\mathrm{b}}$ 和 P_{th} 分别为偏置电流 I_{b} 和阈值电流 I_{th} 对应的光功率，N 为信道总数，m_i 为第 i 个信道的调制指数，ω_i 为第 i 个信道的副载波角频率。倘若各信道调制指数相同，则系统使用 PIN-PD，从光检测器输出的(载波)信号电流为

$$I_r(t)=I_0\left[1+\sum_{i=1}^{N}m_i\sin(\omega_i t)\right] \tag{6.22}$$

其中，I_0 为平均信号电流，N 为信道总数

均方(载波)信号电流如式(6.22)所示，即

$$\langle i_{\mathrm{c}}^2\rangle=\left(\frac{I_{\max}}{\sqrt{2}}\right)^2$$

其中，$I_{\max}=mI_0$ 为信号电流幅度。

【例 6-3】 假设要频分复用 60 路 FM 信号，如果其中 30 路信号的每一个信道的调制指数 $m_i=3\%$，而另外 30 路信号的每一个信道的调制指数 $m_i=4\%$；求激光器的光调制指数。

解：由于 FM 总调制指数 $m=m_iN^{0.5}$，其中 m_i 是每一路的调制指数，所以有

$$m_1=0.03\times 30^{0.5}=0.16,\quad m_2=0.04\times 30^{0.5}=0.22$$

激光器的光调制指数为

$$m=\left(\sum_{i=1}^{2}m_i^2\right)^{1/2}=(0.16^2+0.22^2)^{1/2}=0.272$$

【例 6-4】 假设一个有 32 个信道的 FDM 系统中每个信道的调制指数为 4.4%，若 RIN=−135dB/Hz，PIN 光电二极管接收机的响应度为 0.6A/W，$B=5\mathrm{MHz}$，$I_{\mathrm{p}}=10\mathrm{nA}$，$R_{\mathrm{i}}=50\Omega$，前置放大器噪声系数为 3dB。设接收光功率为−10dBm，试求这个链路的载噪比。

解：依据已知条件，可以求得 FDM 系统的调制指数为

$$m=\left(\sum_{i=1}^{N}m_i^2\right)^{1/2}=(32\times 0.044^2)^{1/2}=0.25$$

由于采用了 PIN 光电二极管，依前述分析可知其增益 $M=1$，$F_{\mathrm{A}}=1$，取 $T=300\mathrm{K}$，又因为 $P_{\mathrm{r}}=-10\mathrm{dBm}=1\times10^{-4}\mathrm{W}$，$\mathrm{RIN}=-135\mathrm{dB/Hz}$，$R=0.6\mathrm{A/W}$，$B=5\mathrm{GHz}$，$I_{\mathrm{d}}=10\mathrm{nA}$，$I_{\mathrm{p}}=RP_{\mathrm{r}}=0.6\times0.1\times10^{-3}\mathrm{A}$，则根据式(6.19)有

$$\frac{C}{N}=\frac{\frac{1}{2}(mRMP_{\mathrm{r}})^2}{\mathrm{RIN}(RP_{\mathrm{r}})B+2q(I_{\mathrm{d}}+I_{\mathrm{p}})M^2F_{\mathrm{A}}B+\frac{4k_{\mathrm{B}}T}{R_{\mathrm{i}}}FB}\approx 11.9$$

因此，载噪比为

$$\mathrm{CNR}=10\lg\frac{C}{N}=10.8\mathrm{dB}$$

2. 信号失真

以副载波复用模拟电视光纤传输系统为例，其中产生信号失真的原因有很多，但主要原因是作为载波信号源的半导体激光器在电/光转换时的非线性效应。由于到达光检测器的信号非常微弱，所以在光/电转换时可能产生的信号失真可以忽略。只要光纤带宽足够宽，传输过程可能产生的信号失真也可以忽略。

图 6.3 中，多路频分复用的模拟电信号对激光器进行调制时，由于激光器的 P-I 曲线不是理想线性的（如图 6.4 所示），所以会出现谐波及互调产物（各个副载波之间的和频与差频的各种组合），如果它们落在所传输的频带内，那么将导致谐波失真和互调失真。当输入的驱动电流信号超过了激光器的阈值 I_{th} 时，还会出现削波失真。所有这些失真称为非线性失真。

仍以副载波复用模拟电视光纤传输系统为例，其信号失真常用组合二阶互调（CSO）失真和组合三阶差拍（CTB）失真这两个参数表述。由于两个频率的信号在非线性电路当中可能会相互组合，产生和频（$\omega_i+\omega_j$）和差频（$\omega_i-\omega_j$）信号，如果新频率落在其他载波的视频频带内，视频信号就会因此产生失真。这种非线性效应会发生在所有 RF 电路中，包括光发射机和光接收机。在给定的频道上，所有可能的双频组合的总和称为组合二阶互调（CSO）失真。通常用这个总和与载波的比值表示，并以 dB 为单位，记为 dBc。组合三阶差拍（CTB）失真是三个频率（$\omega_i\pm\omega_j\pm\omega_k$）的非线性组合，其定义和表示方法与 CSO 相似，单位相同。

$$\mathrm{CSO}=\frac{\text{载波功率（某频道）}}{\text{二阶互调产物总功率（某频道）}}$$

$$\mathrm{CTB}=\frac{\text{载波功率（某频道）}}{\text{三阶差拍产物和三阶互调产物总功率（某频道）}}$$

为了避免这类失真，可采用以下方法：

（1）采用合理的频道频率配置，改善 CSO 和 CTB。

（2）限制调制指数，以保证 CSO 和 CTB 符合规定的指标。

（3）采用外调制技术，把光载波的产生和调制分开。这样，光源谱线不会因调制而展宽，没有附加的线性调频（啁啾，chirp）产生的信号失真，因而改变了 CSO 和 CTB。

6.3.4 光放大器对系统性能的影响

如果模拟系统链路较长，则要用光放大器来弥补光纤的损耗，但是光放大器的噪声会影响到系统的性能。假设光放大器置于光探测器前，那么光探测器中除了热噪声以外，还有与光放大器放大的自发辐射有关的噪声分量。设信号场和放大的自发辐射场分别为 ES 和 En，则光检测器电流，显然，除了信号和噪声项以外，还有信号与噪声的乘积项，我们称之为差拍噪声。如果它落在光接收机的带宽内，则会降低系统的载噪比。光接收机的典型带宽小于 50GHz（0.4nm），所以只有那些距离信号波长 0.4nm 以内的 ASE 成分才会产生差拍噪声。

仅考虑信号项和噪声项，光探测器的入射光功率是

$$P_r=GP_{in}+P_{ASE}\approx GP_{in}+S_{ASE}\Delta v \tag{6.23}$$

其中，P_{in} 为信号光功率，G 为光放大器增益，P_{ASE} 为放大自发辐射功率，S_{ASE} 是其功率谱，Δv 为其带宽，如果在光检测器前放置一个光滤波器，则可明显降低放大的自发辐射的影响。这样光探测器中散粒噪声功率可表示为

$$\sigma^2_{\text{shot-ASE}}=2qRGP_{in}B \tag{6.24}$$

信号与放大自发辐射所产生的差拍噪声功率为

$$\sigma_{\text{S-ASE}}^2 = 4(RGP_{\text{in}})(RS_{\text{ASE}}B) \tag{6.25}$$

除此之外，ASE 还产生自拍噪声，其功率 $\sigma_{\text{ASE-ASE}}^2$ 要比 $\sigma_{\text{S-ASE}}^2$ 小得多，在光放大器增益足够大时，还可以忽略光探测器的热噪声，所以此时模拟系统中噪声的影响主要由式(6.16)、式(6.24)和式(6.25)决定。

对于模拟传输系统，功率预算的步骤是根据 CNR 指标及光源和光检测器的参数，由式(6.19)求出光接收机要求的最小功率，根据链路损耗，再求出光源的发射光功率。

如果链路较长需采用光放大器，那么式(6.19)分母中还要加上由式(6.24)和式(6.25)所描述的两项噪声。需要说明的是，简单、传输距离短的系统可采用渐变多模光纤、波长为 0.8～0.9μm 的 LED 光源和 PIN 探测器，假如这些器件不能满足系统的指标要求，就要选取工作在 1.3μm 的 LD、单模光纤和 PD 探测器。

6.4 光纤通信系统实例

光纤通信是以光纤作为传输介质，利用光波作为载波来传送信息，进而达到通信目的的一种通信技术。与以往的电气通信相比，光纤通信具备以下优点：传输频带宽、通信容量大；传输损耗低、中继距离长；线径细、重量轻，原料为石英，节省金属材料，有利于资源合理使用；绝缘、抗电磁干扰性能强；抗腐蚀能力强、抗辐射能力强、泄漏少、保密性强等。因此，光纤通信相关设备及技术广泛应用于构建各种广域网、城域网、宽带接入网及专业网，并应用于通信、金融、交通、能源等多个领域，比如，用于市话中继线；用于长途干线通信；用于全球通信网、各国的公共电信网；用于高质量彩色的电视传输、工业生产现场监视和调度、交通监视控制指挥、城镇有线电视网、共用天线系统；可以在飞机内、飞船内、舰艇内、矿井下、电力部门、军事及有腐蚀和辐射的场合中使用。

6.4.1 单信道光通信系统

采用光纤及光纤收发器可以在 100km 的范围内实现两台设备的互联，这种方法能够延伸以太网的连接距离，将设备连接至远端局域网。图 6.5 给出了两台交换机之间的互联结构。

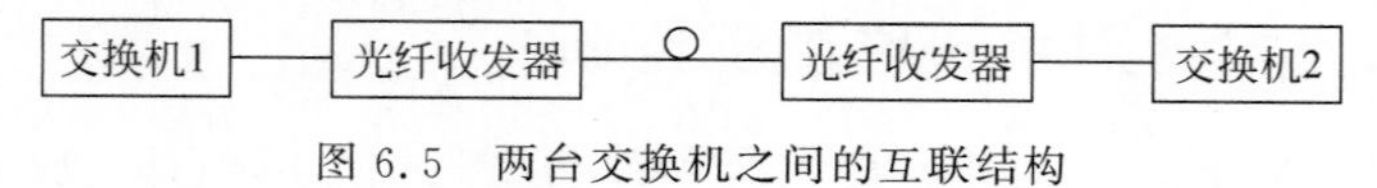

图 6.5 两台交换机之间的互联结构

在图 6.5 中，光纤收发器实际上是一个光电转换器，用以实现光、电信号在一定标准下的相互转换，它带有光接口和电接口。

6.4.2 光纤通信设备及技术在闭路监控系统中的应用

光端机是光纤通信系统中的传输终端设备，由光发射机和光接收机组成，光发射机内部包含输入接口、光线路码型变换和光发送等部分，光接收机包括光接收、定时再生、光线路码型反变换和输出接口等部分。光端机的类型、功能繁多，按所连接的光纤来分，有与单模光纤或与多模光纤相连的光端机；按功能来分，有用于传输视频、音频、视频/数据、视频/音频、视频/数据/音频、以太网计算机数据多路复用的光端机；按传输的信号路数和信号的方向来分，有一路、多路、单向和双向的光端机；按应用来分，有安防系统、闭路监视系统、智能化远程传输系统(高速公路、智能交通)、楼宇控制系统和校园网络等系统。

图6.6示出了光端机在闭路监控系统中的应用。控制主机能够监视并控制5km范围内的远端摄像机,远端摄像机的控制信号为RS-485,同时要传输一路视频信号到控制中心主机。该系统可选择AB公司的ABM100TA/RA-0001C数据/视频光端机对,它具有一路视频信号(采用频率调制)传输,又具有一路反向RS-485控制信号的传输,它的光发射机内置一路反向数据接收器,光接收机内置一路反向数据发射器。

图6.6　光端机在闭路监控系统中的应用

本章小结

随着国际互联网业务和通信业的飞速发展,信息化极大地推动了世界生产力和人类社会的发展。光纤通信系统就是在这样的应用背景下发展起来的,它是一类以光为载波,利用光导纤维作为传输介质,通过光电变换,用光来传输信息的通信系统。光纤通信作为信息化的主要技术支柱之一,已成为21世纪最重要的战略性产业。本章在前面章节所介绍的光通信所用器件及设备的基础上,展开了对光纤通信系统设计方法的讨论。

本章从3个方面对系统设计进行了分析:首先,归纳了光纤通信系统的设计原则;其次,从数字及模拟传输系统设计分别着手,展开了对光纤通信系统设计方法的讨论,论述重点在于光纤通信系统设计的基本方法——功率预算和带宽预算及高速系统的色散受限和损耗受限对中继距离的影响;最后,对于光纤通信技术及相关设备在实践中的应用进行了简单介绍。

习题

6.1　光纤通信系统设计主要涉及哪些内容?

6.2　光纤通信工程设计与系统设计的任务分别是什么?

6.3　在对系统进行功率预算分析时,需要考虑哪些因素?

6.4　SDH最基本的同步传送模块信号是什么?其速率是多少?STM-4帧长度的字节数和码速率各是多少?

6.5　某条光纤链路,有4个连接器,每个衰减为0.2dB;3个接头,每个衰减为0.02dB,发送器功率为-10dBm,接收器灵敏度为-25dBm。如果使用衰减系数为0.3dB/km的单模光纤并且要求功率余量为3dB,那么链路的最大长度是多少?

6.6　一条本地数据链路的主要性能如下:最大比特率为32Mb/s,线路码为归零(RZ)格式,所用多模光纤的纤芯直径为62.5μm、包层外径为125μm、工作波长为1300nm、安装长度为2km,光纤设备上升时间为6ns,LD光谱宽度为2nm,这根光纤是否能支持要求的比特率?

6.7　设140Mb/s数字光纤通信系统发射功率为-3dBm,接收机的灵敏度为-38dBm,系统裕量为4dB,连接器损耗为0.5dB/对,平均接头损耗为0.05dB/km,光纤衰减系数为0.4dB/km,光纤损耗量为0.05dB/km。计算中继距离L。

6.8　设140Mb/s数字光纤通信系统平均发射功率为$P_t=-3$dBm,接收灵敏度为$P_r=-42$dBm,设备余量为Me=3dB,连接器损耗为$\alpha_c=0.3$dB/对,光纤衰减系数为$\alpha_m=0.1$dB/km,

每千米光纤平均接头损耗为 $\alpha_s = 0.03\text{dB/km}$。

(1) 如果希望最长中继距离为 74km,计算光纤损耗系数。

(2) 设线路码型为 5B6B,光纤的色散系数为 $|C_0| = 3.0\text{ps/(nm}\cdot\text{km)}$,$\varepsilon = 0.115$,光源谱线宽度为 $\sigma_\lambda = 2.5\text{nm}$。计算由色散限制的中继距离。

6.9 影响数字传输系统光通路功率代价的因素有哪些?

6.10 什么是码间干扰?如何抑制光纤通信系统的码间干扰?

6.11 对传输速率为 50Mb/s、波长为 0.85μm、光纤长为 10km 的系统进行上升时间预算,LED 发射机和 Si-PIN 接收机分别具有 10ns 和 15ns 的上升时间,GI 光纤折射率 n_1 为 1.46,$\Delta = 0.01$,$D = 90\text{ps/(mn}\cdot\text{km)}$,LED 谱宽为 50nm,该系统是否可用于 NRZ 码的传输?

6.12 模拟系统中的前置放大器对系统载噪比的影响有哪些?

6.13 简述副载波复用模拟电视光纤传输系统的工作过程。

6.14 自行查找数字光纤通信系统及模拟光纤通信系统的应用实例,明确其组成及设备相关主要参数。

第7章 光缆线路的施工和测试

CHAPTER 7

通过第2章的学习，我们已经对常用光缆类型有了初步了解。本章将从使用的角度进一步介绍光缆的结构、类型和参数。

7.1 光缆

光缆(optical fiber cable)是为了满足光学、机械或环境的性能规范而制造的，它是利用置于包覆护套中的一根或多根光纤作为传输介质实现光信号传输的一种通信线缆组件。一根完整、实用的光缆，从一次涂覆到最后成缆，要经过很多道工序，结构上有很多层次，并可以根据不同使用情况制成不同形式，以保证光纤不受应力的作用和有害物质的侵蚀。

7.1.1 光缆结构设计要求

光纤是光缆的核心组件，为了保护光纤固有机械强度，生产时会对其进行塑料被覆和应力筛选。光纤从高温拉制出来后，需要立即用软塑料(例如紫外固化的丙烯酸树脂)进行一次被覆和应力筛选，除去断裂光纤后，再对成品光纤用硬塑料(如高强度聚酰胺塑料)进行二次被覆。光缆其实是由光纤(光传输载体)经过一定的工艺而形成的线缆，是光纤通信系统的重要组成部分。

为了确保传输质量，光缆结构设计需根据系统的通信容量、使用环境条件、敷设方式、制造工艺，通过合理选用不同材料实现对光纤机械强度和传输特性的保护，以保证光缆缆径细、重量轻，且不因成缆而造成光纤断裂或传输特性下降；其次，还应便于施工和维护，并能够在施工过程和使用期间抵抗外界机械作用力、温度变化、水渗透等因素带来的不良影响。

7.1.2 光缆结构和类型

1. 光缆结构

光缆是由光纤、中心加强件(或称加强芯)、护套和填充物等几部分构筑而成的，图7.1示出了单铠装层绞式阻燃光缆YSTZA的横截面结构。

1) 光纤

光缆的缆芯通常包括被覆光纤(或称芯线)和加强件两部分，有紧套和松套两种结构。被覆光纤是光缆的核心，决定着光缆的传输特性。加强件起着承受光缆拉力的作用，通常处在缆芯中心，有时也会配置在护套中。加强件通常用杨氏模量大的钢丝或非金属材料[例如芳纶丝(Kevlar)]做成。

光缆缆芯的基本结构(基本缆芯组件)大体可分为层绞式、骨架式、束管式和带状式4种。

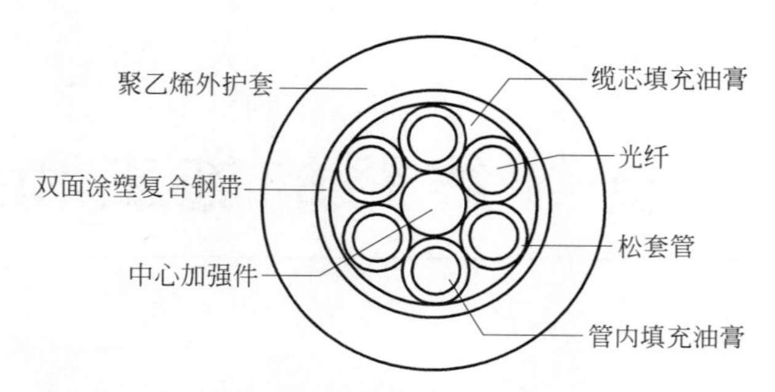

图 7.1 单铠装层绞式阻燃光缆 YSTZA 的横截面结构

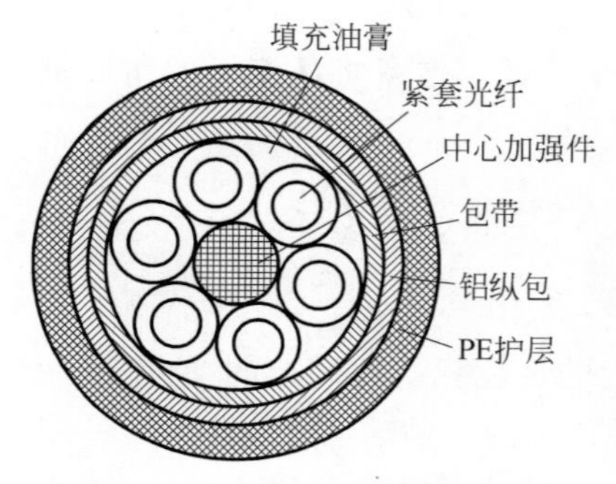

图 7.2 6 芯紧套层绞式光缆

（1）层绞式。缆芯由松套光纤绕在中心加强件周围绞合而构成，如图 7.2 所示。采用松套光纤的缆芯可以增强抗拉强度，改善温度特性。层绞式结构的缆芯制造较容易，工艺相当成熟，得到了广泛应用。通常，在光纤数较少，如 12 芯以下时，多用这种结构。

（2）骨架式。通过将紧套光纤或一次被覆光纤放入中心加强件周围的螺旋形塑料骨架凹槽内而构成缆芯，如图 7.3 所示。这种结构的缆芯抗侧压力性能好，有利于对光纤的保护。早期的骨架式缆芯中一个空槽只放置一根光纤，可以是一次涂覆光纤也可以是紧套光纤。目前的趋势是放置一次涂覆光纤，且一个槽可放置 5～10 根光纤，也有放置光纤带的，即在一个槽内放置若干个光纤带，从而构成大容量的光缆。槽的数目可根据光纤数设计（如 6～8 槽，多至 18 槽），一条光缆可容纳数十根到上千根光纤。如果是放置一次涂覆光纤，槽内应填充油膏以保护光纤，这时槽的作用类似于松套管。总的来说，这种结构简单，对光纤保护较好，耐压、抗弯性能较好，节省了松套管材料和相应的工序，但也对放置光纤入槽的工艺提出了更高的要求，因为仅经过一次涂覆的光纤在成缆过程中稍一受力就容易损伤，会影响成品合格率。

（3）束管式。这种结构相当于把松套管扩大为整个缆芯，成为一个管腔，将光纤集中松放在其中，如图 7.4 所示。管内填充有油膏，改善了光纤在光缆内受压、受拉、受弯曲时的受力状态，每根光纤都有很大的活动空间。相应的加强元件由缆芯中央移到缆芯外部的护层中，所以缆芯可以做得较细，同时将抗拉功能与护套功能结合起来，起到了一材两用的效果。这种光缆具有体积小、质量轻、制造容易、成本低的优点。

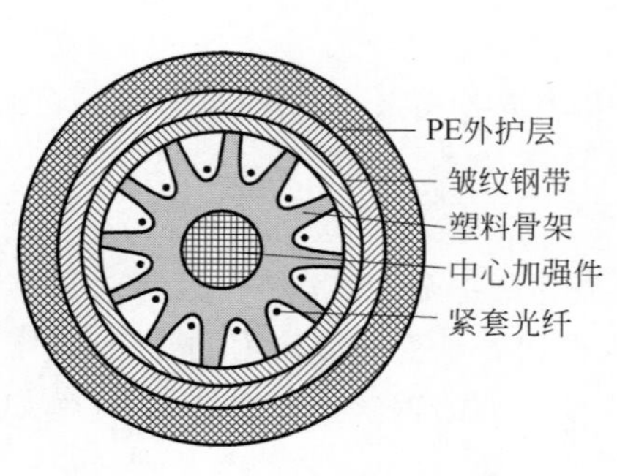

图 7.3 12 芯骨架式光缆

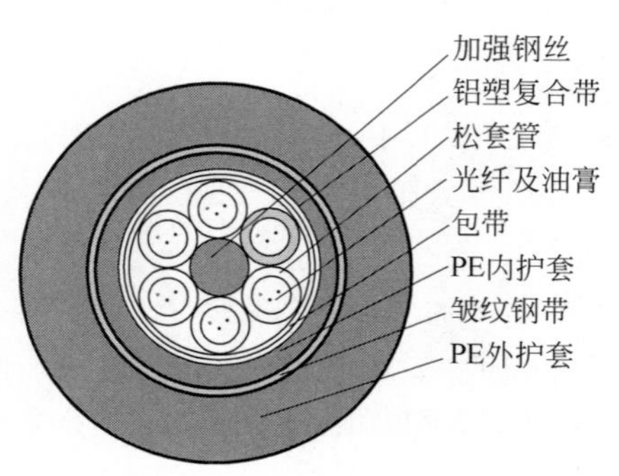

图 7.4 中心束管式光缆

(4) 带状式。带状式结构光缆是先将经过一次涂覆的光纤放入塑料带内做成光纤带,然后把带状光纤单元放入大套管内,形成中心束管式结构,也可以把带状光纤单元放入骨架凹槽内或松套管内,形成骨架式或层绞式结构,如图7.5所示。带状式缆芯有利于制造容纳几百根光纤的高密度光缆,是一种空间利用率最高的设计。但是,这种结构的光缆内部的光纤的微弯曲无法完全胶合,可能导致损耗的增加,这对单模光纤尤其不利。目前,这种光缆已广泛应用于接入网。

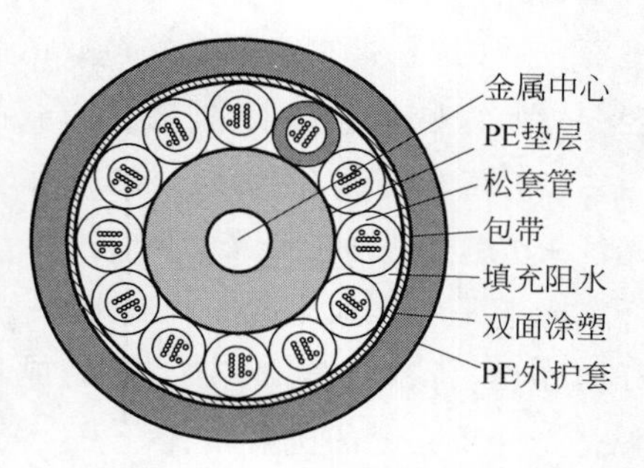

图7.5 层绞式带状光缆

2) 中心加强件

中心加强件又称光缆加强芯,在结构上对保护光缆起着至关重要的作用,而且作为固定光缆结构组件之一,在增强光缆抗拉、抗压能力中起主要作用。光缆加强芯结构强度是光缆机械性能的一项重要指标。光缆加强芯一般分为金属加强芯和非金属加强芯。金属加强芯常用的有单钢丝和钢绞线。非金属加强芯常用的是非金属纤维——玻璃纤维GFRP和芳纶丝等。通常,GFRP用在缆芯或缆芯的两侧,芳纶丝则用在缆芯及护层之间。

3) 护套

光纤护套又名光纤铠装护套、光纤保护套管,起着对缆芯的机械保护和环境保护作用,要求具有良好的抗侧压力性能及密封防潮和耐腐蚀的能力。护套通常由聚乙烯或聚氯乙烯(PE或PVC)和铝带或钢带构成。不同使用环境和涂覆方式对护套的材料和结构有不同的要求。通常,光缆由内到外可以加入一层或多层圆筒状护套。

4) 填充物

松套管内、松套管与双面涂塑扎纹钢带之间要填充不同的阻水油膏,因为光纤对水和潮气产生的氢氧根极为敏感,水和潮气扩散、渗透到光纤表面时,会促使光纤表面的微裂纹迅速扩张导致光纤断裂,降低光纤使用寿命,同时水与金属材料之间的置换化学反应产生的氢会引起光纤的氢损,导致光纤的光传输损耗增加。为了防止各护层破裂后水向松套管和光纤的纵向渗透,需要在缆芯和护套之间填充不同的阻水油膏。

2. 光缆类型

光缆的品种繁多,应用范围也在不断拓宽,根据光缆的使用场合、结构的不同,光缆可分为很多类型。

(1) 依光缆在电信网络中所处层次划分。按照电信网的网络功能和管理层次,公用电信网可分为骨干网(长途端局以上部分)、中继网(长途端局与市话局之间以及市话局之间部分)和接入网(端局到用户之间部分)。所采用的光缆分为骨干网光缆、中继网光缆和接入网光缆。骨干网光缆多为几十芯的室外直埋光缆。中继网多为几十芯至上百芯的室外架空、管道和直埋光缆。接入网光缆按其具体作用又可细分为馈线光缆、配线光缆和引入线光缆,馈线光缆多为几百至上千芯的光纤带光缆,配线光缆为几十至上百芯光缆,引入线光缆则为几芯至十几芯光缆。

(2) 依光缆中套管状态划分。按照套管对光纤的束缚程度可以将光缆分为松套管光缆、半松半紧套管光缆及紧套管光缆。松套管光缆主要用于室外,光纤在光缆中有一定的自由移动空间,这样的结构有利于减小外界机械应力对于涂覆光纤的影响。紧套管光缆是为室内环境而设计的，是指在光纤的 250μm 涂覆层外包覆直径为 900μm 的塑料涂层，它直径小、重量轻、易剥离、敷设和连接，但对拉力载荷和弯曲较为敏感，会增加光缆的微弯损耗。

(3) 依光纤组态划分。根据光纤在松套管中所呈现的组态可将光缆分成分离光纤光缆、光纤束光缆、光纤带光缆 3 种类型。分离光纤光缆是指每根光纤在松套管都呈分离状态；光纤束光缆是将几根至几十根扎成一个光纤束后置于松套中而成；而光纤带光缆则是将多芯光纤(4、6、8、10、12、16、24、36 芯)制成带状后重叠成一个光纤带矩阵形式，再放进一个大松套管。光纤带光缆的优点是光纤密度高，节约了管道空间，可使用多纤熔接机和专用的光纤带光缆剥离和切割工具，单根光纤的等效熔接时间可大大缩短。光缆中的松套管都要编号或着色，同样为了便于识别，管中的每根光纤都要依次着色。一般来说，松套管光缆不适合长距离的垂直安装，那样会使其中的油膏流动，光纤移动，因此，最大的垂直安装高度是它的一项技术规范。

(4) 依缆芯结构划分。按缆芯结构的不同特点，光缆又可分为束管式光缆、层绞式光缆和骨架式光缆。束管式(中心管)光缆是将光纤束直接放到一个松套管的，加强件由光缆芯中央移至套管周围，管内填油膏。层绞式光缆则将套管光纤绕在中心加强件周围螺旋绞合而成，这种结构的缆芯制作设备简单，工艺成熟，得到了广泛采用。骨架式光缆的光纤置放于塑料骨架的槽中，槽的截面可以是 V 形、U 形或其他合理的形状，槽纵向呈螺旋形成正弦形。这种缆芯具有较好的抗侧压力性能。

(5) 依敷设方式划分。光缆的敷设方式可以分为架空光缆、管道光缆、直埋光缆、隧道光缆和水底光缆。架空光缆是使用在地形陡峭、跨越江河等特殊的地形条件下，借助于吊挂钢索或自身附加的吊线钢丝悬挂到电线杆或塔上的光缆；管道光缆一般用在城市光缆环路，需要穿管敷设的光缆；直埋光缆是用于长途干线需要经过辽阔田野、沙漠，直接埋入规定深度和宽度的缆沟的光缆；隧道光缆是经过公路、铁路等隧道的光缆；水底光缆是用于穿越江河湖泊水底的光缆。

(6) 依使用环境划分。按使用环境又可将光缆分为室外光缆和室内光缆，室外光缆应能经受住气候的极端变化，工作在很宽的温度范围，防止水渗透，抗阳光紫外线辐射，在大风及其他应力作用下不会受到损伤，而且耐啮齿动物啃咬，所以室外光缆常用重型护套和金属铠装，其中全介质自承式光缆可以悬挂在高压电线杆、电线塔上。相比而言，室内光缆用于室内环境中，多为紧套结构，其特点是柔软、阻燃，以满足室内布线的要求。

(7) 依应用场合划分。按应用场合又可将光缆分为一般光缆和特种光缆。一般光缆是常规情况下使用的光缆，有室内光缆、架空光缆、埋地光缆和管道光缆等。而在一些特殊的应用场景中，往往需要使用特种光缆，常见的有：电力网使用的架空地线复合光缆；跨越海洋的海底光缆；易燃、易爆环境使用的阻燃光缆以及各种不同条件下使用的军用光缆等。

3. 光缆型号组成的内容及意义

光缆型号由光缆型式代号和光缆规格代号两部分构成，中间用短线分开，光缆型号组成格式，如图 7.6 所示。

光缆型式由分类、加强构件、结构特征、护套层和外护层 5 个部分表达，其代号表示形式如图 7.7 所示。

其中,结构特征指缆芯结构和光缆派生结构,表 7.1 对光缆型式的各组成部分的意义进行了介绍。

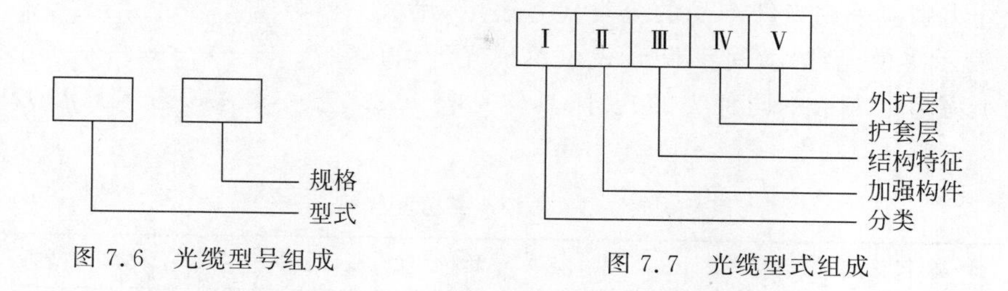

图 7.6　光缆型号组成　　　　图 7.7　光缆型式组成

表 7.1　光缆型式代号

分类号	加强构件代号	结构特征派生形状代号	护套层代号	外护层代号	
				铠装层	外被层(或外套)
GY-通信用室(野)外光缆 GM-通信用移动式光缆 GJ-通信用室(局)内光缆 GR-通信用软光缆 GS-通信用设备内光缆 GH-通信用海底光缆 GT-通信用特殊光缆	(无符号)-金属加强构件 F-非金属加强构件	B-扁平式结构 C-自承式结构 D-光纤带结构 E-椭圆式结构 G-骨架槽结构 J-光纤紧套被覆结构 R-充气式结构 T-油膏填充式结构 X-缆中心管(被覆)结构 Z-阻燃	Y-聚乙烯护套 V-聚氯乙烯护套 U-聚氨酯护套 A-铝聚乙烯黏结护套 S-钢-聚乙烯黏结护套 W-夹带平行钢丝的钢-聚乙烯黏结护套 L-铝护套 G-钢护套 Q-铅护套	0-无铠装层 2-双层钢铠装 3-细钢丝铠装 4-粗钢丝铠装 33-双细圆钢丝铠装 44-双粗圆钢丝铠装	0-无外被套 1-纤维外被套 2-聚氯乙烯外护套 3-聚乙烯外护套 4-聚乙烯套加覆尼龙外护套 5-聚乙烯保护管

注:(1) 光缆结构特征应表示出缆芯的主要类型和光缆的派生结构。当光缆型式有几个结构特征需要注明时,可用组合代号表示,其组合代号按下列相应的各代号自上而下的顺序排列;

(2) 当有外护层时,它可包括垫层、铠装层和外被层的某些部分和全部,其代号用两组数字表示(垫层不需表示):第一组表示铠装层,它可以是一位或两位数字;第二组表示外被层或外套,它应是一位数字,见表 7.2。

表 7.2　多模光纤分类代号

分类代号	特　　性	纤芯直径/μm	包层直径/μm	材　　料
A1a	渐变折射率	50	125	二氧化硅
A1b	渐变折射率	62.5	125	二氧化硅
A1c	渐变折射率	85	125	二氧化硅
A1d	渐变折射率	100	140	二氧化硅
A2a	渐变折射率	100	140	二氧化硅

4. 光缆的规格及意义

光缆的规格是由光纤和导电芯线的有关规格组成的,其表示如图 7.8 所示,其中光纤的规格与导电芯线的规格之间用“+”号隔开。

1) 光纤的规格

光纤的规格由光纤数和光纤类别组成。如果同一根光缆中含有两种或两种以上规格(光纤数和类别)的光纤时,中间应用“+”号连接。光纤数的代号采用光缆中同类别光纤的实际有效数目的数字表示。光纤类别应采用光纤产品的分类代号表示,用大写字母 A 表示多模光纤,大写字母 B 表示单模光纤,再以数字和小写字母表示不同种类的光纤,具体见表 7.2 及表 7.3。

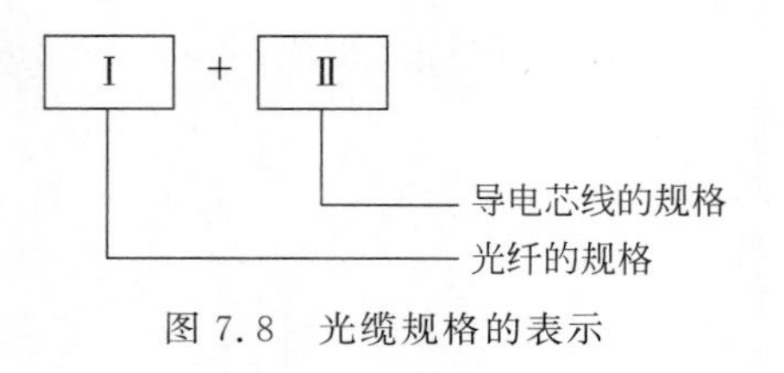

图 7.8 光缆规格的表示

表 7.3 单模光纤分类代号

分类代号	名　称	材　料
B1.1	非色散位移型	二氧化硅
B1.2	截止波长位移型	
B2	色散位移型	
B4	非零色散位移型	

2) 导电芯线的规格

导电芯线的规格构成应符合有关通信行业标准中铜芯线规格构成的规定。

比如,“23　13　0.9”表示 2 根线径为 0.9mm 的铜导线单线;“33　23　0.5”表示 3 根线径为 0.5mm 的铜导线线对;“43　2.6/9.5”表示 4 根内导体直径为 2.6mm、外导体内径为 9.5mm 的同轴对。

【例 7-1】 试依据以下光缆的型号分析光缆型式:①GYTA53 12A1+43 0.9,②GYDTA 24B4,③GJDBZY12B1。

解:型号为 GYTA53 12A1+43 0.9 时,是金属加强构件、松套层纹、填充式、铝聚乙烯黏结护套、皱纹钢带铠装、聚乙烯护层的通信用室外光缆,包含 12 根 50/125μm 二氧化硅系列渐变型多模光纤和 5 根用于远供电及监测的铜线径为 0.9mm 的 4 线组的光缆。

型号为 GYDTA 24B4 时,是金属加强构件、光纤带、松套层绞、填充式、铝聚乙烯黏结护套通信用室外光缆,包含 24 根“非零色散位移型”类单模光纤的光缆。

型号为 GJDBZY12B1 时,是非金属加强构件、光纤带、扁平型、无卤阻燃聚乙烯烃护层通信用室内光缆,包含 12 根常规或“非色散位移型”类单模光纤的光缆。

7.2 光缆施工

在完成光纤通信系统的设计后,就可以着手施工的准备工作。光缆的户外施工要考虑的事项很多,比如,对于较长距离的光缆敷设而言,最短的路径并不一定就是最好的,选择一条合适的路径非常重要,但还要注意土地的使用权,架设或地埋的可能性等;再如,施工过程中要时时注意不要使光缆受到重压或被坚硬的物体扎伤,光缆转弯时,其转弯半径要大于光缆自身直径的 20 倍等。

为了能制定出切实可行的施工方案,需要注意一些基本原则:遵守国家及地方相关法律法规及经济政策等,合理利用土地,重视环境保护;施工方案的设计应兼顾近期与远期通信发展的需求,合理利用原有的网络设施和装备,以保证建设项目的经济效益;施工中采用的产品必须符合国标和部标规定,未经试验和鉴定合格的产品不得在工程中使用;为保证通信质量,应秉承科技进步的方针,广泛采用适合国情的国内外成熟的、能够满足施工、生产和使用要求的先进技术等。基于这些原则,要保证施工质量,还需进行以下工作。

7.2.1 施工准备

施工前期的准备工作越充分，施工过程将越顺利，前期的施工准备工作主要涉及几个方面。

1. 光缆单盘检验

光缆单盘检验主要是对运到施工现场的光缆或光缆盘的规格与数量进行核对清点、外观检测和测量主要光电特性。由于此时光缆仍在运输盘上，所以也称之为盘测。单盘检验的内容包括两个方面。一是外观检查，光缆盘的包装是否破损，光缆盘有无变形。开盘检查光缆外表有无损伤，填充物是否饱满以及在高低温下是否存在滴漏和凝固现象。二是传输性能的检测，传输性能检测的目的在于确保光缆传输质量和性能的可靠性，包括光纤衰减系数测试和光纤长度测量，在必要情况下，还应测试光纤其他传输特性参数。各种测试方法都应符合 ITU-T 建议的有关规定。

通常，单盘检验的步骤如下：将光缆的一端剥开(一般在 1m 左右)，分开光纤并将每根光纤的端面处理好，然后将光纤通过连接器与 OTDR 的测试尾纤连接起来，测量并记录如下内容：总的损耗；每千米衰减系数；整个光纤的 OTDR 衰减谱；有无异常(OTDR 曲线上的陡变)；总的盘长(缆盘上的长度标记)；总的光纤长度(OTDR 显示)；测试方向；缆盘识别号；光缆制造厂名；光缆型号；光缆中的光纤数等。测试完成后，应剪去松弛的光纤并重新密封光缆端口，防止潮气和灰尘侵入光缆。

除了以上光特性的测试外，还要进行电特性的测试，也就是完成包括光缆护层的绝缘电阻和绝缘强度测试；光缆中铜导线(用于传输业务信号以及中继器供电)的直流电阻、环路电阻偏差、绝缘电阻和绝缘强度测试等在内的工作。

2. 路由复测

1) 路由选择

一条好的光缆线路在建成之后，应该是安全稳固的，可以保证通信质量，符合安全传输要求，同时还要节约器材，便于施工维护。为了满足这些需求，在选择线路铺设时应考虑诸多因素。

光缆线路路由的选择应以通信网发展规划为依据，并进行多方案比较，保证光缆线路安全可靠、经济合理、施工维护方便。选择光缆路由应以现有地形、建筑设施和既定的建设规划为主要依据，并应考虑有关部门的发展规划，原则上应选择最短、弯曲较少且安全、持久的路由，尽量沿靠定型的道路铺设光缆，避免将来因道路扩建等原因造成光缆破坏，还应选择在地质稳定的地段，在平原地区要避开湖泊、沼泽以及排涝或蓄洪地带，尽量少穿越水塘、沟渠，尽量与城市道路或公路平行，避免往返穿越铁路、公路。不仅如此，光缆线路应尽量远离高压线路，避开其接地装置，穿越时尽可能与高压线垂直，当条件限制时最小交越角不能小于 45°；光缆线路也应尽量少与其他管线交越，必须穿越时应在管线下方 0.5m 以下加钢管保护，当铺设管线埋深大于 2m 时，光缆也可以从其上方适当位置通过，交越处加钢管保护；光缆线路不宜穿过大型工业基地、矿区，如不能避开，应采取修建管道等措施加以保护。线路在不可避免要跨越河流时，其跨越地点应满足：地势较高，土质稳固，架空光缆线路的飞线档尽可能短，便于立杆架吊线，如果架空光缆线路必须与高压强电线、广播线和其他电信线接近平行时，应按规定隔距要求。倘若是建筑物外侧的光缆，则可经固定在屋顶或楼面的管道或托架引导；而室内水平铺设的光缆路由可以选择在天花板上面；高层建筑物内光缆的垂直铺设应在竖井里完成，如果竖井不适用，则要在楼面上钻孔来铺设光缆。

2）路由复测过程

光缆线路路由复测是以已审批的施工图设计为依据，核定最后确定路由的位置。在复测过程中需要按设计要求核定光缆路由走向、铺设方式、环境条件及中继站址；丈量、核定中继段间的地面距离；核定穿越铁路、公路、河流、水渠和其他障碍物的技术措施及地段，并核定设计中各具体措施实施的可能性；核定“四防”（防强电、防雷、防白蚁、防腐蚀）地段的长度、措施及实施的可能性；核定、修改施工图设计；核定关于青苗、园林等的地段和范围，以便确定是否绕行，如无法绕行，还要确定赔偿等；注意观察地形地貌，为光缆分屯及铺设提供必要的数据资料。

3. 勘察

勘察的主要任务是确定终端站及中间站的站址，配合设备、电力、土建等相关专业的工程技术人员，商定有关站内的平面布局和光缆的进线方式、走向；拟定线路路由光缆需要采用的铺设方式和光缆的类型；绘制出光缆线路路由图、系统配置图、管道系统图；根据图纸计算路由总长度。

4. 光缆配盘

光缆配盘是指根据路由复测计算出的光缆铺设总长度、光纤全程传输质量要求、单盘检验的测试结果、铺设环境、铺设方式等，选配不同型号的光缆。以中继段长度为单元，合理选择、配置单盘光缆（光缆配盘）。光缆配盘的目的是减少光缆接头、降低接头损耗，节省光缆并提高光缆通信工程质量。

实际工作中，由于单盘光缆的长度一般为 2000m±（0～100m），如果线路长度超过了这个范围，则需要进行配盘，选择若干个单盘光缆进行接续。通常光缆配盘应根据具体需求完成，配盘时需注意：

（1）按路由条件选择满足设计的不同型号的光缆，配盘总长度、总损耗及总带宽（色散）等传输指标，应满足规定要求。

（2）光缆配盘时，中继段内若有水线或有特殊类型光缆时应先确定其位置，然后可从特殊光缆两端配光缆。

（3）应尽量做到整盘配置，以减少接头数量，一般接头总数不应超过设计规定的数量。

（4）为了降低连接损耗，一个中继段内，应配置同厂家的光缆，并尽量按出厂盘号的顺序进行配置。

（5）为了提高耦合效率，靠（局）站侧的单盘长度一般不少于 1km，并应选择光纤参数接近标准值和一致性好的光缆。

（6）光缆配盘后的接头点应合理安排：直埋光缆接头应安排在地势平坦和地势稳固地点，应避开水塘、河流、沟渠及道路等；管道光缆接头应避开繁忙的交通道口；架空光缆接头应落在杆上或杆旁 2m 以内。

（7）配盘工作以整个工程统一考虑，一般以一个中继段作为一个配置单元。

（8）光缆配盘应按规定预留长度，以避免浪费，单盘长度选配应合理，节约光缆，降低工程造价。

（9）特种光缆可以替代普通光缆，普通光缆不能替代特种光缆，如直埋光缆可敷设进入管道，但管道光缆不得用于直埋。

7.2.2 室内光缆敷设

室内光缆敷设的路由可简单地分为垂直路由和水平路由。垂直路由（如果作为主干光缆的敷设）一般选在建筑物竖井的管槽中，光缆应敷设在槽道内和走线架上，槽道和走线架的安装应牢固可靠。为了防止光缆下垂或脱落，除了采用紧套光纤外，在穿越每个楼层的槽道上端、下端和中间，应按 1.5～2m 的间隔对光缆采取有效的固定措施，例如用网套挂钩、尼龙绳索和钢丝卡子扎住。光缆敷设后，在设备间的设备端应预留 5～10cm，光缆的曲率半径应符合规定。如果在同一路由上存在其他弱电系统的缆线或管线，光缆与它们应有一定间距，应分开固定和敷设。

水平敷设的形式有 3 种。第一种是沿水平槽架敷设，光缆在弱电线槽内单独捆扎固定，在进出槽架部位留有足够的缓冲段。第二种是沿管边敷设，将光缆穿入聚乙烯管内沿墙明敷或暗敷，如果管内穿一根光缆，光缆与管内截面积之比应小于 0.53。第三种是在顶棚内(天花板上方)敷设，这类敷设通常也应穿入聚乙烯管，并且固定牢靠。

为了敷设牵引方便，当管道较长时，可以沿管道布置直通牵引箱。另外，在线路拐弯时，也应安装一个拐弯牵引箱。

7.2.3　室外光缆敷设

室外光缆的敷设形式有直埋、管道、架空和水底等多种形式，它们的布放方法和施工技巧也有所不同。

1. 直埋光缆敷设

直埋光缆敷设是通过挖沟、开槽，将光缆直接埋入地下的敷设方式。这种方式适用于长途干线等光缆接头较少的场合，其主要步骤如下。

1）挖沟

挖沟是按路由复测后的画线进行，不能任意改道和偏离。光缆沟应尽量保持直线路由，沟底要平坦，避免蛇行走向。路由弯曲时，要考虑光缆弯曲半径的允许值，避免拐小弯。通常光缆沟的质量关键在于沟深是否达标，不同土质及环境对光缆埋深有不同的要求。施工中应按设计规定地段达到一定的深度标准，在特殊地段，达到标准确实有实际困难时，可适当降低有关标准，但应采取保护措施。

一般情况下，光缆沟的底部宽度一般为 30cm，当同沟敷设两条光缆时，底部宽度应为 35cm，以使两条光缆之间保持 5cm 的间距，挖沟的深度应大于 1m±0.2m，沟底的宽度为 0.3m，并应平整、无坎，如图 7.9 所示。如遇石质或半石质，沟底应垫 10cm 的细土或砂土，以免伤害光缆。

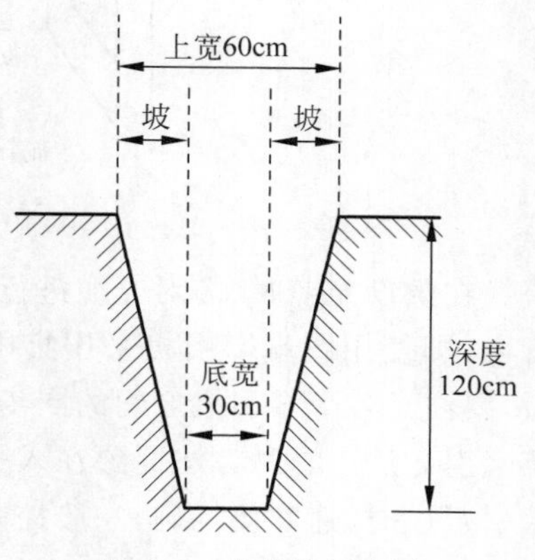

图 7.9　光缆沟示意图

2）光缆的布放和牵引

光缆的布放和牵引有两种方法可以采用：一种是将光缆的端头固定，使光缆盘沿敷设方向移动；另一种是光缆盘在固定位置转动，通过牵引逐渐进行放缆。由于光缆放置过程中，经受的张力必须控制在一定的范围内，所以随着光缆布放长度的增加，除了光缆端头牵引外，还需在光缆的中间若干处加牵引。在上面的情况中，可以使用人力或机器来牵引，在选择方式时，可以尝试人工牵引是否可行，否则采用机器进行牵引，但不论何种方式，均需要注意光缆安装弯曲半径、安装应力等规范。待光缆入沟后，需先回填 30cm 厚的细土，再将其踏平。回填结束后，回填部分应高出地面 10cm 以便日后沉积。

3）埋设标石

光缆标石是直埋光缆线路的路由标志，标石的路由就是光缆线路的路由，标石能帮助人们迅速找到光缆线路，同时还能找到光缆的接续点，以及预留、转弯点及地下保护设施的所在位置，以便日后维护。

通常，在光缆路由的转角点、排流线起止点、同沟敷设缆的起止点、光缆的预留点、与其他管、缆、线交越点、长途塑管通信管道的硅芯管接头点、直埋型人(手)孔处以及路由直线段间隔超过一定距离(50～100m)均应埋设普通标石。光缆接头处的监测标石应埋设在线路路由上，标石有字的一面应面向光缆接头。普通标石埋设在光缆的正上方，转弯处的标石应埋设在线路路由转弯的拐点上，标石面向内角一侧，当光缆沿公路敷设间距不大于100m时，标石可朝向公路。标石埋设位置如受地形或交通的限制无法埋设时，可在线路附近永久建(构)筑物上标明，并标注在竣工图上。

2. 管道光缆敷设

管道光缆敷设有两种形式：一是利用现有城市埋设的电信管道，一般为水泥管道进行的安装；二是利用硅芯管，将光缆穿入的安装方式。

1) 用水泥管道安装

在利用现有水泥管道安装前，必须打开入孔口，做好清洁和通风工作，并放置警示信号。为了保护光缆，必须将其放在塑料子管内，所以应先布放塑料子管。布放之前，先将子管在地面上放开并量好距离，为了便于穿放光缆，一般在子管内预设尼龙绳，作为光缆的牵引绳。另外，子管不允许有接头，它的端部应用塑料胶布包起来，以免在穿放时卡到水泥管接缝处造成牵引困难。塑料子管布放过程中，入孔口要有专人管理，避免将子管压扁。一般塑料子管的布放长度为一个入孔段。如果入孔距离较短，可以连续布放，但最长距离不超过200m，布放结束后应给塑料子管装好堵头。图7.10示出了入孔中光缆的安装、固定及保护方式。

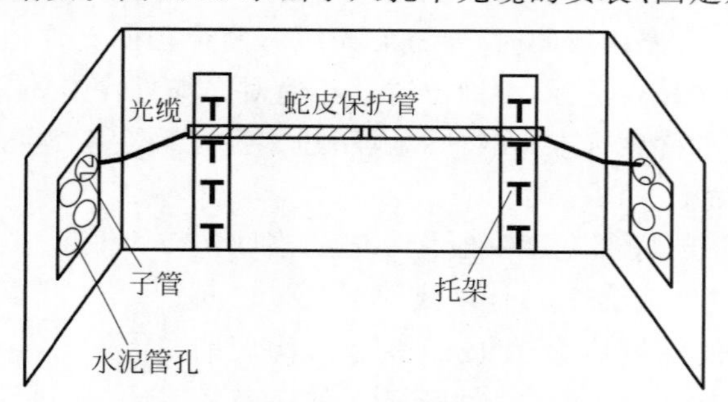

图7.10　入孔中光缆的安装、固定及保护方式

在敷设光缆时，需对光缆进行牵引，可采用机械牵引法(见图7.11)将光缆敷设在塑料子管内，即使用终端牵引机采用集中牵引、分散牵引或中间辅助牵引等方法完成。在分散牵引时，要注意各个牵引机之间的同步问题。除去机械牵引法，也可采用一种较为简便、实用的人工牵引方法。这种方法需要在入孔处安排一或两人传输光缆，并有统一的指挥协调者。人工牵引敷设时，速度要均匀，一般控制在10m/min左右为宜，一次布放的长度不宜过长，可以分

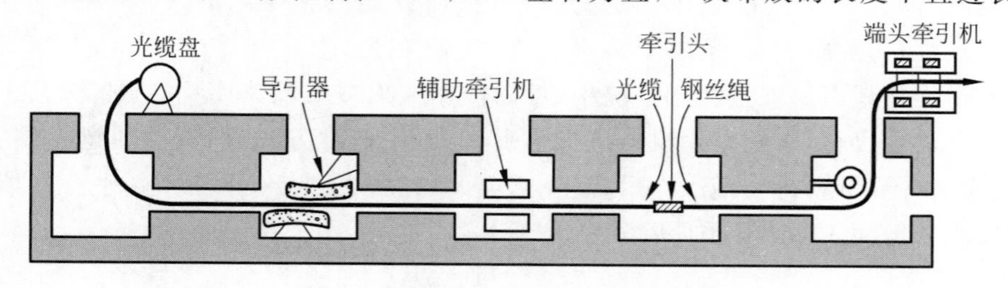

图7.11　管道光缆机械牵引示意图

几次牵引，且常通过将光缆牵引几个人孔段后引出倒成“8”字，再向后面几个人孔段传输以伸长光缆穿放的距离。如果光缆需要接续，它在人孔中预留的长度一般不少于8m，并注意将光缆端头进行密封处理。

2）用硅芯管安装

硅芯管是一类采用高密度聚乙烯（HDPE）加硅料共同挤压复合制成的通信用光缆保护套管，它具有其他同类塑料管道不可比拟的优越的化学及物理特性，其主要特性是：具有抗压、抗张力和冲击的能力；内壁的硅芯层起到固体润滑剂的作用，且不会剥落；曲率半径小，是其外径的10倍，所以敷管时遇到弯曲或有少许落差处时，可随路而转，无须作特殊处理；使用寿命达50年以上；环境适应性好，温度范围为－30～＋80℃；密封性能好、防水、防潮，可免遭啮齿动物的破坏。正是由于硅芯管优越的特性，采用其进行光缆铺设相比直埋光缆敷设的方法而言，管道的强度大，管内光缆更易于被反复抽取，因此不仅便于光缆维护，对光缆的保护作用也更强。不仅如此，从工程造价来讲，其施工成本比PVC管、双壁波纹管成本低40％以上。

硅芯管的盘长为700～3000m，其直径（外径/内径）有32mm/26mm、32mm/28mm、40mm/33mm、46mm/38mm、50mm/42mm和60mm/52mm几种，其中常用的是40mm/33mm和46mm/38mm的规格，其盘长分别为2000m和1500m。硅芯管的主要技术指标有拉伸强度（＞18MPa）、断裂伸长度（2380％）、最大牵引负荷（28 000N）、内壁摩擦系数（＜0.15）、接头连接力（＞34 300N）、气密闭性能（231.6MPa）。一般来说，硅芯管选用的原则是地势较为平坦的场所尺寸略小些，而地势变化较大的场所尺寸可相对大些，同时光缆的截面积与硅芯管的内截面积之比（填充率）应小于0.4。

在对硅芯管管道进行敷设时，有一些基本要求：沟底要平坦，拐弯禁急，落差需缓，不仅如此，在布放硅芯管时还有埋深要求，见表7.4。

表7.4　HDPE硅芯管埋深要求

铺设地段及土质		埋深/m
普通土、硬土		≥1.2
半石质（沙砾土、风化石等）		≥0.8
全石质		≥0.6
市郊、村镇		≥1.0
市区街道		≥0.8
穿越铁路（距路基面）、公路（距路面基底）		≥1.0
高等级公路中间隔离带及路肩		≥0.8
沟、渠、水塘		≥1.0
河流	直接开挖	≥2.0
	地龙钻孔	≥5.0
沼泽地		≥0.8
涵洞		≥0.4
与其他缆线交越处（在其下方）		≥0.4

在施工前，应将硅芯管两端管口用堵头严密封堵，防止水、土及其他杂物进入管内，放管时若采用人工方式，约一百米站一个人，牵引管子直至放完拉直；也可以将管的一端固定在埋设沟的一端后，将管盘放到机动车上并用专用工具将盘管架起，开动机动车向前行驶，这样管子就可随着机动车不断前进和盘架的转动而敷设了。需要注意的是，在放管过程中，不得使用机械设备进行直接牵引，在入井处管头的预留量不少于50cm。硅芯管布放完毕后，需仔细检查管材是否有问题、接头处是否有脱开现象，发现问题要立即解决。

在采用硅芯管敷设光缆时，需将光缆穿入硅芯管，可以采用吹气法。吹气法是采用专用的吹气机将光缆线和高速压缩气流一起送入管道，管道内壁极小的摩擦系数和高压气体的流动使光缆在管道内呈悬浮状态向前移动，进而实现光缆的穿入。图7.12为光缆穿入硅芯管的过程示意图。

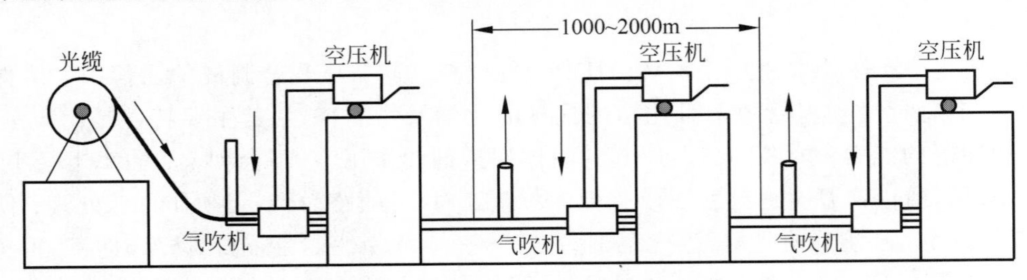

图7.12　光缆穿入硅芯管的过程

3. 架空光缆敷设

架空光缆敷设主要有钢绞线支承式和自承式两种，我国基本是选用前者。这种结构是通过杆路吊线托挂成捆扎来架设光缆。架设光缆的机械性能要求较高，如防震、防雪、防风、抗低温变化负荷产生的张力，并具有防潮、防水性能。在零下30℃以下的地区不宜采用架空方式。

架空线路的杆间距离，可随地域及环境因素的不同而不同，通常市区为35～40m，郊区为40～50m。我国按照风力、冰凌、温度三要素划分为4种负荷区：轻负荷区、中负荷区、重负荷区及超重负荷区。随气象负荷区的不同，杆间距离可进行适当调整，但最短为25m，最长为67m。架空光缆线路可以充分利用现有的架空明线或架空电缆的杆路加挂光缆，其杆路强度及其他要求应符合架空线路的建筑标准。如原架空明线已经淘汰，可以不考虑光缆金属加强构件对明线的影响，明线可给光缆提供防震、防强电的保护。

光缆的架空办法有两种：一种是定滑轮牵引法，另一种是缆盘移动放出法。前者的特点是在引上和引下两处的电杆上固定好布放光缆用的大滑轮，在每杆档内的吊线上每隔10～20m挂一个小滑轮，并将牵引绳穿放入小滑轮内。注意，制作牵引端头时，使牵引力主要作用在光缆的加强芯上。缆盘移动放出法则是将缆盘架在卡车上，人工推动光缆盘，将光缆挂在吊线上。架空光缆的吊线采用规格为7/2.2mm（钢绞线股数/每股线径）的镀锌钢绞线，在重负荷区可减少杆距或采用7/2.6mm的镀锌钢绞线。

图7.13为长杆档架空光缆敷设简图，通常在布放架空电缆时需要注意：光缆在杆上要做伸缩弯，上吊部位应留有伸缩弯并注意其弯曲半径，以确保光缆因气温变化剧烈时的安全，固定线应注意扎死。重负荷区和超重负荷区要求每根杆上都做预留；中负荷区2～3杆做一预留；轻负荷区3～5杆做一预留。对于无冰期地区可以不做预留，但布放时不能将光缆拉得太紧。杆上预留光缆下垂靠杆中心部位应采用聚乙烯波纹管保护，如图7.14所示。通常，预留长度为1.5～2m，预留两侧及绑扎部位不能扎死，以利于气温变化时光缆能伸缩自如，光缆经挂钩处时，也应安管保护，见图7.15。

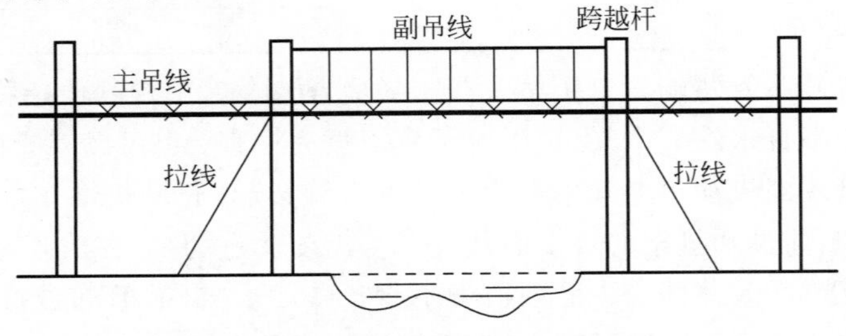

图7.13　长杆档架空光缆敷设简图

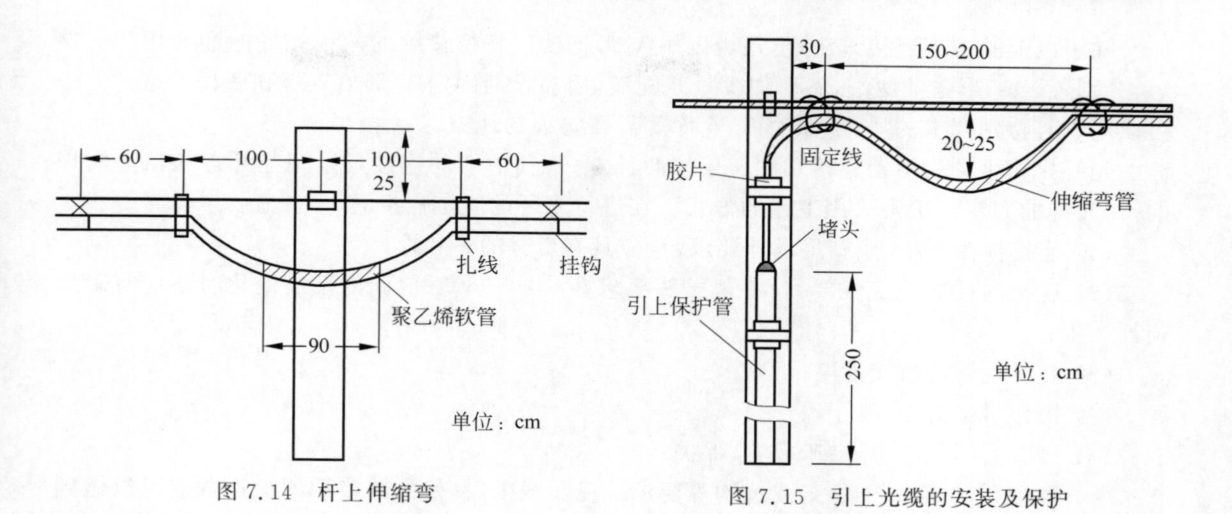

图 7.14 杆上伸缩弯

图 7.15 引上光缆的安装及保护

7.2.4 光缆接续及成端安装

1. 光缆接续

在光缆敷设过程中，当线路长度超过单盘光缆长度时就需要进行光缆接续，将两段同一规格型号的光缆接到一起。这种情况在室外光缆安装时用得较多，对于室内光缆则应尽量避免接续。要实现光缆接续应注意几个接续要求：光缆接续前，应核对光缆的程式、端别无误，光缆应保持良好状态，光纤传输特性良好，护层对地绝缘合格(若不合格应找出原因并做必要的处理)；应对接头护套内光纤序号做出永久性标记，当两个方向的光缆从接头护套同一侧进入时，应对光缆端别做出统一的永久标记；光缆接续的方法和工序标准，应符合施工规程和不同接续护套的工艺要求；光缆接续需要良好的工作环境，一般应在车辆或接头帐篷内作业，以防止灰尘影响；在雨雪天施工应避免露天作业；当环境温度低于零度时，应采取升温措施，以确保光纤的柔软性和熔接设备的正常工作，以及施工人员的正常操作；光缆接头余留和接头护套内光纤的余留应留足，光缆余留一般不少于 4m，接头护套内最终余长应不少于 60cm；光缆接续注意连续作业，对于当日无任何条件情况下结束连接的光缆接头应采取必要措施，防止受潮和确保安全；光纤接头的连接损耗，应低于内控指标，每条光纤通道的平均连接损耗，应达到设计文件的规定值等。

依据处理对象的不同，光缆接续包括缆中光纤接续和光缆护套接续两部分工作，下面分别介绍。

1）缆中光纤的接续

为了完成光纤接续，首先需要去除光纤外的涂覆层，然后用纱布蘸无水酒精将光纤擦净，再用光纤切割刀将光纤端面切割得平整、光滑。为了防止在切割过程中光纤碎片溅入眼内，须戴上防护眼镜。将制备的待接续的两根光纤置于熔接机的微调架上，让其自动对准，选择好熔接时间和电压即可进行熔接。为了保证连接部位的机械强度，熔接前给光纤套上增加机械强度的热缩套管。实际上热缩紧管内还有一根热熔管，接续的光纤就是通过此管的。当光纤接续完成后，把预先套在待接续光纤上的热缩管移至连接处，用专用加热器加热至 120℃左右，持续几分钟即可。这样，热熔管完全熔融并紧紧附着在光纤周围，使光纤与空气隔离从而得到保护。与此同时，热缩管收缩，两端有微量熔体溢出形成圆球，把钢丝与已接续的光纤紧紧捆在一起，增加了连接部位的机械强度。

除了以上的熔接连接方法外，还可以用V形槽法。将待接续的两根光纤的端面切割平整后，分别置于V形槽的两端，然后加少量匹配液，用黏合剂固定V形槽盖板和底板。这种方法可以用于有特别要求的场合，如油田、仓库等需要防火的地方。

光纤接续可分为活动连接和固定连接两种方式，其中活动连接是采用光纤连接器来实现的，而光纤的固定连接则采用上述的方式。在进行光纤的固定连接时，需注意：

(1) 连接损耗要小，能满足设计要求，且应具有良好的一致性；

(2) 连接损耗的稳定性要好，一般接头要求在−20～60℃范围内温度变化时不应有附加损耗产生；

(3) 具有足够的机械强度；

(4) 操作尽量简便，易于操作；

(5) 接头盒体积应小，易于放置、保护；

(6) 费用低，材料易于加工或选购等要求。在实践中，良好的熔接平均损耗普遍可以做到0.08dB以下，其长期稳定性也比较好，即使条件恶化，温度变化较大时附加损耗一般小于0.1dB。

2) 光缆护套的接续

光缆护套的接续是对光缆中除光纤之外其余部分(这部分简称为光缆护套)进行接续，接续完成后应恢复护套的完整性和密封性。光缆接续是在光缆接头盒内进行的，对它的要求是：可以长期保护光缆中接续光纤免受振动、冲击、拉力、压缩力、弯曲等机械外力的影响，能够固定光缆加强芯，保护光纤接头不受外界环境影响；应具有密封性，能防水，防潮和防止有害气体的侵入，耐腐蚀，防雷击；操作简便，能为光纤接头和预留光纤提供必要的存储空间和日后维护操作必要的空间。

光缆护套接续步骤为：

(1) 光缆准备，光缆必须按设计路由敷设至预定接头位置；

(2) 剥去光缆护套，按照接头盒的尺寸分别对光缆外护层和铠装钢带进行开剥，由于光缆端头在铺设过程中易受机械损伤和受潮，所以光纤的开剥长度可取1.5m左右，并将缆中光纤捆扎好，然后按照接头盒说明书的要求，将光缆引入接头盒内；

(3) 安装接续套管，对于直通式结构的套管，所有套件应预先套上光缆；

(4) 固定加强芯，连接光缆金属构件，金属构件有光缆铠装层、加强芯、铜线等，其连接应符合各自的技术要求，如果光纤中有铜线，可采用绕接、焊接或接线子连接，它的接续点应距光纤接头中心100mm左右，对于远端共用铜导线，在接续后应测试直流电阻、绝缘电阻和绝缘耐压强度等；

(5) 光纤接续，并对接头进行加强保护；

(6) 光纤收容，光纤预留长度一般以80～100cm为宜，余长要妥善存放在接续套管内；

(7) 接续套管封装，并进行密封性能(气密性和水密性)测试；

(8) 光缆护套接头的安装、固定。

2. 光缆的成端

光缆线路到达端局、中继站需与光端机或中继器相连接，这种连接称为光缆的成端，其主要内容都是光纤终端盒的安装(光缆接续、光纤接续、保护及余留光纤、尾纤的收容)。

光缆的终端一般都连接在光纤终端盒、分线箱或光纤配线架上。光纤终端盒内设适配器和尾纤，可用于室内光纤的直通接续和分支接续，从而方便光纤线路的测试和改接，具有光缆固定、光缆终接、将光纤与尾纤熔接连接的作用，容量从几芯到几十芯，有带状光缆和非带状光缆以及室内和室外之分。

光纤分线箱内置连接器或热缩式光纤保护套管(光纤采用熔接连接方式)、集线盘，是较为常用的终端设备。配线架则是大容量、高密度的光纤接续设备，主要应用于光纤网局端或光纤分支节点，完成主干光纤与配线光纤的熔接、交换、调度和分配功能。图 7.16 为线路终端盒直接成端方式及光纤分配架成端方式的光端设备与光缆互连的例子。

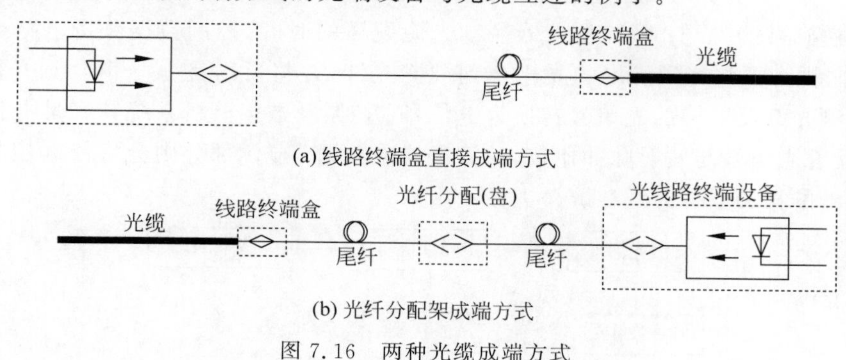

(a) 线路终端盒直接成端方式

(b) 光纤分配架成端方式

图 7.16　两种光缆成端方式

光缆成端的主要技术要求是：按有关规定或根据设计要求，预留足光缆，并按一定的曲率半径把预留光缆盘好，以备后用；光缆终端盒安装位置应平稳安全且远离热源；光纤在终端盒的死接头，应采用接头保护措施并使其固定，剩余光纤在箱内应按大于规定的曲率半径盘绕；从光缆终端盒引出单芯光缆或尾纤所带的连接器，应按要求插入光分配架的连接插座内，暂不插入的连接器应盖上塑料帽，以免灰尘侵蚀连接器的光敏面，造成连接损耗增大；光缆中的金属加强构件、屏蔽线(铝箔层)及金属销装层，应按设计要求进行接地或终结处理；光缆中的铜线应分别引入不同的终结；光纤、铜线应在醒目部位标明方向和序号。

7.3　常用仪器

7.3.1　光时域反射仪

光时域反射仪(Optical Time Domain Reflectometer，OTDR)是利用光线在光纤中传输时的瑞利散射和菲涅尔反射所产生的背向散射而制成的精密的光电一体化仪表，可用于进行光纤长度、光纤的传输衰减、接头衰减和故障定位等的测量，它能将长超过 100km 光纤的完好情况和故障状态，以一定斜率直线(曲线)的形式清晰地显示出来。

OTDR 可以看作光纤雷达，其工作原理与无线电雷达类似。OTDR 向光纤中发射探测光，接收光纤中的后向光信号，从光纤的一端非破坏性地迅速探测光纤、光缆的特性，能显示光纤沿线损耗分布特性曲线，能测试光纤的长度、断点位置、接头位置及光纤的衰减系数和链路损耗、接头损耗、弯曲损耗、反射损耗等，可应用于光纤通信系统研制、生产、施工、监控、维修等各个环节。例如，光缆生产过程中每道工序的光纤检测、光纤接续时实时监测和接头损耗测量、光缆线路自动监控、光纤故障探测和定位等，是光纤通信中必不可少的测试仪器。OTDR 不仅可以完成测试，还能自动存储测试结果，自带打印功能，所以使用非常方便。

OTDR 型号种类繁多，操作方式也各不相同，但其工作原理是一致的。通常情况下，在光纤线路的测试中，应尽量保持使用同一块仪表进行某条线路的测试，各次测试时主要参数值的设置也应保持一致，以减少测试误差，并方便和上次的测试结果比较。不过，即使使用不同型号的仪表进行测试，只要其动态范围能达到要求，折射率、波长、脉宽、距离、平均化时间等参数的设置亦和上一次的相同，这样测试数据一般不会有大的差别。

1. 基本工作原理

OTDR 将一光脉冲送入光纤，测量该光脉冲反射回到 OTDR 所需的时间以及反射的功率，反射的光信号通过定向耦合器至 OTDR 的接收器，并转换成电信号，最终在屏幕上显示出结果曲线。图 7.17 为光时域反射器的组成方框图，其中，激光器负责将符合规定要求的稳定的光信号发送到被测光纤；脉冲发生器控制光源发送的时间，控制数据分析电路与激光器同步工作；定向耦合器将光源发出的光耦合到被测光纤，并将反射光信号耦合到光探测器；光探测器将被测光纤反射回的光信号转换为电信号；控制及数据分析系统其实是一种信号处理系统，会将反射光信号与发射脉冲比较，计算出响应数据；显示部分则会将依据控制及数据分析系统计算出的相关数据曲线在屏幕上显示出来。

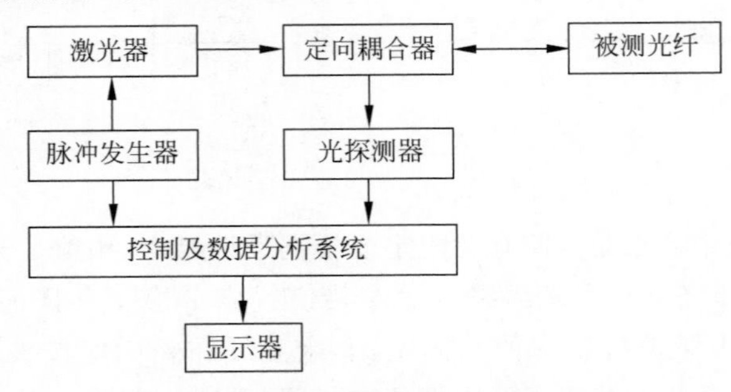

图 7.17 光时域反射器的组成方框图

2. 测试方法

使用 OTDR 进行光纤测试的操作步骤如下：

(1) 剖开光缆，将被测光纤露出约长 2m，并清洗光纤，使盘端面平整；

(2) 将被测光纤通过尾纤或光纤跳线与 OTDR 连接起来；

(3) 选择 OTDR 的波长、模式，它们应与被测光纤的工作模式相同；

(4) 根据光纤的长度、损耗，选择合适的量程和其他参数，输入被测光纤的折射率；

(5) 测量反射事件(连接器、接头、光纤中断裂点)损耗和光纤总损耗及衰减；

(6) 将测量结果和光纤衰减谱存储或打印。

图 7.18 显示了典型的 OTDR 测量的曲线，横坐标表示光纤长度，单位为 km，纵坐标表示光纤和反射事件损耗，单位为 dB。

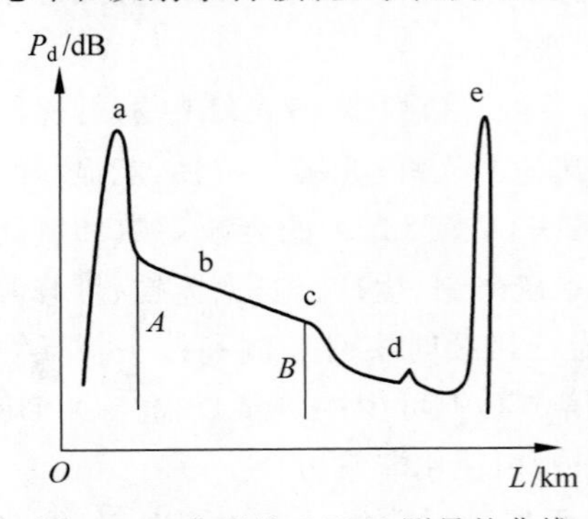

图 7.18 典型的 OTDR 测量的曲线

图 7.18 中 a 处为输入端反射区，这里是光纤的输入端，会由耦合设备和光纤输入端端面产生菲涅尔(Fresnel) 反射信号，此处的光信号最强；b 处是恒定斜率区，可用以确定损耗系数；c 处之后数值有突降，说明该点的反射或散射强烈，它有可能是连接器、接头或光纤局部缺陷引起的高损耗；d 处突然有一个上升，说明此处有光纤的断裂面或介质缺陷(如气泡)，引起 Fresnel 反射，或者这里可能有接头，而接头两侧光纤类型不匹配，两者的瑞利散射不同，当光由散射程度较小的光纤传入散射程度较大的光纤时，就会出现一个向上的增益；e 处为光纤的终点，这里存在输出端引起的菲涅耳反射，可用以确定光纤长度。在这个曲线中，由于 bc 段是逐渐降低的近似直线，说明这段光纤是均匀的，若 bc 段曲线下降更平缓，则说明这

段光纤的衰减系数更小,而 cd 段曲线不是直线,说明这段光纤轴向结构不太均匀。

设在光纤中正向传输光功率为 P,经过 A 和 B 点($L_A < L_B$)时正向传输光功率分别为 P_A 和 P_B($P_A > P_B$),再从这两点返回输入端($L=0$)。光探测器的后向散射光功率分别为 $P_d(L_A)$和 $P_d(L_B)$,正向和反向平均损耗系数为

$$\alpha = \frac{10}{2(L_B - L_A)} \lg \frac{P_d(L_A)}{P_d(L_B)} (\text{dB/km}) \tag{7.1}$$

其中,右边分母中的因子 2 是光经过正向和反向两次传输产生的结果。

后向散射法不仅可以测量损耗系数,还可利用光在光纤中传输的时间来确定光纤的长度 L。

$$L = \frac{ct}{2n_1(\lambda)} \tag{7.2}$$

其中,c 为光速,$n_1(\lambda)$为光纤中材料的群折射率,t 为光脉冲发出到返回的时间。

通常,通过分析图 7.18 中的后向散射曲线,可以确定光纤线路中的缺陷、断裂、接头位置以及被测光纤的长度。

7.3.2 光谱分析仪

光谱分析仪(Optical Spectrum Analyzer,OSA)是测量光信号波长(光谱)的功率分布特性的仪表。采用光谱分析仪可以测量的项目有光信号功率、光信噪比、波长、光谱宽度、信道间隔等。

1. 光谱分析仪的类型

光谱仪的种类有很多,分类方法也有很多:

(1) 根据光谱仪所采用的分解光谱的原理,可以将其分成两大类:经典光谱仪和新型光谱仪。经典光谱仪是建立在空间色散(分光)原理上的仪器;新型光谱仪则是建立在调制原理上的仪器,故又称为调制光谱仪。经典光谱仪都是狭缝光谱仪器,依据其色散原理可以将光谱仪器分为棱镜光谱仪、衍射光栅光谱仪和干涉光谱仪。

(2) 根据接收和记录光谱的方法不同,光谱仪可分为看谱仪、摄谱仪、光电光谱仪。

(3) 根据光谱仪器所能正常工作的光谱范围,光谱仪可分为真空紫外(远紫外)光谱仪(6～200nm)、紫外光谱仪(185～400nm)、可见光光谱仪(380～780nm)、近红外光谱仪(780nm～2.5μm)、红外光谱仪(2.5～50μm)、远红外光谱仪(50μm ～1mm)。

(4) 根据仪器的功能及结构特点,光谱仪可分为单色仪、发射光谱仪、吸收光谱仪、荧光光谱仪、调制光谱仪及其他光谱仪。

2. 发射光谱分析原理

原子发射光谱分析是根据原子所发射的光谱来测定物质的化学组分的。不同物质由不同元素的原子所组成,而原子都包含着一个结构紧密的原子核,核外围绕着不断运动的电子。每个电子处于一定的能级上,具有一定的能量。在正常情况下,原子处于稳定状态,它的能量是最低的,这种状态称为基态。但当原子受到能量(如热能、电能等)的作用时,原子由于与高速运动的气态粒子和电子相互碰撞而获得了能量,使原子中外层的电子从基态跃迁到更高的能级上,处在这种状态的原子称激发态。电子从基态跃迁至激发态所需的能量称为激发电位,当外加的能量足够大时,原子中的电子脱离原子核的束缚力,使原子成为离子,这种过程称为电离。原子失去一个电子成为离子时所需要的能量称为一级电离电位。离子中的外层电子也能被激发,其所需的能量即为相应离子的激发电位。处于激发态的原子是十分不稳定的,在极短

的时间内便跃迁至基态或其他较低的能级上。

当原子从较高能级跃迁到基态或其他较低的能级的过程中，将释放出多余的能量，这种能量以一定波长的电磁波的形式辐射出去。每一条所发射谱线的波长均取决于跃迁前后两个能级之差。由于原子的能级很多，原子在被激发后，其外层电子可有不同的跃迁，但这些跃迁应遵循一定的规则(即"光谱选律")，因此对特定元素的原子可产生一系列不同波长的特征光谱线，这些光谱线按一定的顺序排列，并保持一定的强度比例。光谱分析就是通过识别这些元素的特征光谱来鉴别元素的存在(定性分析)，而这些光谱线的强度又与试样中该元素的含量有关，因此又可利用这些谱线的强度来测定元素的含量(定量分析)。这就是发射光谱分析的基本依据。

3. 光谱分析仪的指标参数

光谱分析仪的主要指标有波长范围、波长分辨率、带宽、动态范围、电平测量范围等。

(1) 波长范围指光谱分析仪所能测量的光波长的范围。通信用光谱分析仪的波长测量范围通常为600～1700nm。目前一些公司还开发有适合长波长(1200～2400nm)和短波长(350～1200nm)的商用光谱分析仪。

(2) 波长分辨率指光谱分析仪辨析相邻波长光信号的能力。常用分辨率带宽表示，定义为光信号半功率电平的滤波器带宽，即电平为最大值一半时所对应的带宽。

(3) 波长测量精度指光谱分析仪准确测量光信号波长的能力。

(4) 动态范围指在特定带宽下同时测量到的强光信号与相邻的ASE噪声信号的功率之差。

(5) 灵敏度指光谱分析仪能够测量到的最小光功率。

(6) 光功率量程指能够测量的最大光功率值与最小光功率值的差。

目前较先进的光谱分析仪，波长分辨率最高可达0.02nm，波长测量精度可达±0.01nm，动态范围为78dB，测量光功率可从+20dBm的高功率到−90dBm的极低功率，且适合单模和多模光纤的输入测量。另外，偏振敏感性也是表征光谱分析仪性能的一个指标。不同偏振态的光波可能会在光谱分析仪中显示不同的功率。这种因偏振态的不同而产生的最大和最小的功率差定义为偏振相关性。一般来说，光谱分析仪应尽量减小对光的偏振敏感度。光谱分析仪测量的数据可存于仪器内置的内存中或通过USB接口进行移动存储和硬盘存储。

4. 利用光谱分析仪进行光谱测量

光谱分析仪可以测量各种光源(包括DFB、FP和LED)光谱、光纤放大器(EDFA)光谱、WDM信道波长以及各种无源器件的插损、中心频率和带宽等性能参数。

图7.19所示为由光谱分析仪测得的一个波分复用系统中5个信道的光谱分布示意图，由图可知信道间隔、光信噪比、峰值等参数。

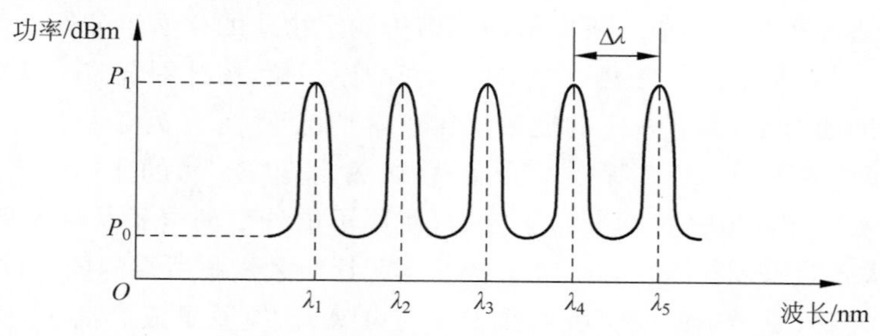

图7.19 波分复用系统中5个信道的光谱分布示意图

利用光谱分析仪对各种器件光谱进行测量时应注意以下几点：

(1) 确认所测的光功率是否小于光谱分析仪允许的最大光功率。若不是，则在接入光谱分析仪之前，须将光信号衰减，使衰减后的光功率在光谱分析仪的功率测量范围之内。

(2) 预热与自动对准。当光谱分析仪长期未使用或被搬动后，使用前需预热30分钟以上然后连接光源，利用光谱分析仪的自动对准功能进行自动对准。

(3) 波长校准与功率校准。当光谱分析仪长期未使用或被移动后，需要进行波长和功率的校准。通常，商用的光谱分析仪都有波长自校准功能。可将仪器自带的校准光源输入光谱分析仪，进行波长校准，也可通过外接DFB光源或可调谐光源与光波长计配合进行校准。功率的校准则稍微复杂一些，特别是对WDM的测试。此时，可选择一个1550nm附近的OUT波长或DFB光源或可调谐激光器，使用经计量过的功率计测试该波长的功率；再使用已进行过波长校准的光谱分析仪测试该信号的3dB中心波长，而后进入功率校准菜单，输入刚才用功率计测得的标准功率和光谱分析仪测得的标准波长，执行功率校准。

(4) 对被测试的光纤端面、连接器、跳线及接口进行清洁，避免光接口端面的污染。连接器末端受污染后会产生损耗、光反射等，如遇高功率信号可能会烧坏连接器的接口端面，甚至损坏仪器。

当一切准备工作就绪后，就可以进行测量了。可使用自动扫描功能对所测试的光功率和光波长进行扫描测试。如果已知被测的器件类型，可选择相应的内置自动测试软件进行测试。在测试过程中，配合选择和调整扫描带宽、中心波长、扫描方式、分辨率带宽、电平刻度、灵敏度等参数即可完成光谱测量。

7.3.3 光源与光功率计

光源是一类专用于产生光信号的仪表，能够稳定输出特定波长、特定模式、特定功率的激光，产生稳定的光信号。光功率计则是用于测量光传输设备光口发送或接收功率及光纤链路损耗的仪表。在光纤系统中，测量光功率是最基本的，通过测量发射端机或光网络的绝对功率，一台光功率计就能够评价光端机设备的性能。光源一般与光功率计成对使用，两者相互配合使用将能够测量光纤系统的光损耗、连接损耗，帮助评估光纤链路传输质量以及故障处理等。

测试用光源常为便携手持式的，发光器件可以是半导体发光二极管(LED)或者半导体激光器(LD)。由于光纤通信中的传输介质是光纤，因此，作为光源的发光器件应满足以下基本要求：

(1) 体积小，发光面积应与光纤芯径的尺寸相匹配，而且光源和光纤之间应有较高的耦合效率。

(2) 发射的光波波长应适合光纤的两个低损耗波段，即短波长0.8～0.9μm和波长1.2～1.6μm；

(3) 可以直接进行光强度调制，且便于连接调制器；

(4) 可靠性高，工作寿命长，稳定性好，互换性好；

(5) 发射的光功率应足够大，并且响应速度要快；

(6) 温度特性要好。当温度变化时，其输出光功率及工作波长的变化在允许的范围内。

通常，LED及LD这两种光源的发射波长与光纤的低损耗或低色散波长相一致；能够在室温下连续工作，输出功率满足光纤通信的要求；谱线宽度可以做得较窄，以减少光线中的色散的影响。此外，它们还具有线宽小、功耗低、重量轻、使用寿命长、与光纤耦合效率高等优点。

在光纤通信的测试中，许多重要参数的测试实际上都是对光功率的测试。测试光功率的方法有热学法和光电法。热学法在波长特性、测试精度等方面较好，但响应速度慢，灵敏度低，设备体积大。而光电法有较快的响应速度，良好的线性特性，并且灵敏度高，测试范围大，但其波长特性和测试精度不如热学法。在光通信中，光功率一般较弱，范围约为 nW 级到 mW 级，因此普遍采用灵敏度较高的光电法。光电法采用光探测器检测光功率，实际上是测试光探测器在受辐射后产生的微弱电流，该电流与入射到光敏面上的光功率成正比，因此实际上这种光功率计是一种半导体光电传感器与电子电路组成的放大和数据处理单元组合。

光功率计有台式和便携式之分，台式多在实验室、机房使用，便携式既可在室内使用，又可在施工现场使用。光功率计的主要技术指标包括波长范围、精度、显示分辨率、光功率量程等。

光功率计的主要技术指标如下：

(1) 波长范围。光功率计的波长范围主要由探头的特性所决定，由于不同半导体材料制成的光电二极管对不同波长的光强响应度不同，所以一种探头只能在某一波长范围内适用，而且每种探头都是在其中心响应波长上校准，为了覆盖较大的波长范围，一台主机往往配备几个不同波长范围的探头。

(2) 光功率量程。光功率计测量范围主要由探头的灵敏度和主机的动态范围所决定。使用不同的探头有不同的光功率测量范围。为了从强背景噪声中提取很弱的信号以提高灵敏度，主机都设有平均处理功能，为了消除暗电流的影响，主机还带有自动偏差校准，以便设置传感器暗电流到 0。

7.3.4 光纤熔接机

光纤的连接有几种方式：采用连接头进行活动连接、采用光纤熔接机进行熔融连接以及化学粘合剂连接。一般而言，光纤的连接较电线连接复杂得多，光纤熔接机就是利用电弧放电原理对光纤进行熔接的机器。

目前市面上的光纤熔接机类型多样，无论进口或国产机型，它们的主要特点都类似，具备：快速、全自动熔接，结构紧凑、轻巧，彩色显示屏幕，可同时观测 X、Y 光纤，提供存储熔接数据等功能。此外，它们可以处理的光纤类型也相当广泛，如 SMF（单模光纤）、MMF（多模光纤）、DSF（色散位移光纤）、CSF（截止波长位移光纤）、DCF（色散补偿光纤）、ER（掺铒）光纤等都可以进行熔接。

光纤熔接机的熔接原理比较简单，在进行光纤熔接时，首先需要正确地找到光纤的纤芯，并将其精确对准；然后通过电极间的高压放电电弧将光纤熔化再推进熔接即可，具体操作过程如下：

(1) 光纤检查。光纤被装入熔接机后，做相向运动，在清洁放电后，光纤的运动会停止在一个特定的位置。然后检测光纤的切割角度和光线端面的质量。

在使用光纤熔接机对光纤进行熔接时，如果纤芯接头发生错位、变形，或者端面切割角度不合适等均会引起熔接损耗，因此光纤端面的处理相当重要，其制作好坏将直接影响接续质量。好的光纤端面应该非常平整、不倾斜，没有毛刺或缺痕。制作端面时，需要用专用的剥线工具剥去光纤涂覆层，再用蘸有酒精的清洁麻布或棉花在裸纤上擦拭几次，使用精密光纤切割刀切割光纤。对 0.25mm(外涂层)的光纤，切割长度一般为 8～16mm；对 0.9mm(外涂层)的光纤，切割长度约为 16mm。

(2) 光纤对准。光纤检查完成后，会按照芯对芯或包层对包层的方式对准，包层的轴偏移和芯的轴偏移会被显示。

(3) 光纤熔接。执行放电功能，熔接光纤。

(4) 熔接损耗。熔接完成后，仪器自动显示估算的熔接损耗。

通常，在熔接完成后还需进行熔接点保护。熔接完后，取出光纤，将热缩管中心位置移到光纤熔接点，拉紧光纤并将它放入加热器中，加热完毕后还需核查热缩管内有无气泡和灰尘，以确保有效熔接。

7.4　光缆线路测试和故障检修

7.4.1　光缆线路测试

一般来说，光缆线路测试包括光缆线路工程测试及光缆线路维护测试两大类。

1. 光缆线路工程测试

光缆线路工程测试是指在工程建设阶段，对单盘光缆和中继段光缆进行的性能指标检测。在光纤通信工程建设中，工程测试是工程技术人员随时了解光缆线路技术特性的唯一手段，同时也是施工单位向建设单位交付通信工程的技术凭证。工程测试一般包括单盘测试和竣工测试两部分，分别代表了工程施工的两个重要阶段，其中，单盘测试是对运输到现场的光缆传输、技术特性进行检验，以确定运输到分屯点的光缆是否达到设计文件的要求；光缆线路工程竣工测试又称光缆的中继段测试，这是光缆线路施工过程中较为关键的一项工序。竣工测试是从光电特性方面全面地测量、检查线路的传输指标，此外，竣工测试还应包括光缆线路工程的竣工验收。

2. 光缆线路维护测试

光缆线路维护测试是光缆线路技术维护的重要组成部分，是判断光缆线路工作状态的主要手段。通过对光缆线路的光、电特性测试，可以了解光缆的工作状态，掌握光缆线路的实际运行状况，正确判断可能发生故障的位置和时间，为光缆线路提供可靠的技术资料。

7.4.2　光缆线路工程竣工测试

竣工测试是光缆敷设结束后对光缆线路的光特性和电特性进行全面测量的一道关键工序，它可以对工程设计的合理性作出评价，可以对施工质量作出鉴定，同时也为运营单位提供线路的完整数据，而这些数据是维护检修线路的重要参数。通常情况下，竣工测试项目可分为光特性和电特性两部分。

1. 光特性测试

光特性测试主要是对光纤传输光性能的测试。光特性测试一般包括中继段衰减测试、光纤后向散射曲线测量、光纤接续点的连接衰减测试和多模光纤的传输带宽测试。由于目前采用的光纤主要为单模光纤，所以光特性测试以前 3 项为主。

1) 中继段衰减测试

光缆线路中继段衰减一般由光纤的本征衰减、光纤接续点的连接衰减和光缆的弯曲衰减组成，如图 7.20 所示。可将一个单元光缆段中的总衰减定义为

$$A=\sum_{n=1}^{m}\alpha_n L_n+\alpha_s X+\alpha_c Y \tag{7.3}$$

其中，α_n 为中继段中第 n 根光纤的衰减系数(dB/km)；L_n 为中继段中第 n 根光纤的长度(km)；α_s 为固定接头的平均损耗(dB)；X 为中继段中固定接头的数量；α_c 为连接器的平均插入损耗(dB)；Y 为中继段中连接器的数量(光发送机至光接收机数字配线架(ODF)间的活

接头)。

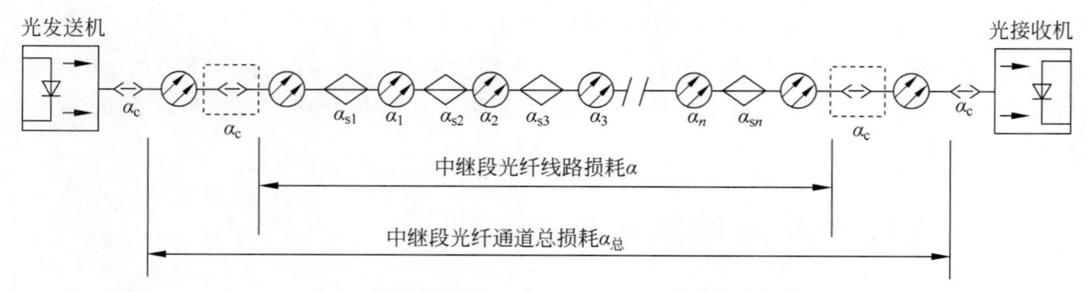

图 7.20 中继段光纤线路损耗构成示意图

中继段衰减测试的主要方法有剪断法、插入法和后向散射法 3 种,其测试方法与步骤与单盘衰减测试相同,在这里介绍后两种方法。

(1) 插入法。核心网光缆线路应采用插入法测量。针对中继段光缆线路的衰减要求,在已成端的连接插件状态下进行测量时,插入法是唯一能够反映带连接插件线路衰减的方法。插入法可以采用光纤衰减测试仪(分多模和单模),也可以用光源和功率计进行测量。插入法的测量偏差主要来自仪表本身以及被测线路连接器插件的质量,如某个长途光缆工程,据 3 个中继段光缆线路的衰减测量统计,平均偏差为 0.3dB。

(2) 后向散射法。虽然该方法也可以测量带连接插件的光缆线路衰减,但由于一般的 OTDR 都有盲区,使近端光纤连接器插入损耗、成端连接点接头损耗无法反映在测量值中;同样对成端的连接器尾纤的连接损耗由于离尾部太近也无法定量显示。因此,用 OTDR 所得到的测量值实际上是未包括连接器在内的光缆线路损耗。为了按光缆线路衰减的定义测量,可以通过假纤测量或采用对比性方法来检查局内光缆成端的质量。

通常需要根据应用选择合适的测量方法,核心网光缆线路应采用插入法测量;若偏差较大,则可用后向散射法进行辅助测量。市内局间中继线路视条件决定,一般可以采用插入法,也可以采用后向散射法。采用 OTDR 测量时,应采用“成端连接”检测方法确认局内光缆成端的质量良好。

2) 光纤后向散射曲线测量

光缆线路衰减曲线测量指的是对光缆中光纤后向散射曲线的测量。只有通过对光纤后向散射衰减曲线的检测,才能发现光纤连接部位是否可靠,有无异常,光纤衰减沿长度方向分布是否均匀,光纤全长上有无微裂伤部位,非接头部位有无“台阶”等异常现象。中继段光缆后向散射曲线测试可以与光纤线路衰减测试同时进行,其测试方法与步骤和单盘光缆的后向曲线测试方法相同,但曲线的分析方法有所不同。要完成光纤后向散射曲线的测量应采用的仪器是光时域反射仪,即 OTDR。光纤后向散射曲线测量方法及分析的大致内容如下。

(1) 双向测量。对于一般中继段,即光缆线路长度在 50km 左右,光纤线路衰减在 OTDR 单程动态范围(背向散射光)内的情况,应对每一条光纤进行 A-B 和 B-A 两个方向的测量,每一个方向的衰减曲线波形应包括光纤全长上的完整曲线。

对于“超长”中继段,即指光缆线路长度超出 OTDR 衰减测量的动态范围。线路衰减超出一般 OTDR 的动态范围时,可从两个方向测至中间(中间汇合点,不应落在接头位置;两个方向测量距离为全程的 1/2 左右);记录曲线时,移动光标标线应置于“合拢处”的汇合点,以使显示数据的长度相加值为中继段全长,衰减值相加为中继段线路损耗。这种两个方向各测一半的方法虽然未全部双向测量,但根据实践统计分析表明,由于中继段是由很多光缆连接而成,方向误差呈自然状态,中继段 A-B、B-A 各测 1/2 的结果与由中间分两段双向测量的统计值基本一致，因此竣工时可以按此方法进行。

(2) 光缆线路衰减的计算。如果是单向测量的情况，利用 OTDR 显示沿光缆线路长度的衰减情况，不过这并不包括盲区光纤的衰减和成端固定连接点的损耗，对于多模光纤应加上这一部分损耗，对于单模光纤则可以忽略。这是由于其盲区较少，连接损耗很低，故可忽略。不过，这样可能会带来±0.1dB 的偏差。

在双向测量情况下，如果要计算平均衰减，则需要在算出单方向线路衰减的基础上，按下式计算出光纤双向平均衰减值：

$$\alpha=\frac{\alpha_{\text{A-B}}-\alpha_{\text{B-A}}}{2} \tag{7.4}$$

测量结束后，需对测量结果进行记录及比较，由 OTDR 测得光纤衰减谱后，应观察全程曲线，看有无异常情况，并将接头损耗和连接器损耗记录下来。一般来说，熔接接头损耗不应大于 0.1dB，机械接头损耗应小于 0.3dB，连接损耗大约为 0.3dB。如果测试过程中发现异常情况，要进行复测和双向复测，以便确定故障的类型和位置。

3) 光纤连接衰减测试

为控制光纤连接质量，干线光缆施工要求在光纤熔接的同时采用 OTDR 进行现场监测。这样既能提高光纤接头的质量，还能使光缆实际盘长以及 ODF 架至接头点距离更精确，避免光纤出现错接。光纤连接衰减测试其实就是对光纤接续工件的检验，也就是观察光纤接头损耗，作为光纤链路整体衰减的组成部分，光纤连接衰减对光纤链路的光特性传输有着重要影响。一般采用以下三种方式对光纤连接衰减进行测试。

(1) 远端监测方式。将 OTDR 放在机房内，对正在连接的光缆中光纤进行连接损耗测试。这种方法只能测出光纤接续的单方向损耗，接续完毕或接至全程的 1/2 时，应进行反向损耗的测量（根据中继段的长度和 OTDR 的测量动态范围决定），然后按 OTDR 双向测量的数据，计算出各个接续的平均损耗。

(2) 近端监测方式。OTDR 始终设置在连接点前方一个盘长的距离处，这种方法通常用于干线施工。从防雷效果考虑，缆内金属元件在接头盒内断开。这种测试方法也应该进行反向测试，并计算出光纤接续的平均损耗。

(3) 远端环回双向监测方式。这种方法是将缆内光纤在始端采用环回接头环接，而测量时分别从环回接头两侧分别测出接续的两个方向的接续损耗，即时算出光纤接头的平均损耗，以确定接续的质量。

2. 电特性测试

1) 光缆护层对地绝缘测量

该项测量的目的是判断光缆外护层是否完好，从而保证光缆不会因外护层破损遭到水和潮气侵蚀影响光缆寿命，要求光缆护层对地绝缘电阻大于 1000MΩ · km。光缆线路竣工验收中只测量单盘光缆的绝缘电阻，具体方法为：将兆欧表两接线端分别置于光缆金属护层和地之间，如果光缆有多个金属护层，则应分别测试并记录。

2) 铜导线的电特性测量

光缆中若有用于业务传输的铜导线，则需对其电特性专门进行测量，具体内容有铜导线直流电阻和环路电阻偏差、铜导线绝缘电阻以及绝缘电气强度。

一般采用校准的直流电桥从光缆两端直接测量出各单芯铜线的直流电阻，用于远供的铜导线直径为 0.9mm，其单根导线直流电阻应小于 28.52Ω/km(20℃)，当不方便从光缆两端连线测试时，可将两根铜导线在光缆的另一端短接，然后测量该两根铜导线的环路电阻，而通过若干个环路电阻的测量，就可以求得单根铜导线的电阻。

环路电阻偏差是所有环路电阻中最大值与最小值之差除以环路电阻平均值。该值应小于1%，铜导线绝缘电阻是指该导线与光缆中其他金属导体(包括其他铜导线、金属加强件、铠装层等)之间的电阻，该值应大于 10MΩ/km。测量时，将兆欧表两接线分别接到铜导线与其他金属导体上，把测得的结果除以光缆长度，看是否满足标准。

铜导线的绝缘电气强度是指铜导线的绝缘层在击穿前的电压值。耐压测试的办法是利用耐压测试器在光缆导线之间加上规定的高压值(光缆型号不同，其规定值不同)，持续作用 2 分钟，若发生击穿现象，则该项指标不合格。

7.4.3 故障检测

由于外界因素或光纤自身等原因造成的光缆线路阻断进而影响通信业务的情况称为光缆线路故障。引起光缆线路故障的原因除自然灾害外大致可以分为外力导致光缆受损故障、施工故障、接续盒故障等几类。而据故障光缆光纤阻断情况，可将故障类型分为光缆全断、部分束管中断、单束管中的部分光纤中断 3 种。由于光缆的传输容量很大，如果是骨干网，那么一条光缆的中断会影响成千上万路电话通话和数据传输；如果是有线电视网，则会造成千万户无法正常收看电视节目。所以，如果遇到光缆线路故障，则必须尽快确定故障原因和位置，及早排除故障。

为了有效排查光缆故障，需要采用一些检查设备及相关配件，比如，与故障光缆同一厂家同一型号的足够长度的替换光缆(500m)、熔接机和相应的配件、OTDR、光源和光功率计、室外接头盒、光缆线路连接图、发电机、现场用灯(夜间修理时用)、水泵(光缆沟积水时抽水用)、接续用工作台、挖沟设备等。

明确了故障类型后就需要判断故障点，通常依据故障性质可将故障点分为两种：一种为断纤故障，另一种为光纤链路某点衰减增大性故障。依据故障发生的情况则可分为显见性故障和隐蔽性故障。

(1) 显见性故障。这类故障比较容易查找，多数为外力影响所致。可用 OTDR 测定出故障点与局(站)间的距离和故障性质，线路查修人员结合竣工资料及路由维护图，可确定故障点的大体地理位置，沿线寻找光缆线路上是否有动土、建设施工，架空光缆线路是否有明显拉断、被盗、火灾，管道光缆线路是否在人孔内及管道上方有其他施工单位在施工过程中损伤光缆等，倘若发现异常情况，即可查找到故障点发生的位置。

(2) 隐蔽性故障。这类故障查找比较困难，如光缆雷击、鼠害、枪击(架空)、管道塌陷等造成的光缆损伤及自然断纤。因为在光缆线路上不可能直观地巡查到这种异常情况，所以这种故障称为隐蔽性故障。

由于故障形成原因各异，因此对故障点的定位及修复方法也不同，在此介绍几种常见的故障定位方法。

(1) 部分光纤阻断故障定位。针对这种故障，可以采用 OTDR 进行障碍定位。不过，需要精确调整 OTDR 的折射率、脉宽和波长，使之与被测纤芯的参数相同，尽可能减少测试误差。将测出的距离信息与维护资料进行核对，看故障点是否在接头处。若通过 OTDR 曲线观察故障点有明显的菲涅尔反射峰，与资料核对和某一接头距离相近，则可初步判断为光纤接头盒内光纤故障(盒内断裂多为小镜面性断裂，有较大的菲涅尔反射峰)。修复人员到现场后可先与机房人员配合进一步进行判断，然后进行处理。若故障点与接头距离相差较大，则为缆内故障。这类故障隐蔽性较强，如果定位不准，盲目查找可能造成不必要的人力和物力的浪费，如直埋光缆大量土方开挖等,从而导致故障时间被延长。为此,可用 OTDR 精确测试障碍点至邻近接头点的相对距离(纤长),由于光缆在设计时考虑其受力等因素,光纤在缆中留有一定的余长,所以 OTDR 测试的纤长不等于光缆皮长,必须将测试的纤长换算成光缆长度(皮长),再根据接头的位置与缆的关系以确定故障点的位置,即可精确定位故障点并进行处理。

(2) 光缆全阻故障定位。光缆线路全阻故障查找较为容易,一般为外力影响所致。可利用 OTDR 测出故障点与局(站)间的距离,结合维护资料,确定故障点的地理位置,指挥巡线人员沿光缆路由查看是否有建设施工,架空光缆是否有明显的损伤等,一般可找到故障点。若无法找到就需要用上面介绍的方法进行精确计算,确定故障点。

(3) 光纤衰耗过大造成的故障定位。用 OTDR 测试系统故障纤芯,如果发现故障是衰耗突变引起的,则可基本判定故障点位于某接头处,而这是由于多种原因造成的,如弯曲损耗;或盒内余留光纤盘留不当或热缩管脱落等形成小圈,使余纤的曲率半径过小;或环境温度的变化使光缆中的纤膏流出时,将光纤带出产生弯曲;或热缩管固定不好引起热缩管盒内脱落;或线路的衰减随着外界的震动(如风击震动等)引发变化等。当然,接头盒进水也是造成接头处障碍的主要原因之一。打开接头盒后,将可进一步进行判断,仔细查看故障光纤有无损伤或盘小圈,若有小圈将其放大即可,否则进行重接处理。

(4) 机房线路终端故障定位。如果故障发生在终端机房内,那么此时在故障端测试,OTDR 将绘制不出规整曲线,在对端测试会发现故障纤芯测试曲线正常。为精确定位,需要加一段能避开仪表盲区的尾纤,一般长度不少于 500m,先精确测出尾纤长度,再接入故障光纤测试。OTDR 在短距离测试状态下分辨率很高,可以比较准确地测出是跳纤还是终端盒内故障。对于离终端较近的盒内故障,用可见光源进行辅助判断更为方便,距离的远近取决于光源的发射功率,有的光源可以达到 20km。

一般而言,为了保证通信的顺利进行,定位故障只是初步,后续还需进行故障处理,故障成因或许不同,但处理原则是一致的。故障处理的总原则是:先抢通,后修复;先核心,后边缘;先本端,后对端;先网内,后网外,分故障等级进行处理。当两个以上的故障同时发生时,对重大故障予以优先处理。线路障碍未排除之前,查修不得中止。在处理故障时;需要注意:

(1) 光缆线路抢修过程中,应注意仪表、器材的操作使用安全,进行光纤故障测试前,被测光纤与对端的光端机断开物理连接;

(2) 故障一旦排除并经严格测试合格后,应立即通知机务部门对光缆的传输质量进行验证,尽快恢复通信;

(3) 认真做好故障查修记录,在解除故障后还需对故障的原因进行分析,整理技术资料,总结经验教训,提出改进措施;

(4) 如果要介入或更换光缆时,应采用与故障光缆同一厂家同一型号的光缆,并要尽可能减少光缆接头和尽量减少光纤接续损耗。处理故障中所介入或更换的光缆,其长度一般应不小于 200m,且尽可能采用同一厂家、同一型号的光缆,单模光纤的平均接头损耗应不大于 0.2dB/个。故障处理后和迁改后光缆的弯曲半径应不小于 15 倍缆径。

7.5　光缆工程实例

下面给出一个实例:本工程为某运河航道信息化外场建设的一个部分,而外场建设分为视频图像采集系统、船舶交通量观测系统、光传输网、光缆工程 4 个部分。以下对光缆工程部分需要考虑的主要内容进行简要介绍。

7.5.1 工程概况

一般情况下，在对光缆工程概况进行说明时，需重点介绍以下内容。

(1) 光缆线路沿线各地区间(站点间)的长度、地貌特点。根据地貌，选择管道布放、顶管布放(不允许明沟开挖施工地段)、杆路架空等不同敷设方式，或者租用高速公路管道和电信管道资源。

(2) 光缆线路沿线信息接入点(站点)位置。

根据建设总体要求，再对光缆中各个光纤进行使用分配(用于组网或者备用)。

7.5.2 设计规范

对于光缆施工涉及的常用规范有：

(1)《长途通信光缆线路工程设计规范》(YD5102—2005)。

(2)《长途通信光缆塑料管道工程设计规范》(YD5025—2005)。

(3)《长途通信光缆塑料管道工程验收规范》(YD5043—2005)。

(4)《长途通信光缆线路工程验收规范》(YD5121—2005)。

(5)《通信局(站)防雷与接地工程设计规范》(YD5098—2005)。

(6)《通信管道和光(电)缆通道工程施工监理规范》(YD5072—2005)。

(7)《本地通信线路工程设计规范》(YD5137—2005)。

(8)《通信线路工程设计规范》(YD5007—2005)。

(9)《通信线路工程施工及验收技术规范》(YD5103—2005)。

(10)《通信工程建设环境保护技术暂行规定》(YD5039—2009)。

7.5.3 技术要求

光缆工程的技术要求主要体现在以下方面。

1. 光缆接头盒

对使用场所、温度范围、张力、光纤盘留、对地绝缘、耐压强度、光纤接续点保护等方面的技术要求做了说明。

例如，在上述工程中，光纤盘留情况为：盘留光纤长度大于 1.6m，盘留带松套管光纤长度大于 1.6m，盘留曲率半径大于 37.5m；对地绝缘：光缆接头盒浸水 24 小时后测试盒内所有金属构件与大地之间的绝缘电阻应大于 10MΩ。

2. 光缆敷设安装要求

该部分说明了光缆在局站内、光缆架空、管道、人(手)孔等施工的建设要求。

例如，架空光缆使用的架空杆采用锥形预应力砼，其杆高、埋入地下部分深度要求见表 7.5。

表 7.5 光缆工程立杆埋入深度

杆高×直径	埋深/m			
	普通土	硬土	水田、湿地	石质
7m×15cm	1.3	1.2	1.4	1
8m×15cm	1.5	1.4	1.6	1.2
9m×15cm	1.6	1.5	1.7	1.4
10m×15cm	1.7	1.6	1.8	1.6

顶管施工部分说明了施工程序、测量、支撑、顶管后背力与顶力计算。以施工程序为例，包

含围挡、人工顶管坑上半部分土方和支撑、搭平台、支立四角架及起重设备、挖下半部分土方和支撑、安装顶管设备、顶管、砌井、拆撑还土、管道清理与打口、水泥浆填充。

3. 光缆测试指标

光缆测试指标主要规定了衰减的测试指标。对光纤测试窗口、测试接头之间长度、衰减值做了规定,并列出了各地区间距离、接头数、测试要求表格。

7.5.4 设计方案

设计方案中明确了针对不同场合采用的架空光缆、管道光缆、租用高速公路管道、电信管道的位置和长度。设计方案详细制定了沿线各个管道的起点、终点、长度、光缆的敷设方式,并对接入点光缆的安排做了说明。例如,在每个图像采集铁塔下分配相同线序的 4 芯纤芯(2 芯主用,2 芯备用),两个方向共 8 芯,用一条 12 芯光缆引至铁塔上的设备箱内。

7.5.5 施工图设计

施工图设计内容包含各段光缆平面图、光缆跳线路由图、架空光缆接头、预留及引上安装图、飞线端杆叉梁底盘安装图、手孔定型图等。

7.5.6 材料表

该光缆工程的主要材料见表 7.6。

表 7.6 光缆工程的主要材料

序　号	名　称	规　格	单　位	数　量
1	光缆终端盒	12 芯	个	37
2	光跳线 G652D(SC 型)	SC/UPC,2mm,3m	条	540
3	光纤配线单元	72 芯	个	13
4	熔配一体化托盘	12 芯	个	13
5	通信电源用阻燃软电缆	(ZA-RVV)单芯 16	km	1.37
6	通信用铠装室外光缆	GYTA-36B1.3	km	259.5
7	通信用室外光缆	GYTA-12B1.3	km	11.1
8	电缆挂钩	35m/m	只	312 000
9	SC 单芯适配器	进口陶瓷芯 SC	只	1000
10	波纹管	25mm	M	4000
11	水泥电杆	ϕ150×C1×Y	根	2300
12	人孔口圈		套	769

本章小结

本章首先介绍了光缆的结构、类型及相关技术规范,在此基础上,又从光缆施工准备、光缆铺设及接续等方面就光缆线路工程施工所涉及主要内容进行了分析,最后介绍了光缆线路测试相关方法,并给出了实际的光缆工程实例。通过本章的学习,应了解光缆线路施工所涉及的主要环节、方法,包括光缆的选型、光缆铺设及光缆接续;光缆线路施工的主要流程及工作内容;竣工测试的主要项目;施工及线路检测所用的仪器类型及大致使用方法,特别是光时域反射仪的应用等。

在实际工作中,除去本章介绍的与光缆线路施工相关的工程内容之外,由于不同应用背景下，不同类别光缆线路执行的标准有所不同，所以在工程实践中不仅需要考虑本章介绍的内容，还应对相应的标准和规范有所了解，才能高效率、高质量地完成光缆线路的施工。

习题

7.1 如何识别 GYSTA53、GYSTC8Y 的光缆型号？

7.2 光缆的技术参数有哪些？

7.3 简述硅芯管的特点。

7.4 简述硅芯管管道敷设的方法。

7.5 光缆的敷设方式有哪些？

7.6 查资料，说明光缆水底敷设的方法和埋深的规定。

7.7 OTDR 是什么设备？有哪些应用？

7.8 由 OTDR 测量的衰减谱，可以了解哪些内容？

7.9 OTDR 衰减谱显示一根光缆中发生断裂的位置在 3.5km 处，已知该光缆的余长是 5%，则从 OTDR 上测量的光缆护套到光纤断裂位置的距离是多少？

7.10 简述光纤熔接步骤。

7.11 如何利用光源、光功率计测试光纤或接续点的损耗？

7.12 光缆施工竣工测试项目有哪些？

7.13 铜导线电测量的项目有哪些？

7.14 部分光纤阻断故障该如何定位？

7.15 简述光缆故障处理的总原则。

第8章 波分复用技术

CHAPTER 8

8.1 概述

传统的传输网络扩容方法采用空分多路复用(SDM)和时分多路复用(TDM)两种方式。通常,SDM 靠增加光纤数量的方式线性增加传输系统的容量,而传输设备自然也线性增加,因此空分多路复用的扩容方式十分受限。TDM 是比较常用的扩容方式,其复用降低成本,很容易在数据流中抽取特定信号,适合在自愈环保护策略的网络中使用。可是,时分复用设备速率升级缺乏灵活性,不仅如此,高速率时分复用设备成本较高,且达到一定的速率等级时,会受到器件和线路等特性的限制,40Gb/s 的 TDM 设备已经达到电子器件的速率极限。

相较前述两种传统的网络扩容方式,当前光纤通信网络扩容的主要手段包括波分复用(Wavelength Division Multiplexing,WDM)技术和光时分复用(Optical Time Division Multiplexing,OTDM)技术,其中,光时分复用是指将多个通道的低速率数字信息以时间分割的方式插入同一个物理信道(光纤)中,复用之后的数字信息成为高速率的数字流。光时分复用与电时分复用不同,光时分复用的电数字信号还是低速率的数字流,但是复用的光信号是高速率的数字流,这样就绕开了高速电子器件和半导体激光器直接调制能力的限制;而电时分复用则是将低速率的电数字信号直接复用成高速率的电数字信号。

与 WDM 技术相比,OTDM 技术可克服 WDM 技术的一些缺点,比如,由放大器级联导致的谱不均匀性,非理想的滤波器和波长变换所引起的串话,光纤非线性的限制,要求苛刻的波长稳定性装置及昂贵的可调滤波器等,而 OTDM 的一些特点则使其用作将来的全光网络技术方案时更具吸引力,比如,借助此项技术可简单地接入极高的线路速率(高达几百 Gb/s);支路数据可具有任意速率等级且和现在的技术(如 SDH)兼容;由于是单波长传输,大幅简化了放大器级联管理和色散管理;网络的总速率虽然很高,但在网络节点,电子器件只需以本地的低数据速率工作等。

实际上,为了满足人们对信息的大量需求,将来的网络必将是采用全光交换和全光路由的全光网络,无论 WDM 还是 OTDM 技术均能充分利用光纤的宽带资源,大幅增加网络的传输容量,提升传输速度,而二者的结合则可支撑未来超高速光通信网的实现,就目前情况而言,OTDM 技术被认为是长远的网络技术,离实用化尚有一定距离,而 WDM 已投入商用,为此,本章将对波分复用技术进行介绍。

8.2 波分复用技术原理

8.2.1 波分复用工作原理

波分复用技术又称为波长分割复用技术，是指在一根光纤中能同时传输多个波长光信号的一种技术。该技术以光波作为载波，充分利用了单模光纤低损耗区的巨大带宽资源，在光纤低损耗窗口采用多个相互之间有一定波长间隔的激光器作为光源，经各光源调制的信号可以同时在光纤中传播。采用波分复用技术时，在发送端会将不同波长的光信号组合起来(复用)，每个波长的光波都可以单独携带语音、数据和图像信号，并耦合到光缆线路上的同一根光纤中进行传输，在接收端又会将组合波长的光信号分开(解复用)，通过进一步处理，恢复出原信号后送入不同的终端。

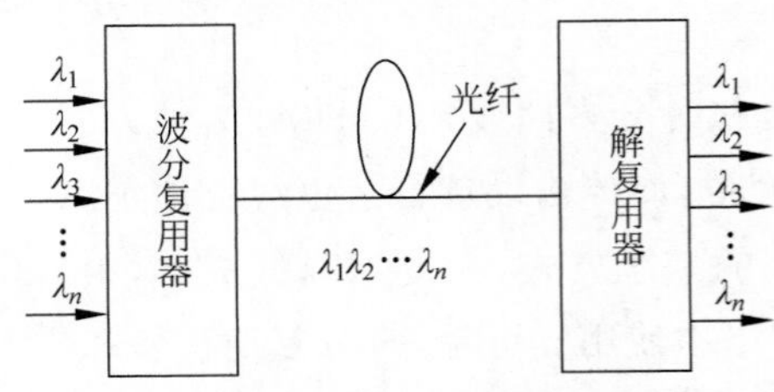

图 8.1 WDM 传输系统工作原理框图

如图 8.1 中，左侧为发送端，有 n 个光发射机分别工作在 n 个不同波长上，分别记为 $\lambda_1,\lambda_2,\lambda_3,\cdots,\lambda_n$，这 n 个波长间有适当的间隔分隔。这 n 个光波作为载波分别被信号调制而携带信息。一个波分复用器(也称合波器)将这些不同波长的光载波信号进行合并，耦合入单模光纤。在右侧的接收端，由一个解复用器(也称为分波器)将不同波长的光载波信号分开，送入各自的接收机进行检测。

为了更好地理解 WDM 传输系统的工作原理，可以参考普通单模石英光纤中光传输损耗与波长的关系。在长波长波段，光纤有两个低损耗传输窗口，即 1310nm 和 1550nm 窗口，这两个窗口的波长范围分别为 1270～1350nm 和 1480～1600nm，各自对应 80nm 和 120nm 的谱宽范围。目前光纤通信系统中所使用的高质量的 1550nm 光源，其调制后的输出谱线宽度最大不超过 0.2nm，考虑到老化及温度引起的波长漂移，给出 0.4～1.6nm 的谱宽富余量，应是合乎情理的，而即使这样，单个系统的谱宽其实也只占用了光纤传输带宽的几百分之一到几十分之一。可以说，WDM 技术使得光纤具有巨大带宽这一优点得以充分体现。以一种工作在 1550nm 的 DFB 激光器为例，它可在 0.8nm 的谱带内发射信号，因此在 1525～1565nm 共 40nm 的范围内，WDM 系统可传送 50 个信道。若每个信道的传输速率为 10Gb/s，则系统总的传输速率即为 50×10Gb/s，比单信道传输的容量增加了 50 倍。

总而言之，波分复用技术具有如下优点：

(1) 充分利用光纤的低损耗波段，增加光纤的传输容量，使一根光纤传送信息的物理限度增加一倍至数倍。

(2) 由于该技术使用波长相互独立的光波，因此可以同时传输特性完全不同的信号。

(3) 由于采用全双工方式，光信号可以在一根光纤中同时向两个不同的方向传输，节省了线路投资，提高了系统的经济效益。

(4) 对于早期敷设的芯数不多的光缆，波分复用技术可提供“在线升级，平滑过渡”的技术支持，即在对原有系统不进行较大改动的情况下进行扩容，节省投资。

(5) 由于大量减少了光纤的使用量，大大降低了建设成本。

(6) 由于光纤数量少，当出现故障时，恢复起来也迅速方便。

(7) 波分复用器件大多是光无源器件，其结构简单、体积小、稳定可靠，在网络设计和施工中有很大的灵活性。

8.2.2 几种波分复用技术

1. 波分复用技术与密集波分复用技术

波分复用技术一般是指在1550nm窗口附近波长的复用，所采用的波长间隔(指相邻的两个通道的工作波长之差)一般为4～10nm。实际上，早在20世纪80年代初，WDM技术是在光纤的两个低损耗窗口，即1310nm窗口和1550nm窗口各传送一路光波长信号，也就是1310nm、1550nm两波分的WDM系统。但由于没有1310nm窗口的实用化的光放大器，而商用化的掺铒光纤放大器(Erbium Doped Fiber Amplifier，EDFA)的增益窗口在1550nm附近，所以实用的WDM技术一般是指在1550nm窗口附近波长的复用。

随着WDM技术的发展，密集波分复用(Dense Wavelength Division Multiplexing，DWDM)逐渐进入人们的视野，其系统的构成及频谱如图8.2所示。由于1550nm窗口EDFA的商用化，WDM系统的相邻波长间隔变得很窄(一般小于1.6nm)，且工作在一个窗口内，共享EDFA光放大器。为了区别于早期的WDM系统，人们称这种波长间隔更紧密的WDM系统为密集波分复用系统。所谓密集，是针对相邻波长间隔而言的，早期的WDM系统的波长间隔是几十纳米，而现在此类系统的波长间隔只有0.2～1.6nm，如0.8nm、0.4nm、0.2nm等。可以说，密集波分复用技术其实是波分复用的一种具体表现形式，如果非特指1310nm、1550nm的两波分WDM系统，通常提到的WDM系统就是DWDM系统，当然DWDM系统中的复用技术也主要指在1550nm窗口附近的复用技术。

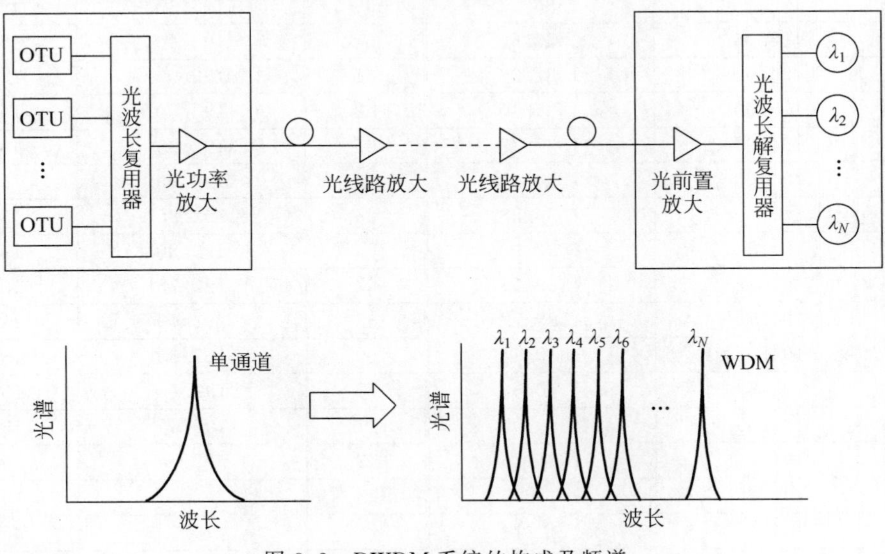

图8.2 DWDM系统的构成及频谱

由于光波的波长会因传输介质的不同而发生改变，而光波的频率却是固定不变的，所以，国际电信联盟(ITU)在制定有关WDM的标准及建议时，采用频率间隔而非波长间隔。依据波长间隔与频率间隔之间的关系，在1550nm附近的频率间隔分别为200GHz、100GHz、50GHz和25GHz的系统，对应的波长间隔分别约为1.6nm、0.8nm、0.4nm和0.2nm。关于DWDM技术在1550nm窗口附近各信道的光波频率、波长及频率间隔(波长间隔)等，ITU提出了相关的建议和标准(ITU-T G.692)，见表8.1，该表展示了ITU-T G.692规定的标称中心频率。

表 8.1 C 波段 80 通道(50GHz 间隔)的频率和波长对应表

编　号	中心频率/THz	中心波长/nm	编　号	中心频率/THz	中心波长/nm
1	196.05	1529.16	41	194.05	1544.92
2	196.00	1529.55	42	194.00	1545.32
3	195.95	1529.94	43	193.95	1545.72
4	195.90	1530.33	44	193.90	1546.12
5	195.85	1530.72	45	193.85	1546.52
6	195.80	1531.12	46	193.80	1546.92
7	195.75	1531.51	47	193.75	1547.32
8	195.70	1531.90	48	193.70	1547.72
9	195.65	1532.29	49	193.65	1548.11
10	195.60	1532.88	50	193.60	1548.51
11	195.55	1533.07	51	193.55	1548.91
12	195.50	1533.47	52	193.50	1549.32
13	195.45	1533.86	53	193.45	1549.72
14	195.40	1534.25	54	193.40	1550.12
15	195.35	1534.64	55	193.35	1550.52
16	195.30	1535.04	56	193.30	1550.92
17	195.25	1535.43	57	193.25	1551.32
18	195.20	1535.82	58	193.20	1551.72
19	195.15	1536.22	59	193.15	1552.12
20	195.10	1536.61	60	193.10	1552.52
21	195.05	1537.00	61	193.05	1552.93
22	195.00	1537.40	62	193.00	1553.33
23	194.95	1537.79	63	192.95	1553.73
24	194.90	1538.19	64	192.90	1554.13
25	194.85	1538.58	65	192.85	1554.54
26	194.80	1538.98	66	192.80	1554.94
27	194.75	1539.37	67	192.75	1555.34
28	194.70	1539.77	68	192.70	1555.75
29	194.65	1540.16	69	192.65	1556.15
30	194.6	1540.56	70	192.6	1556.55
31	194.55	1540.95	71	192.55	1556.96
32	194.5	1541.35	72	192.5	1557.36
33	194.45	1541.75	73	192.45	1557.77
34	194.4	1542.14	74	192.4	1558.17
35	194.35	1542.54	75	192.35	1558.58
36	194.3	1542.94	76	192.3	1558.98
37	194.25	1543.33	77	192.25	1559.39
38	194.2	1543.73	78	192.2	1559.79
39	194.15	1544.13	79	192.15	1560.2
40	194.1	1544.53	80	192.1	1560.61

与早期的 WDM 系统相比,DWDM 系统内各波长间的间隔明显更小。如此一来,在光纤的低损耗窗口可以传输的信道数势必更多,系统的传输容量自然就更高。但是,也正是因为复用的波长间隔减小,DWDM 系统要求光源有精确的波长及很好的波长稳定性,因此,在构建 DWDM 系统时,一方面需采用价格昂贵的激光器,另一方面需采用复杂的控制技术对其进行

控制，不仅系统发送侧有此类要求，在接收侧，系统对波分复用器和解复用器的性能也提出了更高的要求，如带宽更窄、稳定性更高等。因此，DWDM 系统造价大幅提高。鉴于两类系统各自的特点，在实际应用中，WDM 系统多用于接入网，很少用于长距离传输，而 DWDM 系统由于高性能和高价格，比较适用于长途干线传输系统，可广泛用于长距离传输，用于建设全光网络。

2. 稀疏波分复用技术

随着技术的不断进步及人们应用需求的变化，宽带城域网的建设已成为电信及网络建设的热点。由于城域网传输距离短，业务接口复杂多样，如果对其也应用 DWDM 系统，则会导致网络构建成本的大幅增加。在这样的背景下，粗波分复用或称稀疏波分复用(Coarse Wavelength Division Multiplexing，CWDM)技术应运而生。

与 DWDM 技术相比，CWDM 技术在系统成本、性能及可维护性等方面具有优势。CWDM 的信道波长间隔约 20nm，由于其信道波长间隔较 DWDM 更宽，由激光器的波长漂移而带来的信道串扰对系统的影响较小，所以，CWDM 可采用不带冷却器的半导体激光器。这种半导体激光器一般是由激光器芯片和密封在带有玻璃窗口的金属容器中的监控光电二极管构成，因而无须采用比较复杂的控制技术。鉴于此，CWDM 系统中的发射机体积只有 DWDM 发射机的五分之一。此外，CWDM 对复用器的选择也很宽松，只需用粗波分复用器和解复用器即可。由于器件成本和系统要求的降低，使得 CWDM 技术相比 DWDM 技术更易于实现，且整个 CWDM 系统成本也只有 DWDM 的 30%左右。同 DWDM 一样，ITU 针对 CWDM 的工作波长(频率)通过了 ITU G. 694. 2 建议，确定了激光器的工作波长从 1270nm 开始到 1610nm 结束，共有 16 个通道，其中 1400nm 波段由于损耗较大，一般不用。总的来说，其工作波长覆盖了 O、E、S、C、L 共 5 个波段。

8.3 WDM 系统的基本组成及传输方式

8.3.1 WDM 系统的基本组成

依据 WDM 的工作原理，WDM 系统在构建时必须有工作在不同波长上的激光器，有能够将不同波长的光信号进行合并、选择和分路的波分复用器和解复用器，还有对解复用后的光信号进行光电检测的光接收机等。实际上，仅有前述设备是不够的，倘若要保证信号的长距离传输，还需要能够将各路光信号同时进行放大的放大器等。图 8.3 为一个单向传输 WDM 系统的示意图，该系统包括了光发射机、光中继放大、光接收机、光监控信道及网络管理系统几个主要部分。

光发射机位于 WDM 传输系统的发送端。在发送端，首先将来自终端设备(如 SDH 光端机)输出的光信号，利用光转发器(Optical Transform Unit，OTU)把符合 ITU-T G. 957 建议的非特定波长的光信号转换成符合 ITU-T G. 692 建议的具有稳定的特定波长的光信号。OTU 对输入端的信号波长没有特殊要求，可以兼容任意厂家的 SDH 信号，其输出端是满足 ITU-T G. 692 建议的光接口，即采用标准的光波长和满足长距离传输要求的光源；然后，利用光合波器合成多路光信号；最后，通过高功率光纤放大器放大并输出多路光信号。

经过一定距离传输后，要用掺铒光纤放大器 EDFA 对光信号进行中继放大。在应用时可根据具体情况，将 EDFA 用作线路放大器(Line Amplifier，LA)、光功率放大器和光前置放大器(Preamplifier，PA)。在 WDM 系统中，对 EDFA 必须采用增益平坦技术，使得 EDFA 对不同波长的光信号具有接近相同的增益。与此同时，还要考虑到不同数量的光波长信道同时工

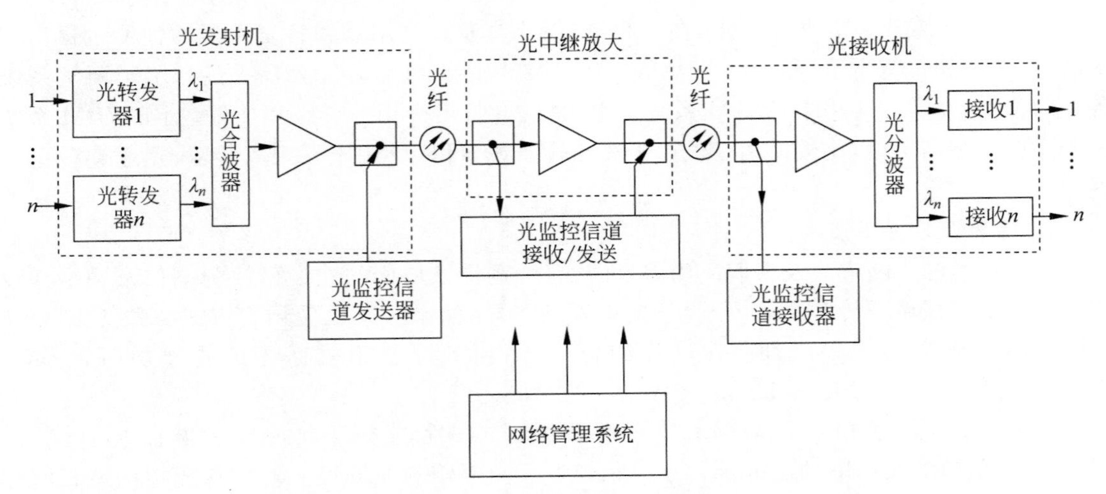

图 8.3 单向传输 WDM 系统

作的各种情况,保证光波长信道之间的增益竞争不影响传输性能。

光接收机位于接收端,其内的光前置放大器会放大经传输而衰减的多路光信号,而光分波器则会从多路光信号中分出特定波长的光信号。需要注意的是,光接收机不但要满足一般接收机对灵敏度、过载功率等参数的要求,还要能承受有一定光噪声的信号,要有足够的电带宽。

光监控信道(Optical Supervisory Channel,OSC)内传输的是用于监控系统内各信道的传输情况的信号,在发送端,光监控信道发送器会插入本节点产生的波长为 λ_s(1510nm)的光监控信号,与承载业务信息的多路光信号合波输出;在接收端,会将接收到的光信号分离,输出 λ_s(1510nm)波长的光监控信号和业务信道光信号,而前者将被光监控信道接收器所接收。

网络管理系统通过光监控信道物理层传送开销字节到其他节点,或接收来自其他节点的开销字节对 WDM 系统进行管理,实现配置管理、故障管理、性能管理、安全管理等功能,并与上层管理系统相连。

8.3.2 WDM 系统传输方式

一般来说,WDM 系统类型很多,其传输方式也不同。

1. 双纤单向传输方式

单向 WDM 传输是指所有波长信道同时在一根光纤上沿同一方向传输。双纤单向传输指的是一根光纤完成一个方向的传输,而另一根光纤则完成反方向的传输。在此类系统的发送端会将载有各种信息的、具有不同载波波长的已调光信号 $\lambda_1,\lambda_2,\cdots,\lambda_N$ 通过光复用器组合在一起,并在一根光纤中单向传输。由于各信号是通过不同波长的光载波携带的,因而彼此之间不会混淆。而在接收端则会通过光解复用器将不同波长的信号分开,完成多路光信号传输的任务。反方向通过另一根光纤传输的原理与此相同。由于两个方向的传输分别由两根光纤完成,因此,同一个波长可以在两个方向上同时被利用。以双纤单向传输方式工作的 WDM 系统的示意图如图 8.4 所示。

这类 WDM 传输系统充分利用了光纤的带宽资源,具备系统扩容优势,且系统构建灵活、方便。

2. 单纤双向传输方式

双向 WDM 传输是指光通路在一根光纤上同时向两个不同的方向传输,所用波长相互分开,以实现双向全双工的通信。单纤双向传输则是由同一根光纤完成两个方向上的信号传输,

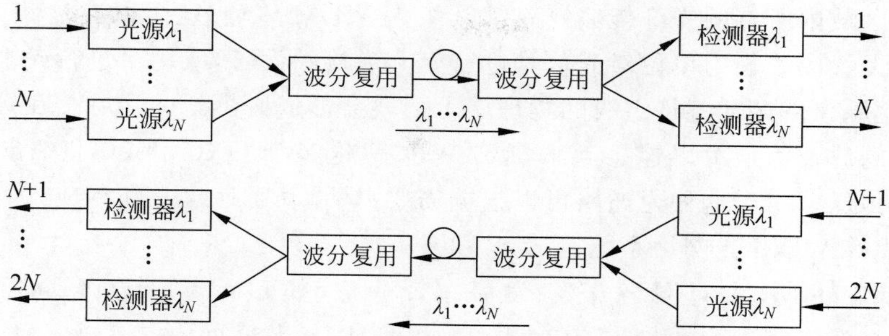

图 8.4 双纤单向传输 WDM 系统

两个方向的信号必须分配不同的波长，同一波长不能被两个方向的信号同时利用。此类系统示意图如图 8.5 所示。

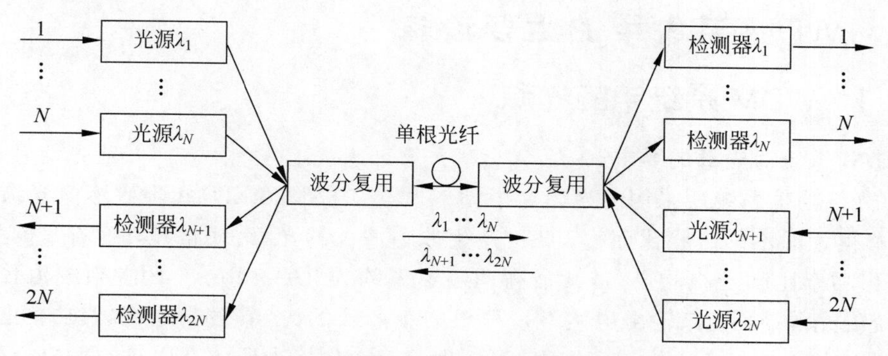

图 8.5 单纤双向传输 WDM 系统

不同于双纤单向传输系统，双向 WDM 系统在设计和应用时必须要考虑几个关键的系统因素，比如，为了抑制多通道干扰，必须解决双向传输中的光波反射、双向通路之间的隔离、串扰的类型和数值、两个方向传输的功率电平值和相互间的依赖性、光监控信道传输和自动功率关断等问题，同时还应注意系统硬件的差异，在此类系统中要使用双向光纤放大器。所以，双向 WDM 系统的开发和应用相对说来要求较高，但与单向 WDM 系统相比，双向 WDM 系统可以减少使用光纤和线路放大器的数量。一般来说，目前大多数情况下，WDM 系统采用双纤单向传输，而单纤双向传输则会在纤芯数量较少的情况下采用。

3. 光分路插入传输方式

以此类传输方式构建的系统（如图 8.6 所示）中设置了光分插复用器（Optical Add/Drop Multiplexer，OADM）或光交叉连接器（Optical CrossConnect，OXC），从而可使各波长光信号进行合流与分流，实现波长的上/下路和路由选择，这样就可以根据光纤通信线路和光网的业务量分布情况，合理地安排插入或分出信号。通常，位于系统中的分插复用器，既可以在中间点下载已有信号，也可以上载新信号到光纤中，上载的信号可以代替下载的信号。

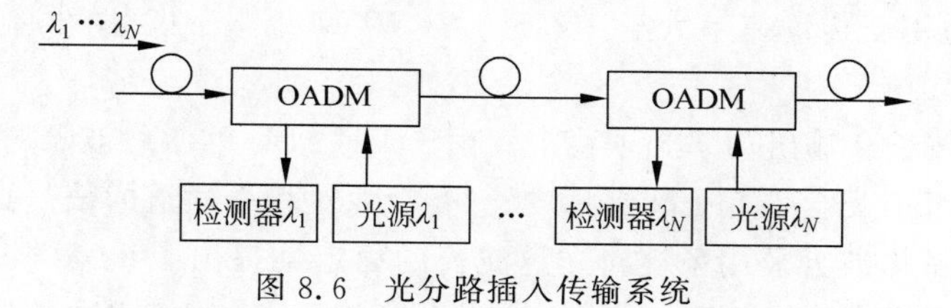

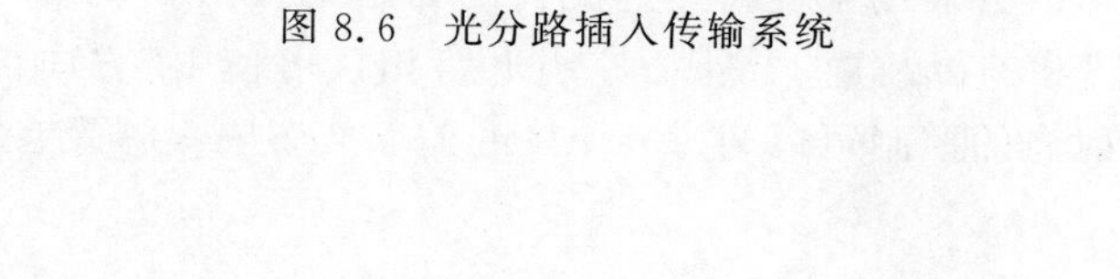

图 8.6 光分路插入传输系统

如果一个区域内所有的光纤传输链路都升级为 WDM 传输，就可以在这些 WDM 链路的交叉(节点)处设置以波长为单位对光信号进行交叉连接的设备，或用于进行光上、下路的光分插复用器，则在原来由光纤链路组成的物理层上面就会形成一个新的光层。在这个光层中，相邻光纤链路中的波长信道可以连接起来，形成一个跨越多个 OXC 和 OADM 的光通路，完成端到端的信息传送。由于这种光通路可以根据需要灵活、动态地建立和释放，因此已成为引人注目的、新一代的 WDM 光网络系统。

总的来说，WDM 技术对网络升级、发展宽带业务(如 CATV、HDTV 和 IP over WDM 等)、充分挖掘光纤带宽潜力、实现超高速光纤通信等具有十分重要的意义。就目前而言，"掺铒光纤放大器(EDFA)＋密集波分复用(DWDM)＋非零色散光纤(NZDSF，即 G. 655 光纤)＋光子集成(PIC)"的系统正日益成为国际上长途高速光纤通信系统的主要技术发展方向。

8.4 WDM 系统中的主要设备

8.4.1 WDM 系统中的光源

1. WDM 系统对光源的要求

通常，光纤通信系统所采用的光源为半导体发光二极管(LED)和半导体激光器(LD)，二者的特性有很大的不同。相比而言，LED 产生非单波长的光，谱线很宽，为 50～100nm，并且 LED 的输出功率比激光器低很多，其最高调制速率约为几百 Mb/s。因此，LED 不适合作为 WDM 系统的光源。而 LD 输出虽然不是理想的单波长的光，其输出谱线宽度却可以达到很窄。虽然普通的 F-P 腔 LD 的谱宽约为 8nm，但具有布拉格光栅的高质量的 DFB 或 DBR LD 的谱宽可达 1×10^{-3}nm，即使考虑因调制而产生的啁啾所导致的谱线展宽，其调制后的输出谱线宽度最大也不超过 0.2nm。所以，只有 LD 才能满足 WDM 系统对于光源波长的要求。不仅如此，LD 的调制频率更可高达数 Gb/s，非常适合在高速传输系统中应用；另外，LD 输出的光功率要比 LED 高很多，而且由其产生的相干光的大部分光能量很容易被耦合进光纤中，因而信号可以传输更远的距离。

由于光源的选择对于 WDM 系统至关重要，为此需明确 WDM 系统对激光器的具体要求。

(1) 激光器需具有波长调谐特性和尽可能窄的线宽。WDM 系统中各发射机工作的频率及相互间的频率间隔(或波长间隔)有严格的规定，激光器的工作波长必须按照 ITU-T 的相关规定，而线宽必须小于所规定的频率间隔。

(2) 激光器应具备尽可能高的边模抑制比，一般要求至少大于 35dB 或 40dB。

(3) 激光器输出激光模式必须为单纵模工作。

(4) 激光器的频率啁啾必须尽可能小。半导体激光器的直接调制会引起频率啁啾，即发射波长随调制电流的变化而变化。在 WDM 系统中，该啁啾会引起串扰，必须被消除。由于啁啾，直接调制不适用于传输速率大于 10Gb/s 的 WDM 系统，为此，可通过采用外调制器的办法来避免啁啾的影响。

(5) 激光器的波长和输出功率必须稳定。由于 DFB LD 的激射波长对温度和反射光很敏感。温度的变化和反射光会引起 LD 中心波长的漂移，对相邻通道的信号造成串扰。因此，波分复用系统特别是密集波分复用系统对光源波长的稳定性提出了很高的要求。通常，在封装好的 LD 中有温度传感和制冷装置，与外加控制电路相接可使 LD 工作在恒定温度上以实现对波长的控制。而反射光的控制可以通过在 LD 的前面放置隔离器及在尾纤输出端采用带有角度的连接器(Angle Polishing Connector,APC)来实现。

(6) 应具备尽可能小的相对强度噪声 RIN。

(7) 应具备尽可能低的功耗。

鉴于上述诸多要求,目前在大多数 WDM 系统中使用的光源为 DFB LD。

2. WDM 系统光源所用激光器件

由于 WDM 系统对激光器有严格的要求,就需要使 LD 发射的波长恰好满足 ITU-T 的规定。从半导体激光器的工作原理可知,LD 发射的光波波长范围取决于半导体材料的带隙,而精确的波长则由 LD 的谐振腔决定。在设计制作器件时,通过调节 DFB LD 中布拉格光栅的周期来调节中心波长,使其工作在规定的波长上。同时,由于材料的折射率随着电流和温度的变化而变化,导致等效腔长也会发生变化。通常,通过改变电流和温度参数可实现工作波长的精细调节。但是,调节工作电流无疑会改变激光器的输出功率。实际 WDM 系统中常通过微调各个分立 LD 的温度实现波长的调谐,也可将这些分立的 LD 集成在一个芯片上,形成激光器阵列。但是,如何将这样的阵列所发出的光耦合到一根光纤中是一个必须解决的问题。采用阵列波导光栅(Arrayed Waveguide Grating,AWG)作为复用器,与激光器阵列集成在一个芯片上,将有可能解决上述问题。

在 WDM 系统中,理想的光源应能够按照需要调节到不同的波长上,如果不能使 LD 工作在需要的波长上,那么这个激光器就不能在 WDM 系统中应用。如果激光器可调谐,且调谐范围足够宽,能够工作在 1550nm 窗口任意一个波长上,那么这样的可调谐激光器可用作理想的光源。通常,可用以下方法实现宽调谐范围。

1) 采用分布式 DBR LD

考虑到布拉格光栅反射性好的特点,将光栅置于激光器谐振腔的两侧或一侧,增益区没有光栅,光栅只相当于一个反射率随波长变化的反射镜,这样就构成了 DBR LD。其中,三段式 DBR LD 是最典型的基于 DBR LD 的单模波长可调谐半导体激光器,其原理性结构如图 8.7 所示。三段式分布反馈布拉格半导体激光器中 3 个区分别为增益区、相位控制区和选择光栅区,各区之间彼此电隔离,并且通过各自独立的电极来提供电流,3 个区作为一个整体形成一个光学谐振腔。图 8.7 中的有源区为高掺杂区,为激光器提供增益;相位控制区为无源区,为光波提供相位移。只有那些在谐振腔内往返一次相位移等于 2π 的整数倍的光波才能形成振荡。若改变相位控制区的电流 I_2,就改变了相位,也就等效于改变了谐振腔的光学长度,进而改变了谐振波长。选择光栅区也为无源区,电流的改变引起该段材料的有效折射率发生改变,从而引起布拉格波长的改变。

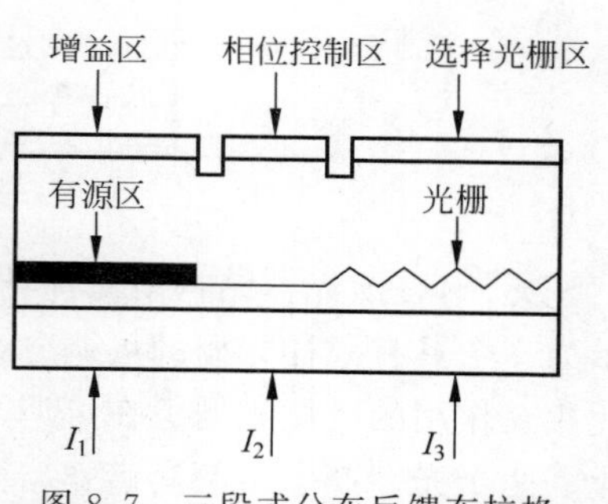

图 8.7　三段式分布反馈布拉格半导体激光器

为了进一步扩大调谐范围,可采用四段式 DBR LD,如图 8.8 所示。这种激光器叫作取样光栅耦合器反射器(Grating Coupler Sampled Reflector,GCSR)激光器。较之三段式 DBR LD,GCSR 激光器从结构上多了一个耦合段。该耦合段中除了有一个平面波导结构(称为下波导)外,在其上部还有一个周期为 15μm 的光栅(称为上波导或光栅波导)。该耦合段用于对波长进行粗调,相位段仍然负责波长的精细调节,布拉格反射器段有一个取样光栅,对波长的调谐介于粗调和细调之间。图 8.8 下方给出了前述各段的截面图。在激光器工作时,从增益段出射的激光进入耦合段的下波导中,根据耦合波理论,在下波导中的光波将耦合进上面的光栅波导中,由于光栅的波长选择作用,只有满足布拉格条件的光波才能被选择进光栅,其余的光波则沿着下波导向前传播进入相位段和反射器段。在反射器段，下波导的右端面反射率做得很低，这些光将从端面出射而损耗掉，那么在耦合器段进入光栅中的光波则会在相位段和反射器段的上波导中传播。如果传播的光波波长与取样光栅的反射波谱中的某个波长重叠，则该波长的光就能被反射回耦合段，再通过耦合段上下波导间的横向耦合返回有源区而被放大，最终形成激光振荡。因此，可以看出，这个激光器的谐振腔由增益段的有源区和耦合段、相位段及反射器段的上波导构成。通过连续调节耦合段的电流，可以使该段上波导中的光波长与反射器段取样光栅的反射波谱中的各个波长一一重叠，完成波长的粗调。粗调的波长间隔为取样光栅的反射谱间的间隔，在本例中为 7nm，总的调谐范围为 114nm。改变反射段的工作电流，可以改变取样光栅的反射光谱，再通过联合调节耦合器段的工作电流，则完成了波长的较为精细的调谐，调谐步长为 0.2nm。更精细的调谐，可通过改变相位段的电流来实现。

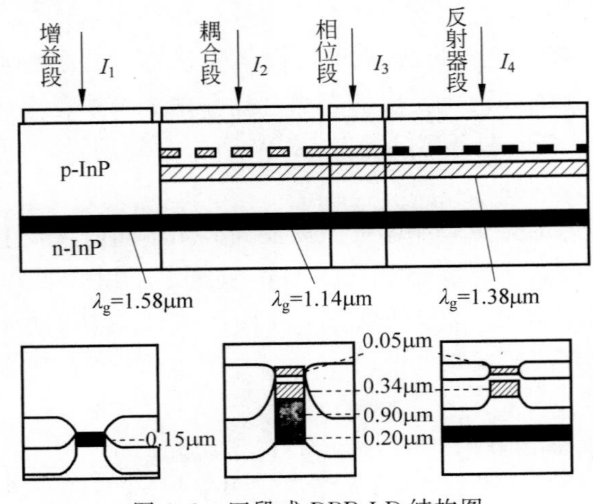

图 8.8 四段式 DBR LD 结构图

另外，在激光器结构中添加两个采样光栅也可以达到增大调谐范围的目的。如图 8.9 所示为一个具有采样光栅的可调分布反馈布拉格半导体激光器的示意图。两个采样光栅制成彼此相互作用的可调光栅。在可调光栅中，器件产生的折射率的变化会引起输出波长的更大变化。两个光栅产生出两套谱宽略微不同的波长，通过改变调谐电流，可调整这两套波长，使得当有一对峰彼此重叠而相干加强时，其他峰之间发生干扰。用这种方法，谱宽调谐范围也可以增加到 100nm。

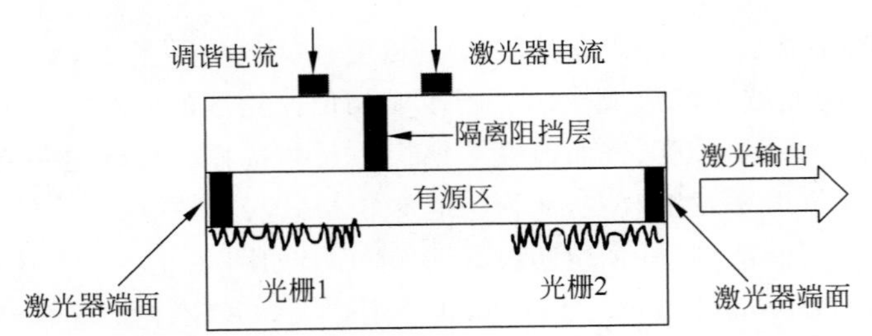

图 8.9 具有采样光栅的可调 DBR LD 结构图

2）采用集成腔激光器

集成腔激光器既有很高的调谐速度又能同时发射几个波长。图 8.10 为集成腔激光器的结构示意图。激光器内有一组有源介质作为放大器，这些介质共有一个 LD 腔镜。所有的放大器都被连接到一个光复用器/滤波器上，滤波器只有一个输出端口，该端口与激光器的第二个LD腔镜相连。这样，每一个增益介质(放大器)与光复用器的相应通道以及激光器的两个LD腔镜就构成了一个子激光器，并可发射自己的波长。于是，整个激光器就发射很多波长，并且靠调节每个子激光器的增益介质，就可改变所发射的波长。据报道，这样的激光器的调谐时间不大于3ns。

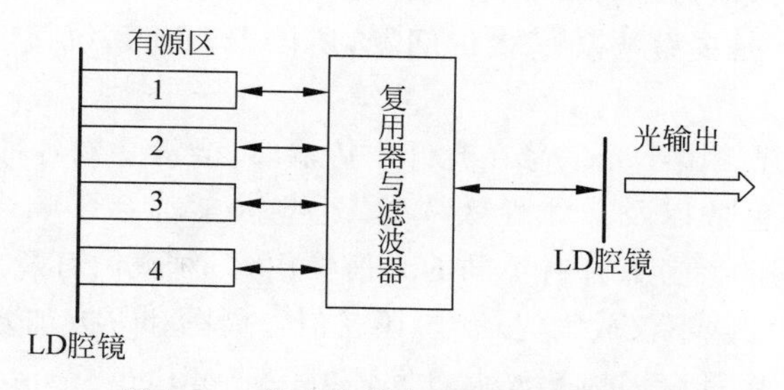

图8.10　集成腔激光器的结构示意图

3）外腔可调谐激光器

作为可调谐激光器的重要类型，外腔可调谐激光器也是一种成熟的商用光源，在宽带测试方面是一个很重要的光源。外腔可调谐激光器可以理解为将普通激光器增益芯片的一个或者两个端面进行了"延伸"，使得光波在这个延伸后的腔体内产生增益，因此谐振腔中的增益管芯、模式选择滤波器以及相位调节器件均通过自由空间光学器件耦合。外腔可调谐激光器具有线宽窄、调谐范围大、输出功率高、较好的单纵模特性以及稳定性等优点。外腔可调谐激光器种类很多，它们的调谐方式也各有不同，光栅是最常见的模式选择滤波器，可以用光纤光栅和衍射光栅构成外腔激光器波长选择单元，激光器的主体部分则是一个LD。光纤光栅型的外腔激光器虽然具有稳定度高、线宽极窄的优点，但这种激光器的波长一般不可调，因此在一定程度上限制了它的应用领域。图8.11为这种激光器的结构示意图。在众多种类的光栅型可调外腔激光器中，研究最早并且受到最多关注的是用衍射光栅作为波长选择单元外腔的可调谐激光器，这类激光器是采用一个衍射光栅作为谐振腔的一个反射器，可调谐LD的一个端面构成了激光器的另一个腔镜，LD面向光栅的端面上镀增透膜，该端面出射的激光经光栅衍射后返回激光器。由于光栅对光波具有选择作用，这种具有外腔的激光器可以单纵模方式工作，输出的激光的频谱宽度可以窄到几千赫兹。此外，光栅的位置还可以移动，以改变它与LD之间的距离，即改变腔长，进行粗调；而通过转动光栅，则可以对波长进行细微调节。这种激光器能获得约80nm的波长可调谐范围。但是，这种激光器的一个很大的缺点就是调谐速度很慢，大约在毫秒量级。这远不能满足WDM系统的要求，这也是该种激光器不用作WDM光源而只作为测试用光源的原因。另外，外腔激光器的噪声比较大，边模抑制比也相对较低。

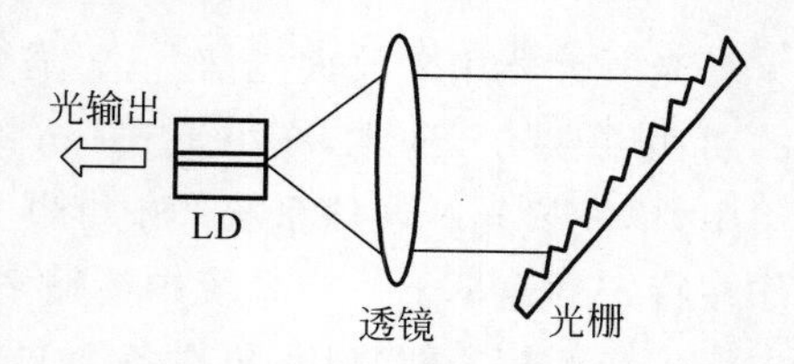

图8.11　基于衍射光栅的外腔可调谐激光器结构示意图

8.4.2　WDM系统中的接收机

在WDM系统的接收端，光前置放大器放大经传输而衰减的主信道信号，采用分波器从主信道光信号中分出特定波长的光信号，为了更好地完成信号接收，WDM系统对接收机有以下几点要求。

(1) 接收机必须能工作在复用波长所覆盖的范围上。如果系统工作在C波段(1530～1565nm)，那么接收机的光电二极管也必须能工作在此范围，必须尽可能地使接收机中的光电二极管 PIN 或 APD 的波长响应平坦化。

(2) 接收机的灵敏度应尽可能高。在单波长系统中，在给定误码率的情况下，接收机的灵敏度或许可以达到要求，但在 WDM 系统和网络中却不能保证一定可以满足要求。这是因为相邻信道间的串扰会降低该信道的信噪比，要想达到与普通单光波系统相同的误码率，势必需要更高的信号功率，也就是要解决功率代价问题，所以 WDM 系统接收机的灵敏度要求比单个光波系统要高。

(3) 抗光噪声能力强。由于光信号在光纤中传输时，会遭受到各种因素的损伤，包括自发辐射噪声、色散、偏振模色散以及非线性效应等，这些因素都会影响光纤中信号的质量。在 WDM 系统中，链路不同的参考点处有不同的光信噪比，但对我们有意义的是接收端(放大器)的光信噪比。由于光放大器不仅放大光信号，还在信号周围和下方加入噪音(额外寄生功率)，因此系统中的每个 EDFA 都会因为其放大自发辐射(Amplified Spontaneous Emission，ASE)而劣化光信噪比，而且光信噪比随着光放级联数目的增加还会进一步降低。鉴于光信噪比与误码率间存在直接关系，光信噪比越高则误码率越低，即传输错误越少。为此，接收机应具备较好的抗噪能力。

(4) 光载波分离速度应尽可能快。在网络应用时，如有多个接入链路与 WDM 相连，往往希望接收机能够对某一波长携带的信号进行选择。为此，常在接收机前加一个可调谐滤波器或者解复用器，使用前者就是要通过可调谐滤波器对信号进行搜索，一旦所需波长的信号被搜索到，该信号就被送入接收机检测；使用解复用器就是将各个信道分离出来，再送入各自对应的光电二极管中进行光电转换。要想得到某一个信道的信号，就可以将电信号从一个二极管转到另一个二极管中，这里对信号的选择是凭借电形式完成的，其开关时间在几个纳秒的量级，能够满足网络需求。相比而言，使用解复用器对各种波长的光载波进行分离，其实是更为常用的办法。

总的来说，WDM 系统中的接收机不但要满足对光信号灵敏度、过载功率等参数的要求，还要能承受一定光噪声的信号，具备足够的电带宽性能。此外，WDM 系统对接收机的其他的特性，诸如温度特性、偏振特性以及功耗等，与在其他光纤系统中的要求一样。

8.4.3 WDM 系统中的光放大器

光放大器用来放大光信号，不需要转换光信号到电信号，补偿由于通过长距离传播而导致的功耗或衰减。通常，在小于 65km 的链路上并不需要光放大器。在实际的长途干线传输应用中，单波长光纤通信系统的中继器只针对某一个波长信号进行重新发送或者转发，且只能工作在特定的速率下。当系统中传输多个波长的信号时，常规的中继器将无法工作，为此，需要先将传输的信号解复用，再对各个波长的信号进行中继处理，这势必导致中继器复杂化、大型化，而这恰恰是制约 WDM 技术发展的一个主要问题。

要合适地选用光放大器，需要了解其特性。光放大器的主要特性有增益、增益效率、增益波动、增益带宽、增益饱和以及噪声。其中，增益是输出光功率与输入光功率的比值(以 dB 为单位)；增益效率是增益相对于输入光功率的函数；增益波动是在增益带宽内的增益变化范围(以 dB 为单位)；增益带宽是放大器放大信号的有效频率范围；增益饱和现象是指当入射光强增大到一定程度后，增益会随着入射光功率增加而下降的过程；而与放大光信号有关的噪声包括两个方面：光场噪声中最主要的噪声是光放大器中输出的 ASE 噪声，强度/光电流噪声是指与光束相联系的功率或光电流的波动。

光纤放大器有两类：一类是利用在光纤纤芯掺入稀土元素(如铒、镨等)构成的放大器，如掺铒光纤放大器(EDFA)、掺镨光纤放大器(PDFA)等；另一类是利用光纤中的非线性效应所构成的放大器，如受激布里渊散射放大器(SBA)、受激拉曼散射放大器(SRA)，其中EDFA适合长波长1550nm窗口的光信号放大，而PDFA适合1310nm窗口的光信号放大。由于光纤放大器在第5章已经介绍过，此处不再赘述，以下仅以掺铒光纤放大器为例，介绍其在WDM系统中应用时的注意事项。

由于掺铒光纤放大器在光纤的低损耗传输窗口1550nm附近约35nm的带宽范围内具有很高的增益，可对多个光波信号同时进行在线光放大以补偿信号在光纤中传输时产生的衰减，不需进行光电和电光的转换，而且对信号的传输速率透明。因此，它解决了WDM系统中多信道信号放大的问题，取代了中继器。EDFA技术日益成熟并商用化，使得WDM技术迅速发展并成为现实。

EDFA具有转移效率高、带宽宽、增益高、动态范围大、噪声系数小、与光纤的耦合损耗小、增益稳定性好、对偏振不敏感等优点，在光纤通信系统中可用作后置放大器、在线放大器和前置放大器。当其在WDM系统中应用时，应重点关注增益的平坦性、自动增益控制及噪声系数等。

1. 增益的平坦性

在整个带宽范围内，EDFA的增益是不平坦的，如此一来，当WDM系统中的若干个不同波长信号同时经多个EDFA级联放大传输时，在EDFA的输出端，接收机从各个信道收到的光功率和信噪比便各不相同，这种非均衡性对系统的性能非常有害，会使各路之间发生串扰，具体表现为：接收光功率超过接收机的动态范围；SNR不均衡最终会导致某些波长信道的误码率高于指定值；接收到的最小信号功率可能低于接收机的灵敏度。因此，在WDM系统中，要求EDFA的带内增益平坦度小于1.0dB。为克服这个缺点，通常采用几种办法来均衡这种不平坦。

(1) 改变EDFA掺杂组成，用闪耀光纤光栅做成特定的光谱损耗形式以平衡光放大器的增益。

(2) 在传输技术上进行改进。早期有一种办法叫作预均衡，就是通过监控系统，将输出功率的不平衡反馈到输入端，用来调整输入端各信道的功率。这样，经过EDFA放大后，各信道的功率差会减小以保证各信道在接收机的信噪比接近一致，并保证各信道的功率都落在接收机的动态范围之内。

还有一种比较实用的办法，即在EDFA模块中加入一个精心设计的滤波器，使其通带特性正好能够补偿放大器的增益不平坦，从而达到平坦放大器增益的目的。为区别单信道应用的EDFA，这种带有滤波器的EDFA通常叫作WDM用EDFA。经过这样的放大器放大后，各个信道的信号功率在某些工作条件下能够基本达到相等。实际上，这种WDM用光放大器的核心部件之一是一个能够平坦放大器增益的滤波器，现阶段用作此类用途的实用的滤波器主要有多层介质薄膜滤波器和光纤光栅滤波器，但此类滤波器的损耗特性通常是固定不变的，因此EDFA在系统应用中的增益平坦度仍然只能在某些工作条件下得到保证，而在另外的条件下增益还是不平坦的。在实际应用中，EDFA的工作条件通常是根据需要改变的，这就需要研制增益(损耗)可调的动态增益滤波器。

2. 自动增益控制

EDFA应用于波分复用光纤通信网时，由于不同的信道可能沿不同的路径传播，在不同节点处信道会随机插分，这些变化均会引起网络的重构，进而使网络中EDFA的信道数发生变化，EDFA信号输入功率也将缓慢变化，饱和EDFA的增益随信号光功率的上升而下降，因此，EDFA 随输入信号功率变化而工作在不同的饱和深度，其稳态增益和输出功率也随之而变。比如，在含不同格式信号的混合 WDM 传输系统中，较低输入功率（<−10dBm）的数字信号与大功率（>3dBm）的视频信号可能在不同的信道上共线传输，一旦视频信号中断，数字信道就会从深度饱和状态跳变到小信号状态。由于 EDFA 的增益瞬态饱和效应，引起信道间交叉饱和串扰，使信号失真。再者，随着 EDFA 工作环境温度的变化及泵浦源的老化效应，LD 的输出功率发生变化，也能引起 EDFA 增益变化。增益波动在 EDFA 级联放大应用中表现更加突出。因此，稳定 EDFA 的增益非常重要。

目前采用的解决方案主要有两种。

（1）动态增益控制，即利用光电反馈环实现增益控制。该方案包括两种方法：一种是电流控制模式，也就是适当地对 EDFA 输出信号进行取样并反馈，相应调整作用于泵浦源 LD 上的偏置电流，使 EDFA 的输入在很大范围内变化时维持增益或输出功率恒定；另一种是功率控制模式，也就是用一个补偿信号实现光电反馈，即改变通过放大器的饱和补偿量（补偿信号波长与信号波长不同）的功率电平，以控制放大器的增益。不过这类动态增益控制方案需要许多附加器件，结构复杂，而且有较大的电延迟。

（2）自动增益控制，即包含同时进行放大的激射的全光自动增益控制。可采用简单的无源光学器件（如光纤光栅）形成直线形激光器，或用光纤反馈环形成环形激光器，并利用 EDF 的均匀加宽机制，在 EDFA 中特定波长上建立稳定的激射，有效地控制增益的变化，激光器的激射完成上述饱和补偿信号的同样功能，但空腔中的激光条件使通量电平自动进行调整。这类控制电路结构简单，易于实现。当采用自动增益控制模式时，其增益是恒定的，若输入光功率的大小改变，则控制电路可根据要求的增益，调整泵浦电流使 EDFA 仍然工作在指定的增益点上。

3. 噪声系数

光通信系统的放大无论是 EDFA 还是拉曼光放大，其基本原理都是受激三能级量子跃迁。泵浦光将处于稳态下能级的量子激发到非稳态的高能级，处于高能级的量子自发跃迁到亚稳态的上能级，处于上能级的量子受输入光子的激发向下能级跃迁，同时释放出与输入光子性质完全相同的光子，从而将输入光信号放大。这种量子受输入光子影响而辐射出与输入光子性质完全相同光子的现象叫光受激辐射。只是处于上能级的量子并不是十分稳定，它除了会因受激辐射而产生光放大外，还会自发辐射光子而向下能级跃迁。这种自发辐射所产生的光信号与信号光完全不同，它是一种谱宽较宽且全方向辐射的自然光，其中，辐射方向与光传输方向相同，并能约束在光纤中传输的光就成了可以影响光信号接收的噪声，即 ASE 噪声。

当 EDFA 级联应用时，上一级的 ASE 噪声将作为信号与真正的信号一起输入下一级 EDFA 而被放大，这样，ASE 噪声就累积起来，进而引起系统信噪比的恶化。通常，信号通过第一个 EDFA 会导致光信噪比下降约 3dB，之后的 EDFA 导致的光信噪比下降量会少于 3dB。因此，在 WDM 系统中应用时，EDFA 的噪声系数必须尽可能小。

8.4.4 WDM 系统中的波分复用器/解复用器

在进行信号传输时，WDM 系统会在发送端将不同波长的光信号组合起来并耦合进光缆线路上同一根光纤中进行传输，在接收端将组合波长的光信号进行分离，并做进一步处理后恢复出原信号送入不同终端。因此，光复用器（合波器）和光解复用器（分波器）对于波分复用系统而言非常重要，是其核心部件，这两种器件性能的优劣在很大程度上决定了整个系统的性能。

1. 波分复用器/解复用器的特性及其描述

能将不同波长的各个光束进行合成的器件叫作复用器(WDM MUX)。能将多个波长组成的一束光分解出各个波长的器件叫作解复用器(WDM DEMUX)。

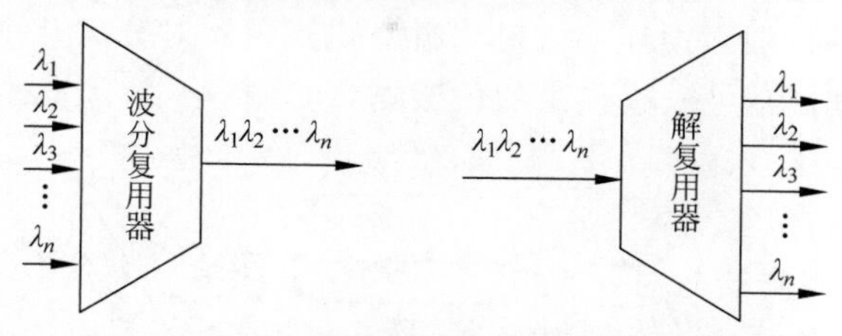

图 8.12　波分复用器和解复用器结构示意图

图 8.12 给出了波分复用器和解复用器的示意图，这两个器件都是一端为一个端口，另一端为多个端口的器件，只是前者是将多个光波波长通过合波器汇合在一起，后者则将接收到的光波分解到各个单一的波长上。通常对波分复用器的基本要求如下：

(1) 插入损耗低(系统设计时一般容许几个分贝的插入损耗，但一般较好的商用产品均低于 0.5dB)，串扰小；

(2) 偏振灵敏度低；

(3) 隔离度大；

(4) 带内平坦；

(5) 复用通路多；

(6) 温度稳定性好；

(7) 机械尺寸小，防震性能好等。

2. 波分复用器/解复用器的分类

光波分复用器的种类很多，依据应用领域的不同，WDM 器件的技术要求和制造方法都不相同，依据其制造机理的不同，大致可分为以下几类：棱镜色散型、光栅型、熔融光纤型、介质薄膜滤波器型波分复用器等。

1) 棱镜色散型波分复用器

利用折射棱镜的角色散功能可以实现将复色光信号中的各波长光分离。通常，一束复色光射入棱镜经两次折射，由于棱镜材料的折射率随波长而异，因此经棱镜出射的光将发生角色散并按波长展开，从而使不同波长光信号相互分离，实现解复用功能，如图 8.13 所示。棱镜型复用器和解复用器结构简单，容易制造，但材料色散系数(即偏折程度)较小，插入损耗较大，难以达到所需要的特性要求，因此不常应用。

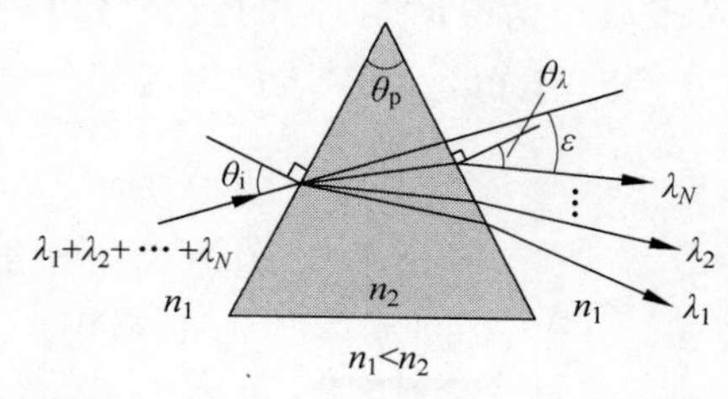

图 8.13　棱镜解复用器结构示意图

2) 光栅型波分复用器

所谓光栅，是指一块能够透射或反射的平面，上面刻画了多条平行且等距的槽痕，形成许多具有相同间隔的狭缝。当一束含有多波长的复色光信号入射光栅时，将产生衍射。由于不同波长具有不同的衍射角，因而不同波长成分的光信号将以不同的角度出射，从而实现不同波长的光信号分离。因此，该器件与棱镜的作用一样，均属角色散型器件。常用的光栅型波分复用器有衍射光栅型波分复用器、光纤光栅型波分复用器、平面光波导型波分复用器等。

(1) 衍射光栅型波分复用器。光栅种类较多，但用于 WDM 中主要是闪耀光栅，它的刻槽具有一定的形状，如图 8.14 所示，当光纤阵列中某根输入光纤中的光信号经透镜准直以平行光束射向闪耀光栅时，由于光栅的衍射作用，不同波长的光信号以方向略有差异的各种平行光束返回透镜传输，再经透镜聚焦后，按一定的规律分别注入输出光纤之中。由于闪耀光栅能使入射光方向矢量几乎垂直于光栅表面上产生反射的沟槽平面，形成所谓利特罗（Littow）结构，因而可提高衍射效率，降低插入损耗。衍射光栅型解复用器对分离几个间隔很大的波长效果很好，但它不能对紧密间隔的波长提供高的信道隔离度。

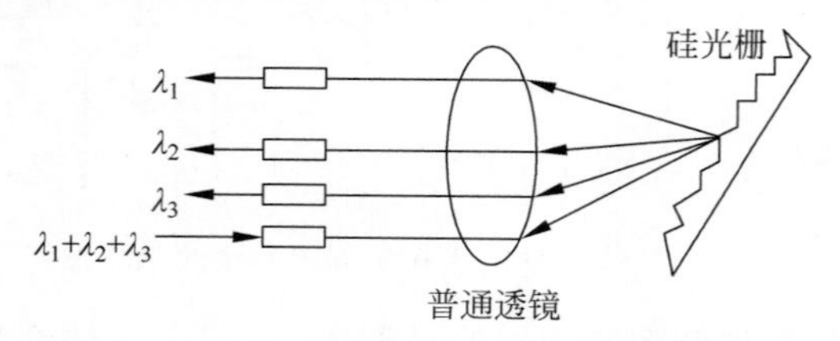

图 8.14　衍射光栅型解复用器结构示意图

（2）光纤光栅型波分复用器。随着光纤光栅技术的成熟，光栅型波分复用器/解复用器中的体光栅常用光纤光栅来代替。光纤光栅利用光纤的折射率对紫外光敏感这一特性，在光纤的侧面用紫外光写入技术，沿着光纤长度方向上形成折射率周期变化的布拉格光栅，因此，光纤光栅叫作光纤布拉格光栅（Fiber Bragg Grating，FBG）。光纤光栅做成的波分复用器有很多优点：通过精心设计光栅结构，可精密控制中心反射波场；反射带宽可做得很小，因而特别适于 DWDM 系统；反射率很高，可达到接近 100%；与普通的传输光纤连接十分方便；对偏振不敏感等。不过，这类波分复用器也存在不足，即有高的回波反射，因此，应用时必须使用光隔离器。

（3）平面光波导型（阵列波导光栅）波分复用器。平面光波导是在平面型基底材料上，采用半导体加工工艺制造的光波导结构。根据光波导之间的功率耦合与波长、间隔、材料等有关特性即可制造出相应的光波分复用器。以此为基础，近些年来又出现了一种特别适用于光纤通信的新型阵列波导光栅（AWG）型波分复用器，其结构见图 8.15。AWG 是由规则排列波导组成的弯曲平面波导阵列，相邻波导的长度相差固定值 ΔL，相应产生的相位差随波长而变。基于此，长度不同的各波导，它们的输出在输出耦合器中所产生的干涉效应以及对光谱的展开，与衍射光栅的作用相同。因而，当某一输入光纤中输入多波长信号时，不同的波长将以不同的角度从波导阵列出射，输出端的各光纤中将分别有各分离出的光波长信号，从而起到分离多个信道、解复用的功能。

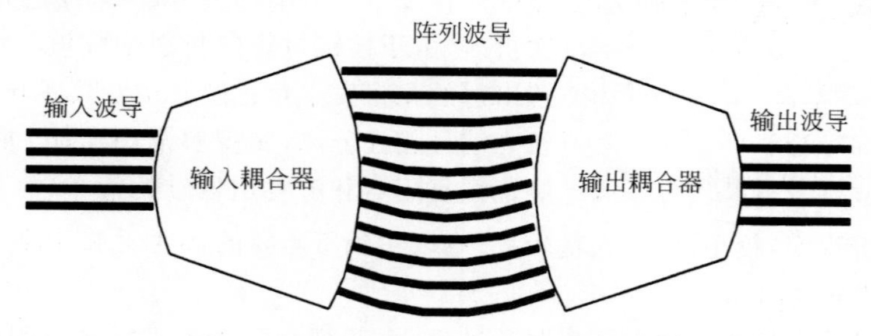

图 8.15　AWG 型波分复用器结构示意图

3）熔融光纤型波分复用器

此类波分复用器本质上是熔融型光纤耦合器应用于 WDM 功能的实现。熔融光纤型波分复用器的制作是将两根或多根光纤靠贴在一起，通过适度熔融而形成的一种表面交互式器件，而后可以通过控制融合段的长度和不同光纤之间的互相靠近程度实现不同波长的复用或解复用，见图 8.16。熔融光纤型波分复用器的优点是便于连接，插入损耗极小（典型值

0.2dB),结构小巧紧凑,用于间隔很大的波长分离效果很好,例如掺铒光纤放大器的泵浦光(980nm)和信号光(1550nm)。但此类复用器复用波长数少,不适合用于分离密集波分复用系统中的多波长光信道,且对光源波长及温度变化的适应性较差;另外,隔离度也较差(20dB左右)。

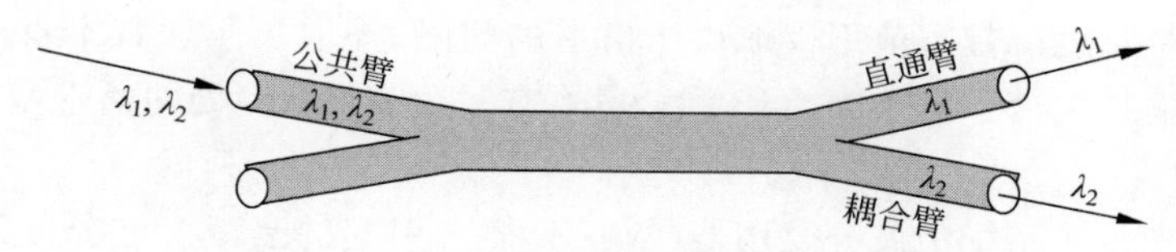

图 8.16　熔融光纤型波分复用器结构示意图

4) 介质薄膜滤波器型波分复用器

介质薄膜滤波器由折射率高低不同的多层介质膜交叠而成。适当设计每层膜的光学厚度以及介质膜的折射率,可以做成只透射某个所希望的波长而反射其他波长的透射型滤波器。设计多个滤波器,使它们的透射中心波长为 ITU-T 规定的值,把这些滤波器以一定的方式连接起来,就构成了多通道波分复用器/解复用器,如图 8.17 所示。

这种类型的波分复用器/解复用器的优点是器件的设计与光纤的参数几乎无关;信道数灵活,且波长的间隔可以不规则;插入损耗低,极化相关损耗低;温度特性好等。这种复用器的缺点是频率间隔在 100GHz 以下时实现比较困难,因而信道数受到限制;器件装配所需的时间较长,整个器件的损耗和成本与信道数成正比。

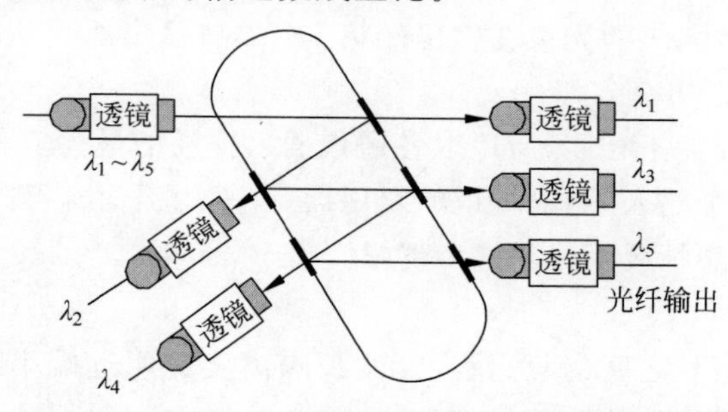

图 8.17　基于多层介质薄膜滤波器构成的 5 通道解复用器

除去上述几种波分复用器外,波分复用器/解复用器还可依据波长的间隔分为:宽带波分复用器/解复用器、窄带波分复用器/解复用器和密集波分复用器/解复用器,其中宽带波分复用/解复用器可以将诸如 1310nm 与 1550nm、850nm 与 1310nm、980nm 与 1550nm 等间隔很大的几个波长进行合波或分波;窄带波分复用器/解复用器一般指 1550nm 附近中心频率间隔大于 200GHz(1.6nm)的复用/解复用器件;而密集复用器/解复用器是指通道频率间隔小于或等于 200GHz 的器件。

3. 波分复用器/解复用器的主要性能指标

1) 工作波段

工作波段指波分复用器/解复用器工作在什么波段。复用/解复用器的工作波段,如 1550nm 波长区分为 3 个波段:S 波段(短波长波段 1460～1528nm)、C 波段(常规波段 1530～1565nm)、L 波段(长波长波段 1565～1625nm)。

2) 信道数和信道间隔

信道数指波分复用/解复用器可以合成或分离的信道的数量,这个数字为 4～160,通过增加更多的频道来增强设计,常见的信道数有 4、8、16、32、40、48 等。信道间隔是指两个相邻信道标称载频的差值，可以用来防止信道间干扰。按 ITU-T G. 692 的建议，间隔小于 200GHz (1. 6nm)的有 100GHz(0. 8nm)、50GHz(0. 4nm)和 25GHz(0. 2nm)等，目前优先选用的是 100GHz 和 50GHz 信道间隔。

3) 带宽

带宽也叫通带宽度。带宽值不仅取决于信道的间隔，还取决于通带本身的线型。生产厂商常给出通道传输最大值下降 1dB、3dB 和 20dB(有时还有 30dB)处的通带宽度。

4) 插入损耗

插入损耗是光传输系统中波分复用器(WDM)插入引起的衰减。波分复用器本身对光信号的衰减作用，直接影响系统的传输距离。通常，波分复用器/解复用器的插入损耗与波长有关，插入损耗越低，信号衰减越少。对于复用器而言，第 i 个端口的插入损耗定义为波长为 λ_i 的信号耦合进输入端口 i 的功率与该信号在输出端口的功率之比取对数，即

$$L_i = 10\log\frac{P_{\mathrm{in}i}(\lambda_i)}{P_{\mathrm{out}}(\lambda_i)} \tag{8.1}$$

其中，$P_{\mathrm{out}}(\lambda_i)$代表波长为 λ_i 的光束在输出端的光功率；$P_{\mathrm{in}i}(\lambda_i)$代表波长为 λ_i 的信号耦合进输入端口 i 的光功率。

同理，对于解复用器输出端的第 i 个输出端口，有

$$L_i = 10\log\frac{P_{\mathrm{in}}(\lambda_i)}{P_{\mathrm{out}i}(\lambda_i)} \tag{8.2}$$

其中，$P_{\mathrm{out}i}(\lambda_i)$代表波长为 λ_i 的光束在输出端第 i 个端口输出的光功率；$P_{\mathrm{in}}(\lambda_i)$代表波长为 λ_i 的信号进入输入端的光功率。

由于各通道的插入损耗不相同，所以取各通道插入损耗的最大值来表征复用器/解复用器的插入损耗。对于有 N 个输入/输出端口的复用器/解复用器而言，规定每个通道的插入损耗必须小于 $1.5\log_2 N$。理想情况下，L_i 越小越好。

5) 隔离度

隔离度指各个波道信号之间的隔离程度，波长隔离度又叫远端串扰。隔离度值高能够有效防止信号之间相互串扰导致传输信号失真。

对于复用器，某一端口 i 对于波长为 λ_j 的信号的隔离度定义为从该端口输入波长为 λ_j 的信号功率与该信号在输出端口的功率之比，则有

$$L_c = 10\log\frac{P_{\mathrm{in}i}(\lambda_j)}{P_{\mathrm{out}}(\lambda_j)} \tag{8.3}$$

式(8. 3)说明，对于输入端口 i，任何其他波长 $\lambda_j(j\neq i)$的光信号要从输入端口 i 传至输出端时，均会被堵塞而无法传出，此时的损耗为 L_c。理想情况下，L_c 越大越好。

对于解复用器，输出端口 i 的波长隔离度有相似的定义：

$$L_c = 10\log\frac{P_{\mathrm{in}}(\lambda_j)}{P_{\mathrm{out}i}(\lambda_j)} \tag{8.4}$$

式(8. 4)说明，任何波长的光信号 $\lambda_j(j\neq i)$想从输入端口传至输出端口 i 时，均会被堵塞，无法传出，此时的损耗为波长隔离度 L_c。理想情况下，L_c 越大越好。对于解复用器，其隔离度通常大于 30dB，而复用器其隔离度约为 18dB。

6) 偏振相关损耗

偏振相关损耗是指光信号以不同的偏振状态输入时(如线偏振、圆偏振、椭圆偏振)，对应输出端口插入损耗最大变化量。

偏振相关损耗对于光器件的表征至关重要，实际上，每个器件都表现为一种偏振相关传输。由于传输信号的偏振不仅局限于光纤网络之内，因此器件的插入损耗随偏振状态而异。这种效应会沿传输链路不可控制地增长，对传输质量带来严重影响。个别器件的偏振相关损耗会在系统内造成较大的功率波动，从而提高了系统的比特错误率，甚至会导致网络故障。

7）方向性

方向性定义为信号在某输入通道/输出通道 i 中的功率与从该通道中泄漏到另一个输入通道/输出通道 j 的功率之比。方向性通常也称为近端损耗，D_{ij} 通常应大于 50dB。

对应于波分复用器，有

$$D_{ij} = 10\log \frac{P_{\text{in}i}(\lambda_i)}{P_{\text{in}j}(\lambda_i)} \tag{8.5}$$

对应于解复用器，有

$$D_{ij} = 10\log \frac{P_{\text{out}i}(\lambda_i)}{P_{\text{out}j}(\lambda_i)} \tag{8.6}$$

4. 光滤波技术

光滤波技术也可以称为波长选择技术，提到此项技术就需要了解光滤波器。光滤波器是用来进行波长选择的仪器，它可以从众多的波长中挑选出所需的波长，而除此波长以外的光将会被拒绝通过，它可以用于波长选择、光放大器的噪声滤除、增益均衡、光复用/解复用。鉴于此，光滤波器是 WDM 系统中的一种重要器件，与波分复用有着密切关系，常常用来构成各种各样的波分复用器和解复用器。除此之外，光滤波器还可单纯用于滤波，也可在波长路由器中应用。

波分复用器和解复用器主要用在 WDM 终端和波长路由器以及波长分插复用器(Wavelength Add/Drop Multiplexer，WADM)中。波长路由器是波长路由网络中的关键部件，如果一个波长路由器的路由方式不随时间变化，就称为静态路由器；如果其路由方式随时间变化，则称之为动态路由器。静态路由器可以用波分复用器来构成，如图 8.18 所示。可见，波分复用器可以看成波长路由器的简化形式。

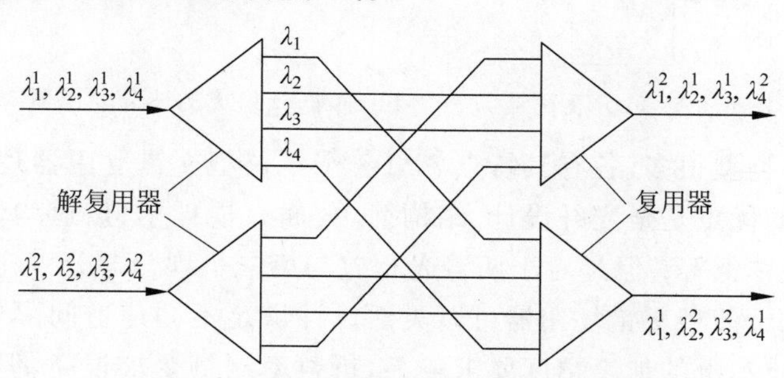

图 8.18　由波分复用器构成的静态路由器

对光滤波器的主要要求如下：

(1) 一个好的光滤波器应有较低的插入损耗，并且损耗应该与输入光的偏振态无关。在大多数系统中，光的偏振态随机变化，如果滤波器的插入损耗与光的偏振有关，则输出光功率将极不稳定。

(2) 一个滤波器的通带应该对温度的变化不敏感。温度系数是指温度每变化 1℃时的波长漂移。WDM 系统要求在整个工作温度范围(大约 100℃)内，波长漂移应该远小于相邻信道的波长间隔。

(3) 在一个 WDM 系统中,随着级联滤波器的增多,系统的通带会变得越来越窄。为了确保在级联的末端还有一个相当宽的通带,单个滤波器的通带传输特性应该是平直的,以便能够容纳激光器波长的微小变化。单个滤波器通带的平直程度常用 1dB 带宽来衡量。

5. 波长交错复用技术

随着技术进步及应用需求的改变,光通信系统的带宽也在不断提升,常规情况下可以采用更窄频率间隔的波分复用器件来进行系统扩容,正如之前介绍的,薄膜滤波器、阵列波导光栅、光纤光栅都是制作复用/解复用器的主要技术手段,可是对于信道间隔少于 100GHz 的系统,这些技术不再可行。为了使器件的制作简单化,降低成本,提出了波长交错复用器的概念。

光交错复用器(Optical Interleaver)在使用时,其复用功能是将两路分别包含多个波长的光信号合并成一路波长间隔减半的光信号;解复用则是将一路波长光信号分为分别包含奇数路波长或偶数路波长的两路信号,其间隔倍增。利用这种技术可以减轻现有的 WDM 器件解复用对波长间隔要求的负担,提高系统传输容量。例如,有两个频道间隔均为 200GHz 的波分复用器/解复用器,它们各个传输信道的中心频率分别为 ITU-T G. 692 中规定的 DWDM 的奇数信道和偶数信道,通过一个叫作波长交错器(Interleaver)的器件,将这两个波分复用器/解复用器组合起来使用,就可以组成一个频率间隔为 100GHz 的波分复用器/解复用器,如图 8.19 所示,而传输的信道数也就增加了一倍。由于所使用的两个波分复用器/解复用器都是信道间隔较宽的普通复用器,所以大幅降低了器件设计的压力,也降低了系统的成本。

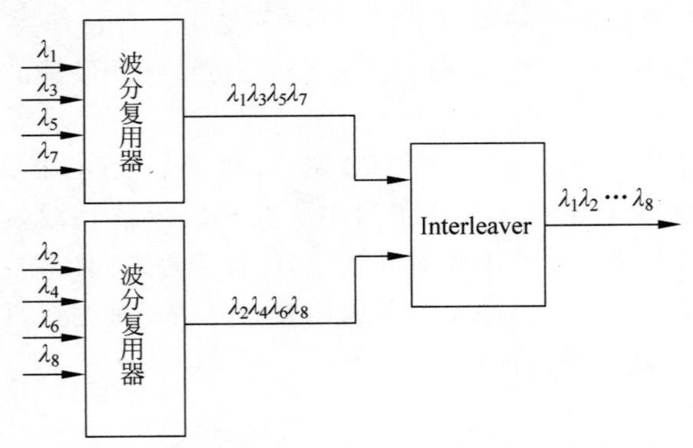

图 8.19 波分复用器与一个 Interleaver 组成的波分复用器

交错复用器器件类型很多,各有其特点。M-Z 干涉仪型交错复用器理论上可以做到信道间隔很小,这类器件的优点是全光纤设计、结构简单、插入损耗小、信道均匀性十分高、偏振相关损耗低、体积小、成本低等;但是对于两臂光程差与第二个耦合器分束比的要求较高。利用双折射晶体的偏振光干涉型交错复用器可以灵活设计满足不同信道间隔要求的器件,一般其插入损耗较大、对晶体本身的加工精度要求较高,折射率测量要求很高,但是稳定性及可靠性均很好。阵列波导光栅型交错复用器属于集成光学器件,体积小、性能优异,虽然存在插入损耗较大、偏振相关损耗高、温度稳定性不好等缺点,但是对于信道数量很大的密集波分复用系统的应用,插入损耗较低,占有明显的优势,具有很大的发展潜力。光纤光栅组合型复用器器件需要使用价格昂贵的光环行器,并且随着信道数增加,其复杂性与成本随之增加,此外光纤光栅的典型尺寸为厘米量级或更长,级联很多个光纤光栅将使器件体积庞大,不过光纤光栅温度稳定性较好,实用化器件技术成熟。总之,交错复用技术及设备都在不断演进,需要根据应用选取合适的方案。

8.4.5　WDM系统中的光纤

光纤是目前应用中的频率响应最好、带宽最宽、损耗最小的传输介质。WDM是在光纤上实现的复用技术，WDM系统的发展与光纤有着密不可分的关系。在WDM系统中，需要合理地选择光纤，因为光纤中将传输多个波长的光信号，为了使不同波长光信号的色散不至出现较大差异，避免某些信道经历较大色散，进而影响信噪比，所选光纤在1550nm附近的色散斜率至关重要。

实际上，在WDM通信系统中，由于EDFA的实用化，使用EDFA能够对多个光信号进行放大，光纤损耗已不是影响系统性能的重要因素了，光纤中传输信号的光功率增大、信道数增多，已使得光纤非线性效应成为影响系统性能的主要因素。尤其在DWDM系统中，由于光源的高度相干性及较窄的通道间隔等原因，可能导致前述非线性效应的增强，进而引起信道间的串扰。

光纤中的非线性效应分为两类：非弹性过程和弹性过程。由受激散射引起的非弹性过程，电磁场和极化介质有能量交换，主要有受激布里渊散射（Stimulated Brillouin Scattering，SBS）和受激拉曼散射（Stimulated Raman Scattering，SRS）。由非线性折射率（Kerr效应）引起的弹性过程，电磁场和极化介质没有能量交换，主要有自相位调制（Self-Phase Modulation，SPM）、交叉相位调制（Cross Phase Modulation，XPM）和四波混频（Four-Wave Mixing，FWM）等。这些非线性效应使得多路WDM信道间产生了串音和功率代价，从而限制了光纤通信的传输容量和最大传输距离，影响了系统的设计参数（无中继传输距离、信道数、信道间距和信道功率）。为了优化系统设计，需要综合考虑各类与光纤有关的因素产生的影响。

1. WDM系统中的色散补偿

对于WDM系统，可采用色散平坦型大有效面积的ITU-T G.655光纤作为传输光纤，以克服“不同波长的光信号将经历有较大差异的色散”这一缺点。另一方面，仍然可以采取色散补偿方案来补偿色散对系统的影响。然而，不是所有的信道的色散都能够被完全补偿的，因为色散系数D与光波长有关，比如，有些情况下，中心信道的平均群速色散可以降为零，而其他信道的色散则没有被完全补偿。

2. 非线性效应对WDM的影响

1）受激拉曼散射的影响

SRS是入射光与分子振动之间的一种特殊宽带相互作用过程。在任何情况下，高频信号总是被这种过程衰减，而低频信号得到增益。对于WDM系统，只要信道间的间隔在拉曼增益谱所覆盖的范围内，这些信道间就会因为SRS效应而发生能量的转移。光纤中传输的信道越多，从短波长信道耦合至其他长波长信道的能量就越多，这个信道损失的能量就越大。因此，波长最短的信道成为受SRS效应影响最大的信道，最终导致该信道的误码率增加，整个系统的性能恶化。

实际上，对于信道数少的WDM系统而言，不会出现明显的SRS限制，可是对于DWDM系统来说，其信道数越多，SRS越可能成为限制系统性能的主要因素。这时一方面可以通过尽可能减小信道间隔；另一方面可以通过减少输入功率和增加色散来减轻其影响，对于有放大器的系统，光纤的非线性有效长度与放大器间距成反比，缩短放大器的间隔可以增加有效长度，从而使各个信道的功率降低；另外，还可通过采用大有效面积光纤（LEAF），降低纤芯功率密度，提高SRS阈值，改善SRS对系统的影响。

2）受激布里渊散射的影响

受激布里渊散射是入射光波与介质热致声波和散射波之间的一种耦合相互作用过程。由于要满足相位匹配的要求，所以光纤中 SBS 效应主要发生在后向散射过程中。当信道间距等于布里渊频移时，SBS 效应能将能量从高频信道转移到低频信道而影响系统性能。事实上，由于 SBS 的阈值很低(毫瓦级)，所以它制约 WDM 系统的最大输入光功率和传输距离。因为 SBS 的增益谱很窄，在 1550nm 附近约为 20MHz，这说明 SBS 效应会使得功率的转换发生在频率非常靠近的两个信号之间。

在 WDM 系统中，信道间隔通常在几百或几十吉赫兹，所以 SBS 效应被约束在同一个波长信道内，每个信道内的 SBS 效应独立累加，与单信道传输系统的情况一样。当 SBS 波的功率接近信号功率时，就会产生系统损伤。

SBS 的阈值很低，是最容易产生的非线性效应，要减小此类效应，必须使每个信道的功率远低于 SBS 阈值；或者通过增加信号带宽的办法，提高 SBS 的阈值；或者采用低频信号调制光源以增大光源有效光谱。

当信号带宽增加 Δv_s，SBS 阈值可以用下式近似计算：

$$P_{th} \approx \frac{21bA_{eff}}{g_B L_{eff}}\left(1+\frac{\Delta v_s}{\Delta v_B}\right) \tag{8.7}$$

其中，Δv_s 和 Δv_B 分别为信号带宽和布里渊增益谱带宽；b 是修正因子，为 1～2 的数值，具体取值取决于泵浦波与斯托克斯波的相对偏振方向。

3）自相位调制效应的影响

自相位调制(SPM)效应是在强光场作用下，自身产生的非线性效应而引起的非线性相移，它使光纤中传输的光脉冲前、后沿的相位相对漂移，是光强度调制伴生的一种相位调制。它与群速色散(GVD)共同作用使光脉冲波形失真，光功率越高、色散越大，影响就越严重，主要会导致光脉冲频率啁啾，影响光波系统的性能。一般来说，对于目前实际使用的强度调制直接检测(IM/DD)系统，SPM 效应不起作用，只有在相位高度稳定的相干光波通信系统中，才会有不可忽视的影响。

4）交叉相位调制效应的影响

自相位调制效应和交叉相位调制(XPM)效应均产生于光纤的折射率对光强的依赖关系。XPM 效应发生在多信道 WDM 系统中，当多个光信号在光纤中同时传输时，某信道的相邻信道的光强变化将导致该信道相位变化，导致信号频谱展宽，进而光纤色散将相位调制转化为强度调制，引起波形失真。当不同波长的光脉冲在光纤内传输时，它们的相位不仅受 SPM 的影响，还要受 XPM 效应的影响。

通常，为了减小 SPM 效应和 XPM 效应导致的脉冲展宽，要求 XPM 效应导致的最大相移小于 1，这样一来，各信道的功率有以下条件进行限制(采用条件 $L \geqslant \alpha$ 时，$L_{eff} \approx 1/\alpha$)，即

$$P_{ch} < \alpha/[\gamma(2m-1)] \tag{8.8}$$

其中，α 为光纤衰减，γ 为非线性系数，m 为信道数。

总之，随着信道数的增加，XPM 效应可能会成为限制系统性能的主要因素之一。对于这类影响，如果是在信道数较少的情况下，其实可以通过选择适当的信道间距抑制 XPM 效应。事实上，倘若信道间距足够大，甚至可以忽略因其带来的影响；但如果信道数较多，信道间距较近，则其影响较大，无法忽略。

5）四波混频

四波混频(FWM)是光纤中三阶电极化率使任意两个或 3 个信道的光波相互作用而产生新的光频。考虑简单的 3 信道的 WDM 系统：当光纤中传播有 3 个波长 ω_i、ω_j、ω_k 的光信号时，FWM 效应就会在光纤中产生新的频率分量 $\omega_n=\omega_i \pm \omega_j \pm \omega_k$。不过由于对任何 FWM 过

程均要求相位匹配，所以实际中很多形如前述表达式的组合频率分量其实难以生成。在WDM系统中，由于信道安排一般按等间距分布，所以$\omega_n=\omega_i+\omega_j-\omega_k$的频率组合会在光纤传输带宽内，且最容易引起串扰。特别当信道间距和光纤色散足够小而容易满足FWM所需的条件时，FWM新光频的产生可能造成信号功率明显下降，信噪比劣化，更严重的是，当混频产物直接落入信道上时会产生寄生干扰，这种寄生干扰一旦发生是不可能用任何方法消除的。同样，对于一个信道数为N的WDM系统进行分析会发现：系统中所产生的新频率分量数与信道数的立方成正比。当系统的信道间隔为等间隔时，这些新的频率分量与已有的信道频率相同，并与该信道内的信号产生相干，致使到达接收机的信号产生大的起伏。当系统的信道间隔为非等间隔时，这些新的频率分量落在信道之间，成为系统噪声，影响系统性能。在实践当中，由于ITU-T G.653光纤在1550nm波长附近是零色散的，易产生四波混频效应，所以如在已有的ITU-T G.653光纤线路上开通WDM系统，一般可采用非等间隔布置波长和增大波长间隔等方法，但ITU-T G.653光纤其实并不适用于高速率、大容量、多波长的WDM系统。

既然随着信道数增多，FWM对WDM系统性能的影响会加剧，为了抑制此类不良影响，可采用几种方法：第一种方法是通过设计非等信道间隔的系统来降低FWM的影响，此时，FWM造成的信道功率代价可以通过改变输入功率和光纤色散来控制；第二种方法是采用色散管理技术，在光纤链路上安装不同色散的光纤，将正常和反常的群速色散光纤组合起来使用，使整个光纤上的FWM效率降低；第三种方法是利用相位共轭来减少FWM对系统的影响，但由于相位共轭会引起光谱反转，因而这种方法应用会受限。

3. DWDM系统光纤选型

总的来说，光纤的多种特征参数随所传输的光信号场强变化。在WDM系统中，特别是DWDM系统，由于每个信道间距很窄，各种非线性效应常交织在一起，在进行系统设计时应综合考虑各种因素的相互影响。例如，为了减少FWM效应，各信道间距越大越好，但是由于放大器EDFA的增益带宽有限，而且增益不平坦，增大信道间距将使总信道数减少且不同信道放大性能变坏，可见两者之间存在矛盾；色散与FWM、XPM效应也常常是矛盾的，大的光纤色散会使脉冲之间的离散距离变短，有利于减少FWM、XPM的影响，但大的色散又会限制系统的传输距离和速率。不过，无论哪种非线性效应，采用有较大有效面积的光纤都有利于减少纤芯内的功率密度从而减小非线性效应的影响，并能提高信道的输入功率，改善系统性能。

具体而言，为了有效抑制四波混频效应，可以选择ITU-T G.655非零色散位移光纤(NZ DSF)。这样既避开了零色散区(避免FWM效应)，同时又保持了较小的色散值，利于传输高速率的信号。而为了适应WDM系统单个信道的传输速率需求，可以使用偏振模色散性能较好的ITU-T G.655B和ITU-T G.655C光纤。可是，如果从系统成本角度考虑，尤其是对原有采用ITU-T G.652光纤的系统升级扩容而言，在ITU-T G.652光纤线路上增加色散补偿元件以控制整个光纤链路的总色散值也是一种可行的办法。

未来WDM系统中可能会利用整个O、S、C和L波段，因此色散平坦光纤，即ITU-T G.656光纤可能会得到较大的应用，如果单信道速率要求较低，那么也可以选择无水峰的ITU-T G.652C和ITU-T G.652D光纤。

8.5 波分复用系统规范

8.2.2节给出了C波段80通道(50GHz间隔)的频率和波长对应表，表8.1中的内容其实是ITU-T G.692建议规定的标称中心频率。不过，对于波分复用系统参数，目前ITU-T还没有完整且统一的规范。截至目前，全球已有许多 WDM 点到点系统，我国也已建设了一些 WDM 传输系统，并制定了一系列的标准。

早在 1997 年在省际干线（西安—武汉）引入第一套 WDM 系统，从此揭开了 WDM 系统在中国大规模应用的序幕，WDM 技术系列标准的研究和制定也正式开始。1999 年，我国第一个针对 WDM 技术的标准《光波分复用系统总体技术要求暂行规定》（YDN120—1999）正式发布，标准中对 8×2.5Gb/s WDM 系统及 16×2.5Gb/s WDM 系统的技术要求进行了规范。2000 年，发布了《光波分复用系统（WDM）技术要求——32×2.5Tb/s 部分》（YD/T060—2000）。2000 年是中国 WDM 技术发展和应用的一个新节点。从 2000 年开始，对基于单波长为 10Gb/s 的 WDM 系统的标准制定开始迅速展开，并制定了《光波分复用系统（WDM）技术要求——1.6Tb/s 部分与 800Gb/s 部分》（YD/T1143—2001），该技术要求是为了适应超长距 WDM 系统的应用而制定的，该标准规定了 1.6Tb/s 和 800Gb/s 的 WDM 系统技术要求。

总之，就波分复用系统规范而言，除了 ITU-T G.692 建议外，为了使我国自行研发的产品具有统一性，使 WDM 系统的研制、生产、工程应用及入网测试具有统一的技术依据，我国也陆续制定了多个与之相关的标准和规范。要有效完成 WDM 系统的工程设计及应用，必须遵循这些标准或规范，以下对此做简单介绍。

8.5.1 光波长分配相关规范

1. 系统工作波长区

石英光纤有两个低衰耗窗口，即 1310nm 波长区与 1550nm 波长区，但由于目前尚无工作于 1310nm 窗口的实用化光放大器，所以 WDM 系统皆工作在 1550nm 窗口。石英光纤在 1550nm 波长区有 3 个波段可以使用，即 S 波段、C 波段与 L 波段，其中 C、L 波段目前已获得应用。ITU-T G.692 建议，WDM 系统的工作波长目前是在 C 波段，即 1529.16～1560.61nm，对应的频率为 196.05～192.10THz（参见表 8.1）；L 波段的波长范围为 1570.42～1603.57nm，对应的频率为 196.90～186.95THz。

要想把众多的光通道信号进行复用，必须对复用光通道信号的工作波长进行严格规范，否则系统会发生混乱，合波器与分波器也难以正常工作。因此，在此有限的波长区内如何有效地进行通道分配，关系到是否能够提高带宽资源的利用率和减少通道彼此之间的非线性影响。

2. 绝对频率参考

绝对频率参考是指 WDM 系统标称中心频率的绝对参考点，用绝对参考频率加上规定的通道间隔就是各复用光通道的中心工作频率（中心波长）。ITU-T G.692 建议规定，WDM 系统的绝对频率参考为 193.1THz，与之相对应的光波长为 1552.52nm。

3. 通道间隔

所谓通道间隔，是指两个相邻光复用通道的标称中心工作频率之差。通道间隔可以是均匀的，也可以是非均匀的，其中，非均匀通道间隔可以比较有效地抑制 ITU-T G.653 光纤的四波混频效应（FWM），但目前大部分还是采用均匀通道间隔。

一般来讲，通道间隔应是 100GHz（约 0.08nm）的整数倍，即可为 100GHz、200GHz 等，但目前已有向更小间隔发展的趋势，如 50GHz。ITU-T G.692 建议，通道间隔是 100GHz 的整数倍，如 200GHz、100GHz、400GHz 等。为了能够传输更多的信道，很多厂商还开发了通路间隔为 50GHz、25GHz 的产品。

4. 标称中心工作频率

标称中心工作频率是指 WDM 系统中每个复用通道对应的中心工作频率。在 ITU-T

G.692建议中，通道的中心工作频率是基于绝对频率参考为193.1THz、最小通道间隔为100GHz的频率间隔系列，所以对其选择应满足以下要求：

（1）至少要提供16个波长。从而可以保证当复用通道信号为2.5Gb/s时，系统的总传输容量可以达到40Gb/s以上的水平。但波长的数量也不宜过多，因为对众多波长的监控是一个相当复杂而又较难应付的问题。

（2）所有波长都应位于光放大器增益曲线比较平坦的部分。这样可以保证光放大器对每个复用通道提供相对均匀的增益，有利于系统的设计和超长距离传输的实现。对于EDFA而言，其增益曲线比较平坦的部分为1540～1560nm。

（3）这些波长应该与光放大器的泵浦波长无关，以防止发生混乱。目前EDFA的泵浦波长为980nm和1480nm。

5. 中心频率偏移

中心频率偏移又称频偏，是指复用光通道的实际中心工作频率与标称中心工作频率之间的允许偏差。对于8通道的WDM系统，采用均匀间隔200GHz(约1.6nm)为通道间隔，而且为了向16通道WDM系统升级，规定最大中心频率偏移为±20GHz（约±0.16nm）。该值为寿命终了值，即在系统设计寿命终了时，考虑到温度、湿度等各种因素仍能满足的数值。对于16或32通道的WDM系统，采用均匀间隔100GHz为通道间隔，规定其最大中心频率偏移为±10GHz（约±0.08nm），该值也为寿命终了值。

6. WDM系统波长规划

为了保证不同WDM系统之间的横向兼容性，必须对各个波长通路的中心频率(中心波长)进行标准化。ITU-T已经制定了两个针对WDM系统的建议ITU-T G.694.1和ITU-T G.694.2，分别对应于DWDM和CWDM系统。其中ITU-T G.694.1标准主要针对的是光纤中最常用的C波段(1530～1560nm)和L波段(1560～1625nm)，规定DWDM系统中应以193.1THz为参考中心频率(对应的参考中心波长为1552.52nm)，不同信道间的间隔可以为12.5GHz、25GHz、50GHz、100GHz或其整数倍，总的可用范围为184.5THz(1624.89nm)至195.937THz(1530.04nm)。若相邻波长通路间隔为12.5GHz，可容纳约915个波长；若相邻波长通路间隔为25GHz，可容纳约457个波长；若相邻波长通路间隔为50GHz，可容纳约228个波长；若相邻波长通路间隔为100GHz，可容纳约114个波长。

实践当中，在进行WDM波长规划时，除了考虑需要满足的系统总容量(复用的波长总数)外，还要考虑：避开传输光纤的零色散区域以减小和消除四波混频(FWM)效应的影响；选取的波长应尽可能处于光放大器的增益平坦区域，以避免在实际应用时由于多个光放大器级联造成的不同波长通路间输出功率不同的情况。

8.5.2 光接口规范

1. 光接口分类

我国专家对于我国的加有光放大器的长途WDM系统规定了3种光接口：8×22dB、5×30dB、3×33dB，其中前面的数字8、5、3分别代表传输的区段数目，而后面的数字22、30、33则代表每个区段允许的损耗，其单位为dB。例如，一个8×22dB的系统，在发射端使用一个功率放大器，中间加入多个在线放大器，接收机前加前置放大器，每一区段的距离约为80km，因此，总的传输距离为640km(8×80km)；一个3×33dB系统可以传输360km(3×120km)；一个5×30dB系统则可以传输500km(5×100km)。

2. 光接口参数

对于波分复用(WDM)系统光接口参数值，ITU-T G.692只给出了一个WDM系统应规范的光接口参数模板表，并没有给出具体参数值。这是因为，首先是由于随应用代码的不同，各参数的规范值将不同，以至再像单通道系统那样用数据表的形式给出，将非常烦琐，所以在ITU-T G.692中只列举了应规范哪些参数，而并未给出参数的具体规范值；其次，由于WDM使用的一些器件虽然已商品化，但其商品化的程度还在提高，这些器件的参数尚有随时得到改进的余地，因此对器件参数的规范时机不成熟，系统光接口参数的规范也就必定存在滞后性；再次，这样可由各国根据本国传输网络的实际情况和技术发展情况进行自主规范。

即便如此，ITU-T G.692在定义参数时，还是给出了一些相应的参数的指标要求：一是发射机中心频率偏差；二是光通路的衰耗范围，对于WDM光通路的衰耗范围，ITU-T G.692建议是以ITU-T G.652光纤在1530～1565nm范围内，总衰耗系数为0.28dB/km(包含光纤的衰耗系数、平均接头衰耗和光缆的老化余度)，目标距离为40km时，总衰耗为11dB，而目标距离为40km的整倍数时，总衰耗为11dB的相应倍数；三是光通路的最大色散。对于WDM光通路的最大色散，ITU-T G.692建议以ITU-T G.652光纤在1530～1565nm范围内的最大色散系数(包含了色度色散和极化模色散)为20ps/nm·km，再乘以目标距离而得到。

为了增加技术研究及工程应用的可操作性，我国研究人员也就光接口相关内容制定了相应的标准及规范，比如，通信行业现行标准YDN 120—1999《光波分复用系统总体技术要求(暂行规定)》依据ITU-T G.692等建议，并结合我国网络的具体情况，对WDM系统的参考点的配置、参数的定义和基于应用的参数值做出了具体规定。对于WDM系统的参考点的配置及相应的参数定义是参照了ITU-T G.692建议，与其基本相同。而对于WDM系统光接口基于各种应用的参数值则给出了具体指标要求，当然这些指标为暂定值，其中某些指标为待研究。再如，我国国家工程建设标准GB/T 51152—2015《光波分复用(WDM)光纤传输系统工程设计规范》，依据ITU-T G.692等建议和YDN 120等通信行业标准，从我国WDM网络组织建设角度，对WDM系统的参考点的配置和基于应用的参数值做出了相应的规定。

3. 光监控信道

在使用光放大器作为中继器的WDM系统中，由于光放大器中不提供业务信号的上下限，同时在业务信号的开销位置中(如SDH的帧结构)也没有对光放大器进行监控的冗余字节，因此缺少能够对光放大器以及放大中继信号的运行状态进行监控的手段。此外，对WDM系统的其他各个组成部件的故障告警、故障定位、运行中的质量监控、线路中断时备用线路的监控等也需要冗余控制信息。为了解决这一问题，WDM系统中通常采用的是业务以外的一个新波长上传送专用监控信号，即设置光监控信道(OSC)。

通常，OSC的设置遵循如下原则：OSC的波长不应与光放大器的泵浦波长重叠；OSC不应限制两线路放大器之间的距离；OSC提供的控制信息不受光放大器的限制，即线路放大器失效时监控信道应尽可能可用；OSC传输应该是分段的，且具有均衡放大、识别再生、定时功能和双向传输功能，在每个光放大器中继站上，信息能被正确地接收下来；只考虑在两根光纤上传输的双向系统，允许OSC在双向传输，以便若其中一根光纤被切断后，监控信息仍然能被线路终端接收到。

OSC可以采用带外监控技术实现，即对于使用EDFA作为线路放大器的WDM系统，需要一个额外的光监控信道。ITU-T建议采用一个特定波长作为光监控信道，传送监测管理信息。此波长位于业务信息传输带宽之外时可选用1510±10nm，速率为2048kb/s；或者采用带内监控技术，即选用位于EDFA增益带宽内的波长1532±4.0nm作为监控信道波长，此时监控系统的速率可取为 155Mb/s。其实，建议波长的选择还有 1310nm、1480nm 以及 1625nm，不过 1625nm 这类情况还在研究之中。

此外，OSC 光接口的其他建议参数为监控速率 2Mb/s、信号码型 CMI、信号发送功率 0～7dBm 和最小接收灵敏度－48dBm 等。

4. 安全要求

对于有光放大器的系统，在通常情况下，光放大器都工作在大功率下，其入纤功率有的已接近光纤安全功率极限，因此，ITU-T 规定，系统中单路或多路入纤功率最大不能超过 17dBm。

总之，对波分复用系统，规范光接口基于应用的参数与参数值，主要是在系统之间提供横向兼容性，即使多厂家设备间具备互通性，其参数与参数值主要是由 ITU-T G. 692 建议所规范，我国研究人员结合我国通信网络的实际情况，参照 ITU-T G. 692 建议，又做了相应的规范要求，在工程应用中，主要兼顾各类标准及规范。

8.6 设备实例

OptiX Metro 6040 盒式 DWDM（简称 OptiX Metro 6040）设备是一种采用波分复用技术、应用于城域网汇聚层和接入层的光传输平台设备。该设备业务接口丰富，配置灵活，产品组网方式多样化（可以为点到点、链形和环形网等方式），各节点可进行波长调度，具有容量易扩展、业务接入灵活和高可靠性等特点，可以很好地满足新时期城域大颗粒业务的传送、汇聚和调度的需求，满足企业网、校园网、存储网等多种网络的应用需求。

OptiX Metro 6040 设备主要包括机箱、插板区构成，其中机箱主要由顶盖、底座、内框、母板支架和挂耳组成，OptiX Metro 6040 设备整机的三维尺寸为 436mm（宽）×305mm（深）×86mm（高），其具体结构如图 8.20 所示。

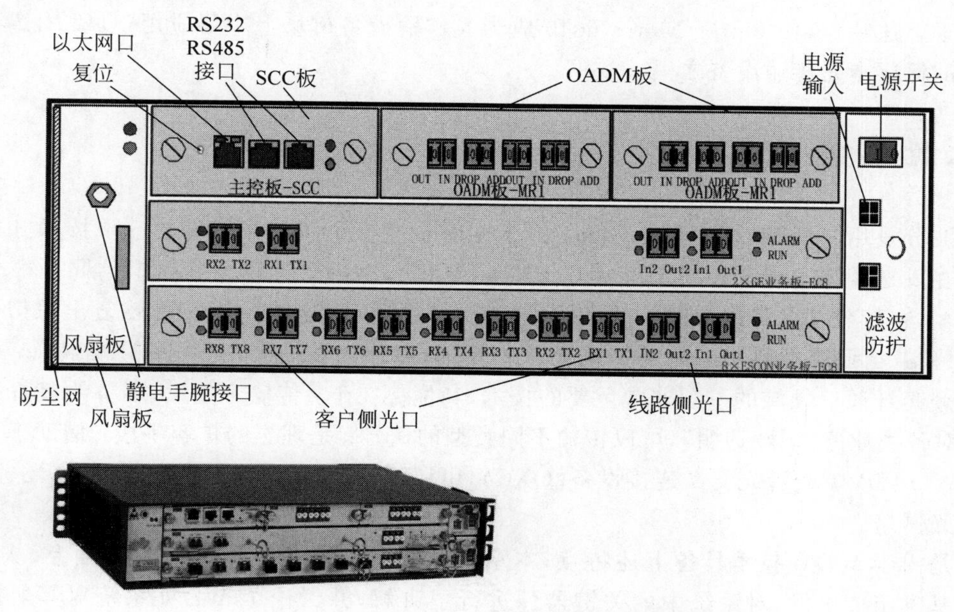

图 8.20 OptiX Metro 6040 产品外观及结构图

具体而言，OptiX Metro 6040 产品的特性如下。

1. 大容量

采用通道间隔为0.8nm的DWDM技术可实现32通道传输，采用通道间隔为20nm的CWDM技术可实现8通道传输。单个设备满配置支持2通道上下，通过设备级联方式单站最多上下8个通道，每通道速率2.5Gb/s。

2. 多协议、多速率接入及业务汇聚功能

OptiX Metro 6040设备支持GE/ESCON/SDH/SONET/ATM/IP等业务的接入，支持的业务速率为34Mb/s～2.5Gb/s，实现业务的透明传输，并对GE和ESCON业务有汇聚功能，可以将2个GE或8个ESCON汇聚为1个STM-16。

3. 长距离传输解决方案

在不采用光纤放大器的情况下，1通道点到点可支持84km传输距离；采用外置盒式光纤放大器(COA)可将信号的传输距离延长至115km。盒式光纤放大器包括盒式功率放大器(CBA)和盒式前置放大器(CPA)。

4. 提供完善的业务保护机制

支持板间1+1光波长通道保护和板内光波长通道保护，保证业务可靠传输。可选择DC(−48V)双备份供电或外置AC(220V/110V)供电的方式。

5. 设备结构特点

按照IEC297标准设计，盒式结构，体积为436mm(宽)×305mm(深)×86mm(高)，适用于C系列集成机柜、ETSI 300/600mm深机柜、19英寸/23英寸机柜、开放式机架、旋转子架和桌面的安装。

6. 统一的网络管理

提供功能完善的网络管理系统，可对OptiX Metro 6040组成的网络以及OptiX Metro 6040与OptiX Metro 6100混合组网进行统一的操作、管理和维护(OAM)，保证网络安全运行。

鉴于上述特点，使OptiX Metro 6040成为光传输设备市场上主要应用于城域汇聚、接入层网络的低成本光传输设备之一。

本章小结

光波分复用(WDM)技术是在一根光纤上同时传送多个波长光信号的一项技术。其基本原理是在发送端将不同波长的光信号组合起来(复用)，并耦合到光缆线路上的同一根光纤中进行传输，在接收端又将组合波长的光信号分开(解复用)并做进一步处理，恢复出原信号送入不同的终端。因此，此项技术称为光波长分割复用，简称光波分复用(WDM)技术。WDM技术是当今光纤通信领域的一项非常重要的技术，其优势在于：传输容量大，可节约宝贵的光纤资源；对各类业务信号“透明”，可以传输不同类型的信号；是理想的扩容手段；借助于光分插复用器(OADM)或者光交叉连接设备(OXC)，可以组成具有高度灵活性、高可靠性、高生存性的全光网络。

正是由于WDM技术具备上述特点，本章在介绍了WDM工作原理的基础上，从WDM系统的基本组成出发，对系统中的关键器件进行了讲解，并讨论了WDM系统对其所涉器件的要求，进而明确了设计系统的基本原则和系统规范。不仅如此，本章最后简要介绍了华为公司的一款WDM设备，将实际工程应用与基本理论相联系，以加深读者对WDM设备及相关理论知识的感知及理解。

习题

8.1　简述 OTDM 的原理。

8.2　简述波分复用系统的工作原理、系统组成及常见的系统传输方式。

8.3　根据通路间隔大小的不同，光波分复用技术可以分为几种？试对其进行简单介绍。

8.4　简述 WDM 系统对激光器的具体要求。

8.5　哪些器件可以用作 WDM 系统的光源器件？

8.6　简述 WDM 系统对接收机的要求。

8.7　EDFA 有哪些优点？简述其在 WDM 系统中使用时的注意事项。

8.8　波分复用器/解复用器的主要性能参数有哪些？

8.9　简述光滤波器的作用及设计要求。

8.10　简述光纤中的非线性效应对 WDM 系统的影响。

8.11　某一 WDM 系统，其单信道的光源线宽为 40MHz，采用色散位移光纤，其损耗 α 为 0.22dB/km，光波的有效纤芯截面 A_{eff} 为 $55\times10^{-12}\,\mathrm{m}^2$，$b=2$。在 1550nm 附近，SBS 的增益带宽 $\Delta v_{\mathrm{B}}=20\mathrm{MHz}$，$g_{\mathrm{B}}=5\times10^{-11}\,\mathrm{m/W}$。计算 SBS 效应的阈值功率，并与不考虑信号线宽时的阈值功率进行比较。

8.12　WDM 系统的信道串扰中，两个以上不同波长的光信号在光纤的非线性影响下有四波混频(FWM)，试分析如何减小 FWM 的影响。

8.13　有一个信道数为 32 的 WDM 系统，非线性系数 $\gamma=1\times10^{-3}(\mathrm{m}\cdot\mathrm{W})$，$\alpha$ 为 0.22dB/km，为减小 SPM 效应和 XPM 效应导致的脉冲展宽，试求每个通道的最大功率。

8.14　简述光监控信道的作用及设置原则。

8.15　对于用 WDM 技术所构成的光传送网，按照 ITU-T G.805 建议的规定，从垂直方向上光传送网分为哪 3 个独立层网络？分别加以说明。

8.16　试设计一双纤单向传输方式的 WDM 并画出示意图。

第9章 光纤通信网

CHAPTER 9

随着社会信息化程度的不断提高，新的业务不断涌现，如会议电视、高清晰度电视及各种检索业务等，对通信的质量、可靠性、效率都提出了新的要求。在这种形势下，传统的电接入网已经很难满足要求。与此同时，光纤通信技术飞速发展，新的光网络器件、设备不断出现，价格不断降低，网络设计和施工技术都达到了实用化的水平。通过光纤接入网络的技术已经成熟，成为实现宽带综合业务数字网(B-ISDN)的必要环节。

9.1 光接入网

9.1.1 接入网概述及光接入网的基本概念

通信网络已经发展成为覆盖全球的网络，传统上分为公共网络和用户网络(也称用户驻地网)两部分。用户驻地网(CPN)一般是指在楼宇内或小区范围内，由用户自己建设的网络，是各类通信网络和业务的基础，归用户所有。电信网是公共网络中最重要的部分，在以语音业务为主的电信网中通常可以分为长途网(长途端局以上部分)、中继网(长途端局和市话局之间以及市话局之间的部分)和接入网(端局至用户之间的部分)。目前，随着语音和数据业务的融合，电信网不再细分本地和长途，而是根据网络规模和业务等分为核心网、城域网和接入网3部分。其中，接入网是各类用户与公共网络进行通信，实现用户侧与网络侧业务互通的最重要的网络组成部分。

目前倾向于将长途网和中继网放在一起，称为核心网(Core Network，CN)；将余下部分称为接入网(Access Network，AN)或用户环路，它主要用来完成用户接入核心网的任务，如图9.1所示。

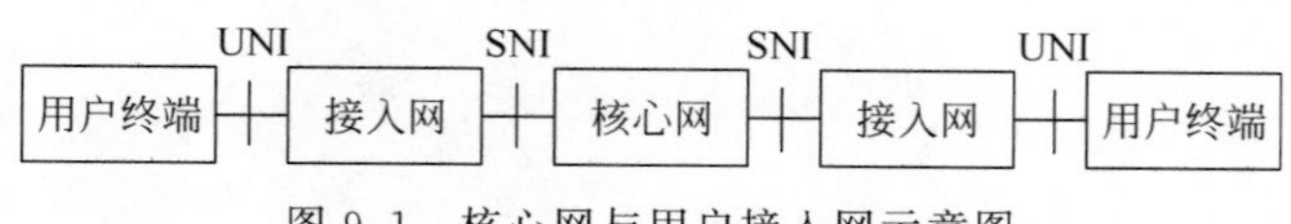

图9.1 核心网与用户接入网示意图

ITU-T G.902建议中对接入网的定义是：接入网(AN)是由业务节点接口(SNI)和用户网络接口(UNI)之间的一系列传送实体(如线路设施和传输设施)组成的，为传送电信业务提供所需承载能力的实施系统，并可由管理接口(Q3)进行配置和管理。它通常由用户线传输系统、复用设备、数字交叉连接设备和用户网络接口设备构成。

其主要功能是交叉连接、复用、传输，但一般不包括交换功能，并且独立于交换机。它对用户信令是透明的，不做任何解释和处理。

根据传输介质的不同，接入网技术可分为有线接入、无线接入和有线无线综合接入三大类。表 9.1 是接入网分类表。

表 9.1　接入网分类表

<table>
<tr><td rowspan="9">接　入　网</td><td rowspan="6">有线接入网</td><td rowspan="3">铜线接入网</td><td>线对增容技术(PG)</td></tr>
<tr><td>数字用户线技术(xDSL)</td></tr>
<tr><td>电力线接入技术(PLC)</td></tr>
<tr><td rowspan="2">光接入网</td><td>有源光接入网(AON)</td></tr>
<tr><td>无源光接入网(PON)</td></tr>
<tr><td colspan="2">光纤铜线混合接入网(HFC)</td></tr>
<tr><td rowspan="2">无线接入网</td><td colspan="2">固定终端无线接入网</td></tr>
<tr><td colspan="2">移动终端无线接入网</td></tr>
<tr><td colspan="3">有线无线综合接入网</td></tr>
</table>

所谓光接入网(Optical Access Network,OAN)就是采用光纤传输技术的接入网,泛指本地交换机或远端模块与用户之间采用光纤通信或部分采用光纤通信的系统。

它不是传统意义上的光纤传输系统,而是针对接入网环境所设计的特殊的光纤传输网络。

OAN 具有频带宽、容量大、损耗低、防电磁干扰等优点,能提供双向交换意见式业务,主要业务有普通电话业务(POTS)、租用线、分组数据、ISDN 基本速率接入(BRA)、ISDN 基群速率接入(PRA)、单向广播式业务(如 CATV)、双向交互式业务(如 VOD)等。

9.1.2　光接入网的形式和业务类型

光接入网也称光纤用户网,泛指本地交换机或远端交换机与用户之间采用光纤作为传输介质的网络。光接入网的形式由光纤引入的情况而定,一般视光线路终端设置的位置而定。表 9.2 是光纤常用的一些接入方式。

表 9.2　光纤常用的接入方式

符　　号	名　　称	英　　文
FTTH	光纤到户	Fiber To The Home
FTTB	光纤到大楼	Fiber To The Building
FTTC	光纤到路边	Fiber To The Curb
FTTO	光纤到办公室	Fiber To The Office
FTTZ	光纤到小区	Fiber To The Zone
FTTF	光纤到楼层	Fiber To The Floor

图 9.2 示出了 FTTC 的基本连接示意图,图中端局是电话业务的交换局和广播业务中信号的出发点,其中的 OLT 称为光线路终端(Optical Line Terminal)。从端局接出的光纤经过各种线路设备(如光分支器、人孔等)后,到达路边的光网络单元(Optical Network Unit,ONU),在 ONU 中经过光电转换后,再由铜线分别将电话、数据等窄带信号或宽带图像信号接至用户。

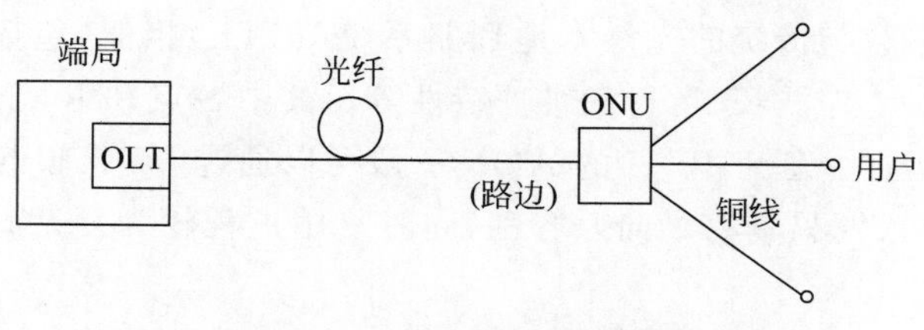

图 9.2　FTTC 的基本连接

如果是光纤到户(FTTH)的结构,ONU 被安装在用户住宅内,由一个用户专用。从端局到用户家中的 ONU 间都是光纤连接,这种结构方式,对任何一种传输方式都没有限制。由于用户与端局的平均距离都很短,所以对这段光纤的传输性能要求不如干线光缆高,可采用成本较低的元器件。

9.1.3 光接入网的拓扑结构

(1) 总线型。该信道可使用一根双向传输的光纤或两根单向传输的光纤,各个终端用耦合器互连到信道上,并采用时分复用、频分复用等方法使各节点共享信道。

(2) 单星状。将具有控制和交换功能的星状耦合器作为中心节点(设在端局内)。它的特点是用户之间彼此独立,保密性好,业务适应性强。但是成本较高,由于需要专用的光源和检测器,所以初装费较高。

(3) 双星状或多星状。它是单星状基础上的改进结构,适用于更大的范围。由端局引出的两根或多根光纤,分别设置远端分配节点,节点数越多,网络规模越大。

(4) 树状。这种网络结构中较多采用了光分路耦合器,光分路耦合器是无源器件,所以对带宽、波长和传输方法没有限制。

(5) 环状。这种网络结构中的所有节点都共用一条公共链路,自成一个封闭回路。每个节点都可以单向或双向传输。它的优点是提高了线路设计的灵活性和可靠性。

以上介绍了光接入网的典型结构。实际使用中应根据客观情况选用某种拓扑结构,或者是多种拓扑结构的组合。

光接入网传送的业务有四大类:闭路分配业务(如闭路音响、图像分配);交互式或邮箱式业务(如电话、可视电话、话音邮政、可视图文);检索式业务(如音响、图像检索、数据检索);广播分配业务(如广播式音响、图像分配)。业务的类型不同,所需的带宽也不同。

9.1.4 有源和无源光接入网

根据接入网室外传输设施中是否含有源设备,OAN 又可以划分为有源光网络(Active Optical Network,AON)和无源光网络(Passive Optical Network,PON)。

1. 有源光接入网

有源光接入网 AON 中的 ODN 由包括 PDH 或 SDH 的有源节点设备构成。AON 的本质是一个点对多点的光纤传输系统,主要适用于大客户环境。根据复用体制的不同,又可分为基于 SDH 的 AON 和基于 PDH 的 AON。有源光网络的局端设备(CE) 和远端设备(RE)通过有源光传输设备相连,传输技术是骨干网中已大量采用的 SDH 和 PDH 技术,但以 SDH 技术为主。

1) 基于 PDH 的 AON

准同步数字系列(PDH)有源光接入网采用 PDH 点到点方式将 OLT 和多个 ONU 相连,其基本的性能指标和参数与传统的光纤本地环路系统(FITL)相似,包括发送功率、接收灵敏度和过载点、线路码型、工作波长、运行和维护特性等。其中 S 点和 R 点之间的光通道衰减和最大色散为主要性能指标。基于 PDH 的 AON 一般可以通过 V5 接口与本地终端互连。

由于 PDH 的光接入网只具有纵向兼容性,同时复用过程较为复杂,因此又提出了 SPDH 和 PSDH 两种改进的 AON。

SPDH 称为同步的 PDH,其核心是在 PDH 二次群(E2)或三次群(E3)速率等级实现比特同步的复用和解复用,这样可以大大提高其业务灵活性,缺点是标准化程度较低。

PSDH称为准同步的SDH，其采用了一种新的同步字节复用的帧结构，ITU-T G.832建议对此进行了规范。PSDH可以在不改变现有的PDH线路系统的情况下以透明方式传送SDH净负荷，缺点是可能会引入较大的指针调整抖动。

PDH以其廉价的特性和灵活的组网功能，曾大量应用于接入网中。尤其近年来推出的SPDH设备将SDH概念引入PDH系统，进一步提高了系统的可靠性和灵活性，这种改良的PDH系统在相当长一段时间内仍会广泛应用。

2）基于SDH的AON

在接入网中，采用SDH设备构建光接入网的理由是：SDH设备具有良好的性能；SDH设备可以使光接入网获得理想的网络性能和业务可靠性。SDH设备有源接入光网络主要应用在点到点大容量企业专线业务、局之间或汇接点之间的通信上。

接入环境对SDH设备有具体要求。SDH技术诞生之初是针对高速率、大容量的光纤传输系统所设计的，因此在接入网中使用时存在一些缺点，需要满足专门的要求。在干线系统中，支路信号在映射入SDH时会经由多次映射和指针调整过程，而在接入环境中由于业务的特殊性一般只需要一次映射即可完成映射过程，因此复杂的系统映射过程可以简化。在SDH规定的STM-N中，考虑到接入网的业务实际需求，其系统构成复杂度等各项指标都可以有所降低。同时对于时钟同步、设备类型构成、网络管理、保护倒换配置等方面都可以有所简化。

考虑到SDH体制在现有的干线网络中占据绝大部分份额，因此在接入侧选用SDH的AON具有明显的优势。但必须注意的是，接入侧的业务类型越来越多的是基于IP类业务和应用，包括各种Ethernet业务，而面向电路连接的SDH对IP业务的承载存在一定的缺陷，需要采用一些特殊的适配技术才能较高效率地承载IP业务。同时从维护的角度出发，在接入网中存在大量的有源节点，不仅对供电保障等要求较高，在应用上也存在一定的局限性。基于SDH的AON对于像政府、金融机构等的租用线业务较为适宜，但从长远来看，光接入网的发展趋势是无源化。

2. 无源光网络(PON)

光接入网除了包括端局[也称作中心局(Central Office，CO)]和光网络单元(ONU)外，通常还有远端节点(Remote Node，RN)和光接口单元(Network Interface Unit，NIU)。它们之间的关系如图9.3所示。在有源网络中，RN起着中继和分配的作用，在无源网络中仅进行信号的分配。NIU为用户设备，在FTTH结构中，ONU位于用户家中，兼有NIU的功能，所以不需要单独的NIU设备。

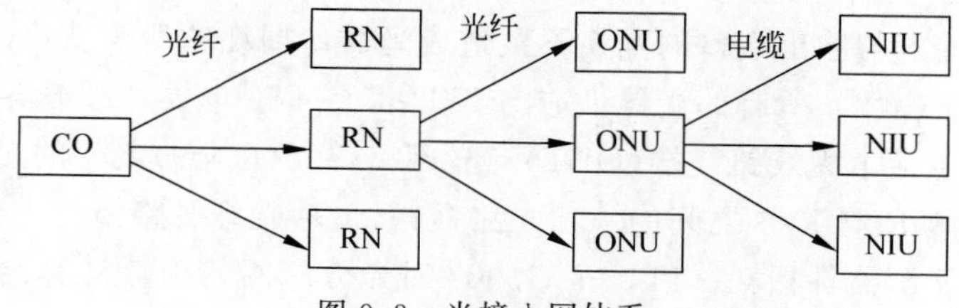

图9.3 光接入网体系

光接入网的结构越简单，网络的操作、维护就越容易，显然，无源结构比有源结构具有更高的可靠性，因为无源网络不需要进行交换和控制。我们将使用无源器件作为远端节点的网络称为无源光网络(Passive Optical Network，PON)。

无源光网络的应用有多种形式。图9.4给出了典型PON的参考配置图。图中的几个功能部件是：光线路终端(Optical Line Terminal，OLT)，它与骨干网节点(业务节点)相连；光分配网(Optical Distribution Network，ODN)；分配到用户的光网络单元(ONU)；适配功能(Adapter

Function)模块。V 是接入网与业务节点的参考点；T 是用户侧的参考点；Q3 为网管接口。

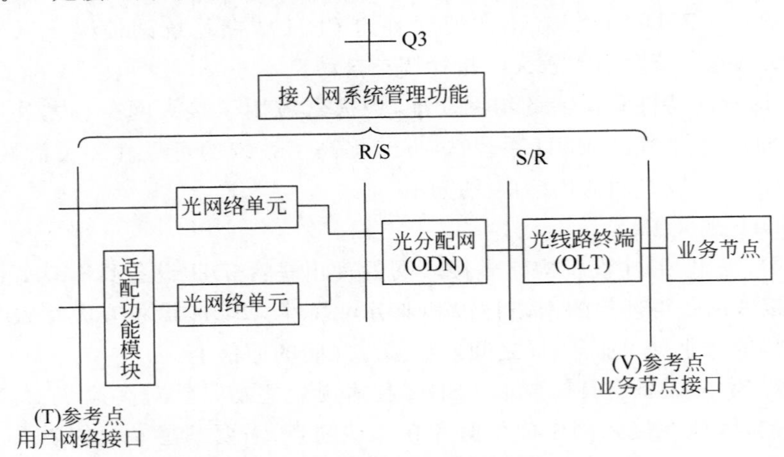

图 9.4　光接入网参考配置

OLT 一方面承载从骨干网传送来的信息，将信息传送给光分配网(ODN)；另一方面又可以通过光分配网将来自用户的信息向上传至骨干网，因此，OLT 在光分配网一侧向 ODN 提供光接口，在与骨干网相连的网络一侧提供至少一个网络接口。OLT 可连接一个或多个光分配网。OLT 功能模块由核心模块、业务模块和通用模块 3 部分组成。其中核心模块提供网络与光分配网可用带宽之间的数字交叉连接功能，同时提供在光分配网上传送或接收业务时的传输复用功能，以及与光分配网进行连接的物理光接口功能(包括光/电和电/光的转换)；业务模块提供业务端口功能，支持多个不同的业务，承载 ISDN 的主要速率，提供多个 2Mb/s 端口；通用模块则提供供电、维护和管理功能。

光分配网(ODN)以光作为传输介质，提供光网络单元(ONU)到 OLT 的光纤连接，并将光能分配给各个光网络单元。光分配网由无源光器件(如光纤、光纤连接器和光分路器)构成。

在 ODN 中，光传输方向有上行方向和下行方向之分。信号从 OLT 到 ODN 方向的传输为下行，反之为上行。上下行方向的信号传输可以采用同一根光纤(单线双工)，也可以采用不同的光纤(双线双工)。

光分配网应能够支持现在可以预见的业务，即当增加新的业务时，不必对分配网本身做出大范围的修改，所以对光分配网所用的光无源器件有如下的严格要求。

(1) 光波长的透明性。要求光器件支持 1310～1550nm 范围内的任何波长上的信号传输。

(2) 互换性。输入与输出端口的互换不致造成光器件损耗的严重变化。

(3) 光纤的可兼容性。所有的光器件应与 ITU-T G.652 单模光纤兼容。

由于光分配网包括了光线路终端(OLT)与光网络单元(ONU)之间的光纤和光无源器件，其损耗即为参考点 S/R 与 R/S 之间的一切光路损耗，包括光纤线路损耗、光接头损耗、光连接器损耗及各种光无源器件损耗。ITU-T G.982 对光分配网的损耗计算给出了建议，并对采用不同复用技术的接入系统的分配网规定了损耗的上限和下限。表 9.3 给出了 ITU-T 规定的 PON 接入网 3 类光路损耗。

表 9.3　PON 接入网 3 类光路损耗

损　　耗	A 类	B 类	C 类
最小损耗(dB)	5	10	15
最大损耗(dB)	20	25	30

其中,A类表示时分复用接入系统损耗;B类表示时间压缩复用接入系统损耗;C类表示空分复用和波分复用接入系统的损耗。

光网络单元(ONU)的作用是处理光信号并为用户提供业务接口。光网络单元由核心模块、业务模块和通用模块组成。核心模块提供客户业务复用功能、传输功能及光分配网接口功能;业务模块提供用户端口功能,且来自光分配网的业务适配速率为64kb/s或$n \times 64$kb/s;通用模块提供光网络单元的供电、操作、维护和管理。

PON的复杂性在于信号处理技术。在下行方向上,交换机发出的信号是广播式的,即发给所有的用户。在上行方向上,各ONU必须采用某种多址接入协议,如时分多路访问(Time Division Multiple Access,TDMA)协议才能完成共享传输通道信息访问。

在无源光网络中,可以采用时分复用(TDM)、波分复用(WDM)、光功率分离、副载波复用(SCM)等多种复用技术。

无源光网络依据所采用的技术还分为APON、EPON和WDM-PON等。

APON是指使用ATM技术的无源光网络。由于ATM技术具有很多优点,而PON又是最经济的宽带接入方式,因此,APON技术被认为是很有发展前景的接入网技术。到目前为止,ITU-T对APON已制定出相应的标准G.983。然而,由于ATM技术本身过于复杂,设备价格过高,使得基于ATM技术的接入设备在应用和推广时遇到了相当大的阻力。而且,在对IP业务的支持方面,ATM技术有明显的缺点,这也阻碍了目前APON的应用。

EPON(Ethernet PON)是指以太网技术与光纤技术相结合的接入网。它在物理层采用了PON技术,在数据链路层使用以太网协议。利用PON的拓扑结构实现了以太网的接入。与以太网兼容是EPON最大的优势之一。而且目前以太网已实现吉比特每秒的速率,使得EPON的速率远远超过APON。以太网本身的价格优势,如廉价的器件和安装维护使EPON具有APON所无法比拟的低成本。目前在国内EPON已处于大规模商用的阶段。

GPON(Gigabit PON,吉比特无源光网络)具有带宽大、效率高、覆盖范围广、用户接口丰富的优点,被大多数运营商视为实现接入网业务宽带化、综合化的理想技术。

WDM-PON是指采用WDM技术的点对点的PON。近几年,WDM-PON越来越受到行业的关注。ITU-T正在对WDM-PON的波长分配方案进行讨论。

相信在不远的将来,带宽更宽、价格更便宜的接入网将会出现在我们的身边。

9.2 计算机高速互联光网络

9.2.1 光纤分布式数据接口

早期的局域网技术中主要的传输介质是同轴电缆,最早使用光纤作为局域网物理介质的技术是光纤分布式数据接口(FDDI),这是20世纪80年代中期发展起来的一项局域网技术,可以提供高于当时的以太网(10Mb/s)和令牌网(4Mb/s或16Mb/s)的高速数据通信能力。FDDI标准由ANSI X3T9.5标准委员会制定,为繁忙网络上的高容量输入/输出提供了一种访问方法。

FDDI的基本结构为逆向双环,其中一个环为主环,另一个环为备用环。一个顺时针传送信息,另一个逆时针传送信息。当主环上的设备失效或光缆发生故障时,通过从主环向备用环的切换可继续维持FDDI的正常工作。这种故障容错能力是其他网络所没有的。

FDDI使用了比令牌环更复杂的方法访问网络。和令牌环一样,也需要在环内传递一个令牌,而且允许令牌的持有者发送FDDI帧。和令牌环不同,FDDI网络可在环内传送几个帧。这可能是由于令牌持有者同时发出了多个帧，而不是在等到第一个帧完成环内的一圈循环后再发出第二个帧。

令牌接受了传送数据帧的任务以后，FDDI 令牌持有者可以立即释放令牌，把它传给环内的下一个站点，无须等待数据帧完成在环内的全部循环。这意味着，当第一个站点发出的数据帧仍在环内循环的时候，下一个站点可以立即开始发送自己的数据。FDDI 令牌沿网络环路从一个节点向另一个节点移动，如果某节点不需要传输数据，那么 FDDI 将获取令牌并将其发送到下一个节点。如果处理令牌的节点需要传输，那么在指定的目标令牌循环时间（TTRT）内，它可以按照用户的需求来发送尽可能多的帧。因为 FDDI 采用的是定时的令牌方法，所以在给定时间中，来自多个节点的多个帧都可能都在网络上传送，从而为用户提供高容量的通信。

FDDI 可以发送同步和异步两种类型的包。同步通信用于要求连续进行且对时间敏感的传输（如音频、视频和多媒体通信）；异步通信用于不要求连续脉冲串的普通的数据传输。由于 FDDI 使用两条环路，所以当其中一条出现故障时，数据可以通过另一条环路到达目的地。连接到 FDDI 的节点主要有两类，即 A 类和 B 类。A 类节点与两个环路都有连接，由网络设备（如集线器等）组成，并具备重新配置环路结构以在网络崩溃时使用单个环路的能力；B 类节点通过 A 类节点的设备连接到 FDDI 网络，B 类节点包括服务器或工作站等。

FDDI 主要有以下优点。

（1）FDDI 具有较长的传输距离，相邻站间的最大长度可达 2km，最大站间距离为 200km。

（2）FDDI 具有较大的带宽，FDDI 的设计带宽为 100Mb/s。

（3）FDDI 具有对电磁和射频干扰的抑制能力，在传输过程中不受电磁和射频噪声的影响。

9.2.2 光纤通道

光纤通道（FC）是一种高速传输数据、音频和视频信号的串行通信标准，可提供长距离连接和高带宽，能够在存储器、服务器和客户机节点间实现大型数据文件的传输。光纤通道技术是存储区域网（SAN）、计算机集群以及其他数据密集型计算环境的理想解决方案；同时光纤通道是一种工业标准接口，广泛地用于在计算机和计算机子系统之间传输信息。光纤通道支持小型计算机系统接口（SCSI）协议、高性能并行接口协议以及其他高级协议。光纤通道参考模型如图 9.5 所示。

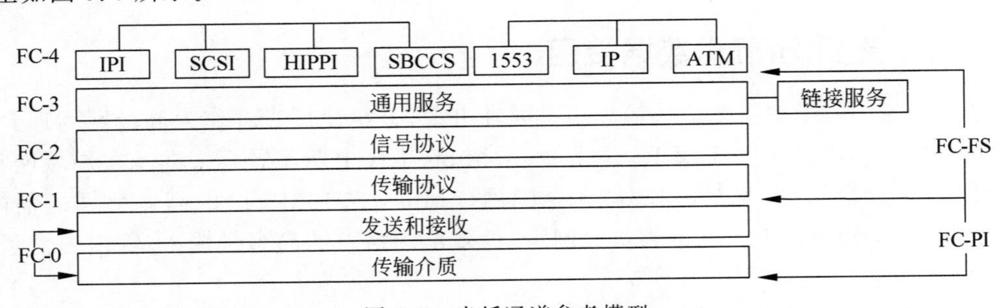

图 9.5 光纤通道参考模型

其中各层的功能简述如下：

FC-0 规定了物理传输介质、传输方式和速率。

FC-1 规定了 8B/10B 编码与解码方案和字节同步。

FC-2 规定了帧协议和流量控制方式，用于配置和支持多种拓扑结构。

FC-3 规定了通常的服务类型。

FC-4 规定了上层映射协议。将通道或网络的上层协议映射到 FC 传输服务上。

在光纤通道中，所有链接操作都是以帧的形式被定义的，数据帧的格式如图 9.6 所示。每个帧包括开始分隔符、大小为 24B 的固定帧头、多种可操作服务头、0～2112B 的长度灵活的净负荷、一个帧标准循环冗余码校验和一个结束分隔符。2112B 的最大净负荷用于提供正常的 64B 的 ULP 头空间和 2KB 的数据空间。帧头提供了一个 24 位的源与目的识别符、各种链接控制工具，并支持对帧组的拆解和重组操作。可选标题分为网络帧头、联合帧头和设备帧头 3 种。网络帧头用于与外部网络相连的网关和网桥，在不同交换机地址空间的光纤通道网络或光纤通道和非光纤通道网络之间实现路由；联合帧头提供对系统体系结构的支持，用于识别节点中与交换相关联的一个特殊过程或一组过程；设备帧头的内容是在数据域类型字段基础上由 FC-2 以上的协议层来控制的。光纤通道中的帧分为两大类，即 FC-0 帧和 FC-1 帧，其主要用途分别为链接控制（数据域长度为零）和提供相关数据服务（数据域为数据）。

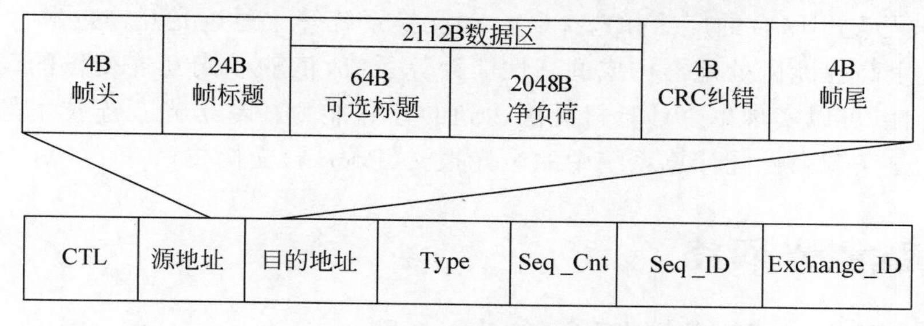

图 9.6　光纤通道数据帧的格式

光纤通道中定义了 6 类服务方式，包含现在网络通信中所有的服务类型。服务方式的选择取决于传输数据的类型和通信的要求，其主要差别在于流控制使用的类型不同。这 6 类服务的基本特征如下：

第一类服务。专用于链路连接，通信端口间使用整个带宽进行通信，不受其他连接的影响，数据帧的接收顺序和发送顺序保持一致。采用端到端的流控制。

第二类服务。支持多路复用和多点传送，通信端口和其他网络节点一起共享网络带宽。缓存-缓存和端-端的流控制均可使用。

第三类服务。采用缓存-缓存的流控制方式，其他与第二类服务相似。

第四类服务。通信端口之间预先建立虚电路(Virtual Circuit)连接，保证数据帧的接收和发送顺序，支持帧信号的多路复用。采用缓存-缓存流控制。

第五类服务。尚无完整定义。

第六类服务。通过交换机进行多点传送，由多点传送服务器负责复制和传递数据帧。通常使用端-端的流控制。

9.2.3　高速计算机光互连技术

超级计算机是现代科学技术，特别是国防尖端技术和高技术的迫切需要，如核武器设计、空间技术、气体动力学、长期天气预报、石油勘探、粒子束模拟计算、实时图像识别和人工智能等。随着集成电路技术的发展，依靠提高主频来提高系统性能的难度越来越大，目前比较一致的看法是超级计算机的发展趋势是大规模并行机（Massive Parallel Machine)。这不仅在技术上可行，在经济上也是可行的，光互连技术在超级计算机的研发和应用中具有重要的作用。

光互连可理解为用光技术实现两个以上通信单元的链接结构，这里的通信单元包括系统、网络、设备、电路和器件等，以实现协同操作。自1984年著名的光学专家Goodman提出在超大规模集成电路(VLSI)系统中采用光互连技术以来，光互连逐步走向实用化，目前已经被公认为是解决超级计算机或巨型计算机（Supercomputer)内部互联网络性能瓶颈的关键技术。

光互连主要用于多处理器之间的通道连接。光互连链路由发射单元、驱动电路、传输介质、接收单元、放大电路及计算机接口组成。链路或光互连网络端点所连接的功能单元称为节点。这里的节点是连接到计算机网络的设备，可以是计算机，掌上电脑(PDA)，网络、通信设备或其他网络设备。随着高性能计算机的发展，出现了以网络连接为结构的计算机集群系统，集群系统是利用个人计算机或工作站作为节点，通过互联网络构成并行处理系统。集群系统已经成为高性能并行计算系统的一个重要发展方向，其网络性能的提高主要是通过增加传输速率和带宽，减少网络和交换器件中的延迟实现。由于光的低延迟、高密度、高时空带宽积、抗电磁干扰、空间并行性等诸多特点，光互连已较多地用于并行处理及集群系统中。

适用于超级计算机光互连的主要技术包括微机电系统光开关、多级电控全息交叉互连以及基于空分-波分复用联合的广播和选择(B&S)交换系统等。通过光互连技术，可以实现由数百个甚至数千个高性能微处理器构成的高性能计算系统，依赖于光互连提供的高稳定带宽和低时延链路特性，可以实现单个计算机无法达到的计算能力。基于光互连技术的高性能计算机系统的目标是实现高性能计算系统中的全光报文(Pocket)交换技术。

9.3 智能光网络

9.3.1 智能光网络的概念

智能光网络也称自动交换光网络(Automation Switch Optical Network，ASON)，是一种以软件为核心的，可自动完成网络带宽分配和调度的新型网络。它引入了动态交换、信令与策略驱动控制的概念，特别是引入了业务层与传送层之间的自动协同工作机制。

智能光网络的重要任务是定义一个通用标准的控制面来高效地控制网络资源。它的优势集中表现在组网应用的动态、灵活、高效和智能方面。

(1) 提供了灵活、安全的网格组网、业务路径优化、业务调度、业务可恢复性和差异化的业务服务；

(2) 提高了网络生存性、带宽利用率和网络可扩展性；

(3) 缩短了业务建立、带宽动态申请和释放的时间；

(4) 简化了网络管理；

(5) 加快了端到端的业务提供、配置、拓展和恢复速度；

(6) 减少了组网成本和维护、管理、运营费用；

(7) 可自动发现网络资源、拓扑；

(8) 可动态申请和释放带宽；

(9) 自动均衡和优化网络负载；

(10) 最终实现不同网络，不同厂家产品的互连互通；

(11) 引入新的增值业务类型和新商业模式，如按需带宽，带宽出租，批发、贸易、分级的带宽业务，动态波长分配租用业务，光拨号业务，动态路由分配，光虚拟专用网、业务等级协定等。

9.3.2 ASON的体系结构

Internet网络用户数和业务量的爆炸式增长、新型增值业务服务类型的不断涌现、用户需求和业务类型的变化及光子技术的进步，对光网络提出了新的要求，新一代光网络必须具有开放性、灵活性、可扩展性、支持多业务能力以及更加简单有效的网络控制和管理能力。

ASON正是在上述背景下产生，其基本思想是在光传送网络中引入控制平面以实现网络资源的实时按需分配，从而实现光网络的智能化。

1. ASON的体系结构

图9.7为ITU-T提出的智能光网络（ASON）的体系结构模型，其总体结构由传送平面、控制平面、管理平面组成，各个平面之间通过相关接口相连。除此之外，ASON还包括为控制和管理信息通信的数据通信网络。

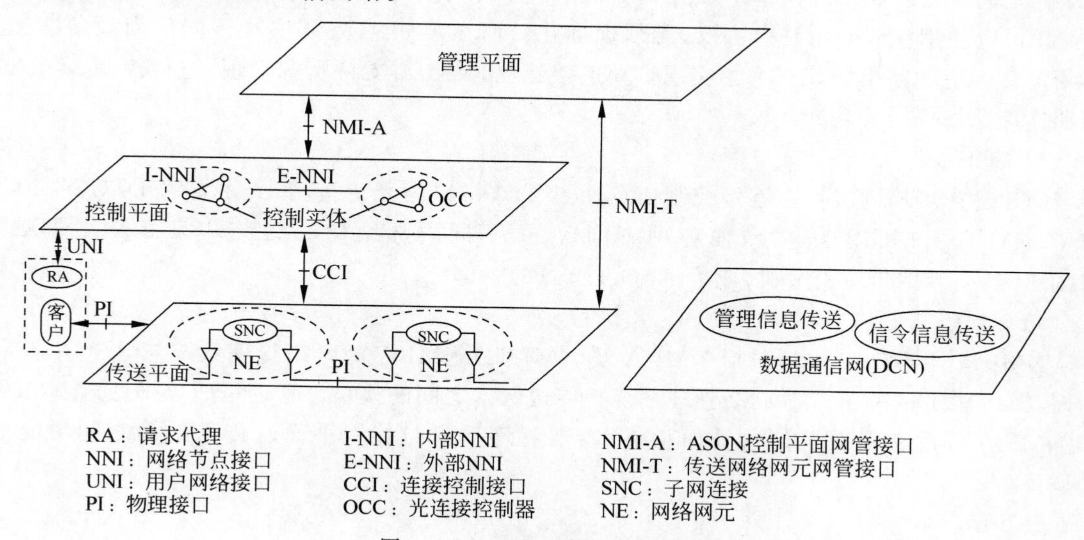

图9.7　ASON的体系结构模型

传送平面由交换实体的传送网络网元组成，主要完成连接/拆线、交换（选路）和传送等功能，传送网中的“智能”只集中在统一的网管上。

控制平面包括了一系列实时的信令及协议系统，负责快速、有效地对网络中的端到端连接进行动态控制，如连接的建立、删除及修改等。智能光网络内的呼叫控制和连接控制的功能都是由控制平面完成的。

管理平面主要面向网络管理者，负责管理控制平面和传送平面。管理平面的主要功能是建立、确认和监视光通道，并在需要时对其进行保护和恢复。

正是在这3个平面的共同支持下，ASON才具有了对光层业务进行自动交换的能力。

2. ASON的接口

ASON中存在3个相互独立的平面，但是同时3个平面之间彼此实现信息的交互。接口的功能是完成各个网络平面之间和功能实体之间的连接，根据各种实体之间的逻辑关系及在这些实体之间所传递的信息，ASON定义了不同的网络接口。网络接口的规范化有利于在网络中使用不同厂商的设备，构造不同网络结构或划分不同的管理域。ASON定义的几个逻辑接口在网络中的位置如图9.7所示。

1）UNI

UNI是用户与网络间的接口，是不同域、不同层面间的信令接口，负责用户请求的接入，包括呼叫控制、连接控制和连接选择，也可包含呼叫安全和认证管理等。

2）NNI

NNI是网络节点接口，分为内部网络节点接口（I-NNI）和外部网络节点接口（E-NNI）。

I-NNI 提供网络内部的拓扑等信息，负责资源发现、连接控制、连接选择和连接路由寻径等，是属于不同管理域且无托管关系的控制面实体之间的双向信令接口。

E-NNI 是 ASON 网络不同管理域之间的外部节点接口，E-NNI 上交互的信息包含网络可达性、网络地址概要、认证信息和策略功能信息等，而不是完整的网络拓扑/路由信息。

E-NNI 与 I-NNI 的区别在于 E-NNI 可以使用在同一运营商的不同 I-NNI 区域的边界处，也可以使用在不同运营商网络的边界处；而 I-NNI 是用于同一厂商设备组成的子网内部，因此大部分厂商实现的 NNI 接口都是 I-NNI 接口。它们的另一个区别是路由协议。由于 I-NNI 是同一管理域中的内部节点接口，而同一管理域中的设备又是同一厂商的设备，因此 I-NNI 可以使用任何专用路由协议，无须标准化。而在 E-NNI 处要实现不同厂商设备互通，必须定义合适的路由协议。为了实现自动连接建立，NNI 需支持资源发现、连接控制、连接选择和连接路由寻径等功能。

3）CCI

CCI 是连接控制接口。连接控制信息通过 CCI 接口为光传送网元（主要为 DXC、SDXC、MADM）的端口间建立连接，使各种不同容量、不同内部结构的交叉设备（DXC、SDXC、MADM 甚至其他带宽交叉机）成为 ASON 节点的一部分。

4）NMI

NMI 是网络管理接口，包括 NMI-A 及 NMI-T。NMI-A 为网络管理系统与 ASON 控制平面之间的接口；NMI-T 为网络管理系统与传送网络之间的接口。管理平面分别通过 NMI-A 和 NMI-T 与控制平面及传送平面相连，实现管理平面与控制平面及传送平面之间功能的协调。

5）PI

PI 是物理接口，是传送平面网元之间的连接控制接口。

9.3.3 ASON 的控制平面

控制平面是 ASON 的技术核心。就其实质而言，控制平面是一个 IP 网络。也就是说，ASON 控制平面实际上是一个能实现对下层传送网进行控制的 IP 网络。因此，它的结构符合标准 IP 网络层次结构。控制平面主要包括信令协议、路由协议和链路资源管理等。其中信令协议用于分布式连接的建立、维护和拆除等管理；路由协议为连接的建立提供选路服务；链路资源管理用于链路管理，包括控制信道和传送链路的验证和维护。

1. 引入控制平面的优势

控制平面赋予了 ASON 的智能性和生命力，使 ASON 具有如下特点：

（1）能够实现流量工程的要求。

（2）控制平面协议代替了通用网络管理协议，同时，控制平面协议具有可在不同传送技术中使用的优点。

（3）信令具有可扩展性，可以实现在多厂商设备环境下的连接控制，能够根据传送网络资源的实时使用情况，动态进行故障排除。

（4）具有快速服务指配功能，能够自动建立、维护、释放连接及网络的重构与恢复。

（5）支持各种新的业务类型（如相关用户组和虚拟专网等）。

（6）减少了服务提供商为新技术开发维护系统软件的需要。

2. 控制平面控制节点的功能模块

ASON 控制平面节点的核心结构组件分成六大类：连接控制器（Connection Controller，

CC)、路由控制器(Routing Controller,RC)、链路资源管理器(Link Resource Manager,LRM)、流量策略(Traffic Policing,TP)器件、呼叫控制器(Call Controller,CallC)和协议控制器(Protocol Controller,PC)。如图9.8所示。

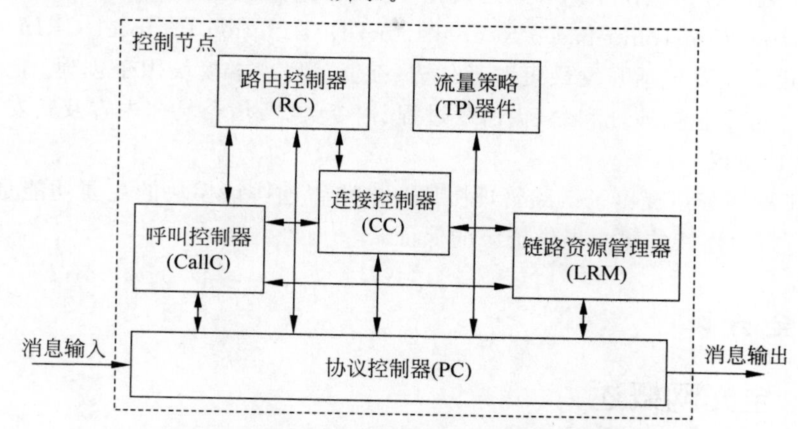

图9.8 ASON控制平面节点的核心结构组件

(1) 连接控制器是整个节点功能结构的核心,负责完成连接请求的接收、发现选路和连接,负责协调LRM、RC以及对等(或者下层)CC。

(2) 路由控制器完成路由功能,RC响应来自连接控制器对建立连接所需路由信息的请求。同时它还负责网络拓扑和资源利用等信息的分发。

(3) 链路资源管理器完成资源管理功能,检测网络资源状况,对链路占用、状态及告警等进行管理。

(4) 流量策略器件负责检查输入用户连接是否按照约定参数发送业务。

(5) 呼叫控制器和连接控制器完成信令功能。网络CallC的主要功能是输入呼叫请求的处理,输出呼叫请求的生成,呼叫终结请求的生成,呼叫终结请求的处理,基于确认呼叫参数、用户权利和接入网络资源策略的呼叫许可控制以及呼叫状态管理等。它既可以扮演主叫或被叫CallC的角色,又可以同时扮演两者的角色。

(6) 协议控制器在各个模块中都存在,起到消息分类收集和分发的作用,负责把控制组件的抽象接口参数映射到消息中。

3. 控制平面的协议

控制平面使用的协议包括路由协议、信令协议及链路管理协议三大部分。在ASON中,使用由Internet工程任务组(Internet Engineering Task Force,IETF)提出的GMPLS(通用多协议标签交换)协议框架。在GMPLS协议框架中,不同的协议功能由对应的不同协议模块完成,分别为路由协议模块、信令协议模块及链路管理协议模块。

1) 路由协议

Internet工程任务组提出的路由协议包括开放最短路径优先-流量工程和媒介系统-媒介系统-流量工程(Intermediary System-Intermediary System-Traffic Engineering,IS-IS-TE)两个协议。路由协议基本功能包括资源发现、状态信息传播及信道选择。

路由协议模块由路由表管理器、通道计算、开放最短路径优先-流量工程及链路状态通告-数据库(Link State Advertisement-Database,LSA-DB)构成。

由于传送平面和控制平面拓扑结构不需要完全相同,所以路由协议需要负责广播它们的拓扑,使得每个节点都能够保持网络拓扑视图的一致性。传送平面拓扑用于连接建立时的路径选择,而控制平面拓扑则用于构建 IP 控制消息的路由表。

2) 信令协议

Internet 工程任务组提出了两种改进的信令协议：资源预定协议-流量工程和基于约束的路径标签发布协议(Constraint-based Routed Label Distribution Protocol,CRLDP)。

信令协议模块主要包括开发最短路径优先-流量工程。本模块用于创建、维护、恢复和释放光链路连接。信令包括地址和命名、信令过程、信令类型、信令具体内容及其安全性等方面。

3) 链路管理协议

Internet 工程任务组提出了链路管理协议。链路管理协议模块的主要功能是维护网络中的链路资源信息,为连接的建立提供资源的保证。

9.4 全光网

9.4.1 全光网概述

全光网是指网络中端到端用户之间的信号传输与交换全部采用光波技术完成的先进网络。其中涉及光传输、光放大、光再生、光交换、光存储、光信息处理、光信号多路复接/分插、进网/出网等许多先进的全光技术。

从原理上讲,全光网就是网络中端到端用户节点之间的信号通道仍然保持着光通道的形式,即端到端的全光路,中间没有光电转换器,数据从源节点到目的节点的传输过程都在光域内进行。

基于波分复用的全光通信网比传统的电信网具有更大的通信容量,具备以往通信网和现行光通信系统所不具备的优点。它具有以下特点。

(1) 透明性(transparency)是指网络中的信息在从源地址到目的地址的过程中,不受任何干涉。由于全光网中信号的传输全在光域中进行,信号速率、格式等仅受限于接收端和发射端,因此全光网对信号是透明的。

(2) 存活性(survivability)。全光网通过 OXC 可以灵活地实现光信道的动态重构功能,根据网络中业务流量的动态变化和需要,动态地调整光层中的资源和光纤路径资源配置,使网络资源得到最有效的利用。

(3) 可扩展性(scalability)。全光网具有分区分层的拓扑结构,OADM 及 OXC 节点采用模块化设计,在原有网络结构和 OXC 结构的基础上,能方便地增加网络的光信道复用数、路径数和节点数,从而实现网络的扩充。

(4) 兼容性(compatibility)。全光网和传统网络应是完全兼容的。光层作为新的网络层加到传统网的结构中,对 IP、SDH、ATM 等业务,均可将其融合进光层,而呈现出巨大的包容性,从而满足各种速率、各种介质的宽带综合业务服务的需求。

9.4.2 全光网结构

全光网结构分为服务层和传送层。网络传送层分为 SDH/ATM 层和光传送层。光传送层由光分插复用器(OADM)和光交叉连接(OXC)组成。在光传送层,通过迂回路由波长,在网络中形成大带宽的重新分配。在光纤连接断开时,光传送层起网络恢复作用。如图 9.9 所示,在远端,光纤环中 OADM 插入/分离所确定的波长通道连接到 ATM 复用器,而 OXC 则连接两个光 WDM 环路至 ATM 交换机。

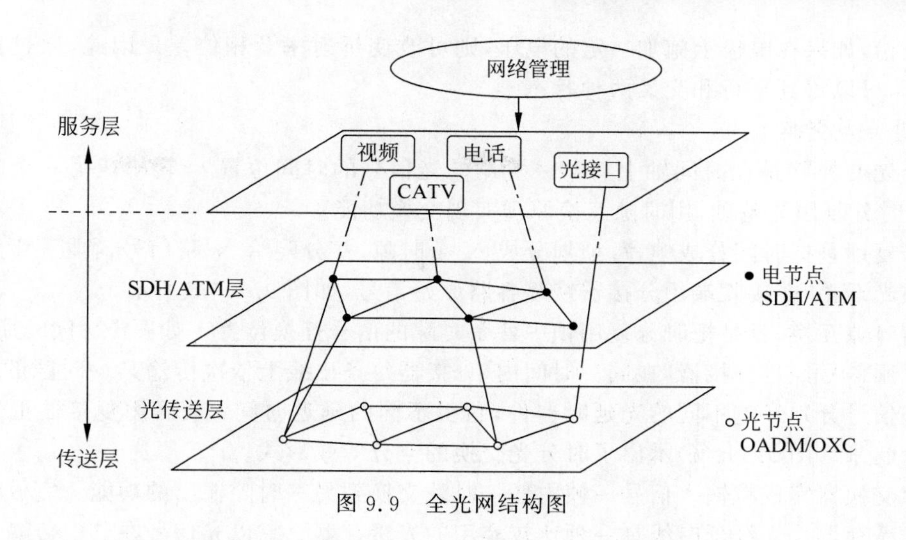

图 9.9 全光网结构图

9.4.3 全光网的关键技术

全光网实现的进展取决于光传送技术、光路由技术和光交换技术、光交叉连接技术、光中继技术、光分插复用技术、控制和管理技术、智能光网络等的发展，以及全光器件的开发和网络管理的实现。

1. 光交换技术

与电子交换相比，光交换无须在光传输线路和交换机之间设置光/电或电/光变换，不存在“电子瓶颈”问题，它能充分发挥光信号的高速、宽带和无电磁感应等优点。

1）空分光交换

空分光交换是以空间不同的物理位置(称为空间子通道)作为用户光信号的传输通道，利用空分光交换功能器件改变输入与输出端用户光信号的连接通道，从而实现用户光信号的交换。这种光交换如果在自由空间中完成，则被称为自由空间光交换。自由空间光交换是电交换中不具有的一种形式。

空分光交换方式的基本结构如图 9.10 所示，有 M 个输入、N 个输出和一个空分光交换矩阵(节点)。空分光交换节点包括光开关阵列和控制回路，由控制回路给出控制信号，控制光开关的状态处于“通”或“断”状态，使用户光信号从一个空间子通道变换到另一个空间子通道上，从而实现用户光信号的空分交换。

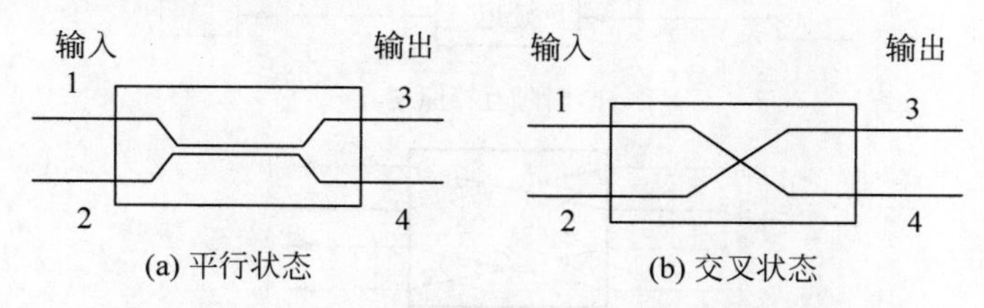

图 9.10 空分光交换方式的基本结构

也就是说，通过改变光信号的空间子通道实现用户光信号在空间的任意输入端到任意输出端的直接光互联，通常用符号(M，N，k)表示空分光交换节点。其中，M、N 分别表示输入数、输出数；k 表示节点容量，即表示节点在任何时间内能够处理的最大子通道数。若 $M>N$，且在任何时间内该节点都能提供 N 个输出通道，则该节点可表示为(M，N)。

由于平行波导的长度和两波导之间的相位差变化，只要所选取的参数合适，光束就在波导上完全交错，如果在电极上施加一定的电压，则可改变折射率及相位差。因此，通过控制电极上的电压，可以得到平行和交叉两种状态。

2）时分光交换

时分光交换就是在时间轴上将某一复用的光信号的时间位置 t_i 转换成另一个时间位置 t_j。它以时分复用为基础，用时隙互换原理实现交换功能。

时分复用是把时间分成帧，每帧划分成 N 个时隙，并分配给 N 路信号，再把 N 路信号复接到一根光纤上，在接收端用分接器恢复各路原始信号，如图 9.11(a)所示。

所谓时隙互换，就是把时分复用帧中各个时隙的信号互换位置。如图 9.11(b)所示，首先使时分复用信号经过分接器，在同一时间内，分接器每条出线上依次传输某一时隙的信号；然后使这些信号分别经过不同的光延时器件，获得不同的延迟时间；最后用复接器把这些信号重新组合起来。图 9.11 (c)示出了时分光交换的空分等效形式。

时隙交换器完成将输入信号一帧中任一时隙交换到另一时隙输出的功能。完成时隙交换必须有光缓存器。光纤延时线是一种比较实用的光缓存器。它以光信号在其中传输一个时隙时间经历的长度为单位，光信号需要延时几个时隙，就让它经过几个单位长度的光纤延时线。目前的时隙交换器都是由空间光开关和一组光纤延时线构成的。

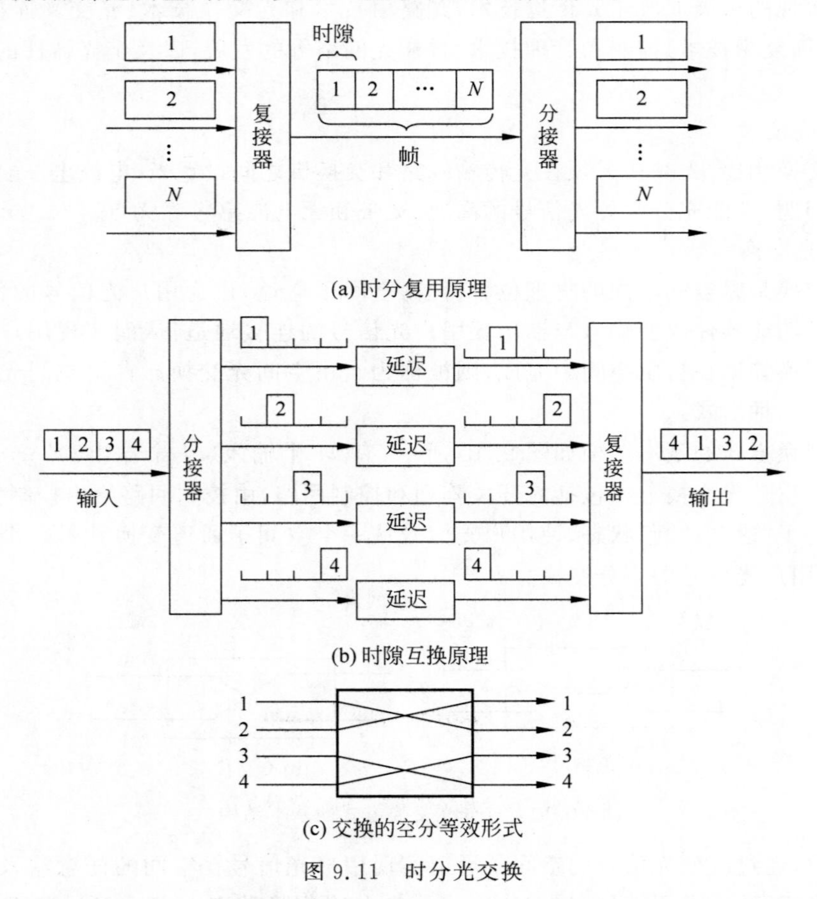

(a) 时分复用原理

(b) 时隙互换原理

(c) 交换的空分等效形式

图 9.11　时分光交换

时分光交换的优点是能与现在广泛使用的时分数字通信体制相匹配，但它必须知道各路信号的比特率，对业务信号不透明。另外，还要产生超短光脉冲的光源、光比特同步器、光延时器件、光时分合路/分路器、高速光开关等，技术难度较光空分交换大。

3）波分光交换

波分光交换是指光信号在网络节点中不经过光/电转换，直接将所携带的信息从一个波长 λ_i 转移到另一个波长 λ_j 上。如图 9.12 所示，波分解复用器件将波分信道空间分割开，对每一波长信道分别进行波长转换，然后再将它们复用起来输出，从而实现波长交换。

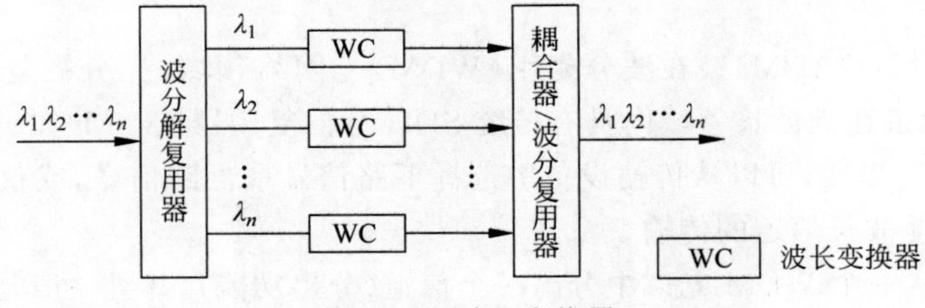

图 9.12 波长变换器

4）复合型光交换

复合型光交换是指在一个交换网络中同时应用两种以上的光交换方式。例如，空分＋时分、空分＋波分、空分＋时分＋波分等都是常用的复合型光交换方式。

图 9.13 给出了两种空分＋时分光交换单元。对于需要时间复用的空分光交换模块和空间复用的时分光交换模块，分别用 S 和 T 表示。

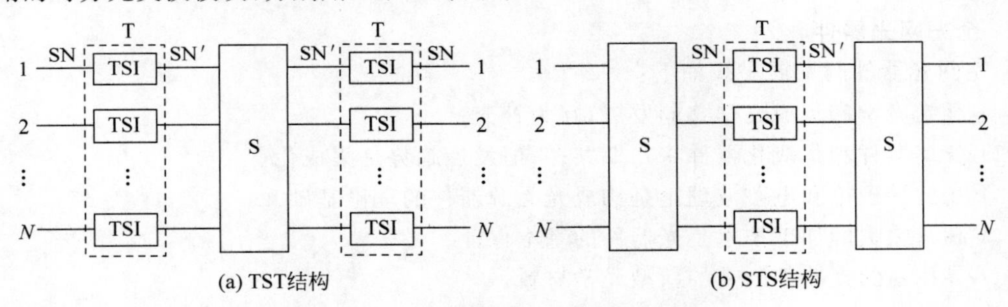

图 9.13 两种空分＋时分光交换单元

由于图 9.13(a)中时隙交换器的输出与输入的时隙数相同，即 $SN'=SN$，所以此交换单元只能是可重排无阻塞型；图 9.13(b)中的空分光交换模块容量为 $N\times N'$，当 $N'\geqslant(2N-1)$ 时，此交换单元为绝对无阻塞型；当 $N'\geqslant N$ 时为可重排无阻塞型。

2. 光交叉连接设备

光交叉连接(OXC)设备是全光网中的核心器件，是用于光纤网络节点的设备，是一种兼有复用、光交叉连接、保护/恢复、监控和网管的多功能 OTN 传输设备。它与光纤组成了全光网。

3. 全光中继

全光中继是直接在光路上对信号进行放大传输，用全光传输中继器代替再生中继器。

4. 光放大和再生技术

可通过光放大器来提高光信号功率。掺铒光纤放大器(EDFA)是目前光放大技术的主流。

色散会导致光脉冲展宽，发生码间干扰，使系统的误码率增大。因此，必须采取措施对光信号进行再生。目前，对光信号的再生都是利用光电中继器，即光信号首先由光电二极管转变为电信号，经电路整形放大后，再重新驱动一个光源，从而实现光信号的再生。

5. 光复用/解复用技术

(1) 光时分复用(OTDM)是用多个电信道信号调制具有同一个光频的不同光信道，经复用后在同一根光纤上传输的扩容技术。OTDM 技术主要包括超窄光脉冲的产生与调制技术、全光复用/解复用技术、光定时提取技术。

(2) 光波分复用(OWDM)是多个信源的电信号调制各自的光载波，经复用后在一根光纤上传输，在接收端可用外差检测的相干通信方式或调谐无源滤波器直接检测的常规通信方式实现信道的选择。

(3) 光分插复用(OADM)。在波分复用(WDM)光网络领域，光分插复用器成为目前研究的热点。这些设备在光波长领域内具有传统 SDH 分插复用器(ADM)在时域内的功能。特别是 OADM 具有选择性，可以从传输设备中选择下路信号或上路信号，或仅仅通过某个波长信号，但不影响其他波长信道的传输。

OADM 可以从一个 WDM 光束中分出一个信道(分出功能)，并且一般是以相同波长往光载波上插入新的信息(插入功能)。OADM 在光域内实现了 SDH 中的分插复用器在时域内完成的功能，且具有透明性，可以处理任何格式和速率的信号。它能提高网络的可靠性，降低节点成本，提高网络运行效率，是组建全光网必不可少的关键性设备。

6. 全光网的管理、控制和运作

网络的配置管理、波长的分配管理、管理控制协议、网络的性能测试等都是网络管理方面需解决的技术。

7. 全光网光器件

全光网光器件的发展主线如下：

(1) 纤维光学和集成光学共同发展，互为补充。

(2) 分离器件和集成化器件将长期共存，但发展趋势是集成化。

(3) 光波导理论和电磁波理论是构成光无源器件的理论基础。

(4) 高、精、尖的加工技术是光器件的基本保证。

(5) 寻找新的光器件所需的新型光学材料。

本章小结

本章主要介绍了光接入网、计算机高速互联网、智能光网络以及全光网的基本概念和原理，并介绍了构建这些网络的支撑技术。

光接入网是解决全网瓶颈的手段，无源宽带光接入网技术使 FTTH 成为现实的首选，它主要包括 EPON、GPON 等技术。EPON 将以太网技术与无源光网络(PON)技术结合起来，以最简单的方式实现一个点到多点拓扑结构的千兆以太网光接入网。GPON 采用标准通用组帧程序，可以透明、高效地将各种数据信号封装进现有的 SDH 网络，可适应任何信号格式和传输制式，提供业务灵活性。

智能交换光网络是一种基于 SDH 传送网和光传送网的、通过分布式控制平面自动实现配置连接管理的光网络，主要由传送平面、控制平面、管理平面构成。控制平面可以完成路由自动发现、呼叫连接管理、保护恢复等功能，从而实现了网络资源的按需分配，使光网络具有智能化功能。

随着传输、交换速率的进一步提高，电子器件工作的上限速率将成为网络带宽的“瓶颈”，因此，为了克服电子器件的“瓶颈”，必须发展全光网。

全光网是指用户与用户之间的信号传输与交换全部采用光波技术完成的先进网络。未来的高速、大容量全光网系统需要重点发展高速光传输、复用与解复用技术、光分插复用技术、光交叉互连技术、集成阵列波导器件等技术。

习题

9.1　什么是光接入网(OAN)?

9.2　解释 FTTB、FTTC、FTTZ、FTTH、FTTO、FTTF、FTTP、FTTN、FTTD、FTTR。

9.3　简述光接入网的拓扑结构。

9.4　简述有源光网络和无源光网络。

9.5　简述 FDDI 的基本概念及其基本结构。FDDI 的优点有哪些?

9.6　什么是智能网络?其主要特点有哪些?

9.7　控制平面节点的核心结构组件分成哪几类?各自完成什么功能?

9.8　为什么要在智能光网络中引入控制平面?

9.9　什么是全光网?其主要特点有哪些?

9.10　全光网的关键技术有哪些?

第10章 光通信新技术

CHAPTER 10

本章介绍光纤通信的有关系统和网络的新技术，阐述了这些新技术的原理和特点，分析其关键技术，并简要说明其发展史，使读者对光通信新技术及其发展方向有一定的了解；主要介绍一些已经实用化或者具有重要发展前景的新技术，重在概念、原理、关键技术的介绍，对工程分析、计算内容较少涉及。

10.1 相干光通信

目前已经投入使用的光纤通信系统，都是采用光强调制-直接检测(IM-DD)方式。这种方式的优点是调制和解调简单，容易实现，因而成本较低。但是这种方式没有利用光载波的频率和相位信息，限制了系统性能的进一步提高。

像传统的无线电通信一样，相干光通信在发射端对光载波进行幅度、频率或相位调制；在接收端，则采用零差检测或外差检测，这种检测技术称为相干检测。和IM-DD方式相比，相干检测可以把接收灵敏度提高20dB，相当于在相同发射功率下，若光纤损耗为0.2dB/km，则传输距离增加100km。同时，采用相干检测，可以更充分地利用光纤带宽。我们已经看到，在光频分复用(OFDM)中，信道频率间隔可以小于10GHz，因而大幅度增加了传输容量。

所谓相干光，就是两个激光器产生的具有空间叠加、相互干涉性质的激光。实现相干光通信，关键是要有频率稳定、相位和偏振方向可以控制的窄线谱激光器。

10.1.1 相干检测原理

图10.1示出了相干检测原理方框图，光接收机接收的信号光和本地光振荡器产生的本振光经混频器作用后，光场发生干涉。由光检测器实现光电转换，输出的电信号经处理(包括放大解调)后，以基带信号的形式输出。

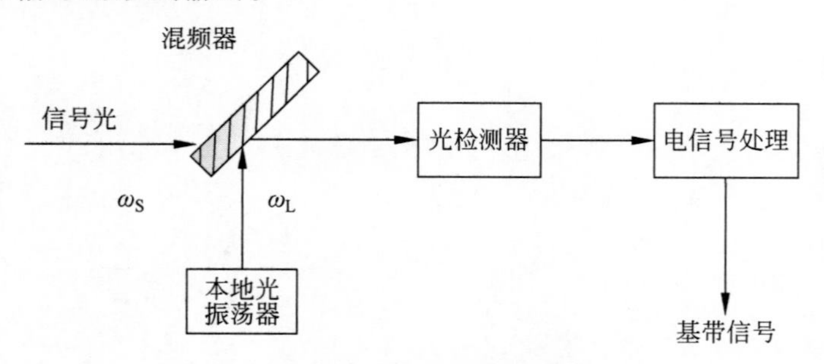

图10.1 相干检测原理方框图

单模光纤的传输模式是基模HE_{11}模，设接收机接收的信号光其光场可以写成

$$E_S = A_S \exp[-i(\omega_S t + \phi_S + \theta(t))] \tag{10.1}$$

其中，A_S、ω_S 和 ϕ_S 分别为光载波的幅度、频率和相移，$\theta(t)$表示相位调制信号。

同样，本振光的光场可以写成

$$E_L = A_L \exp[-i(\omega_L t + \phi_L)] \tag{10.2}$$

其中，A_L、ω_L 和 ϕ_L 分别为本振光的幅度、频率和相移。保持信号光的偏振方向不变，控制本振光的偏振方向，使之与信号光的偏振方向相同。本振光的中心角频率 ω_L 应满足

$$\omega_L = \omega_S - \omega_{IF} \quad 或 \quad \omega_L = \omega_S + \omega_{IF} \tag{10.3}$$

其中，ω_{IF} 是中频信号的频率。这时光检测器输入的光功率 P 与光强$|E_S + E_L|^2$ 成比例，即

$$P = K \mid E_S + E_L \mid^2 \tag{10.4}$$

其中，K 为常数。由式(10.1)～式(10.4)，根据模式理论和电磁理论计算的结果，光检测器输入光功率近似为

$$P(t) \approx P_S + P_L + 2\sqrt{P_S P_L}\cos[\omega_{IF} t + (\phi_S - \phi_L) + \theta(t)] \tag{10.5}$$

其中，$P_S = KA_S^2$，$P_L = KA_L^2$，$\omega_{IF} = \omega_S - \omega_L$。显然，式(10.5)右边最后一项是中频信号功率分量，它实际上表现为叠加在 P_S 和 P_L 之上的一种缓慢变化的起伏，如图 10.2 所示。由此可见，中频信号功率分量带有信号光的幅度、频率或相位信息，在发射端，无论采取什么调制方式，都可以从中频功率分量反映出来。所以，相干光接收方式是适用于所有调制方式的通信机制。

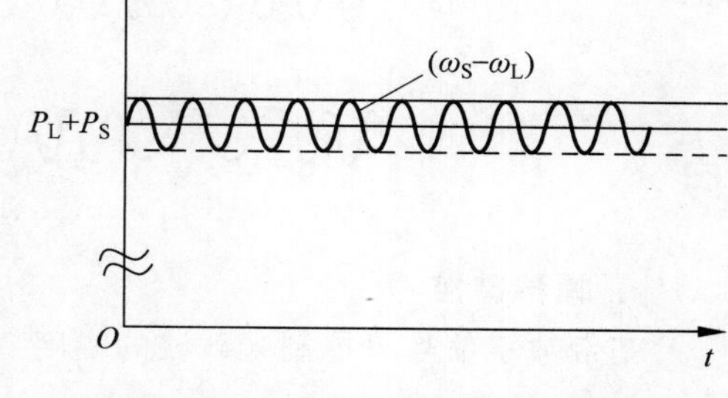

图 10.2　干涉后的瞬时光功率变化

相干检测有零差检测和外差检测两种方式。

1. 零差检测

选择 $\omega_L = \omega_S$，即 $\omega_{IF} = 0$，这种情况称为零差检测。这时，滤去直流分量，光检测器产生的信号电流为

$$I(t) = 2\rho\sqrt{P_S P_L}\cos(\phi_S - \phi_L + \theta(t)) \tag{10.6}$$

其中，ρ 为光检测器的响应度。通常 $P_L \gg P_S$，同时考虑到本振光相位锁定在信号光相位上，即 $\phi_L = \phi_S$，这样便得到零差检测的光生信号电流

$$I_P(t) = 2\rho\sqrt{P_S P_L}\cos\theta(t) \tag{10.7}$$

零差检测信号平均功率与直接检测信号平均功率之比为

$$\frac{4\rho^2 \langle P_S \rangle P_L}{\rho^2 \langle P_S \rangle^2} = \frac{4P_L}{\langle P_S \rangle}$$

由于 $P_L \gg P_S$，所以零差检测接收信号功率可以放大几个数量级。虽然噪声也增加了，但是灵敏度仍然可以大幅度提高。零差检测技术非常复杂，因为相位变化非常灵敏，所以必须控制相位，使 $\phi_S - \phi_L$ 保持不变，同时要求 ω_L、ω_S 相等。

2. 外差检测

选择 $\omega_L \neq \omega_S$，即 $\omega_{IF} = \omega_S - \omega_L > 0$，这种情况称为外差检测。通常选择 $f_{IF}\left(=\dfrac{\omega_{IF}}{2\pi}\right)$在微波范围。这时中频信号产生的电流为

$$I_{ac}(t) = 2\rho\sqrt{P_S P_L}\cos[\omega_{IF} t + (\phi_S - \phi_L) + \theta(t)] \tag{10.8}$$

与零差检测相似，外差检测接收光功率放大了，从而提高了灵敏度。外差检测信噪比的改

善比零差检测低 3dB，但是接收机设计相对简单，因为不一定需要相位锁定。需要指出的是，对于相位调制，还需要采用鉴相器将式(10.7)或式(10.8)中的 $\theta(t)$ 解调出来。

10.1.2 调制和解调

如前所述，相干检测技术的主要优点是可以对光载波实施幅度、频率或相位调制。对于模拟信号，有 3 种调制方式，即幅度调制(AM)、频率调制(FM)和相位调制(PM)。对于数字信号，也有 3 种调制方式，即幅移键控(ASK)、频移键控(FSK)和相移键控(PSK)。图 10.3 示出了 ASK、PSK 和 FSK 调制方式的比较。下面分别介绍这 3 种调制方式。

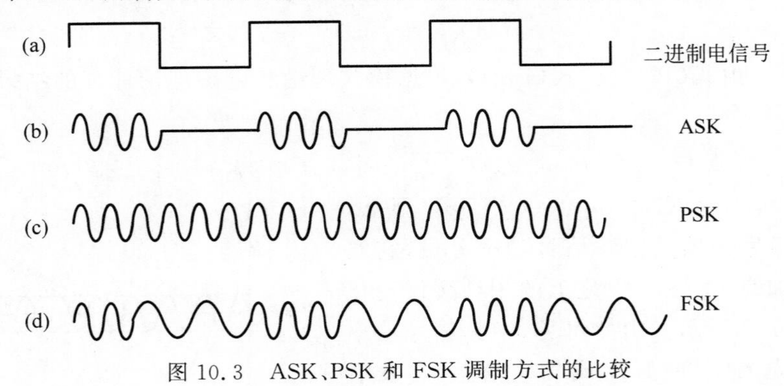

图 10.3 ASK、PSK 和 FSK 调制方式的比较

1. 幅移键控

基带数字信号只控制光载波的幅度变化，称为幅移键控(ASK)。ASK 的光场表达式为

$$E_S(t)=A_S(t)\cos(\omega_S t+\phi_S) \tag{10.9}$$

其中，A_S、ω_S、ϕ_S 分别为光场的幅度、中心角频率和相移。在 ASK 中，只对幅度进行调制。对于二进制数字信号调制，在大多数情况下，0 码传输时，使 $A_S=0$；1 码传输时，使 $A_S=1$（或者相反）。

ASK 相干通信系统必须采用外调制器来实现，这样只有输出光信号的幅度随基带信号而变化。如果采用直接光强调制，幅度变化将引起相位变化。外调制器通常用钛扩散的铌酸锂($Ti:LiNbO_3$)波导制成的 M-Z 干涉型调制器。这种调制器在消光比大于 20 时，调制带宽可达 20GHz。

2. 相移键控

基带信号只控制光载波的相位变化，称为相移键控(PSK)。PSK 的光场表达式为

$$E_S(t)=A_S\cos[\omega_S t+\theta(t)] \tag{10.10}$$

在 PSK 中，只对相位进行调制。传输 0 码和传输 1 码时，分别用两个不同相位(通常相差 180°)表示。当传输 0 时，光载波相位不变；传输 1 码时，相位改变 180°，这种情况称为差分相移键控(DPSK)。对于二进制数字信号调制，相位通常取 0 和 π 两个值。电脉冲为 0 码时，光脉冲相位为 0，电脉冲为 1 码时，光脉冲相位为 π。PSK 系统必须用相干检测，如果信号光不与本振光混频而直接检测，那么所有的信息都将丢失。

和 ASK 使用的 M-Z 干涉型调制器相比，设计 PSK 使用的相位调制器要简单得多。这种调制器只要选择适当的脉冲电压，就可以使相位改变 $\Delta\theta=\pi$。但是在接收端光波相位必须非常稳定，因此对发射和本振激光器的谱宽要求非常苛刻。

3. 频移键控

基带数字信号只控制光载波的频率，称为频移键控(FSK)。FSK 的光场表达式为

$$E_S(t)=A_S\cos[(\omega_S\pm\Delta\omega)t+\phi_S] \tag{10.11}$$

在 FSK 中，A_S保持不变，只对频率进行调制。传输 0 码和传输 1 码时，分别用频率 $f_0\left(=\frac{\omega_0}{2\pi}\right)$和 $f_1\left(=\frac{\omega_0}{2\pi}\right)$表示。对于二进制数字信号，用$(\omega_S-\Delta\omega)$和$(\omega_S+\Delta\omega)$分别表示 0 码和 1 码。$2\Delta f\left(=\frac{\Delta\omega}{2\pi}\right)$称为码频间距。在式(10.11)中，$[(\omega_S\pm\Delta\omega)t+\phi_S]$和$[\omega_S t+(\phi_S\pm\Delta\omega t)]$是等效的，因此 FSK 信号的相位是随时间变化的。

相干检测的解调方式有两种：同步解调和异步解调。

用零差检测时，光信号直接被解调为基带信号，要求本振光的频率和信号光的频率完全相同，本振光的相位要锁定在信号光的相位上，因而要采用同步解调。同步解调虽然在概念上很简单，但在技术上很复杂。

用外差检测时，不要求本振光和信号光的频率相同，也不要求相位锁定，既可以采用同步解调，也可以采用异步解调。对于 PSK 信号，必须采用同步解调，要求恢复中频载波 ω_{IF}，并实现鉴相，因而要求具有一种电的锁相环路。异步解调简化了接收机设计，在技术上容易实现，只要采用检测器(实现包络检波或频率检波)即可。

图 10.4 和图 10.5 分别给出了外差同步解调和外差异步解调的接收机方框图。两种解调方式的差别在于接收机的噪声对信号质量的影响。异步解调要求的信噪比(SNR)比同步解调高，但异步解调接收机设计简单，对信号光源和本振光源的谱线要求适中，因而在相干光通信系统设计中起到主要作用。

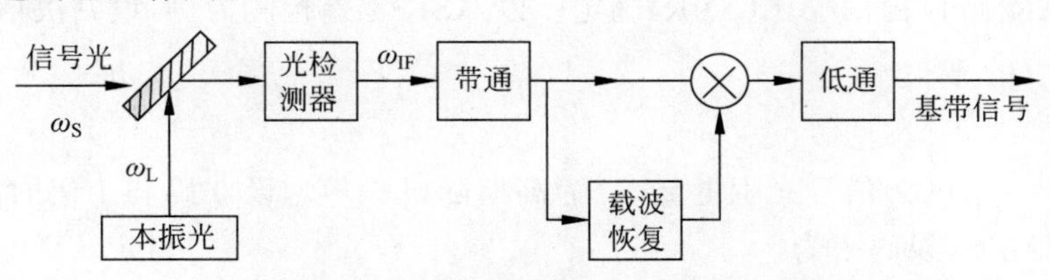

图 10.4　外差同步解调的接收机方框图

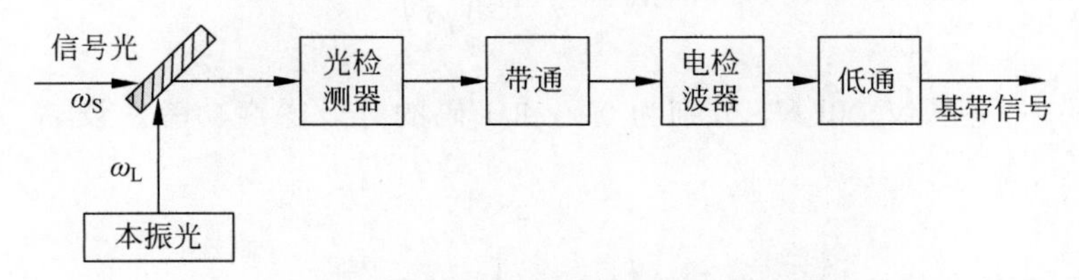

图 10.5　外差异步解调的接收机方框图

10.1.3　误码率和接收灵敏度

1. 信噪比

相干光通信系统光接收机的性能可以用信噪比(SNR)定量描述。系统总平均噪声功率(均方噪声电流)为

$$\langle i_n^2\rangle=\langle i_S^2\rangle+\langle i_T^2\rangle=2e(I_P+I_d)B+\frac{4kT}{R_L}B \tag{10.12}$$

其中，$\langle i_S^2\rangle$和$\langle i_T^2\rangle$分别为散粒噪声功率和热噪声功率，e 为电子电荷，I_d 为光检测器暗电流，B 为等效噪声带宽，kT 为热能量，R_L 为光检测器负载电阻，I_P 为光生电流，由式(10.6)或式(10.7)确定。

外差检测的信噪比为

$$\mathrm{SNR}=\frac{\langle I_{\mathrm{ac}}^{2}\rangle}{\langle I_{\mathrm{n}}^{2}\rangle}=\frac{2\rho^{2}\langle P_{\mathrm{S}}\rangle P_{\mathrm{L}}}{2e(\rho P_{\mathrm{L}}+I_{\mathrm{d}})B+\langle i_{\mathrm{T}}^{2}\rangle} \tag{10.13}$$

大多数相干光接收机的噪声由本振光功率 P_{L} 引入的散粒噪声所支配，与信号光功率的大小无关，因此，式(10.13)中的 I_{d} 和 $\langle i_{\mathrm{T}}^{2}\rangle$ 项可以略去，由此得到

$$\mathrm{SNR}=\frac{\rho\langle P_{\mathrm{S}}\rangle}{eB} \tag{10.14}$$

光检测器的响应度 $\rho=\frac{\eta e}{hf}$，η 为光检测器量子效率，e 和 hf 分别为电子电荷和光子能量；等效噪声带宽 $B=\frac{f_{\mathrm{b}}}{2}$，$f_{\mathrm{b}}$ 为传输速率；平均信号光率 $\langle P_{\mathrm{S}}\rangle$ 可以用每比特时间内的光子数 N_{p} 表示为

$$\langle P_{\mathrm{S}}\rangle=N_{\mathrm{p}}hff_{\mathrm{b}} \tag{10.15}$$

将上述关系式代入式(10.14)得到

$$\mathrm{SNR}=2\eta N_{\mathrm{p}} \tag{10.16}$$

零差检测的平均信号光功率是外差检测的 2 倍，所以零差检测的信噪比为

$$\mathrm{SNR}=4\eta N_{\mathrm{p}} \tag{10.17}$$

2. 误码率

误码率(BER)可以由信噪比(SNR)确定。以 ASK 零差检测为例，设判决信号为

$$I_{\mathrm{a}}=\frac{1}{2}(I_{\mathrm{P}}+i_{\mathrm{c}}) \tag{10.18}$$

其中，$I_{\mathrm{P}}=2\rho(P_{\mathrm{S}}P_{\mathrm{L}})^{\frac{1}{2}}$ 为信号光生电流，i_{c} 为高斯随机噪声。设 0 码和 1 码时，I_{P} 分别取 I_0 和 I_1，在理想情况下，误码率为

$$\mathrm{BER}=\frac{1}{2}\mathrm{erfc}\left(\frac{Q}{\sqrt{2}}\right) \tag{10.19}$$

其中，$Q=\frac{I_1-I_0}{\sqrt{N_1}+\sqrt{N_0}}$，$N_0$ 和 N_1 分别为 0 码和 1 码的等效噪声功率。设 $N_0=N_1$，$I_0=0$，则得到

$$Q=\frac{I_1}{2\sqrt{N_1}}=\frac{1}{2}(\mathrm{SNR})^{\frac{1}{2}} \tag{10.20}$$

将式(10.20)和式(10.17)代入式(10.19)，得到

$$\mathrm{BER}=\frac{1}{2}\mathrm{erfc}\left(\frac{\eta N_{\mathrm{p}}}{2}\right)^{\frac{1}{2}} \tag{10.21}$$

在 0 码和 1 码概率相等条件下，对于 ASK，$N_{\mathrm{p}}=2\overline{N_{\mathrm{p}}}$，$\overline{N_{\mathrm{p}}}$ 为长比特流情况下，每比特平均光子数。

用类似方法可以得到各种调制和解调方式的相干接收机 BER 和极限灵敏度。

3. 灵敏度

为确定接收灵敏度，利用式(10.14)和式(10.20)得到

$$\langle P_{\mathrm{S}}\rangle=\frac{4Q^{2}hfB}{\eta} \tag{10.22}$$

其中利用了 $\rho=\frac{\eta e}{hf}$。最小平均接收光功率为

$$\langle P_{\mathrm{S}}\rangle_{\min}=\frac{\langle P_{\mathrm{S}}\rangle}{2}=\frac{2Q^2 hfB}{\eta} \tag{10.23}$$

例如，光波长为 1.55μm 的 ASK 外差检测，设 $\eta=1, B=1\mathrm{GHz}$。$hf=hf/\lambda$，h 为普朗克常数，c 为光速，λ 为光波长。当 $\mathrm{BER}=10^{-9}$ 时，$Q\approx 6$，由式(10.23)计算得到 $\langle P_{\mathrm{S}}\rangle_{\min}=10\mathrm{nW}$ 或 $P_{\mathrm{r}}=-50\mathrm{dBm}$。

在相干检测中，通常用每比特光子数 N_{p} 表示灵敏度。在相同假设条件下，由式(10.23)得到

$$\langle P_{\mathrm{S}}\rangle_{\min}=72hf$$

由此得到每比特光子数 $N_{\mathrm{p}}=72$ 或 $\overline{N_{\mathrm{p}}}=36$。

表 10.1 和图 10.6 分别给出了不同调制方式相干检测接收机量子极限灵敏度和量子极限误码率。由表 10.1 可见，一个理想的直接检测光接收机，在 $\mathrm{BER}=10^{-9}$ 时，要求每比特 10 个光子($N_{\mathrm{p}}=10$)，该值几乎接近最好的相干接收机——PSK 零差检测接收机的 N_{p}，而比所有的其他相干接收机都好。然而，实际上因为热噪声、暗电流和其他许多因素的影响，绝不会达到这个数值，通常只能达到 $N_{\mathrm{p}}\approx 1000$。然而在相干接收的情况下，表 10.1 中的数值很容易实现，这是因为借助增加本振光功率，使散粒噪声占支配地位的结果。

表 10.1　不同调制方式相干检测接收机量子极限灵敏度

调制方式	解调方式	比特误码率	N_{p}	$\overline{N_{\mathrm{p}}}$
ASK	外差	$\frac{1}{2}\mathrm{erfc}(\sqrt{\eta N_{\mathrm{p}}/4})$	72	36
ASK	零差	$\frac{1}{2}\mathrm{erfc}(\sqrt{\eta N_{\mathrm{p}}/2})$	36	18
PSK	外差	$\frac{1}{2}\mathrm{erfc}(\sqrt{\eta N_{\mathrm{p}}})$	18	18
PSK	零差	$\frac{1}{2}\mathrm{erfc}(\sqrt{2\eta N_{\mathrm{p}}})$	9	9
FSK	外差	$\frac{1}{2}\mathrm{erfc}(\sqrt{\eta N_{\mathrm{p}}/2})$	36	36
IM	DD	$\frac{1}{2}\exp(-\eta N_{\mathrm{p}})$	20	10

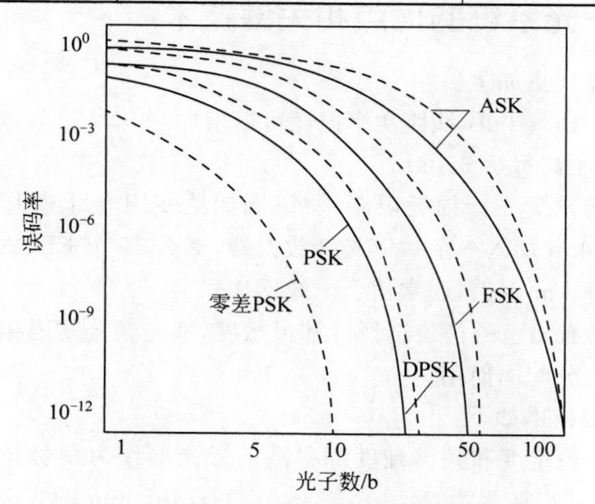

图 10.6　不同调制方式外差接收机量子极限误码率

图 10.7 是 4Gb/s 外差光波系统实验原理图，表 10.2 给出了外差异步解调光波系统实验结果与量子极限的比较。

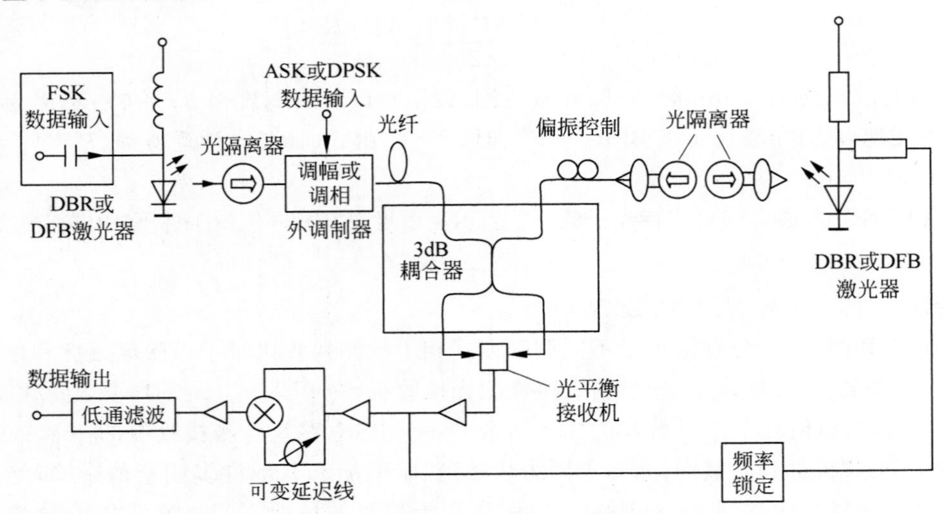

图 10.7 4Gb/s 外差光波系统实验原理图

表 10.2 外差异步解调光波系统实验结果与量子极限的比较

调制方式	光 源	传输速率	传输距离	光纤类型	接收机灵敏度		备注
					实际达到值	量子极限	
ASK	1.55μm DFB DBR	4Gb/s	160km	1.55μm	210	40	外腔调制器
FSK	1.55μm DFB DBR 普通单频 普通单频	4Gb/s 1Gb/s 140Mb/s	160km 100km 243km	1.55μm	218 1500 350	40 40 40	码频间距=比特率 17ps/(nm·km)
DPSK	1.55μm DFB DBR 窄线谱 窄线谱	4Gb/s 1Gb/s 400Mb/s	160km 200km 260km	1.55μm	261 270 45	20 20 20	外腔调制器
IM/DD				1.55μm	1000	10	

10.1.4 相干光系统的优点和关键技术

相干光系统的主要优点如下：

(1) 灵敏度提高了 10～20dB，线路功率损耗可以增加到 50dB。如果使用损耗为 0.2dB/km 光纤，那么无中继传输距离可达 250km。

由于相干光系统通常受光纤损耗限制，所以周期地使用光纤放大器可以增加传输距离。实验表明，如果每隔 80km 加入一个掺铒光纤放大器，那么 25 个 EDFA 可以使 2.5Gb/s 系统的传输距离增加到 2200km 以上，非常适合干线网使用。

(2) 相干光系统具有出色的信道选择性和灵敏度，和光频分复用相结合，可以实现大容量传输，非常适合 CATV 分配网使用。

相干光系统的关键技术如下：

(1) 必须使用频率稳定度和频谱纯度都很高的激光器作为发射光源和接收机本振光源。在相干光系统中，中频一般选择为 $2\times10^{8}\sim2\times10^{9}$ Hz，1550nm 的光载频约为 2×10^{14} Hz，中

频是光载频的 $10^{-6}\sim10^{-5}$，因此要求光源频率稳定度优于 10^{-8}。一般的激光器达不到要求，必须研究稳频技术，如以分子标准频率作基准，稳定度可达 10^{-12}。信号光源和本振光源频谱纯度必须很高，例如，中频选择 100MHz，频谱宽度应为几千赫兹。必须采用频谱压缩措施，提高频谱纯度，目前优质 DFB-LD 频谱宽度可达几千赫兹。

(2) 匹配技术。相干光系统要求信号光和本振光混频时满足严格的匹配条件，才能获得较高的混频效率，这种匹配包括空间匹配、波前匹配和偏振方向匹配。

10.2　光孤子通信

光孤子(Soliton)是经光纤长距离传输后，其宽度保持不变的超短光脉冲。光孤子的形成是光纤的群速度色散和非线性效应相互平衡的结果。利用光孤子作为载体的通信方式称为光孤子通信。光孤子通信的传输距离可达上万千米，甚至几万千米，目前还处于试验阶段。

光纤通信的传输距离和传输速率受到光纤损耗和色散的限制。光纤放大器投入应用后，克服了损耗的限制，增加了传输距离。此时，光纤传输系统，尤其是传输速率在 Gb/s 以上的系统，光纤色散引起的脉冲展宽对传输速率的限制，成为提高系统性能的主要障碍。

为了增加传输距离，在光纤线路上，每隔一定的距离，可设置一个光纤放大器，以周期性地补充光功率的损耗。但是多个光纤放大器产生的噪声累积又妨碍了传输距离的增加，因而要求提高传输信号的光功率，这样便产生了非线性效应。非线性效应对光纤通信有害也有利，事实表明，克服其害还不如利用其利。

光纤非线性效应和色散单独起作用时，在光纤中传输的光信号都要产生脉冲展宽，这对传输速率的提高是有害的。但是如果适当选择相关参数，使两种效应相互平衡，就可以保持脉冲宽度不变，因而形成光孤子。

10.2.1　光孤子的形成

在讨论光纤传输理论时，假设了光纤折射率 n 和入射光强(光功率)无关，始终保持不变。这种假设在低功率条件下是正确的，获得了与实验一致的良好结果。然而，在高功率条件下，折射率 n 随光强的变化而变化，这种特性称为非线性效应。在强光作用下，光纤折射率 n 可以表示为

$$n=n_0+\overline{n_2}\,|E|^2 \tag{10.24}$$

其中，E 为电场强度，n_0 为 $E=0$ 时的光纤折射率，约为 1.45。这种光纤折射率 n 随光强 $|E|^2$ 的变化而变化的特性，称为克尔(Kerr)效应，$\overline{n_2}=10^{-22}(\mathrm{m/V})^2$ 称为克尔系数。虽然光纤中电场较强，为 $10^6(\mathrm{V/m})$，但总的折射率变化 $\Delta n=n-n_0=\overline{n_2}|E|^2$ 还是很小(10^{-10})的。即使如此，这种变化对光纤传输特性的影响还是很大的。

设波长为 λ、光强为 $|E|^2$ 的光脉冲在长度为 L 的光纤中传输，则光强感应的折射率变化为 $\Delta n(t)=\overline{n_2}|E(t)|^2$，由此引起的相位变化为

$$\Delta\phi(t)=\frac{\omega}{c}\Delta n(t)L=\frac{2\pi L}{\lambda}\Delta n(t) \tag{10.25}$$

这种使脉冲不同部位产生不同相移的特性称为自相位调制 (SPM)。如果考虑光纤损耗，式(10.25)中的 L 要用有效长度 L_{eff} 代替。SPM 引起脉冲载波频率随时间的变化为

$$\Delta\omega(t)=-\frac{\partial\Delta\phi(t)}{\partial t}=-\frac{2\pi L}{\lambda}\frac{\partial}{\partial t}[\Delta n(t)] \tag{10.26}$$

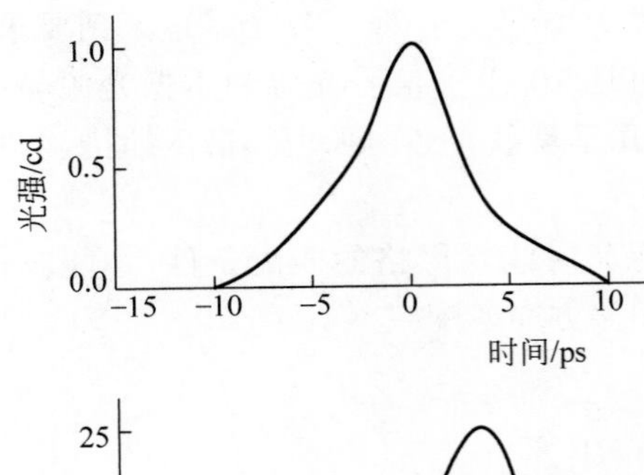

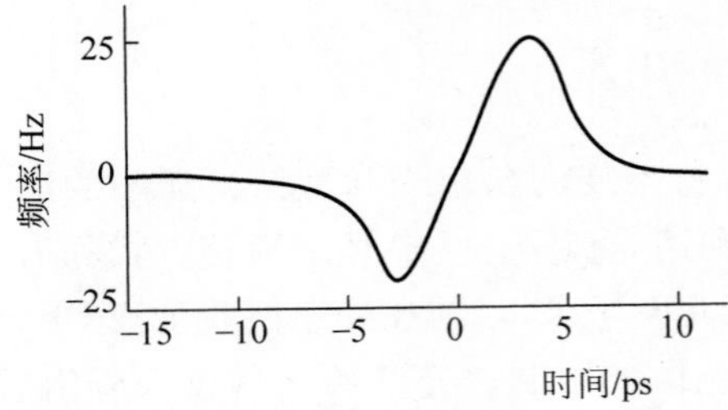

图 10.8　脉冲的光强频率调制

如图 10.8 所示，在脉冲上升部分，$|E|^2$ 增加，$\frac{\partial \Delta n}{\partial t}>0$，得到 $\Delta\omega<0$，频率下移；在脉冲顶部，$|E|^2$ 不变，$\frac{\partial \Delta n}{\partial t}=0$，得到 $\Delta\omega=0$，频率不变；在脉冲下降部分，$|E|^2$ 减小，$\frac{\partial \Delta n}{\partial t}<0$，得到 $\Delta\omega>0$，频率上移。频移使脉冲频率改变分布，其前部(头)频率降低，后部(尾)频率升高。这种情况称脉冲产生线性调频，或称啁啾。

设光纤无损耗，在光纤中传输的已调波为线性偏振模式，其场可以表示为

$$E(r,z,t)=R(r)U(z,t)\exp[-\mathrm{i}(\omega_0 t-\beta_0 z)] \tag{10.27}$$

其中，$R(r)$ 为径向本征函数，$U(z,t)$ 为脉冲的调制包络函数，ω_0 为光载波频率，β_0 为调制频率 $\omega=\omega_0$ 时的传输常数。

设已调波 $E(r,z,t)$ 的频谱在 $\omega=\omega_0$ 处有峰值，频谱较窄，则可近似为单色平面波。由于非线性克尔效应，传输常数应写成

$$\beta=\frac{\omega}{c}n=\frac{\omega}{c}\left(n_0+\overline{n_2}\frac{P}{A_{\mathrm{eff}}}\right) \tag{10.28}$$

其中，P 为光功率，A_{eff} 为光纤有效截面积。由此可见，β 不仅是折射率的函数，而且是光功率的函数。在 β_0 和 $P=0$ 附近，把 β 展开为级数形式，得到

$$\beta(\omega,P)=\beta_0+\beta'_0(\omega-\omega_0)+\frac{1}{2}\beta''_0(\omega-\omega_0)^2+\beta_2 P \tag{10.29}$$

其中，$\beta'_0=\left.\frac{\partial\beta}{\partial\omega}\right|_{\omega=\omega_0}=\frac{1}{V_{\mathrm{g}}}$，$V_{\mathrm{g}}$ 为群速度，即脉冲包络线的运动速度。$\beta''_0=\left.\frac{\partial^2\beta}{\partial\omega^2}\right|_{\omega=\omega_0}$，描述群速度与频率的关系。$\beta_2=\frac{\partial\beta/\partial P\,|_{P=0}}{A_{\mathrm{eff}}}=\omega\overline{n_2}/cA_{\mathrm{eff}}$。令 $\beta_2 P=\frac{1}{L_{\mathrm{NL}}}$，$L_{\mathrm{NL}}$ 称为非线性长度，表示非线性效应对光脉冲传输特性的影响。

式(10.29)虽然略去高次项，但仍较完整地描述了光脉冲在光纤中传输的特性，其中右边第三项和第四项最为重要，这两项正好体现了光纤色散和非线性效应的影响。如果 $\beta''_0<0$，同时 $\beta_2 P>0$，那么适当选择相关参数，使两项绝对值相等，光纤色散和非线性效应便相互抵消，因而输入脉冲宽度保持不变，形成稳定的光孤子。

现在回顾一下光纤色散。波长为 λ 的光纤色散系数 $C(\lambda)$ 的定义为

$$C(\lambda)=\frac{\mathrm{d}\tau}{\mathrm{d}\lambda}=\frac{\mathrm{d}}{\mathrm{d}\lambda}\left(\frac{\mathrm{d}\beta}{\mathrm{d}\omega}\right)=-\frac{2\pi c}{\lambda^2}\beta''_0 \tag{10.30}$$

其中，$\tau=\frac{\mathrm{d}\beta}{\mathrm{d}\omega}=\frac{1}{V_{\mathrm{g}}}$ 为群延时，V_{g} 为群速度；$\omega=2\pi f=\frac{2\pi c}{\lambda}$ 为光载波频率，c 为光速；$\beta''_0=\mathrm{d}^2\beta/\mathrm{d}\omega^2$。

式(10.30)描述的单模光纤色散特性如图 10.9 所示，其中 λ_{D} 为零色散波长。当 $\lambda<\lambda_{\mathrm{D}}$ 时，$C(\lambda)<0$，$\beta''_0>0$，称为光纤正常色散区；当 $\lambda>\lambda_{\mathrm{D}}$ 时，$C(\lambda)>0$，$\beta''_0<0$，称为光纤反常色散区。

由图 10.10 可以看出，光脉冲在反常色散光纤中传输时，由于非线性效应产生的啁啾被压缩或展宽。对反常色散光纤，群速度与光载波频率成正比，在脉冲中载频高的部分传播得快，而载频低的部分则传播得慢。对正常色散光纤，结论正相反。因此，具有正啁啾的光脉冲通过反常色散光纤时，脉冲前部(头)频率低，传播得慢，而后部(尾)频率高，传播得快。这种脉冲形象地被称为“红头紫尾”光脉冲。在传播过程中，“紫”尾逐渐接近“红”头，因而脉冲被压缩，如图 10.10(a)所示。相反，具有负啁啾的光脉冲通过反常色散光纤时，前部(头)传播得快，后部(尾)传播得慢，“紫”头和“红”尾逐渐分离，结果脉冲被展宽，如图 10.10(b)所示。由此可见，适当选择相关参数，可以使光脉冲宽度保持不变。

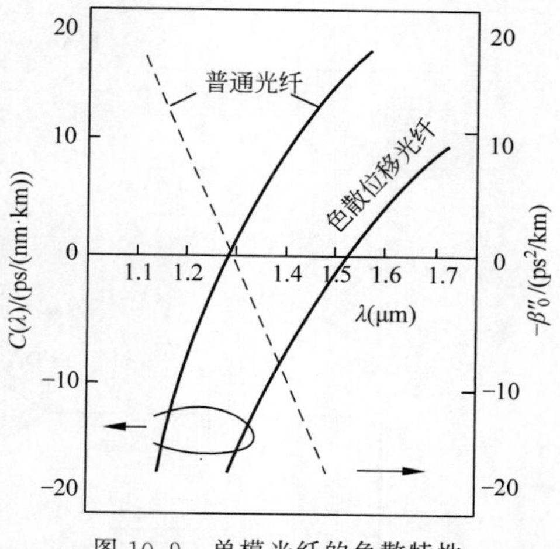

图 10.9 单模光纤的色散特性

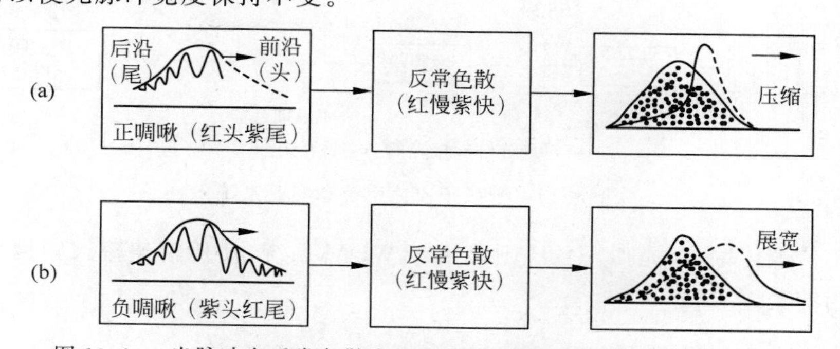

图 10.10 光脉冲在反常色散光纤中传输因啁啾效应可被压缩或展宽

10.2.2 光孤子通信系统的构成和性能

图 10.11(a)给出了光孤子通信系统构成方框图。光孤子源产生一系列脉冲宽度很窄的光脉冲，即光孤子流，作为信息的载体进入光调制器，使信息对光孤子流进行调制。被调制的光孤子流经掺铒光纤放大器和光隔离器后，进入光纤进行传输。为解决光纤损耗引起的光孤子减弱问题，在光纤线路上周期地插入 EDFA，向光孤子注入能量，以补偿因光纤传输而引起的能量消耗，确保光孤子稳定传输。在接收端，通过光检测器和解调装置，恢复光孤子所承载的信息。

光孤子源是光孤子通信系统的关键。要求光孤子源提供的脉冲宽度为皮秒数量级，并有规定的形状和峰值。光孤子源有很多种类，主要有掺铒光纤孤子激光器、锁模半导体激光器等。

目前，光孤子通信系统已经有许多实验结果。例如，在光纤线路直接实验系统中，当传输速率为 10Gb/s 时，传输距离达到 1000km；当传输速率为 20Gb/s 时，传输距离达到 350km。对循环光纤间接实验系统(参见图 10.11(b))，传输速率为 2.4Gb/s，传输距离达 12 000km；改进实验系统，传输速率为 10Gb/s，传输距离达 10^6 km。

事实上，对于单波长光纤通信系统来说，光孤子通信系统的性能并不比在零色散波长工作的常规(非光孤子)系统更好。循环光纤间接实验结果表明，零色散波长常规系统的传输速率为 2.4Gb/s 时，传输距离可达 21 000km，而为 5Gb/s 时可达 14 300km。然而，零色散波长系

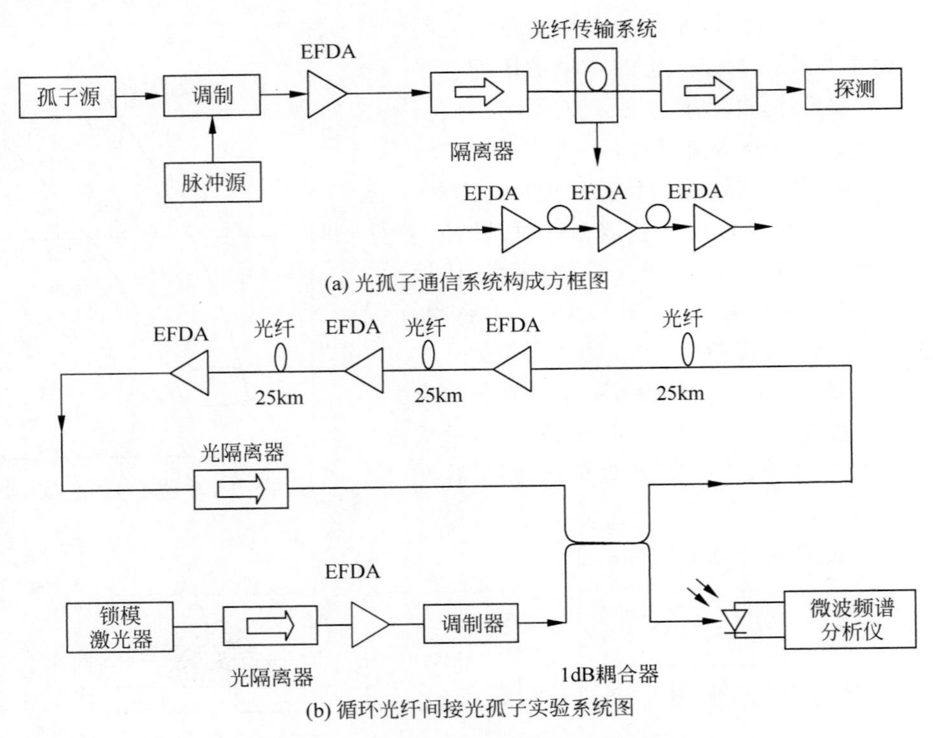

图 10.11 光孤子通信系统和实验系统

统只能实现单信道传输，而光孤子系统则可用于 WDM 系统，使传输速率大幅度增加，因而具有广阔的应用前景。

10.3 自由空间光通信

10.3.1 自由空间光通信技术概述

自由空间光通信(Free Space Optical communication ,FSO)是以激光为载体，在大气中以无线方式传输光信号的一种通信技术，也称无线光通信技术。其通信过程为：发送端将经过编码调制处理后的电信号加载到光束上，利用光学天线将光信号发送到大气中，接收端的光学天线接收光信号，光电探测器再将接收到的光信号转换成容易处理的电信号，经过解调译码还原信息。

10.3.2 FSO 的基本原理和特点

激光通信系统的基本原理图如图 10.12 所示。将数据/信息编码为调制格式，如脉冲位置调制、脉冲编码调制等，然后输入调制器和驱动器。根据调制特点可以将调制器分为内部调制器和外部调制器。一般来说，内部调制器具有紧凑、经济、简单的优点，而外部调制器可以产生更高比特率、更高质量的光脉冲。

光载流子可以按其强度、频率、相位或偏振态(SOP)进行调制，然后由发射机光学透镜进行准直。FSO 系统本质上是基于视距通信(LOS)的，在传播路径上没有任何障碍物。大气信道可以是空间、海水或大气及其任意组合环境。光信号经过大气通道后，由光电探测器采集并将其转换成电信号。

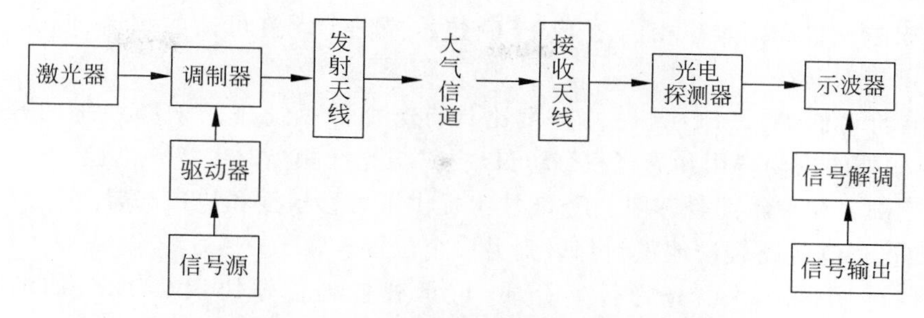

图 10.12 激光通信系统的基本原理图

FSO系统主要由以下几部分组成。

(1) 光源部分：考虑到大气信道对通信性能的影响，选择具有合适的激光信号的功率特性和传输频率特性的激光器尤为重要。根据制作材料的不同，可以将激光器分为固体激光器和半导体激光器。半导体激光器应用波段范围覆盖整个光学领域。半导体激光器具有体积小、寿命长、效率高、成本低等优点。因此，大多的FSO系统优先选择半导体激光器作为激光光源。

(2) 发射和接收系统：这是FSO系统的重要组成部分，包括调制解调器、光发射天线、光接收天线和检测放大。光发射机主要进行调制，将载有信息的激光信号通过天线发射出去，经过大气信道传输，由接收机接收。接收机由以下几部分组成：

① 接收端望远镜将接收到的光辐射收集并聚焦到光电探测器上。需要注意的是，一个大的接收望远镜孔径是可取的，因为它可以收集多个不相关的辐射，并将其平均聚焦在光电探测器上。这被称为孔径平均，但大孔径也意味着更多的背景辐射/噪声。

② 光学带通滤波器，减少背景辐射量。

③ 将入射光场转换成电信号的光电探测器二极管(PIN)或雪崩光电二极管(APD)。

④ 检测后处理器/决策电路，在这里进行所需的放大、滤波和信号处理，以保证数据的高保真恢复。

(3) 对准、捕获、跟踪系统：FSO系统要求探测器必须准确、无障碍地接收到发射的光信号。因此，对准是通过不断调整发射激光的方向并最终使其瞄准某一方向的过程。确定探测器接收到入射光的过程称为捕获。在通信过程中，调整对齐和捕获的动态过程称为跟踪。由于FSO通道的随机性以及不稳定性，FSO系统需要ATP系统进行实时调整以适应不断变化的条件。

传统的FSO系统在通信链路的两端使用类似的收发器进行点对点通信。这种配置允许全双工通信，其中两个链路头可以同时在两个方向上交换信息。而FSO系统的变体使用一个调制回复反射器(MRR)。具有MRR的激光通信系统是由两个不同终端的非对称链路组成的。链路一端为MRR，另一端为询问器主机。询问器向MRR发射连续波(CW)激光束。经调制的反射器用输入数据流调制连续波光束。然后将光束反射回询问器，由询问器的接收器收集返回光束并从中恢复数据流。刚才描述的系统只允许单路通信。通过在MRR终端上增加一个光电探测器，还可以与MRR实现双向通信，然后以半双工方式共享询问器光束。除非另有说明，在整个工作中假定采用传统的FSO链接。

与其他传统通信方式相比，FSO通信主要在以下方面具有独特优势。

(1) 巨大的调制带宽。光载波的频率范围为1012Hz～2000THz。由于传输的数据量与载波的带宽直接相关，因此与射频技术相比，光通信允许的信息容量要大得多。

(2) 无需频谱许可证。由于频谱拥挤以及不同国家的监管机构的差异，分配额外的射频频率变得越来越昂贵和困难。相比之下,FSO 技术提供了无许可证的频谱、低成本的初始设置和更短的部署时间。

(3) 部署价格低廉。FSO 链路的开发比具有类似数据速率的射频系统的开发更便宜。FSO 不需要额外的挖沟费用和通行权,就可以提供与光纤相当的带宽。

(4) 快速部署和重新部署方便。FSO 技术提供了可移植性和快速部署能力。只需很短的时间就可以将 FSO 链路轻松地重新部署到另一个位置。

(5) 协议透明。FSO 以光为传输介质,可承载各类传输协议(ADM、FDDI、SONET、SDH、以太网等),数据、语音和图像等信息的传输均是透明的。

(6) 光束尺寸小,安全保密性强。一个典型的激光衍射发散角度约为 0.01～0.1mrad,它的光功率集中在一个非常狭窄的区域,这对 FSO 通信系统性能存在潜在的威胁。因此,独立的 FSO 通信系统存在几乎不受频率重用程度限制的情况,被非预期用户截获数据变得极其困难,安全性很强。然而,FSO 链路需要精确对齐,代价是光束的尺寸很小。

FSO 系统在某些方面也存在以下不足之处。

(1) 视距技术。FSO 系统是典型的视距通信技术,通信传输距离越长,通信质量就会越差,当传输距离超过几千米时,波束就会变宽,导致接收端很难探测到衰弱的信号。许多研究结果表明,在天气良好的情况下,1km 以下的通信链路才能获得最佳的通信效率和质量。

(2) 不良的气候条件。在地球表面的大气中存在的各种气体、微粒(如灰尘、烟雾)以及各种复杂的气候现象(如雨、雪等)都会使得激光信号能量在传输过程中衰减或者光束偏离原来的传输方向,导致通信性能变差。其中雨、雪天气会使激光信号失真,大大降低了 FSO 通信性能的稳定性、可靠性,而雾是由非常小的粒子组成的,光信号通过它们时,使得光束发散。

(3) 对准与保持。当建筑受到风力等外部因素的影响时,会发生摇摆,无法保证发射端与接收端之间能够“相互看见”,从而导致通信链路质量下降。因此,对于 FSO 系统来说,光链路两端的对齐和保持是保证光传输链路性能的关键。

(4) 背景噪声。它是因环境产生光子所致。背景噪声主要有两种来源:扩展源(如天空)和局部点源(如太阳)。来自其他来源(恒星和反射背景辐射)的辐射被认为太弱而不能影响地球的 FSO 系统,但是它对深空 FSO 的性能影响很大。

(5) 安全性问题。FSO 技术所面临的一些数据传输限制可以通过增加光功率来缓解。例如,通过大气信道传播的光信号具有较高的衰减,可以利用高发射光功率进行补偿,提高链路范围和信噪比。更小、更快的低电容光电探测器也可用于高功率级传输系统。同时,也要保证光辐射的安全性。它们各自波长(红外、可见光和紫外线)的光功率不得超过特定的安全水平,也不得对可能与之接触的眼睛和皮肤造成任何损害。由于眼睛具有聚焦和集中光能的能力,因此,超标的光功率对眼睛的伤害可能会严重得多。光功率覆盖的波长 400～1400nm 可以集中在视网膜上,而其他波长更容易被角膜吸收。这种聚焦的能量可以产生高能点。随着斑点面积的减少,视网膜的温度升高,损害变得更严重。事实上,使用 1550nm 波长的光学载体已经被提出,因为角膜对超过 1400nm 的红外辐射是不透明的。除了传输光功率外,还需要考虑的其他问题,比如,通量密度(单位面积的功率)、工作波长以及眼睛暴露在光辐射下的时间长短。

10.3.3 自由空间光通信中的常用调制方式

调制技术的选择和应用是所有通信系统设计的关键技术之一,其和信道编码技术一样对改善系统通信质量至关重要。针对不同的通信系统,应该按其通信需求选择适宜的调制方案。

对于FSO通信系统来说,功率效率、带宽效率及传输可靠性是检验系统性能最关键的要素。因此,在选取调制方式时,要综合考虑3种要素的影响。

1. 二进制启闭键控

二进制启闭键控(On-Off Keying,OOK)因其简单且传输效率高而成为FSO通信系统中一种典型的调制应用方案。OOK分为不归零脉冲调制和归零脉冲调制,这里采用不归零OOK调制技术。

OOK调制只是简单地对有无载波信号传输进行判决,若在特定时间内存在信号传输,则判决为1,否则为0。在FSO通信中,经OOK调制后的光信号会受到大气湍流及加性高斯白噪声的影响,其接收信号可表示为

$$y(t)=\eta I(t)x(t)+n(t) \tag{10.31}$$

其中,η为光电转换率,$I(t)$表示受大气湍流影响的光强,$x(t)$为编码调制后的信号,$n(t)$为均值为0、方差为σ^2的加性高斯白噪声。

光信号经过大气信道受到大气湍流以及加性高斯白噪声的影响,假设发送端等概率发送由二进制0、1组成的信息流,经过OOK调制器,若不考虑大气湍流的影响(无湍流或湍流强度较弱时),其误码率为

$$P_{\text{e-OOK}}=\frac{1}{2}\text{erfc}\left(\frac{1}{2\sqrt{2}}\sqrt{\text{SNR}}\right) \tag{10.32}$$

其中,$\text{SNR}=\sqrt{\partial I^2}$ 表示接收端的输出信噪比,∂表示经OOK调制时的信噪比。此处将信噪比SNR定义为E_b/N_0,(E_b为每比特信号能量,N_0为噪声功率谱密度),$E_\text{b}=E[Ix]^2/R$,R为传信率,$N_0=2\sigma^2$。

当考虑大气湍流的影响时,针对双伽马信道分布模型,OOK调制后FSO通信系统的BER为

$$\text{BER}_{\text{OOK}}=\int_0^\infty \frac{1}{2}\text{erfc}\left(\frac{1}{2\sqrt{2}}\sqrt{\partial I^2}\right)\frac{2(\alpha\beta)^{\frac{\alpha+\beta}{2}}}{\Gamma(\alpha)\Gamma(\beta)}I^{\frac{\alpha+\beta}{2}-1}K_{\alpha-\beta}(2\sqrt{\alpha\beta I})\,\text{d}I \tag{10.33}$$

由Meijer-G公式计算化简后,上式可表示为

$$\text{BER}_{\text{OOK}}=\frac{2^{\alpha+\beta-3}}{\pi^{3/2}\Gamma(\alpha)\Gamma(\beta)}G_{5,2}^{2,4}\left[\left(\frac{2}{\alpha\beta}\right)^2\partial\left|\begin{matrix}\frac{1-\alpha}{2},\frac{2-\alpha}{2},\frac{1-\beta}{2},\frac{1-\alpha}{2},1\\ 0,\frac{1}{2}\end{matrix}\right.\right] \tag{10.34}$$

2. 二进制相移键控

二进制相移键控(Binary Phase Shift Keying,BPSK)是用偏移相位复数波浪组合(基准正弦波及相位反转波浪)来表示信息键控移相的调制方式。其调制方式是所有相移键控中抗噪能力最强的,但因其只能以1比特进行调制,所以其传输效率较差。

在FSO通信系统中,对传输进大气信道的光信号先经过BPSK调制,假设传输光强$\langle I\rangle=1$,则接收端接收光强为

$$y(t)=s(t)\frac{I_\text{s}}{2}[1+m\cos(2\pi ft+x_i\pi)] \tag{10.35}$$

其中,$s(t)$表示大气湍流产生的影响,I_s为发射光强,f表示载波频率,x_i为第i比特传输位。经滤波器滤波后,其输出信号为

$$I(t)=\eta\frac{I_\text{s}}{2}\cos(2\pi ft+x_i\pi)+n(t) \tag{10.36}$$

其中，η 为光电转换率，$n(t)$ 为加性高斯白噪声。

在只考虑大气湍流和高斯白噪声影响的情况下，其 BER 为

$$\mathrm{BER}_{\mathrm{BPSK}}=\int_0^{\infty}\frac{1}{2}\mathrm{erfc}\left(\frac{1}{2}\sqrt{\gamma I^2}\right)\frac{2(\alpha\beta)^{\frac{\alpha+\beta}{2}}}{\Gamma(\alpha)\Gamma(\beta)}I^{\frac{\alpha+\beta}{2}-1}K_{\alpha-\beta}(2\sqrt{\alpha\beta I})\mathrm{d}I \tag{10.37}$$

由 Meijer-G 公式计算化简为

$$\mathrm{BER}_{\mathrm{BPSK}}=\frac{1}{\sqrt{\pi}\Gamma(\alpha)\Gamma(\beta)}G_{3,2}^{2,2}\left[\frac{\gamma}{\alpha\beta}\middle|\begin{matrix}1-\alpha,1-\beta,1\\0,\frac{1}{2}\end{matrix}\right] \tag{10.38}$$

在 FSO 通信链路中，接收端分别使用 OOK、BPSK 两种调制方式，采用波长为 850nm 的光束作为激光光源，通行间距均设为 1km，C_n^2 分别为 $4.983\,913\times10^{-15}$、$2.491\,956\times10^{-14}$、$8.971\,043\times10^{-13}$。

10.4 量子光通信

光量子技术是用于实现量子计算机和量子模拟器的极其成熟、极有前途的方法之一。光子具有鲁棒性和移动性，因此是量子信息的出色载体，并且它们能够以极高的速率传输信息。因其便捷性，光量子技术被应用到诸如量子通信、量子计算等很多量子信息科学的研究中。在通信领域，光量子通信可以实现通信方之间的保密对接或者实现信息的隐形传输，结合量子中继器，通信距离更是可以不断提高。除了在自由空间和光纤中，光量子通信更是被扩展到海水介质中。

10.4.1 量子通信的特点

量子通信是结合了量子力学基本原理和量子特性的新型交叉学科，它为保密信息的传输提供了一种无条件安全的通信方式。它具有以下特点。

(1) 量子通信具有无条件安全性。最早的量子通信的应用是利用量子密钥分发获得的密钥对数据信息进行加密，基于量子密钥分发的无条件安全性从而可实现安全的保密通信。量子不可克隆定理和海森堡测不准原理保证了其无条件安全性。“单量子态不可被克隆”是指对于未知量子态来说，不可将其复制并且不改变其原来的状态。测不准原理又称为不确定性原理，是指一个量子力学系统中，一个粒子的位置和动量不可能完全同时确定，也就是说，对于量子比特，若选择不合适就不可能精确地获取该量子比特的信息。

(2) 量子通信传输的高效性。根据量子力学的叠加原理，一个 n 维量子态的本征展开式有 $2n$ 项，每项前面都有一个系数，传输一个量子态相当于同时传输这 $2n$ 个数据。由此可见，量子态可携带非常丰富的信息，这使其在传输、存储、处理等方面相比于经典方法更具优势。

(3) 可以利用量子物理的纠缠资源。纠缠态是指量子力学中不能表示成直积形式的态。所谓量子纠缠，是指两个或多个量子系统之间存在非定域、非经典的强关联，相互纠缠的粒子无论它们的位置如何，如果其中一个粒子改变状态，那么另一个必然有相应改变；如果一个经测量后塌缩，那么另一个也必然塌缩到对应的量子态上。量子纠缠是量子力学中的一个重要概念，在量子通信和量子计算中担当重要角色。

10.4.2 量子通信的类型

目前，量子通信的主要类型有基于量子密钥分发(Quantum Key Distribution，QKD)的量

子保密通信、量子安全直接通信和量子间接通信。

1. 基于 QKD 的量子保密通信

如前所述，基于 QKD 的量子保密通信是通过 QKD 使得通信双方获得密钥，进而利用经典通信系统进行保密通信，如图 10.13 所示。

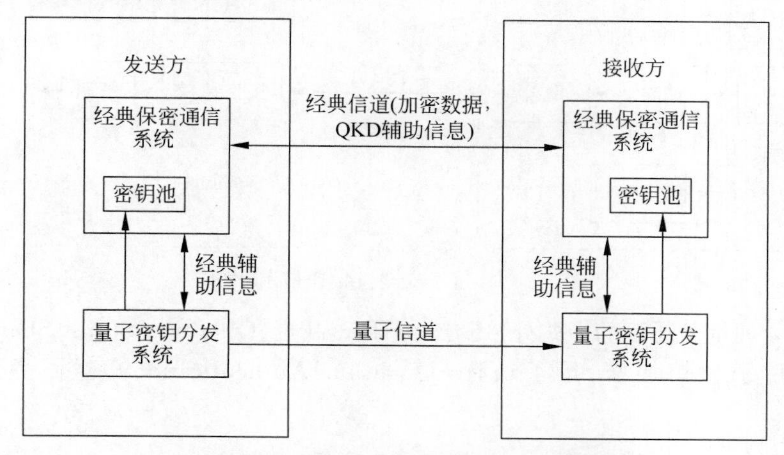

图 10.13　基于 QKD 的量子保密通信系统示意图

由图 10.13 可见，发送方和接收方都由经典保密系统和量子密钥分发系统组成，QKD 系统产生密钥并将之存放在密钥池中，作为经典保密通信系统的密钥。系统中有两个信道，量子信道传输用于进行 QKD 的光子(若采用光量子通信，如不特别说明，这里都认为采用光量子通信)，经典信道传输 QKD 过程中的辅助信息，也传输加密后的数据。基于 QKD 的量子保密通信是目前发展最快且已获得实际应用的量子信息技术。

2. 量子间接通信

量子间接通信可以传输量子信息，但不是直接传输，而是利用纠缠粒子对，对携带信息的光量子与纠缠光子对之一进行贝尔态测量，并将测量结果发送给接收方，接收方根据测量结果进行相应的酉变换，从而可恢复发送方的信息，如图 10.14 所示。这种方法称为量子隐形传态(Quantum Teleportation)。应用量子力学的纠缠特性，基于两个粒子具有的量子关联特性建立量子信道，可以在相距较远的两地之间实现未知量子态的远程传输。

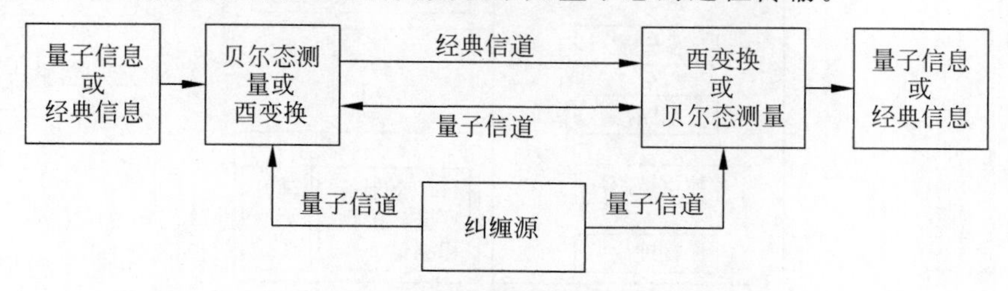

图 10.14　量子间接通信示意图

另一种方法是发送方对纠缠粒子之一进行酉变换，变换之后将这个粒子发到接收方，接收方对这两个粒子进行联合测量，根据测量结果判断发方所做的变换类型(共有 4 种酉变换，因而可携带两比特经典信息)，这种方法称为量子密集编码(Quantum Dense Coding)。

3. 量子安全直接通信

量子安全直接通信(Quantum Secure Direct Communication，QSDC)可以直接传输信息。通过在系统中添加控制比特来检验信道的安全性。其原理如图 10.15 所示，量子态的制备可由纠缠源或单光子源实现。若为单光子源，则可将信息调制在单光子的偏振态上，通过发送装置发送到量子信道。接收方收到后，进行测量，通过对控制比特进行的结果分析判断信道的安全性，如果信道无窃听则进行通信。其中经典辅助信息用于进行安全性分析。

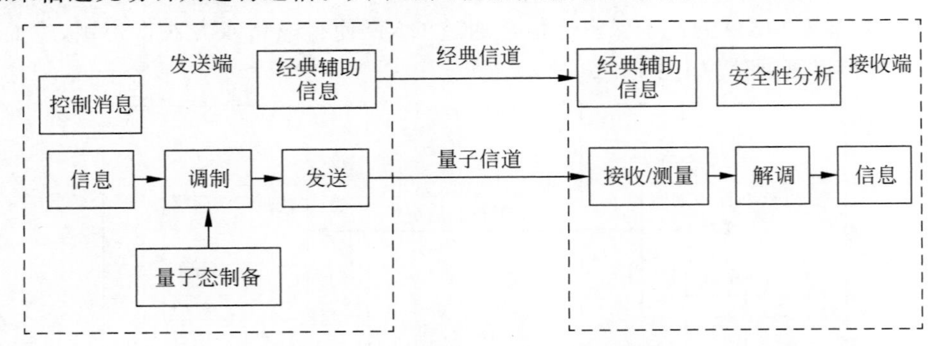

图 10.15　量子安全直接通信示意图

除了上述 3 种量子通信的形式外，还有量子秘密共享(Quantum Secret Sharing，QSS)、量子私钥加密、量子公钥加密、量子认证(Quantum Authentication)、量子签名(Quantum Signature)等。

10.4.3　量子通信的网络架构

如前所述，这些量子通信的方式中既有进行量子态发送、传输和接收的量子相关部分，又有经典数据和相关控制信息传输的经典部分，所以量子通信网络应包括量子部分和经典部分。一种量子通信网络的功能架构如图 10.16 所示。

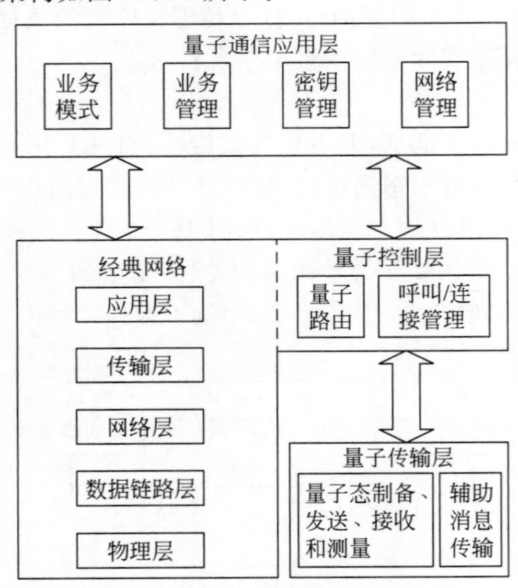

图 10.16　量子通信网络的功能架构

在图 10.16 中，量子通信网络的功能分为量子通信应用层、量子控制层、量子传输层和经典网络。它们的功能如下所述。

(1) 量子通信应用层(简称应用层)包括业务模式、业务管理、密钥管理和网络管理等模块。业务模式模块根据用户的要求可实现具体的通信方式，如采用基于 QKD 的量子保密通信，则需要同时协商得到密钥，用获得的密钥进行加密，协商的密钥由密钥管理模块进行管理。也可采用隐形传态、量子直传等通信方式。业务管理模块是指根据确定的业务模式管理调度量子控制层、量子传输层和经典网络协同工作。网络管理是指对网络上的设备和线路进行管理，包括性能监测、故障告警、安全审计和配置管理。

(2) 量子控制层根据应用需求进行呼叫方和被呼方的呼叫、连接管理。连接管理调用量子路由模块为量子信号选择传输路径，建立端到端链接。量子控制层的消息通过经典网络进行传输和处理。

(3) 量子传输层实现量子通信协议的量子部分，包括量子态的制备、发送、接收和测量，也包括相关辅助消息的传输，如QKD中的数据协调和密性放大。辅助消息通过经典网络进行传输和处理。此外，还有其他信息，如同步、链路补偿和校正信号的传输和处理。

(4) 经典网络实现经典数据和量子控制层数据的传输，主要实现数据封装、传输控制、选路、链路竞争和物理连接等。

在量子通信网络中，经典网络采用经典网络中的成熟协议，而量子控制层的协议需要根据量子通信系统的特点进行设计。

本章小结

本章简单介绍了几种已经实用化或者具有重要应用前景的光纤通信新技术，如相干光通信、光孤子通信、自由空间光通信、量子光通信等。这些新技术的应用从各方面提高了光纤通信系统的性能，使光纤通信系统向高速率、大容量、长距离方向发展。本章重在掌握有关光通信新技术的概念和原理。

习题

10.1　光孤子是怎样形成的？

10.2　光孤子通信的优势是什么？

10.3　光孤子通信系统的构成是怎样的？

10.4　简述克尔效应。

10.5　如何产生非线性效应？

10.6　光孤子通信要求光孤子源提供的脉冲宽度为多大的数量级？

10.7　相干光通信有什么特点？

10.8　相干检测方式主要有哪几种？

10.9　零差检测和外差检测有什么区别？

10.10　相干光通信的关键技术是什么？

10.11　自由空间光通信中的常用调制方式有哪些？

10.12　自由光通信有哪些主要特点？

10.13　简述量子通信及其优点。

10.14　简述光量子通信的基本原理。

10.15　光量子通信有哪些类型？

10.16　量子通信网络的功能分为哪几层？

10.17　简述量子安全直接通信的原理。

第 11 章 光纤传感技术

CHAPTER 11

11.1 概述

从 20 世纪 70 年代开始，低损耗光纤的出现使得光纤通信技术蓬勃发展，光纤传感技术也得以迅速发展，目前处于研究和应用并存阶段。在光纤通信技术中，要求光信号尽量不随外界因素变化，尽量避免光信号受到外界因素的干扰，但是在光传输过程中，光纤容易受到外界环境因素的影响，如温度、压力、电磁场等外界条件的变化将引起光纤光波参数（如光强、相位、频率、偏振、波长等）的变化。因此，如果能测出光波参数的变化，就可以知道导致光波参数变化的各种物理量大小，于是产生了光纤传感技术。

光纤传感技术是以光为载体、以光纤为信号传输介质，感知和传输外界被测信号的新型传感技术。作为被测量信号载体的光波具有其他载体难以相比的优点，光波不怕电磁干扰，易被各种光探测器件接收，可方便地进行光电和电光的转换，与现代的电子装置匹配度很高。作为光波传播媒介的光纤也具有诸多优点，如光纤本身不带电，体积小，质量轻，易弯曲，抗电磁干扰、抗辐射性能好，特别适合于易燃、易爆、空间受严格限制及强电磁干扰等恶劣环境中使用，而且光纤工作频带宽，动态范围大，适用于遥测感控，是一种优良的敏感器件。

近十几年来，由于对各种器件和技术的研究已经逐渐成熟，市场上出现了多家光纤传感器公司，光纤传感器走上了工程化应用的道路，并且其应用领域也在不断扩展。随着人类社会和科学技术的不断发展与进步，光纤传感器将会向着以下几个方向发展。第一是全光纤微型化，整个传感部分仅由一根光纤组成，传感器的结构将变简单；第二是多参数化测量，只通过一个传感器实现实时测量多个参数，并可以消除交叉灵敏度这个缺陷；第三是网络化、系统化。随着互联网技术的发展，光纤传感监测系统将与互联网联系起来，能够进行信息交换，实现实时在线的监测和远程管理控制，传感器形成分布式阵列网络，提高信息采集的精确度和效率，实现无线传输和远程监测。

因此，光纤传感技术一问世就得到了极大的重视，经过多年的研究，光纤传感技术已在能源、电力、航空航天、建筑、通信、交通、安防、军事等很多领域的故障诊断以及事故预警中发挥了重要的作用，成为传感技术的先导，推动着传感技术蓬勃发展。

11.2 光纤传感器的特点及基本构成

20 世纪 80 年代，光纤传感器已经显示出广阔的应用前景，但真正投入实际应用的却不多，这主要是因为与传统的传感技术相比较，光纤传感器的优势是本身的物理特性而非功能特性。

11.2.1　光纤传感器的特点

与传统的传感器相比，光纤传感器的主要特点如下：

(1) 抗电磁干扰，电绝缘，耐腐蚀，本质安全。由于光纤传感器是利用光波传输信息，而光纤又是电绝缘、耐腐蚀的传输介质，因而不怕强电磁干扰，也不影响外界的电磁场，并且安全可靠。这使它适用于各种大型机电、石油化工、冶金领域，可以在高压、强电磁干扰、易燃、易爆、强腐蚀环境中方便而有效地完成作业。

(2) 灵敏度高。利用长光纤和光波干涉技术使不少光纤传感器的灵敏度优于一般的传感器。其中有的已由理论证明，有的已经实验验证，如测量转动、水声、加速度、位移、温度、磁场等物理量的光纤传感器。

(3) 重量轻，体积小，外形可变。光纤具有重量轻、体积小等特点，因此利用光纤可制成外形各异、尺寸不同的各种光纤传感器。这有利于在航空、航天领域以及狭窄空间的应用。

(4) 测量对象广泛。目前已有性能不同的测量温度、压力、位移、速度、加速度、液面、流量、振动、水声、电流、电场、磁场、电压、杂质含量、液体浓度、核辐射等各种物理量、化学量的光纤传感器在现场使用。

(5) 对被测介质影响小。这对于医药生物领域的应用极为有利。

(6) 便于复用，便于成网。有利于与现有光通信技术组成遥测网和光纤传感网络。

(7) 成本低。有些种类的光纤传感器的成本将大大低于现有同类传感器。

11.2.2　光纤传感器的基本构成

光纤传感器的基本构成有光源、光纤、传感器件、光电探测器和信号处理等部件，如图 11.1 所示。光纤传感器具有信息调制和解调功能。外界信号对传感光纤中光波参数进行调制的部位称为调制区，光电探测器及信号处理部分称为解调区。当光源的光耦合进光纤，经光纤进入调制区后，在调制区受到被测量影响，其光学性质(如强度、波长、频率、相位、偏振态等)发生变化，成为被调制的信号光。再经过光纤送入光电探测器，光电探测器接收进来的光信号并进行光电转换，输出电信号。最后，信号处理系统对电信号进行处理得到被测量的相关参数，也就是解调。

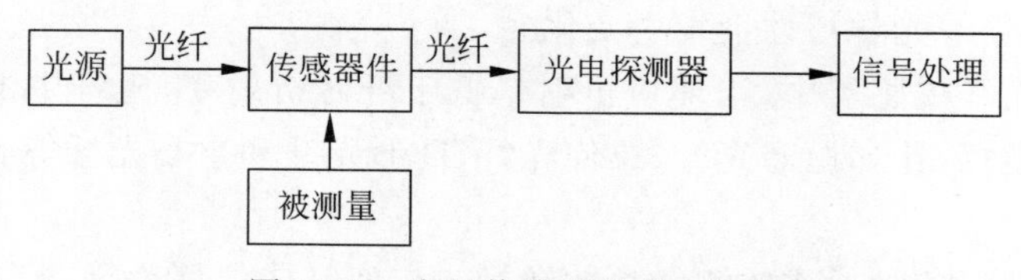

图 11.1　光纤传感器的基本构成

11.2.3　光纤传感器系统

光纤传感器系统主要包括光源、光纤、光纤器件、传感器件、敏感器件和光信号检测等。

1. 光源

表征光源的基本参数有：中心工作波长、波长的传输；光功率随波长的变化，光功率与光负载(反射)的变化以及这些参数随工作温度制式和时间的变化。典型的光纤传感器光源包括发光二极管和半导体激光器，白炽灯也可用于某些化学传感器。

2. 光纤

光纤主要包括导线式光纤和芯片式光纤，前者将光纤预制棒或放入坩埚中的芯皮玻璃料在拉丝机上拉制成一定长度而成，后者采用沉积、溅射、离子交换等方法或将多根光纤熔压为一体而成。根据光纤对周围环境的敏感，可研制出传感器用的特殊光纤。

3. 光纤器件

光纤器件构成了光纤传感器系统的器件基础，利用全光纤器件来组成光路，使信号被限制在纤芯范围内传输，可提高稳定性。

4. 传感器件

光源发出的光经光纤送入传感元件的调制区与被测参数产生相互作用，使光的强度、相位、偏振、频率、波长等光学性质发生变化而成为被调制的信号光；最后由光纤送入光电探测器，利用检测技术从被调制的光信号中还原（解调）出调制信号，参见图 11.2。

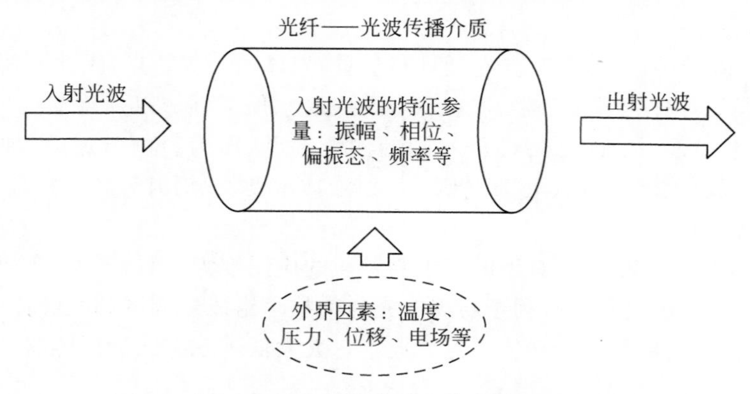

图 11.2　光纤传感器的传感原理图

光纤传感器的传感原理是传感器件内光与外场的相互作用规律。尽管光的强度、频率、波长、相位、偏振态等都可被调制，但光电探测器只能响应光的强度，因此，任何对调制光信号的检测都应转化为光强响应。按传感类型，光纤传感器可分为 3 类：传光型（非功能型）光纤传感器、传感型（功能型）光纤传感器及倏逝场光纤传感器。

（1）在传光型（非功能型）光纤传感器中，光纤仅是光的传播介质，光纤往往不连续，其间接入了对外界信息敏感的由其他材料制成的或传统的传感器件。

（2）在传感型（功能型）光纤传感器中，光纤不仅传光，在外界因素作用下，传输光的强度、相位、偏振、频率、波长等光学特性会发生变化。

（3）在倏逝场光纤传感器中，当环境折射率低于纤芯折射率，光纤中的导模满足全反射，就在环境侧出现倏逝场，比如抛磨光纤、拉伸光纤、D 形光纤和空心光纤等。

5. 敏感器件

弹性（敏感）器件把各种形式的测量参数转换成应变量或位移量等，配合传感元件，把测量参数转换成调制光，从而制作出不同性能的传感器，实现相关参数的测量。

6. 光信号检测

光信号检测技术是从被调制的光信号中还原出原信号的解调技术。光电探测器只能探测光的强度，必须将光的各种性能特征线性地转化为光的强度特征。

光电探测使用光电二极管、光电三极管、光电池、光电雪崩二极管、光电倍增管等检测光的强度，光电探测器将光信号变换成电信号；相应的光路由调制光的性能确定，如光的强度检测、频率检测、波长检测、相位检测和偏振态检测等。

信号处理单元接收光电探测器输出的电信号，将其还原为被测信号，并为传感系统的后续控制电路提供接口，参见图 11.3，输入量分成 3 类：期望输入 i_D 是传感器拟测量的量，干扰输

入 i_I 是传感器不应该测量的量，修正输入 i_M 是使期望输入和干扰输入的输入-输出关系 F_D 和 F_I 产生 $F_{M,D}$ 和 $F_{M,J}$ 的变化的量。调零或减小虚假输入影响的方法如下所述。

(1) 固有不灵敏性法。传感器仅敏感期望输入，F_I 和 F_M 接近零，即使有 i_I 和 i_M，也不影响输出。

(2) 高增益反馈法。采用反馈减小虚假输入影响。

(3) 计算输出校正法。利用信息输出计算出修正量，将修正量加上或减去输出值，获得仅与期望输入相关的成分。

(4) 信号滤波器法。在仪器中的输入、输出或中间信号中增加具有机、电、热、气动等性质的滤波器，采用信号滤波法根据滤波器的频率成分分离信号。

(5) 引入干扰或修正输入，以抵消不可避免的虚假输入影响。

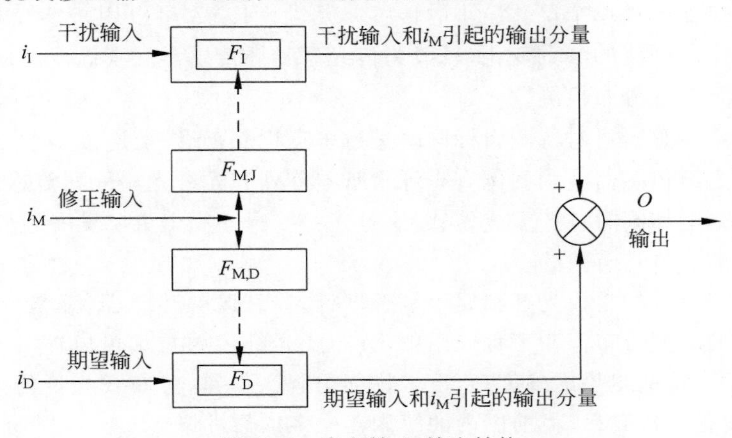

图 11.3　广义输入-输出结构

11.3　光纤传感器的分类

光纤传感器种类繁多，有多种分类方式，可以按传感器的传感原理、按被调制的光波参数、按被测物理量、按目标分布情况等进行分类。

11.3.1　按传感器的传感原理分类

按传感原理可分为功能型和非功能型两类。

(1) 功能型光纤传感器是利用光纤本身的特性把光纤作为敏感器件，又称为传感型光纤传感器，或全光纤传感器。光纤不仅起到传光的作用，而且在被测对象作用下使光强、相位、偏振态等光学特征得到调制。

(2) 非功能型光纤传感器是用其他敏感器件感受被测量的变化，光纤仅作为传输介质，传输来自远处或难以接近场所的光信号，所以又称为传光型光纤传感器或混合型传感器。在这类传感器中，光纤只当作传播光的介质，对被测对象的调制功能是依靠其他物理性能的敏感器件来实现的，入射光纤与出射光纤之间有敏感器件。

11.3.2　按被调制的光波参数分类

按被调制的光波参数的不同可分为强度调制光纤传感器、相位调制光纤传感器、频率调制光纤传感器、偏振态调制光纤传感器和波长调制光纤传感器。

11.3.3 按被测物理量分类

根据被测物理量的不同，又可分为光纤温度传感器、光纤位移传感器、光纤浓度传感器、光纤电流传感器和光纤流速传感器等。光纤传感器可以探测的物理量很多，已实现 70 多种物理量的探测。无论是探测哪种物理量，其工作原理都是用被测量的变化调制传输光波的某一参数，使其随之变化，然后对已调制的光信号进行检测，从而得到被测量。因此，光调制技术是光纤传感器的核心技术。

11.3.4 按目标分布情况分类

根据检测目标的分布情况，可分为点式光纤传感器、准分布式光纤传感器和分布式光纤传感器。

点式光纤传感器通过单个尺寸极小的传感单元进行传感，可以用来感知和测量预先确定的某一点附近很小范围内的参数变化，一般为传光型光纤传感器。其优点为检测性能高，但无法对待测物体进行多点分布检测。

准分布式光纤传感器可对待测目标同时进行多点检测，光纤上连接多个点式光纤传感器。典型的准分布式光纤传感器应用案例有光纤水听器阵列和光纤光栅阵列传感器。准分布式光纤传感器的优点是能够同时进行多点传感，这是光纤传感的一个重要发展趋势。然而，目前能够同时传感的点的数量是有限的。

分布式光纤传感器的整根光纤都属于敏感器件，光纤既是传感器，又是传输信号的载体，适用于检测结构的应变分布。在工程应用中，分布式光纤传感技术可以连续不断地动态监测目标物的变化情况，检测结果准确度高、抗干扰能力强。但是，分布式光纤传感器也存在一些缺点，比如解调设备造价高昂，目前国内的解调器大多依靠进口。

11.4 光纤传感器的基本原理

在光纤传感系统中，光源为光纤传感器提供必需的载波，光源发出的光经过光纤耦合传输到传感头，在传感头内，被测物理量与光相互作用，调制光载波的参数(光强、相位、偏振态、频率、波长等)，使光波参数发生变化，成为被调制的光信号，然后由光电探测器检测出被调制光波中的有用信号，从而获得被测参数。光纤传感器的基本原理如图 11.4 所示。

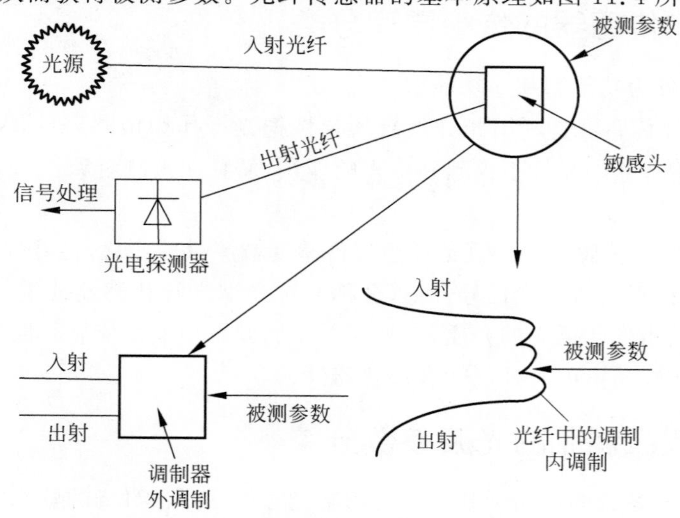

图 11.4 光纤传感器的基本原理

基于光波所包含的5种参数，光纤传感调制技术包括强度调制型、频率调制型、波长调制型、相位调制型和偏振态调制型，而基于这5种调制技术，光纤传感器分为5种类型：强度调制光纤传感器、频率调制光纤传感器、波长调制光纤传感器、相位调制光纤传感器和偏振态调制光纤传感器。下面对每种光纤传感调制技术及类型进行详细论述。

11.4.1 强度调制光纤传感器

强度调制光纤传感器的基本原理是待测物理量引起光线中的传输光光强变化，通过检测光强的变化实现对待测物理量的测量，其原理如图11.5所示。

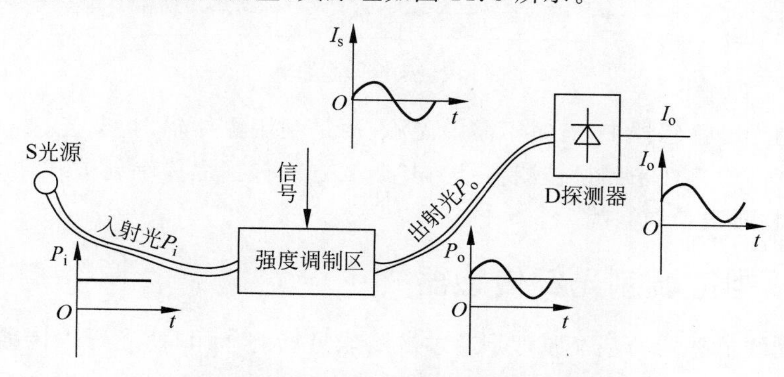

图11.5 强度调制光纤传感器的基本原理

一恒定光源发出的强度为 P_i 的光注入传感头，在传感头内，光在被测信号的作用下强度发生了变化，即受到了外场的调制，使得输出光强 P_o 的包络线与被测信号的形状一样，光电探测器测出的输出电流 I_o 也进行同样的调制，信号处理电路再检查出调制信号，就得到了被测信号。强度调制的特点是简单、可靠、经济。

强度调制的关键是实现对调制信号的强度检测。强度检测方法包括直接检测、双光路检测和双波长检测。

强度调制方式很多，大致可分为反射式强度调制、投射式强度调制、光模式强度调制以及折射率和吸收系数强度调制等。一般投射式、反射式和折射式强度调制称为外调制式，光模式强度调制称为内调制式。

11.4.2 频率调制光纤传感器

1. 频率调制原理

频率调制光纤传感器的调制原理是利用外界因素改变光线中光信号的频率，通过测量光的频率变化来测量外界被测参数。频率调制技术主要是利用运动物体反射或散射光的多普勒频移效应来检测其运动速度。频率调制光纤传感器中采用的多普勒效应是指光的频率与探测器和光源之间的运动状态有关，当它们之间做相对运动时，探测器接收到的光频率与光源发出的光频率产生了频移，频移的大小与相对运动速度的大小和方向有关，通过测量频移的大小可达到测量物体运动速度的目的。

2. 频率检测原理

直接将光信号输出耦合到探测器上即可实现光信号的强度检测，由于探测器的响应速度远远低于光频，因此探测器只能用来测量光强而不能用来测量光频。光的频率检测比强度检测要复杂得多，所以必须把高频光信号转换成低频光信号才能实现频移的探测。测量频移的方法有零差检测和外差检测两种。

11.4.3 波长调制光纤传感器

波长调制光纤传感器主要是利用传感探头的光频谱特性随外界物理量变化的性质来实现的，通过检测光频谱特性实现被测参数测量。由于波长与颜色直接相关，因此波长调制又称为颜色调制。波长调制原理如图 11.6 所示。光源发出的能量分布为 $I_i(\lambda)$的光信号，经过入射光纤进入调制器，在调制器内，光信号与被测信号相互作用，光谱分布发生变化，通过输出光纤的能量分布 $I_o(\lambda)$即可求得被测参数。

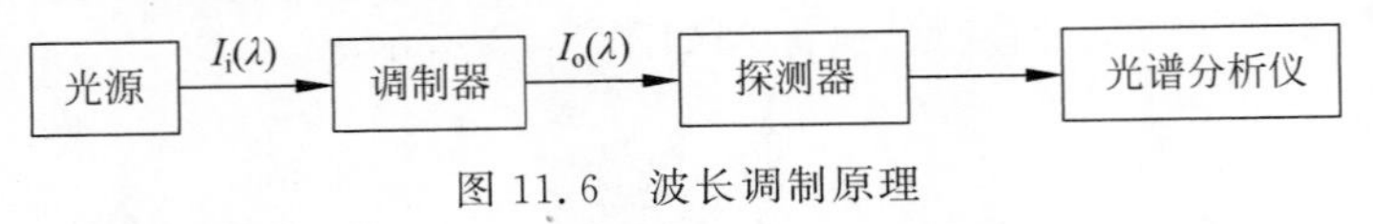

图 11.6 波长调制原理

在波长调制光纤传感器中，有时不需要光源，而是利用黑体辐射、荧光（磷光）等的光谱分布与外界参数有关的特性来测量被测信号。其调制方式包括黑体辐射波长调制、荧光（磷光）波长调制、热色物质波长调制等。

11.4.4 相位调制光纤传感器

相位调制光纤传感器的基本原理是通过被测能量场的作用，使光纤内传播的光波相位发生变化，再用干涉测量技术把相位变化转换为光强变化，从而检测出待测的物理量。光纤中光的相位由光纤波导的物理长波、折射率及其分布、波导横向几何尺寸所决定，可以表示为 k_0nL。其中 k_0 为光在真空中的波数；n 为传播路径上的折射率；L 为传播路径的长度。一般来说，应力、应变、温度等外界物理量能直接改变上述 3 个波导参数从而产生相位变化，实现光纤的相位调制。但是，如前所述，目前的各类光电探测器都不能探测光的相位变化，必须采用干涉测量技术，才能实现对外界物理量的检测。

利用光纤作为干涉仪的光路可以制造出不同形式、不同长度的光纤干涉仪。相位调制是通过干涉仪进行的，在光纤干涉仪中，以敏感光纤作为相位调制器件，敏感光纤置于被测能量场中，由于被测场与敏感光纤的相互作用，导致光纤中光相位的调制。

11.4.5 偏振态调制光纤传感器

偏振态调制是利用光的偏振态受到被测物理量的调制而发生改变的特性，通过检测光的偏振态的变化来检测被测物理量。

光波是一种横波，它的光矢量与传播方向是相互垂直的。如果光波的光矢量方向始终不变，只是它的大小随相位改变，那么这样的光称为线偏振光。光矢量与光的传播方向组成的平面为线偏振光的振动面。如果光矢量的大小保持不变，而它的方向绕传播方向均匀地转动，光矢量末端的轨迹是一个圆，那么这样的光称为圆偏振光。如果光矢量的大小和方向都在有规律地变化，且光矢量的末端沿着一个椭圆转动。那么这样的光称为椭圆偏振光。利用光波的偏振性质，可以制成偏振态调制光纤传感器。

在许多光纤系统中，尤其是包含单模光纤的那些系统，偏振起着重要作用。许多物理效应都会影响或改变光的偏振状态，有些效应可引起双折射现象。双折射现象是指对于光学性质随方向而异的一些晶体，一束入射光常分解为两束折射光的现象。光通过双折射介质的相位延迟是输入光偏振状态的函数。偏振调制中常用的物理效应包括克尔效应、法拉第效应、光弹效应等。

11.5 光纤光栅传感器

11.5.1 光纤光栅

简单来说，光纤光栅与普通的光纤最本质的区别就是在光纤光栅的纤芯内部引入了折射率的周期性变化。光的传输条件发生改变，从而使透射谱或反射谱呈现一定的规律性变化。光纤光栅是无源器件中十分重要的一种，图11.7为光纤光栅的基本结构示意图。

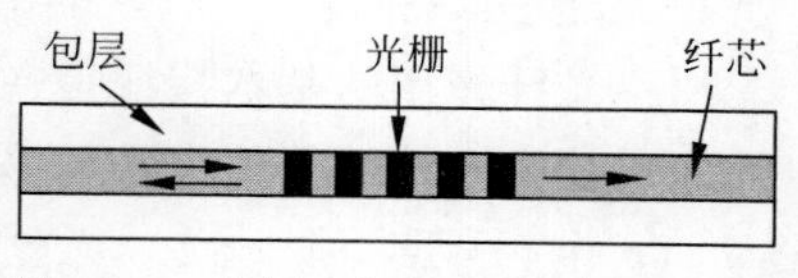

图11.7 光纤光栅的基本结构示意图

11.5.2 光纤光栅的分类

从技术本质上来看，光纤光栅最大的特点是其纤芯折射率不为定值，而是呈周期性分布。

把纤芯中折射率按照光的传播方向均匀分布的称为均匀周期光纤光栅，普通的布拉格光栅与长周期光栅均属于这一类；与之相对应，折射率在光的传播方向上分布不均匀的为非均匀周期光纤光栅，例如啁啾光纤光栅。

在实验与实际生活的应用中，均匀光纤光栅的应用较为广泛，非均匀光纤光栅主要在特殊领域中发挥独特的作用。

在均匀周期光纤光栅中，有一种光栅的折射率变化周期较长（通常在100μm以上），所以称之为长周期光纤光栅。长周期光纤光栅在各种各样的光纤传感领域有着非常广泛的实际应用，其对外界待测环境的温度、折射率与应变的高灵敏度使其往往用于制作相应的传感器。

下面简要介绍几种科研和生产生活中常见的光纤光栅。

1. 光纤布拉格光栅

光纤布拉格光栅（Fiber Bragg Grating，FBG）是实验与生活中最常见的光纤光栅，其周期一般比较小（通常在纳米数量级），是一种短周期式的光纤光栅。

FBG可用于应变、温度等传感设备，也可用于制作带通滤波器、波分复用器等无源器件。FBG折射率分布可以表示为

$$\delta n_{\mathrm{eff}} = \delta \bar{n}_{\mathrm{eff}} \left[1 + s\cos\left(\frac{2\pi}{\Lambda}z + \varphi(z)\right) \right] \tag{11.1}$$

其中，Λ代表FBG的光纤光栅周期，s代表折射率调制的条纹可见度，$\varphi(z)$代表光栅啁啾描述函数。

2. 长周期光纤光栅

长周期光纤光栅（Long Period Fiber Grating，LPFG）是在光纤纤芯区域内产生的周期性折射率变化，用于将部分光场从光纤纤芯模式重定向到称为光纤包层模式的包层区域。与布拉格光栅的不同之处是，LPFG是一种高损耗型光纤滤波器。与FBG比较而言，LPFG一般在环境温度、外界形变、光纤外环境折射率方面具有更加优秀的传感性能。在传感领域特别是分布式的传感技术中得到了广泛应用。

近年来，LPFG的应用得到了快速发展，具有非常好的科研与商业应用前景。

3. 啁啾光纤光栅

与均匀周期的光纤光栅不同，啁啾光纤光栅的光栅周期在光纤的纤芯中沿着与光传播平行的方向不断改变，但折射率调制幅度不变。啁啾光纤光栅的特点是：长度比较短，附加损耗比较小。

啁啾光纤光栅的折射率分布函数为

$$n(z)=n1+\Delta n_{\text{neff}}(z)\left[1+\nu\cos\left(\frac{2\pi}{\Lambda}z+\varphi(z)\right)\right] \tag{11.2}$$

在式(11.2)中，ν 代表的是折射率调制条纹可见度，Λ 代表的是光纤光栅周期。

4. 相移光纤光栅

相移光纤光栅的基本特征是在光栅的一些特殊的位点上产生相位跳变，所以改变了其产生的光谱的分布特性。可以将相移光纤光栅的每一个相位跳变视为一个相移点，如果光栅中插入了 n 个相移点，那么光纤光栅将分成 $n+1$ 个区间。相移光纤光栅主要运用于各阶微分器。

5. 取样光纤光栅

从构造上来说，取样光纤光栅是将多条参数一样的FBG以固定的间隔距离级联得到的，有时也把它叫作超结构光纤光栅，广泛应用于设计和制作各种梳状滤波器。目前，取样光纤光栅在通信与信息传输等方面具有很好的研究前景。此外，当下研究人员正在根据取样光纤光栅的特性研制各种梳状滤波器。

6. 倾斜光纤光栅

倾斜光纤光栅(Tilt Fiber Bragg Grating，TFBG)有时也称为闪耀光栅，相对而言，其研究起步较晚。在早期的研究中，Meltz给出了TFBG的相关理论模型。在后来的研究中，研究人员根据模式耦合的相关理论，在理论模型的基础上解释了TFBG耦合强度提高的原因。TFBG具有较高的折射率(Refractive Index，RI)灵敏度，倾斜光纤布拉格光栅传感器在应用于化学传感时表现出非常有趣的特性。根据文献资料的介绍，一些传感器被用于物理和化学参数监测，如湿度、温度、应变、气体折射率或分子之间的特异性结合。与FBG相比，倾斜光纤光栅中光栅的倾斜角度导致部分光以若干包层模式谐振的形式耦合到光纤包层。这些模式中的每一个都以相应的折射率传播，并且通过在包层外介质界面上的反射而限制在包层中。因此，当周围介质的折射率值达到接近模式之一的值时，全反射条件丢失，使得光被透射到该介质中去，从而在光栅透射光谱上产生变化。通过对这些变化的监测能够检测和量化外部介质折射率的变化，从而将倾斜光纤光栅转变成高精度的传感器。此外，倾斜光纤光栅受外界温度的干扰较小。研制各种高性能倾斜式光纤光栅对于实现光学滤波、光纤通信、光缆传感器等技术都具有非常重要的指导意义。

11.6 分布式光纤传感器

11.6.1 分布式光纤传感器概述

光纤光栅传感器或其他大多数种类的光纤传感器都是单点式或者多点式传感与测量。虽然使用多种复用技术，单点式传感系统可以使用数千个光纤光栅传感器，但是仍然不能对测量沿线或测量范围内任一点进行探测，故只能被称为准分布式传感。有些被测对象并不是一个点或者多个点，而是呈一定空间分布的场，如温度场、应力场、电磁场等，这类被测对象不仅涉及距离长、范围广，而且呈三维空间连续性分布，此时单点式或多点式准分布式传感系统已经无法满足传感检测需求，需要可以真正连续测量的分布式光纤传感系统。分布式光纤传感器属于典型的功能型光纤传感器，即光纤既作为信号传输介质，又作为光敏感器件，其最大的特点是将整条光纤都作为光敏感器件，传感点是连续分布的，因此具有海量传感头。也就是说，分布式光纤传感器具有测量光纤沿线任意位置处信息的能力。随着光电子器件及信号处理技术的不断进步，分布式光纤传感器的最大测量范围已达到上百千米，实验室数据甚至达到数万千米。近年来，随着潜在应用领域的不断拓展，分布式光纤传感技术越来越受到重视，成为目前光纤传感技术最重要的研究方向之一。

11.6.2 分布式光纤传感器优点

目前，分布式光纤传感器已经表现出的优点如下：

(1) 全尺度连续性，即可以准确感知光纤沿线上任一点的信息，不存在漏检的问题；

(2) 网络智能化，即可以与光通信网络实现无缝连接或者自行组网，从而实现自动检测、自动诊断的智能化工作以及远程遥测和监控；

(3) 长距离、大容量、低成本，即使用低损耗的光纤进行长距离或超长距离测量，单位信息成本极低，而且通过实现多路传输，可以极大限度地提高传感容量；

(4) 嵌入式无损检测，即利用光纤本身体积小、重量轻的优点，可以将光纤嵌入到被测物质内部形成网络而进行测量，光纤本身对物质材料特性侵入性小。

11.6.3 分布式光纤传感器分类

光纤中的光散射主要包括由光纤中折射率分布不均匀引起的瑞利散射(Rayleigh scattering)、由光学声子引起的拉曼散射(Raman scattering)和由声学声子引起的布里渊散射(Brillouin scattering)3 种类型。其中，瑞利散射是由光与物质发生弹性碰撞引起的，散射光频率不发生变化；而拉曼散射和布里渊散射是由光与物质发生非弹性碰撞引起的，散射光频率发生变化，产生频率上移的反斯托克斯(stokes)分量和频率下移的斯托克斯分量。在石英光纤中，拉曼散射光与入射光的频移约为 13THz，布里渊散射光与入射光的频移约为 11GHz。这 3 种散射光的频谱分布如图 11.8 所示。

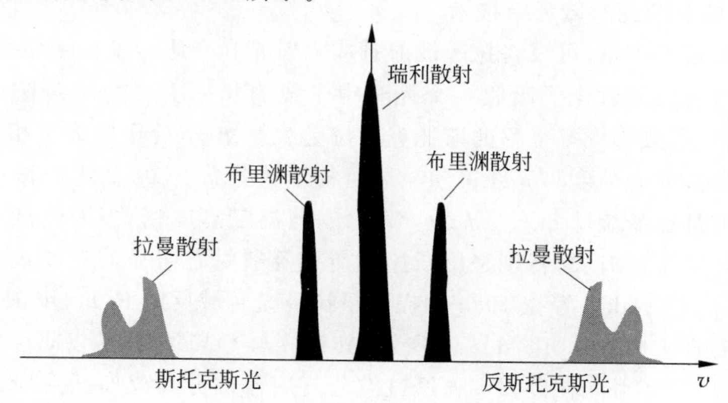

图 11.8 光纤中的光散射

按不同光散射效应区分，光时域反射技术主要包括以下几种。

1. 基于瑞利散射的光时域反射技术

瑞利散射是一种基本损耗机制，由于光纤制造过程中沉积到熔融石英中的随机密度涨落，造成光纤折射率的随机性起伏，使光向各个方向散射。瑞利散射的散射光频率与入射光频率相同，是光纤中散射强度最高的类型，具体值与纤芯的成分有关，与入射光波长的四次方成反比。在 1550nm 波长附近，光纤损耗主要是由瑞利散射引起的，光纤中不同位置处产生的瑞利散射信号携带了光纤沿线的损耗信息。瑞利散射的散射光与散射前光波偏振态相同，具有保偏性，所以瑞利散射信号同时包含光偏振态信息。通过测量瑞利散射光的强度、偏振态等信息，可对外部因素作用于光纤而产生的缺陷等现象进行检测，实现对作用于光纤上的物理量如压力、弯曲程度等的传感。

利用瑞利散射的特性，1977 年 Barnoski 等提出了 OTDR 技术，用于检测光纤的损耗特性。将光脉冲注入光纤中，后向瑞利散射光作为时间的函数，同时带有光纤沿线扰动分布的信息，根据入射光脉冲与散射光的时间差 τ，可以定位光纤链路上的任意位置：

$$z=\frac{c}{2n}\tau \tag{11.3}$$

其中，c 为光在真空中的传播速度，n 为光纤折射率；而散射光的强度由纤芯折射率的波动（瑞利散射）产生的光纤传输损耗和各种结构缺陷（接头、弯曲、断裂等）引起的结构性损耗所决定。

OTDR 系统的基本结构如图 11.9 所示，将激光器的输出光调制成光脉冲，并经由环形器注入传感光纤。光电探测器检测光纤的后向瑞利散射光信号，并将其转化为电信号，再对电信号进行数字化和数据处理，可以得到一条光纤传输损耗曲线。

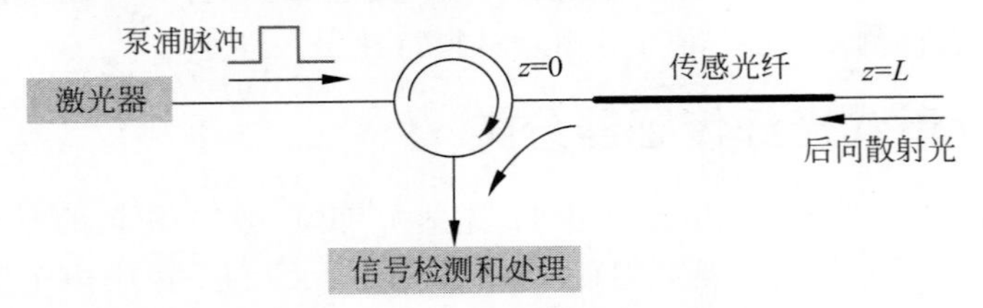

图 11.9　OTDR 系统的基本结构

典型曲线中呈指数衰减的区域为光脉冲沿具有均匀损耗的光纤传播时产生的后向瑞利散射光曲线；一些突变区域表示光纤由于接头、耦合不完善或者光纤存在弯曲等缺陷引起的高损耗区。

2. 基于拉曼散射的光时域反射技术

从量子力学的角度出发，可以将拉曼散射看成入射光和介质分子相互作用时，光子吸收或发射一个声子的过程。入射光子吸收一个光学声子成为频率上移的反斯托克斯拉曼散射光子，放出一个光学声子成为频率下移的斯托克斯拉曼散射光子，分子完成了相应的两个振动态之间的跃迁。拉曼散射光强度与光纤振动能级的粒子数分布有关，而光纤振动能级的粒子数分布服从著名的玻耳兹曼统计 $\exp[-h\Delta v/(kT)]$，与温度高度相关，因此自发拉曼散射光的强度与光纤所处环境温度有关，特别是反斯托克斯拉曼散射有明显的温度效应。基于以上原理并结合 OTDR 技术，Dakin 等在 1985 年提出了拉曼光时域反射 ROTDR 技术。

ROTDR 系统的基本结构如图 11.10 所示，其构成与 OTDR 基本相同。二者的不同点在于，光纤中产生的后向散射光在接收端先经过波分复用器被分离成斯托克斯或反斯托克斯拉曼光，再经过雪崩光电二极管的光电转换之后进行信号处理。

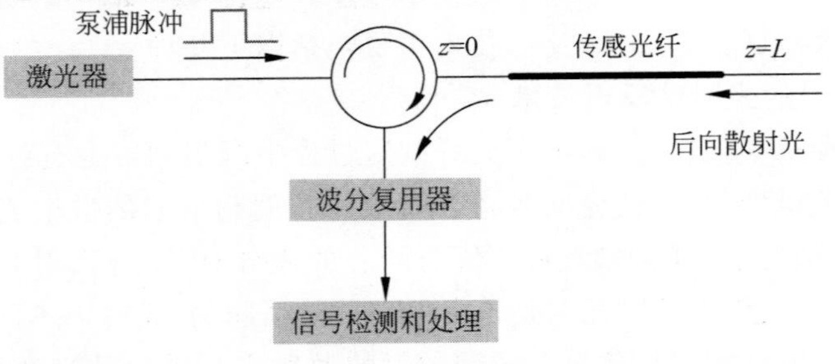

图 11.10　ROTDR 系统的基本结构

光脉冲在光纤中传播时，其后向拉曼散射光返回到光纤前端，探测到的斯托克斯与反斯托克斯拉曼散射光的功率可以分别表示为

$$P_S(T)=k_S P_0\left[1-e^{-\frac{h\Delta v}{kT}}\right]^{-1}e^{-(\alpha+\alpha_S)z} \tag{11.4}$$

$$P_{AS}(T)=k_{AS} P_0\left[e^{-\frac{h\Delta v}{kT}}-1\right]^{-1}e^{-(\alpha+\alpha_{AS})z} \tag{11.5}$$

其中，k_S 和 k_{AS} 表示拉曼散射系数，P_0 是入射光功率；h 是普朗克常量，Δv 是拉曼散射光相对于入射光的频移，k 是玻耳兹曼常量，T 是热力学温度；α、α_S、α_{AS} 分别是光纤中入射光、斯托克斯拉曼光、反斯托克斯拉曼光的损耗系数。

基于拉曼散射 OTDR 的分布式光纤测温传感原理简单，不足之处为自发拉曼散射信号很弱，比瑞利散射要弱 2～3 个数量级。为了避免信号处理过程的平均时间过长，一般脉冲激光器的峰值功率要很高。

目前，使用通信用普通单模光纤，基于拉曼散射 OTDR 的分布式光纤温度测量的分辨率可达 1℃，测量长度 20km 以上，空间分辨率 20s 左右。

3. 基于布里渊散射的光时域反射技术

基于自发布里渊散射的特性并结合 OTDR 技术，Tkach 等于 1987 年提出了布里渊光时域反射 BOTDR 技术，其基本结构如图 11.11 所示，其构成与 OTDR 基本相同。其不同点在于，光纤中产生的后向散射光在接收端先经过滤波器分离斯托克斯或反斯托克斯光，再进行信号的检测和处理，解出布里渊散射信号的功率和频移量。根据它们与温度和应变的对应关系，即可恢复光纤沿线各点的温度或应变信息。

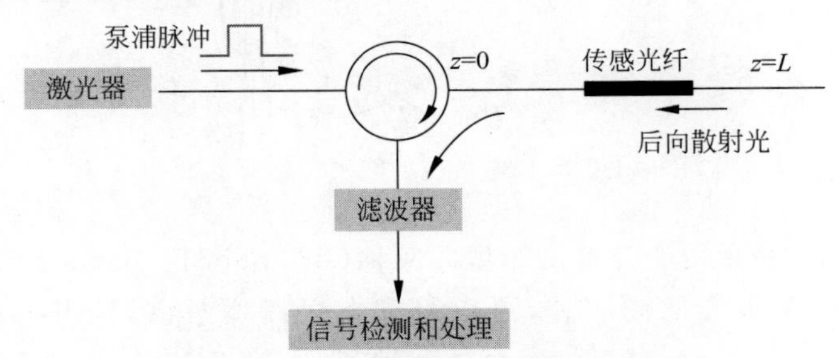

图 11.11　BOTDR 系统的基本结构

值得注意的是，以上 OTDR、ROTDR 和 BOTDR 技术有一个共同的缺陷：对于普通单模光纤，脉冲进入光纤经历 0.2dB/km 的固有衰减，其后向散射光再次经历同样的衰减回到光纤前端被探测器接收，探测信号总共将至少经历 0.4dB/km 的衰减。自发拉曼散射和自发布里渊散射还存在散射效率很低的问题，进一步限制了传感器性能。若不采取辅助方案提高系统性能，这 3 种技术均难以实现长距离传感。

4. 基于受激布里渊散射的光时域分析仪

与自发布里渊散射不同，受激布里渊散射过程来源于强感应声波场对入射光的作用。当入射光波达到一定功率时，入射光波通过电致伸缩效应产生声波，引起介质折射率的周期性调制。该声波场强度远高于自发声波场，大大提升了散射效率。1989 年，Horiguchi 等提出利用光纤的受激布里渊散射机制进行传感的 BOTDA 技术，其基本结构如图 11.12 所示。

与基于 OTDR 的系统结构相比，BOTDA 系统引入了与脉冲反向传输的连续光（探测光）。泵浦脉冲和探测光分别从光纤两端注入，两者之间的频率差在一定范围内时，发生受激布里渊散射，两束光之间产生能量转移。当泵浦脉冲频率高于探测光频率时，泵浦脉冲的能量

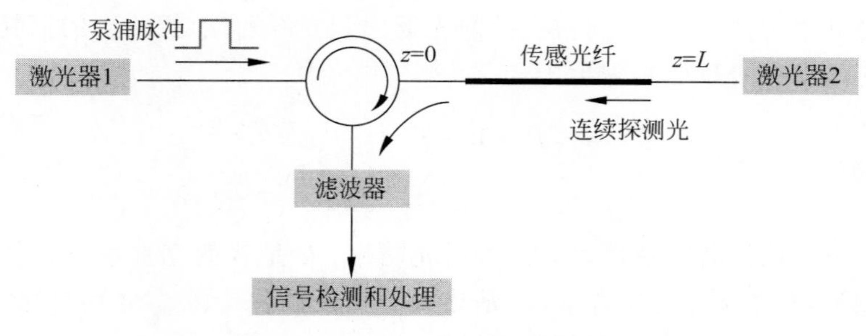

图 11.12 BOTDA 结构示意图

向探测光转移，得到布里渊增益信号；反之探测光能量向泵浦脉冲转移，得到布里渊损耗信号，如图 11.13 所示。

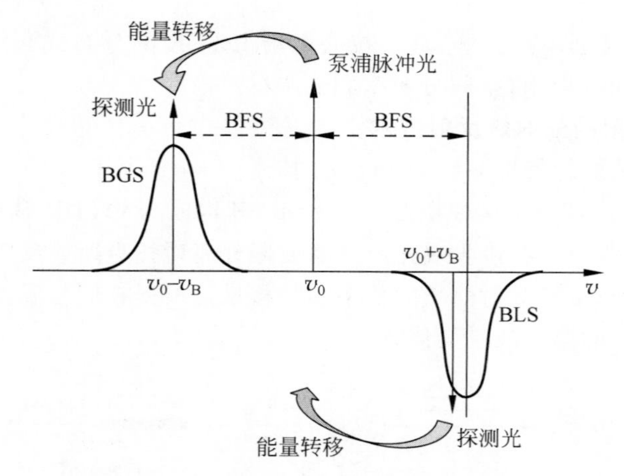

图 11.13 SBS 效应的能量转移示意图

当两束光之间的频率差等于光纤的布里渊频移(Brillouin Frequency Shift，BFS)时，能量转移达到最高。扫描两束光的频率差，可以得到布里渊增益谱(Brillouin Gain Spectrum，BGS)和布里渊损耗谱(Brillouin Loss Spectrum，BLS)。对 BGS、BLS 进行拟合计算，得到其峰值对应的频率(即 BFS)，根据光纤 BFS 的变化与外界温度和应变变化的对应关系，即可还原沿光纤的温度和应变分布。与 OTDR、ROTDR 和 BOTDR 技术(信号衰减为 0.4dB/km)相比，BOTDA 的布里渊信号只经历了 0.2dB/km 的光纤衰减，在长距离传感场景中具有突出优势。

11.7 光纤传感器的应用

11.7.1 光纤传感技术在电力系统的应用

电流、电压和电功率是反映电力系统中能量转换与传输的基本电参数，是电力系统计量的重要内容。随着电力工业的迅速发展，一次仪表与二次仪表之间的电气绝缘和信息传递的可靠性和准确性问题使得传统的电磁测量方法日益显露出其固有的局限性，如电绝缘问题、磁饱和问题、长期稳定问题等。

为此人们一直在努力寻找测量电流、电压和电功率的新方法。光纤传感器具有灵敏度高、响应速度快、抗电磁干扰、耐腐蚀、电绝缘性能好、防燃防爆、体积小、结构简单以及便于与光纤传输系统组成遥测网络等特点。近年来,光纤传感技术迅速发展,并已经在电力系统中获得了成功的应用。

在电力系统中,光传感器方案致力于解决对庞大而复杂的大容量、超高压传输系统进行电参量快速、准确、在线、实时监测、设备隐患的报警和排除、安全防护以及网络自动化控制等问题。

电力系统所涉及的测定对象主要包括电参数、系统中电量量值、虚拟仪器、网络化仪器、电能计量技术仪器、电气设备在线监测技术、高压电气设备现场测试技术、电气绝缘局部放电测试技术、谐波影响的测试及分析、变压器绕组变形测试技术以及绝缘油色谱分析及判定等。表11.1列举了电力系统光传感器的主要类型。

表 11.1 电力系统传感器的主要类型

<table>
<tr><th>传感器类型</th><th>符 号</th><th>主 要 类 型</th><th>物 理 原 理</th><th>特 点</th></tr>
<tr><td>电流传感器</td><td>OCT</td><td>全光纤性
光电混合型</td><td>Faraday 效应</td><td rowspan="5">(1) 不含油、无爆炸危险
(2) 与高压线路完全隔离,安全可靠
(3) 不含铁芯,无磁饱和、磁共振和磁滞现象
(4) 响应频域宽,便于遥测遥感</td></tr>
<tr><td>电压传感器</td><td>OVT</td><td>220kV 以上级</td><td>Pockels 效应</td></tr>
<tr><td>电功率传感器</td><td>OPT</td><td>—</td><td>Faraday 效应
Pockels 效应</td></tr>
<tr><td>温度(报警)传感器</td><td>—</td><td>—</td><td>吸收型,FBG 等</td></tr>
<tr><td>电力测控网络</td><td>—</td><td>—</td><td>—</td></tr>
</table>

11.7.2 光纤传感技术在石油与化工行业的应用

石油和化工行业对传感器的需求非常庞大,在石油的勘探和开发过程中要用到大量的传感器或者传感系统,如用于物探的各种地震波采集系统,用于测井的各种温度传感器和压力传感器等。在石油产品的再加工过程中也需要大量的传感器和分析仪器,用于生产过程控制和产品质量监控,如用于化学品分析的各类红外光谱仪,用于流量控制的各种流量计和温度、压力传感器等。虽然这些具体应用的要求和指标各不相同,但大部分传感器都要面对恶劣的工作环境:或者要经受高温高压的考验,或者要适应在易燃易爆和强腐蚀的环境下安全工作,或者要24小时连续工作,或者要适应日晒雨淋等全天候的气候环境。恶劣的应用环境既对传感器提出了苛刻的要求,也给光电传感器创造了一个广阔的应用空间。光电传感器可以充分发挥其可实现远程实时监测和易于网络化的优点,保证传感系统的良好运行。

在石油与化工行业应用的光电传感器根据具体应用对象的不同,有多种形式,例如几种典型的传感器及其系统有分布式温度和压力传感器、井下光谱分析仪器和地震勘探用光电传感器等。

11.7.3 光纤传感技术在生物、医学、化学领域的应用

生化传感器是指能感应(或响应)生物、化学量,并按一定规律将其转换成可用信号(包括电信号、光信号等)输出的器件或装置。它一般由两部分组成。

(1) 生化分子识别器件(感受器)由具有对生化分子识别能力的敏感材料(如由电活性物质、半导体材料等构成的化学敏感膜和由酶、微生物、DNA等形成的生物敏感膜)组成。

(2) 信号转换器(换能器)主要是由电化学或光学检测器件(如电流、电位测量电极,离子敏场效应晶体管,压电晶体等)。

医用传感器是一种十分有效的医学诊断和辅助治疗器件。根据传感器在活体内测量的信

息不同可以分为物理传感器和化学传感器。物理传感器用于测量物理变量，如流量、压力、温度等，并通过对这些变量的分析进行辅助诊断和治疗。化学传感器可用于测量氧饱和度，提供有关病人供氧能力的信息；测量组织及药物代谢，即在活体内对多种化学活性代谢媒介物进行光学测量；还可以测量血压、酸碱度(pH)、氧分压(P_{O_2})、二氧化碳分压(P_{CO_2})、血糖等。

11.7.4 光纤传感技术在航空航天领域的应用

光纤传感器在航空航天领域的应用主要有两个方面：一是航天器的健康诊断；二是航天器的智能导航。其中结构的健康诊断及智能材料与结构的研究和发展是一大主线，这不仅意味着飞行器结构功能的增强、结构使用效率的提高和结构的优化，更重要的是飞行器设计、制造、维护和飞行控制等观念的更新，尤其是针对目前采用传统传感技术尚无法解决的问题，如航天器的烧蚀、区域内局部应变和应力的实时监测，以及结合特种材料(如形状记忆合金等)实现自修复，满足现代测试技术的区域化、多点、多参数和高分辨率测量，以及网络化的发展。

光纤技术与电技术相比所具有的优点是：较宽的传输带宽，低功耗、小尺寸和轻质量；抗电磁干扰、电磁脉冲和高强度射频干扰。

目前已报道的用于航空航天领域的光纤传感器主要用于以下方向：激光与光纤陀螺、航天飞行器姿态控制技术、自主定位导航技术、航空航天飞行器 GNC 系统集成技术和信息集成技术、智能材料与结构等。

11.7.5 光电传感技术在国防领域的应用

由于光纤传感器所具有的独特优越性，它在国防领域的应用越来越广，主要用于导航和安全防卫等方面。例如，光纤陀螺和光纤水听器是众所周知的发展最早、发展最快的两种光纤传感器，它们的发展是基于国防的需要。

目前，光纤陀螺已开始用于飞机、导弹等的导航系统中，是一种新型的陀螺仪；光纤水听器是一种新型的声呐器件，由于它的高灵敏度、宽频带范围等特点，在有些应用领域有可能取代由压电陶瓷构成的水听器，是海防应用中不可或缺的传感器；用光纤构成的安全防卫系统，则是目前正在开发的一种新型防卫系统，可用于边境、重要军事地区等的安全警戒；光纤辐射传感器则是对核辐射安全监测和报警的先进系统；分布式光纤温度传感系统则是重要场所火灾报警的先进监测手段；而多点气体光纤传感系统则可用于有害气体的监测。现在，正在开发用于船艇的变形、腐蚀和有害气体监测的光纤传感系统。

11.8 特殊类型光纤传感技术

除了常见的单模光纤、保偏光纤用于分立式或分布式光纤传感以外，研究者同时对基于特殊类型光纤制作的传感器的特性进行了研究。如纳米光纤、光子晶体光纤、聚合物光纤等特殊光纤均表现出各自独特的优点，它们在某些特殊的传感应用方面表现出了潜在价值。

11.8.1 纳米光纤及其传感应用

纳米光纤是指直径为几纳米到几百纳米的细径光纤，可见其已经小于一般光纤的传输光波长(如传感和通信常用的 1310nm 和 15 050m 激光波长)。由于纳米光纤直径小于传输光波长，所以也被称为亚波长光纤。2003 年，浙江大学第一次成功研制了直径小于所传输光波长的低损耗纳米光纤，为实现光子器件的小型化和提高敏感度提供了一种新的选择。

纳米光纤最典型的特性就是具有极高的倏逝场能量。由光波导理论可知,光波在光纤的纤芯和包层界面发生全反射而不断向前传输,而实际上光能量并不是在界面上立刻反射而衰减为零,而是要渗透到包层中的一部分,这部分能量称为倏逝场。渗透深度一般大于或等于波长量级,这对于普通尺寸光纤(外径 125μm)几乎可以忽略。而纳米光纤直径本身为亚波长量级,其已没有明显的纤芯和包层结构,本身就是一个波导,光波场能量会充满整个纳米光纤波导而且会渗透到波导以外的介质(如空气或真空)中,渗透深度大于或等于波长。也就是说,纳米光纤的倏逝场能量包含了整个纳米光纤传输能量的很大一部分。研究证明,当纳米光纤的直径从 800nm 减小至 200nm 时,纳米光纤内部所传输的光能量从 95%下降至 10%。另外,对于同样直径的纳米光纤,随着工作波长的增加,纳米光纤内部传输的光能量减小。由于具有强烈的倏逝场效应,纳米光纤对外界环境具有非常高的敏感性,这正是纳米光纤用于传感的基本原理。

利用纳米光纤制作的传感器具有尺度小、灵敏度高、响应速度快等优点,相对传统的传感器件,其传感性能有明显优势,可用于许多特定场合。目前已研制出的纳米光纤传感器可以对周围环境的折射率、温度、湿度、加速度、纯净度(微粒多少)等方面进行探测传感。例如,基于纳米颗粒的散射作用和纳米光纤的倏逝场效应,纳米光纤可用于蛋白质、高分子、病毒微粒等的检测,可以检测的颗粒直径为 35~220nm;将基于纳米光纤的 M-Z 干涉仪的一臂作为参考臂制作的环境折射率传感器,其灵敏度比类似的平面波导传感器高一个数量级以上;将基于纳米光纤制作的结形微环谐振腔置于待测液体或气体中,可以通过检测共振峰波长的移动,测量待测液体或气体的折射率或浓度。由此可见,纳米光纤传感器在物理、化学、生物传感方面具有潜在的应用价值。

11.8.2 光子晶体光纤及其传感应用

光子晶体(Photonic Crystal)是指折射率在空间周期性变化的介电结构,其变化周期和光波长为同一数量级。光子晶体也被称为光子带隙材料。由于光子晶体的折射率在空间上必须为周期性的函数,因此可将光子晶体依空间维度区分为一维、二维和三维等。在一维上存在周期性结构,则光子能隙只出现在此方向上;在二维上存在周期性结构,则光子只能在一个方向上传输;如果在三维上都存在周期性结构,则得到的是全方位的光子能隙,特定频率的光进入此光子晶体后在各个方向都将无法传输。

光子晶体光纤(Photonic Crystal Fiber,PCF)又称微结构光纤,最早于 1992 年由 Russell 等提出。光子晶体光纤通过横截面二维周期性折射率分布对光进行约束,从而实现光的轴向传输。独特的波导结构,使得光子晶体光纤具有许多常规光纤无可比拟的传输特性,如无截止单模特性、可控的色散特性、良好的非线性效应、优异的双折射特性。

早期的光子晶体光纤被用于气体传感,利用光谱吸收原理进行气体检测。因为光子晶体光纤包层中具有较强的倏逝场,所以可将气体填充于光子晶体光纤的空气孔中,通过测试吸收谱以检测气体,例如检测乙炔气体。随着多种光子晶体光纤传感器类型被提出,研究方向越来越多,基于保偏光子晶体光纤的温度不敏感应变光纤传感器和基于表面等离子体共振效应的光子晶体光纤传感器是其典型应用。

11.8.3 聚合物光纤及其传感应用

聚合物光纤又称为塑料光纤(Plastic Optical Fiber,POF),于 1964 年由美国杜邦公司首次研制成功并于 1966 年推向市场。随后,日本多家公司也相继研制出聚合物光纤。后续出现了多种新型聚合物光纤,促进了其在通信、照明、装饰、传感领域的发展。初期,由于聚合物光纤损耗大、耐热性差,不适合用于信号传输。经过科研人员几十年的努力探索,聚合物光纤在低损耗和耐热性上均有了很大提高,诸多聚合物光纤产品已被广泛应用。但是,与石英光纤相比,聚合物光纤损耗还是高出不止一个数量级,因此在光信号传输方面,聚合物光纤多以渐变折射率多模光纤为主,传输距离也一般限制在几百米以内。由于聚合物光纤具有诸多优异的特性,如高柔软性、低弹性模量、大抗拉强度、抗振动冲击、不易折断等,所以其在传感方面表现出极大的应用潜力。目前,已报道的聚合物光纤传感器有多种,如结构安全监测传感器、pH值传感器、温度传感器、生物传感器、化学传感器、气体传感器、流量传感器、浑浊度传感器等。聚合物光纤传感器可用于传感和测量一系列重要物理参数,如辐射、液位、放电、磁场、折射率、温度、振动、位移、旋转、水声、粒子浓度等。由于聚合物光纤主要针对的是多模类型,所以上述传感器大多是基于强度调制光纤传感器。

聚合物光纤目前研究和应用较多的两类是基于多模聚合物光纤的强度调制光纤传感器和基于单模聚合物光纤的光纤光栅传感器,下面分别举例说明。

(1) 多模聚合物光纤强度调制传感应用。基于多模聚合物光纤的强度调制型光纤传感器的应用,主要包括辐射探测、生物医学和化学传感、工程结构安全与材料断裂监测、环境监测等。这些均是将聚合物光纤以一定形式置于待探测环境中,并通过测量光纤中传输的光信号功率或光强度的变化,实现对待测量的传感测量。强度调制光纤传感器整体具有结构简单、成本低等优点。

(2) 单模聚合物光纤光栅传感应用。世界上第一支聚合物光纤光栅是由澳大利亚新南威尔士大学的 Xiong 等于 1999 年在聚甲基丙烯酸甲酯(PMMA)聚合物单模光纤中制作出来的,中心波长为 1576.5nm、3dB 带宽约为 0.5nm。常见的单模聚合物光纤光栅的制作方法有萨格纳克干涉法、相位掩膜法、振幅掩膜法、逐点写入法等,和石英光纤光栅常见的制作方法基本相同。近年来,基于其他材料的聚合物光纤光栅也被提出,如聚碳酸酯、聚苯乙烯、透明无定形氟聚合物、环烯烃共聚物等聚合物光纤。相比之下,目前仍以相位掩膜法制作的聚甲基丙烯酸甲酯单模聚合物光纤光栅最为常见。近年来,聚合物光纤光栅传感器在温度、应变、压力、加速度、弯曲、气体浓度、湿度、pH 值等参数测量与监测方面已有较多研究工作报道。

本章小结

本章首先介绍了光纤传感技术的发展历程,伴随着光纤及光纤通信技术的发展,光纤传感器应运而生,与传统的传感器相比,光纤传感器具有突出的物理特性,因而拥有广阔的应用前景。其次详细讲述了光纤传感器的基本构成(包括光源、光纤、调制器、光电探测器和信号处理等)。接下来较全面和详细地讨论了各种类型的光纤传感器——传感型和传光型(包括振幅调制、相位调制、偏振调制和波长调制以及分布式等不同类型)。11.5 节介绍了几种科研和生活中常见的光纤光栅(包括光纤布拉格光栅、长周期光纤光栅、啁啾光纤光栅、相移光纤光栅、取样光纤光栅和倾斜光纤光栅),11.6 节介绍了光纤中的几种光散射(包括瑞利散射、拉曼散射和布里渊散射)以及分布式光纤传感器的 4 种基本类型及其工作原理。最后介绍了光纤传感技术在电力系统,石油与化工行业,生物、医学、化学领域,航空航天领域,国防领域的应用,以及一些特殊类型光纤传感技术(包括纳米光纤、光子晶体光纤和聚合物光纤及其各自传感应用)。

习题

11.1　功能型光纤传感器和非功能型传感器的定义分别是什么？两者的根本区别是什么？

11.2　分布式光纤传感器一定是功能型光纤传感器吗？

11.3　与传统传感器相比，光纤传感器的优点是什么？

11.4　简述光纤传感器的工作原理。

11.5　光纤传感器系统主要包括哪些部分？

11.6　按检测目标的分布情况可以将光纤传感器分为哪几类？

11.7　简述频率调制光纤传感器的频率调制原理。

11.8　简述波长调制光纤传感器的工作原理。

11.9　按照纤芯中折射率沿光传播方向是否分布均匀，光纤光栅可以分为哪几类？请分别举例说明。

11.10　光纤光栅与普通的光纤有什么区别？

11.11　长周期光纤光栅与光纤布拉格光栅的主要不同点是什么？制作方法上有哪些不同？

11.12　倾斜光纤光栅相比长周期光纤光栅传感的优势有哪些？

11.13　瑞利散射、拉曼散射、布里渊散射分别是怎么形成的？

11.14　布里渊散射光和拉曼散射光的特点有哪些不同？

11.15　简述 OTDR 的优点。

11.16　受激布里渊散射与布里渊散射有什么不同？

11.17　简述光纤电力传感器的类型及其原理。

11.18　说明石油与化工行业中应用光纤传感器的主要要求。

11.19　什么是纳米光纤？纳米光纤的主要特性是什么？

11.20　纳米光纤传感器的特点是什么？试与传统光纤传感器作比较。

11.21　光子晶体光纤用于传感的最大优势是什么？

第12章 光纤通信系统仿真

CHAPTER 12

光纤通信系统仿真软件为大规模复杂光纤通信网络的设计提供了便利，节约了人力、物力，提高了设计效率。本章介绍基于 OptiSystem 仿真系统的光纤通信系统设计。

12.1 OptiSystem 仿真系统

12.1.1 OptiSystem 简介

随着光纤通信系统日益复杂，且这些系统的设计和分析通常包括非线性设备和非高斯噪声源，分析起来非常复杂且非常耗时。因此，需要借助先进的软件工具才能有效地完成这些任务。OptiSystem 是一种创新性的光纤通信系统仿真软件，可以帮助用户完成从视频广播系统到洲际骨干网的宽光谱光网络中物理层的设计、测试与模拟。

基于 OptiSystem 软件能够模拟设计、测试和优化多种光纤系统的物理层。OptiSystem 拥有很好的仿真和等级体系，该软件系统可以通过额外的用户设备库，以及完备的接口进行扩充，从而获得了更多的应用。全面的图形用户界面用于光子器件设计、构造器件模型并演示。通过对参数进行扫描和优化，用户可以知道仪器的技术参数对仪器性能的影响。

在正确安装 OptiSystem 系统软件后，双击其在桌面上的图标。此时，用户操作界面如图 12.1 所示。用户操作界面由工作区、元件库、状态栏和菜单栏等主要部分组成。工作区是完成设计工作的场所，在这个区域里，可以插入组成系统的各种器件、编辑器件；各种器件库

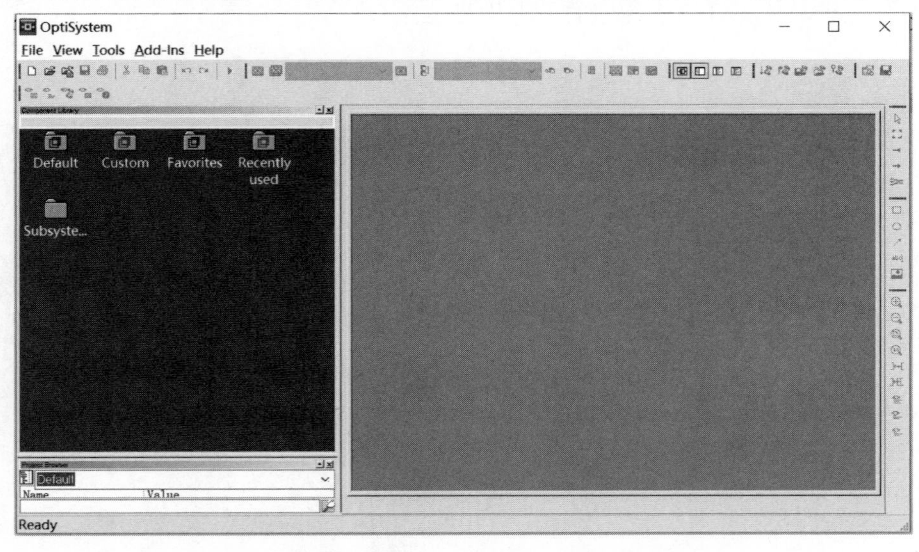

图 12.1 OptiSystem 用户操作界面

是系统存放器件的地方；状态栏则显示使用 OptiSystem 的相关提示及其他帮助信息。此外，菜单栏包含了 OptiSystem 中的大部分菜单项。

通过菜单栏的文件菜单选择新文件或打开已有文件，即可进入设计工作界面，在图 12.2 中就可以看到，此时，工作区已由灰色变成了白色。使用者可以从器件库里选取器件并将器件移至工作区，默认情况下，当使用者将器件移动到工作区时，这个器件的输入端可以识别到附近器件的输出端，并与其相连接。这种“自动识别”连接能力，可以自动判定两个器件的接口之间的信号属性是否一致，只有在输出端和输入端都是一样的情况下，才能实现自动连接。器件之间也可通过手动方式连接以组成光纤通信系统，如图 12.3 所示。对仿真设计图检查无误后，然后单击 ▸ 按钮进行仿真，在图 12.4 中可以看到具体操作。

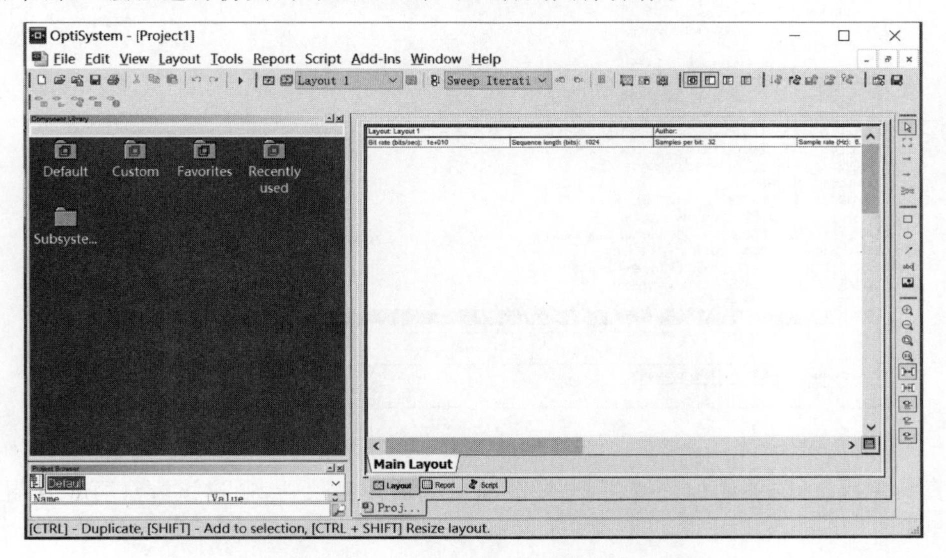

图 12.2　OptiSystem 用户工作界面

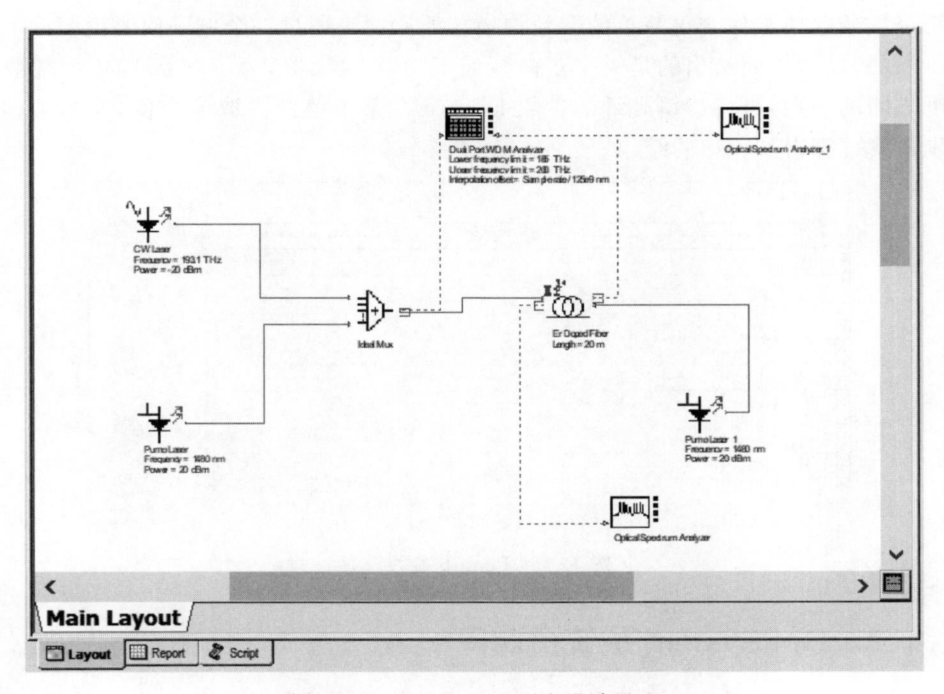

图 12.3　OptiSystem 用户设计界面

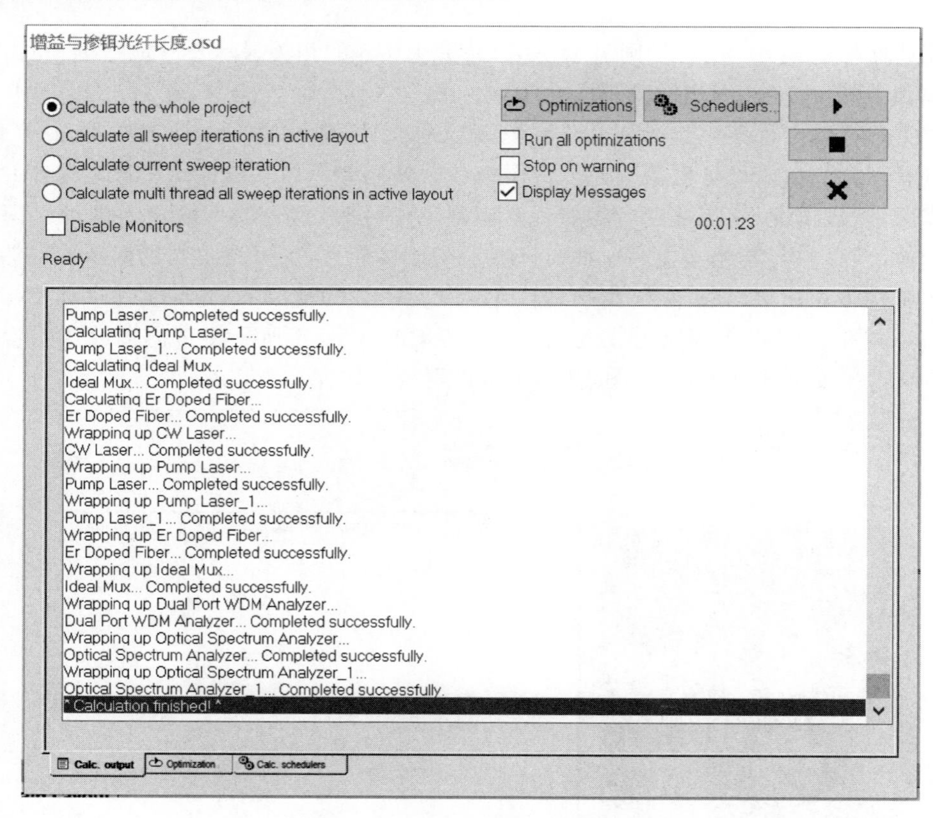

图 12.4　OptiSystem 用户仿真界面

仿真结束后，单击关闭仿真按钮，选择图层对应的观测仪器，通过该方法可以获得模拟试验的结果。

一定要在同一条件下进行多次仿真，以明确某个参数对仿真效果的影响。OptiSystem 提供了一个可以使这项工作变得简单的参数扫描功能。这里通过一个例子简要说明。

图 12.3 的设计界面给出的是一个双向泵浦 EDFA 放大器，为了观察 EDFA 增益与掺铒光纤长度之间的关系，可将掺铒光纤的参数 Length 在某个范围内取多个值，如图 12.5 所示，然后分别仿真计算得到相应的结果。

图 12.5　Length 参数设置

12.1.2　OptiSystem 系统资源库

OptiSystem 系统资源库包含了构成复杂光纤通信系统的各种器件及相关测试设备，设计者可根据实际需要调整相关器件的参数,以便优化通信系统。

在设备库中,OptiSystem软件可以混合处理任何一种格式的光信号和电信号。OptiSystem软件还可以根据仿真所要求的精度来选择合适的算法。OptiSystem通过对BER、Q因子等因素的分析,可以对通信系统进行综合评判。OptiSystem可以通过眼图仪和示波器等在输出端生成信号眼图和频谱图,以便于对结果进行分析。WDM分析软件还包括信号功率、增益等。在模拟结束之后,使用者可以从装置的端口中选取资料进行存储,并将其显示在显示器上。这样,在模拟结束后,使用者就可以直接进行操作,而不用再进行运算。在相同的端口,使用者可以在显示屏上打开任何数量的观察器。

(1) 器件库：OptiSystem组件库中有数以百计的组件,使用者可以根据实际组件的技术参数输入。组件库整合了来自各个厂商的检测和测量仪器。使用者可以根据子系统及使用者定制库,添加新的组件,或使用第三方软件(例如MATLAB或SPICE)进行模拟。

(2) 和Optiwave的集成：OptiSystem可以让用户利用Optiwave软件工具来建立器件级和电子回路级的组件,例如OptiSPICE、OptiBPM、OptiGrating和OptiFiber等。

(3) 混合信号表征：OptiSystem可以对光学和电子信号进行模拟。OptiSystem通过灵活的算法来计算所需要的模拟准确度和效率。

(4) 品质和性能算法：在光通信中,码间串扰和噪声是制约系统性能的重要因素。OptiSystem通过数值分析和半解析技术来预先测定或推测其结构功能,以求出一些性能参数,例如,误码率、Q因子等。

(5) 先进的可视化工具：采用高级可视技术,除了处理信号的功能外,OptiSystem软件还能够在接收端生成眼图和频谱图,这样可以方便我们对信号的功率、增益、噪声系数、各信道的信噪比等进行数据分析。

(6) 数据监测：在模拟完成后,使用者可以在设备接口上进行数据存储和额外的监测。这个特性使得在模拟完成之后,在后期分析数据时无须再进行计算。使用者可以在相同端口的监测器上添加任意数目的观测仪。

(7) 使用子系统进行分级仿真：为保证模拟工具灵活性与效率,在系统、子系统和设备等各个层次上建立模型是非常关键的。OptiSystem提供了一个真实的设备和系统的分级定义功能,可以使模拟达到要求的精度。

(8) 强大的脚本语言：使用者可以通过运算表达式来定义参数,并通过VB的标准脚本语言,在装置与子系统间分享整体的参数。脚本语言能够操纵和控制OptiSystem的运算、设计和处理等。

(9) 最先进的计算数据流：计算调度程序通过选择的数据流程模型来决定各部件模块的运行次序,从而对模拟过程进行控制。其中,最常用的是构件迭代式数据流。

(10) 报告页面：报告页面可以根据使用者的需求进行定制,让使用者可以在设计中显示任何参数及结果。所产生的报告中包括可调节的电子表格、文本和三维图表等,也可以转化为HTML输出和报表的预制格式。

(11) 材料清单：OptiSystem提供了按照系统、布局、器件分类的成本分析表格。成本资料可以用表格形式输出。

(12) 多种布局：使用者可以在一份专用档案内建立多个网页,方便使用者编辑或修改。每个OptiSystem专用档案都可能包含许多不同的设计。所有的设计都有各自的计算与修正结果,可以将计算结果合并起来供使用者比较,以便能够得出不同的设计方案。

12.2 光电子器件仿真

12.2.1 半导体激光器特性仿真

图 12.6 为半导体激光器模拟仿真框图，主要由两大部分组成：半导体激光器 P-I 特性模拟仿真和半导体激光器响应特性仿真。

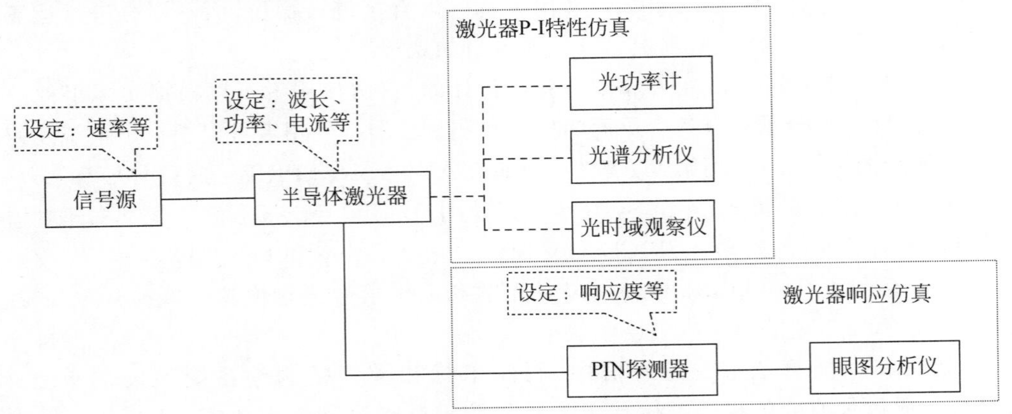

图 12.6 半导体激光器特性仿真框图

首先需要对半导体激光器的 P-I 特性仿真电路图进行设计。打开 OptiSystem 仿真软件，建立新任务，在器件库中选择器件，如图 12.7 所示，搭建半导体激光器的 P-I 特性仿真电路图。其信号流如下：由用户自定义序列发生器产生信号，通过 NRZ 码发生器进行码型变换，然后到达直接调制激光器，激光器的输出端接入光功率计、光谱分析仪和光时域观察仪等测试终端。

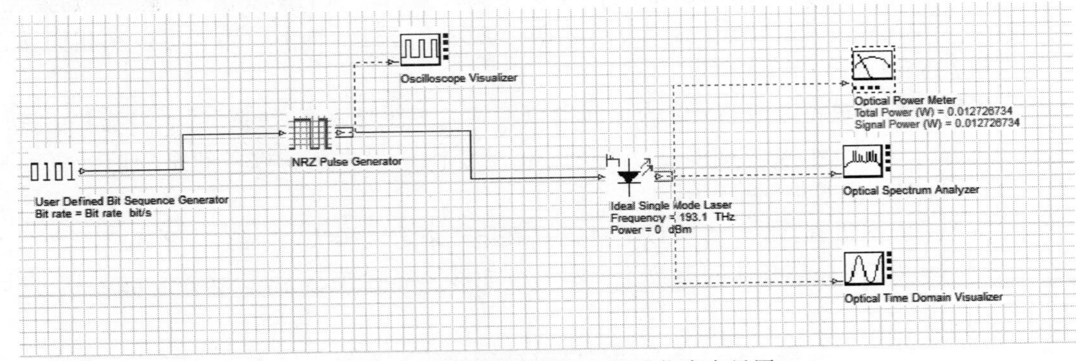

图 12.7 半导体激光器 P-I 特性仿真布局图

然后对仿真电路图的系统参数进行设置。在一次仿真过程中，某些参数需要在所有器件中进行设置，并且参数的设置值要求相同，出于对便捷性的考虑，这种参数就被仿真软件定义为系统变量。所谓系统变量，就是对整个 OptiSystem 仿真电路而不是针对某个特定器件的某个参数的设置，全局参数的设置将影响整个系统的仿真结果。半导体激光器的 P-I 特性曲线仿真的系统变量设置参数如下：

(1) 仿真速率(Bit Rate)为 2.5Gb/s；

(2) 码序列长度(Sequence Length)为 8；

(3) 比特取样数(Samples Per Bit)为 64。

对器件参数进行设置。激光器设置参数如下：

(1) 工作波长为 1552.52nm；

(2) 阈值电流为 33.45mA；

(3) 调制电流为 0mA(静态)；

(4) 偏置电流工作在 Sweeps 模式，设置点数为 10，范围为 25～115mA；将用户自定义码发生器比特序列的 8 位全设置为 1。

然后运行系统，运行成功后就可以进行半导体激光器 *P-I* 特性曲线的生成。在执行完仿真运行后，半导体激光器的 *P-I* 特性曲线需要添加二维坐标才可以看出。选择工作区下方的 Report 窗口，选择快捷按钮中的 Opti2DGraph 按钮，在 Report 窗口建立一个图例。然后从任务浏览器中选择激光器选项中的 Parameters，在其中选中 Bias Current，将之拖到图例的横轴；选择光功率计选项中的 Results，选中 Signal Power(w)，将之拖到图例的纵轴。这样激光器的 *P-I* 特性曲线就自动生成了。至此，半导体激光器的 *P-I* 特性曲线绘制完毕，得到的 *P-I* 曲线如图 12.8 所示。如图 12.9 所示为激光器输出的静态光谱。

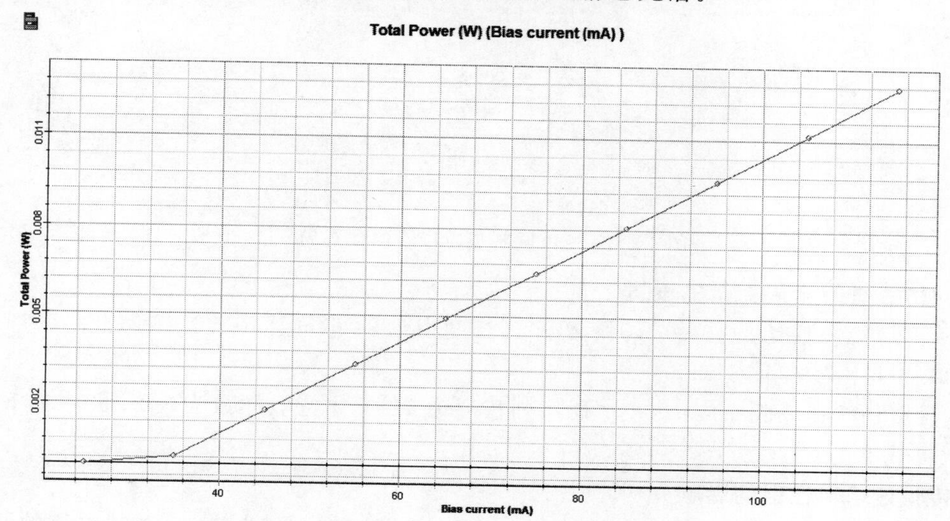

图 12.8 半导体激光器的 *P-I* 特性曲线

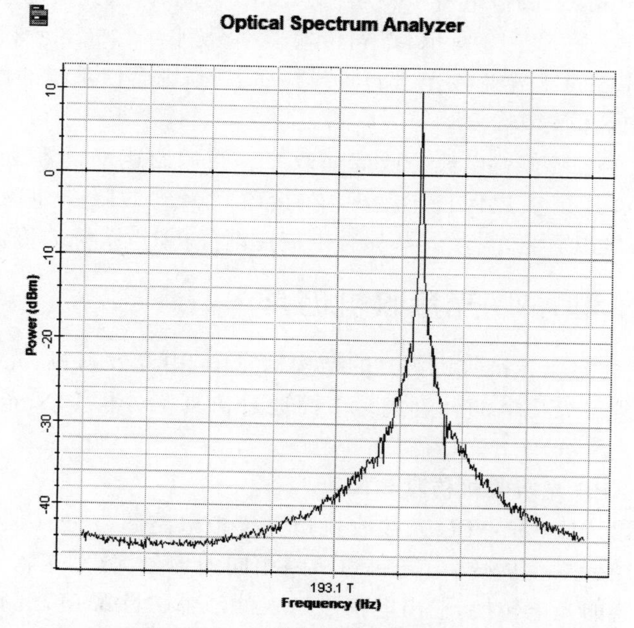

图 12.9 半导体激光器输出光谱

12.2.2 半导体激光器的调制响应特性仿真

1. 建立半导体激光器的调制响应特性仿真布局

如图 12.10 所示，建立半导体激光器的调制响应特性仿真电路。信号由伪随机码发生器产生，通过 NRZ 码型发生器后，信号的码型发生了变换，通过单模激光器直接调制半导体激光器光源，输出的电信号送入 PIN 光电二极管中进行光电变换，得到的输出信号通过低通贝塞尔滤波器中去除噪声，最后信号传输到眼图分析仪中进行分析。

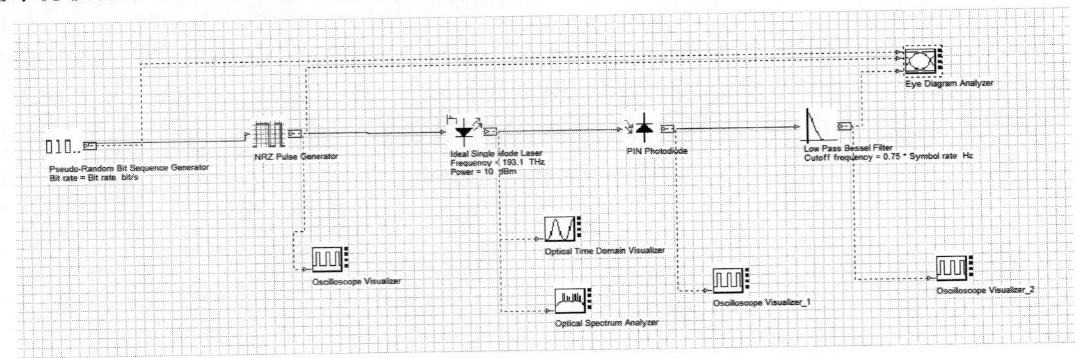

图 12.10 LD 调制响应特性仿真布局

2. 对仿真进行全局变量的设置

（1）设置仿真速率为 1.3Gb/s 时；码序列长度为 128；取样比特数为 512，此时，时间窗为 98.5ns，取样速率为 670GS/s；

（2）设置仿真速率为 10Gb/s 时；码序列长度为 128；比特取样数为 512，此时，时间窗为 128ns，取样速率为 512GS/s。

3. 传输速率对性能的影响

激光器参数设置如下：载流子寿命 τ_{sp} 为 1ns；光子寿命 τ_{ph} 为 3ps；调制电流的峰值为 10mA；偏置电流为 60mA；阈值电流 I_{th} 为 33.45mA。此时，激光器的调制频率上限大约为 2.6GHz。如图 12.11 和图 12.12 所示，得到传输速率分别为 2.6Gb/s 和 10Gb/s 时的眼图。很明显，如果调制速率超过半导体激光器的调制频率上限，则会使系统的性能大幅下降。

4. 激光器偏置电流的影响

激光器的传输性能会随偏置电流的改变而改变。当调制速率设置为 2.6Gb/s，激光器偏置电流设置为 45mA，其余参数保持不变时，在接收端得到的眼图如图 12.13 所示。对比图 12.11 和图 12.13 可以看出，当激光器偏置电流逐渐降低时，系统的传输性能大幅下降。

12.2.3 PIN 和 APD 光接收机仿真

如图 12.14 所示为模拟光接收机仿真的结构示意图，由光发射机、光衰减器、PIN 光电探测器和 APD 光电探测器等几个部分组成。下面通过仿真来分析 PIN 光电探测器以及 APD 光电探测器的特性。

1. 建立 PIN 和 APD 光接收机仿真布局

如图 12.15 所示为 PIN 和 APD 光接收机仿真模拟电路图，从外调制光发射机输出的经调制过后的光信号，经衰减器衰减后，复制为两路相同的信号，分别送入 PIN 和 APD 光电探测器，经过光电探测器的光电转换，输出电信号送入滤波器去除噪声，最后将信号送入眼图分析仪中进行分析。

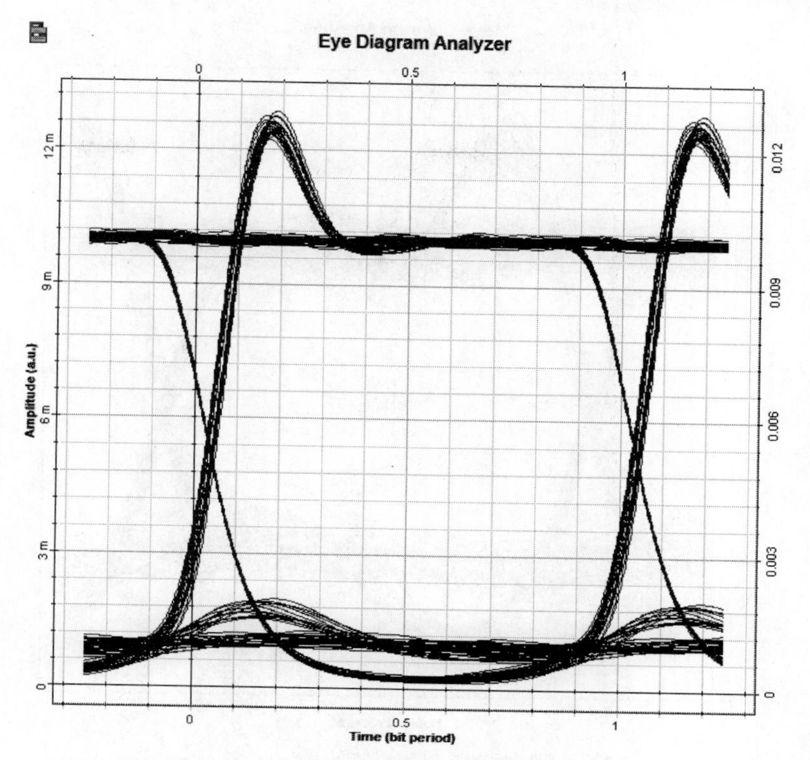

图 12.11　传输性能随速率的变化

@2.6Gb/s, I_b=60mA

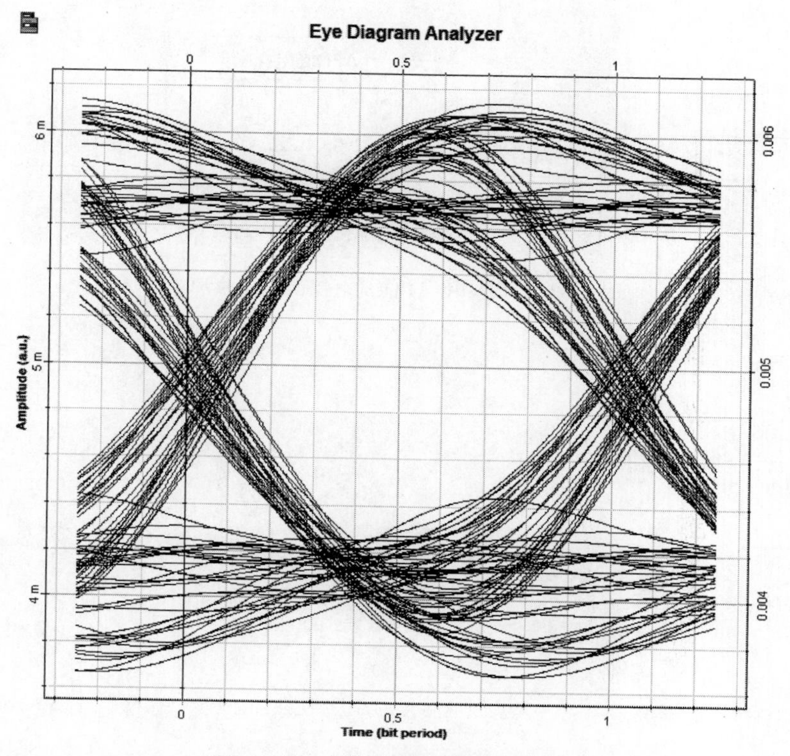

图 12.12　传输性能随速率的变化

@10Gb/s, I_b=60mA

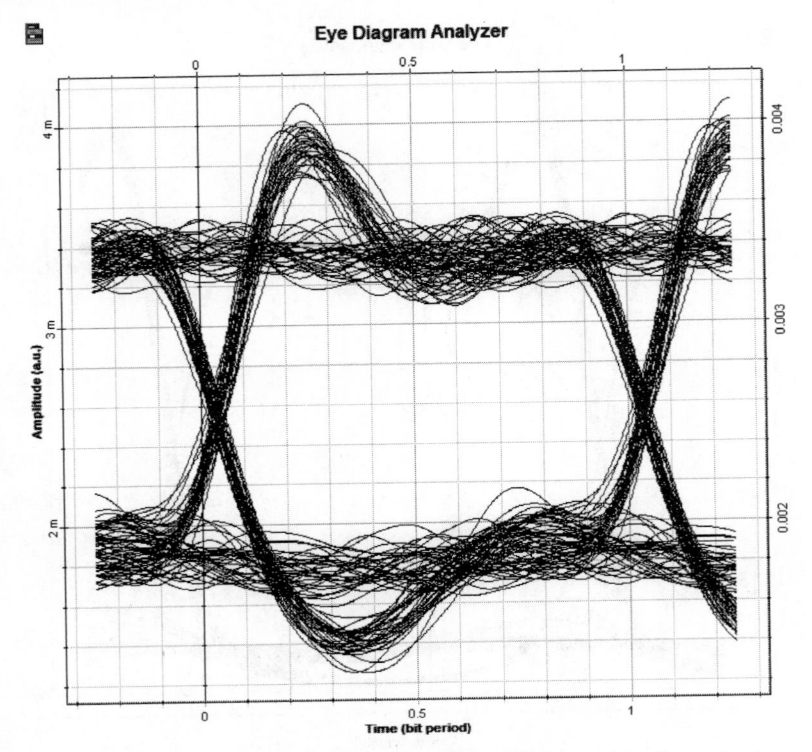

图 12.13　传输性能随激光器偏置电流的变化@2.6Gb/s，$I_b=45\text{mA}$

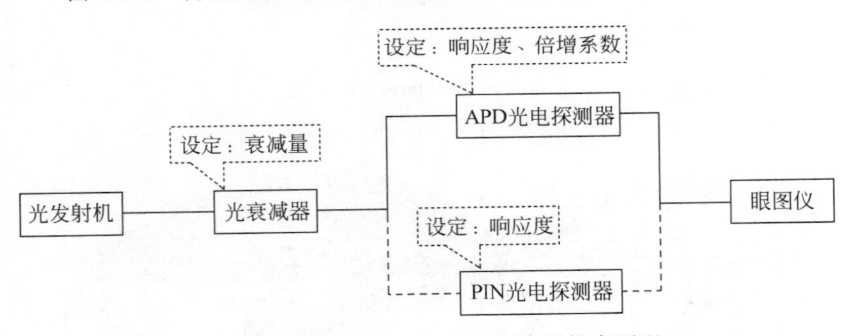

图 12.14　PIN 和 APD 光电探测器仿真原理

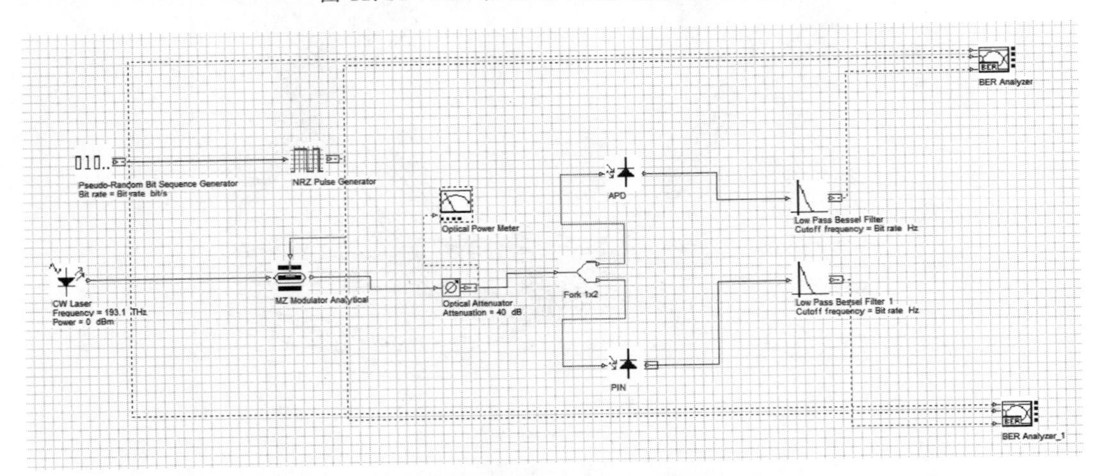

图 12.15　PIN 和 APD 光接收机仿真电路

2. 仿真变量的设置

（1）仿真速率（Bit Rate）为 2.5Gb/s；

（2）码序列长度（Sequence Length）为 128；

（3）比特取样数（Samples Per Bit）为 512；

（4）雪崩光电二极管的倍增系数设置为 3。在这种情况下，时间窗为 51.2ns，取样速率为 160GS/s。

3. 在不同接收光功率情况下，PIN 和 APD 光接收机的 Q 参数

分别设置光衰减器的衰减量为 30dB、35dB、40dB，每一次都运行仿真，如图 12.16 所示，此时通过光功率计可读出衰减器输出的光功率，衰减量为 30dB 时对应输出光功率为 −33.14dBm；衰减量为 35dB 时对应输出光功率为 −38.14dBm；衰减量为 40dB 时对应输出光功率为 −43.14dBm。

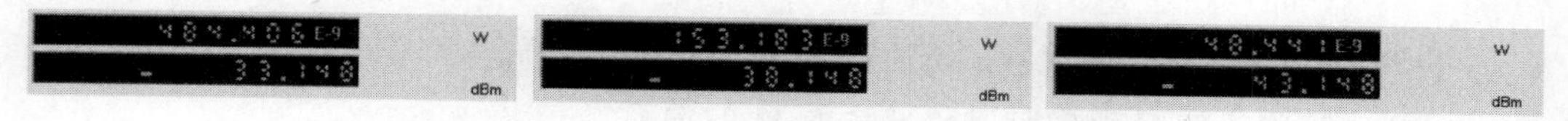

图 12.16　输入到光接收机光功率的测量

图 12.17、图 12.18 和图 12.19 分别示出了不同衰减量所对应光接收机的 Q 参数，可以看出，衰减量为 30dB 对应的 PIN 和 APD 光接收机的 Q 参数分别是 13.93 和 14.17；衰减量为 35dB 对应的 PIN 和 APD 光接收机的 Q 参数分别是 4.56 和 6.18；衰减量为 40dB 时，PIN 光接收机在此光功率下无法工作，此时 APD 光接收机的 Q 参数是 2.85。

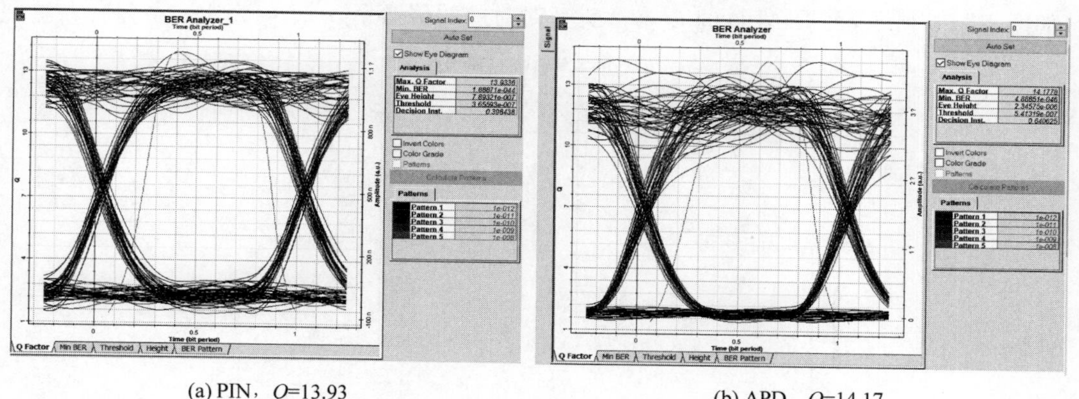

(a) PIN，Q=13.93　　(b) APD，Q=14.17

图 12.17　PIN 和 APD 光接收机的 Q 参数@−30dB

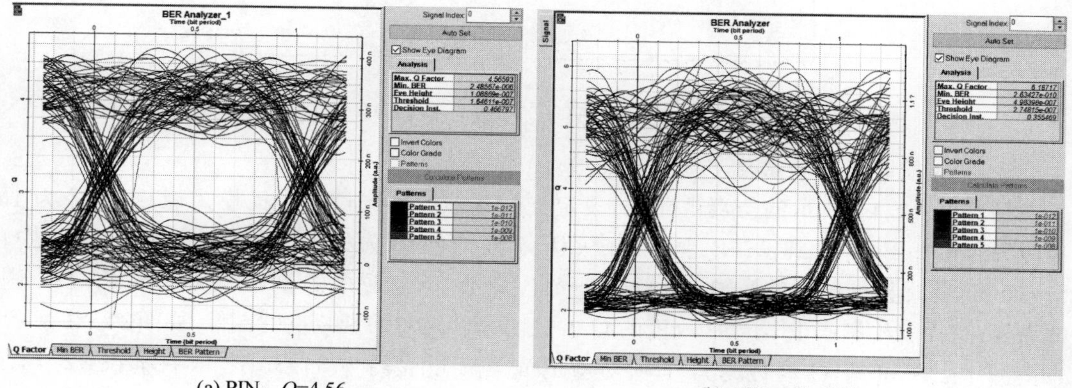

(a) PIN，Q=4.56　　(b) APD，Q=6.18

图 12.18　PIN 和 APD 光接收机的 Q 参数@−35dB

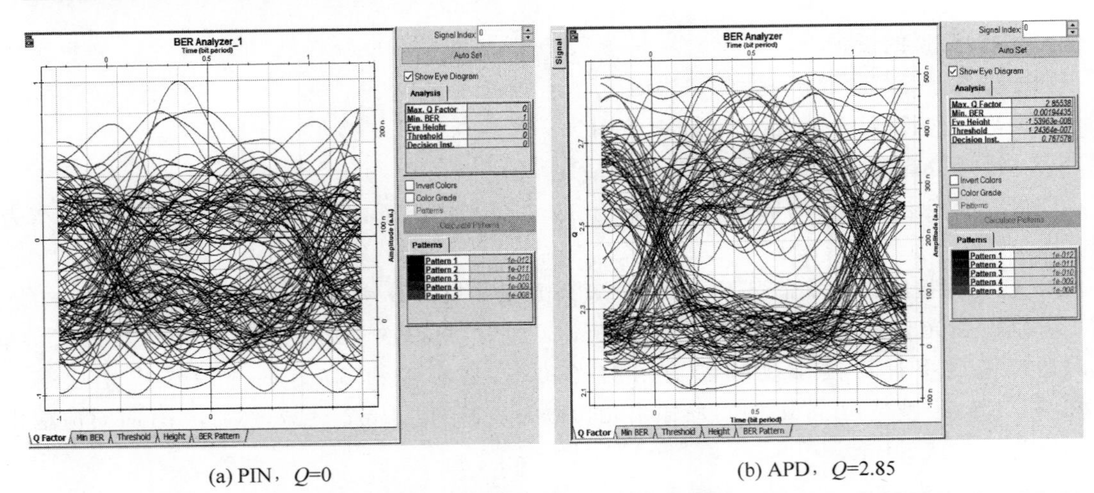

(a) PIN，Q=0　　　(b) APD，Q=2.85

图 12.19　PIN 和 APD 光接收机的 Q 参数@－40dB

4. APD 光接收机的 Q 参数与其倍增系数 M 的关系

按照图 12.14 搭建仿真电路图，设定光衰减器的衰减量为 35dB，对应的光功率为－38.14dBm，然后设置使得 APD 的倍增系数为扫描模式（扫描点数为 10），倍增系数从 3 递增到 21，然后对照上述绘制半导体激光器的 P-I 特性曲线的方法，从任务浏览器中选择 APD 光电探测器选项中的 Gain，将之拖到图例的横轴；选择 APD 光电探测器计选项中的 Max. Q Factor，将之拖到图例的纵轴，这样就绘制出 APD 光接收机的 Q 参数与倍增系数 M 的关系图，如图 12.20 所示，可见 APD 的 Q 参数为 6 时对应的倍增系数 M 约为 4。

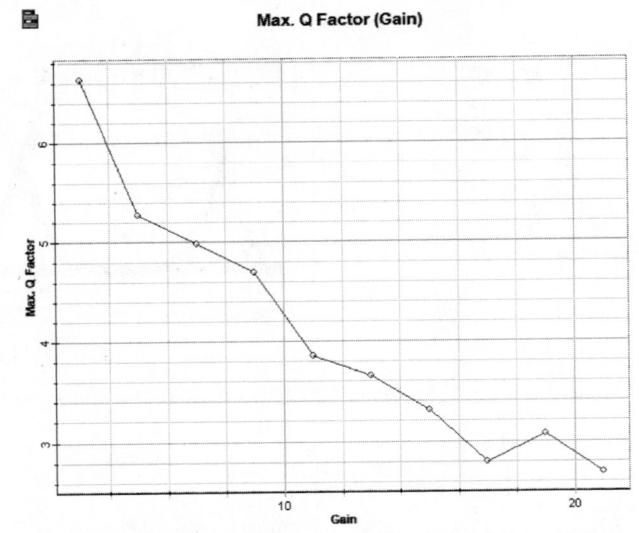

图 12.20　APD 光接收机的 Q 参数与倍增系数 M 的关系

5. PIN 光接收机的灵敏度

按照如图 12.14 所示的仿真电路图，设定光衰减器的衰减量为扫描模式，扫描点数为 10，衰减量从 33.5dB 变化到 38dB，同样再从任务浏览器中选择 PIN 光电探测器选项中的 Attenuation，将之拖到图例的横轴；选择 PIN 光电探测器计选项中的 Max. Q Factor，将之拖到图例的纵轴，这样就绘制出 PIN 光接收机的 Q 参数随光衰减器的衰减量的图像，如图 12.21 所示。

由图 12.21 可见，Q 参数约为 6，所对应的光衰减量大约为 34.1dB。故在如图 12.14 所示的模拟仿真电路中设定光衰减器的衰减量为 34.1dB，运行仿真程序，此时光功率计读出

PIN 光接收机的光功率为－37.31dBm，如图 12.22 所示。此时的 PIN 光接收机的 Q 参数最接近 6，因此这时的功率就是 PIN 光接收机对应的灵敏度。Q 参数为 5.98。如图 12.23 所示为此时的眼图。

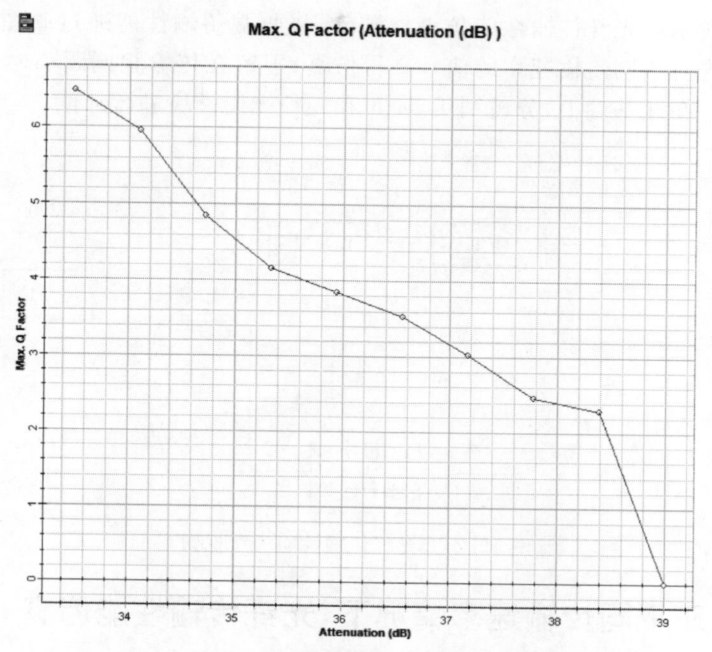

图 12.21　PIN 光接收机的 Q 参数与光衰减器衰减量的关系

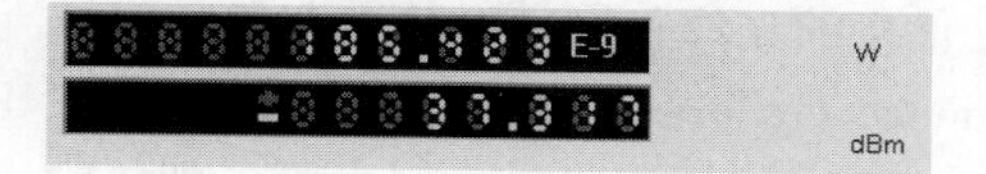

图 12.22　PIN 光接收机的灵敏度

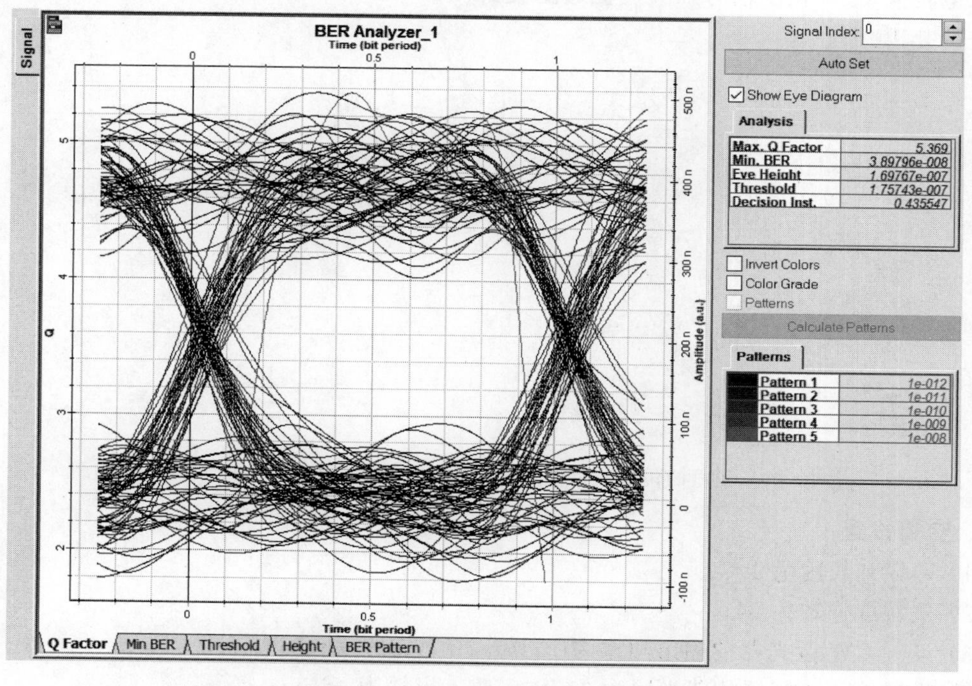

图 12.23　PIN 光接收机的眼图 BER＝10^{-9}@－38.11dBm

12.3 色散补偿仿真

如图 12.24 所示为光纤传输性能仿真框图，在接收端传输性能通过眼图、误码率或 Q 参数进行分析。首先对不同传输速率的信号进行仿真，了解在传输相同距离时色散因素对传输信号质量的影响。在此基础上，分析利用 DCF 和光纤光栅模块进行补偿。

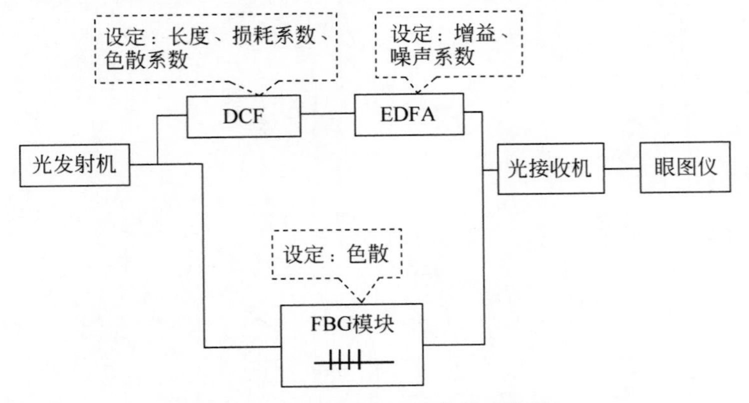

图 12.24 光纤传输性能仿真框图

12.3.1 在不同传输速率情况下，光纤传输性能仿真

1. 建立仿真布局

如图 12.25 所示，建立信号的光纤传输特性仿真布局。信号流如下：由伪随机码发生器(Pseudo-Random Bit Sequence Generator)产生的信号，通过 NRZ 码发生器(NRZ Code Generator)进行码型变换，然后进行调制，调制后的光输入到传输光纤，然后通过光电探测器进行光电转换，最后输出信号在经过低通滤波器(Low Pass Bessel Filter)后，送入眼图仪等仪表中进行分析。

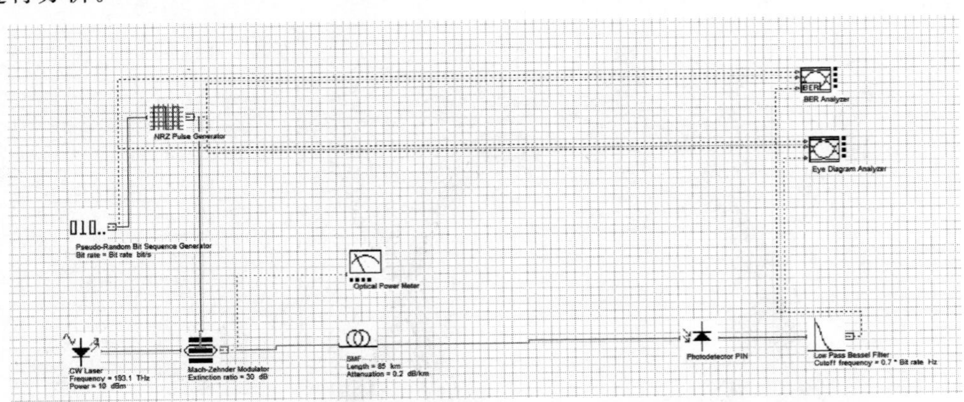

图 12.25 信号的传输质量仿真布局图(相同传输距离、不同传输速率)

2. 变量设置

(1) 码序列长度为 128；

(2) 比特取样数为 64；

(3) 设置 CW 激光器的输出功率为 10dBm、工作频率为 193.1THz；

(4) 设置 MZ 调制器的消光比为 30dBm、插入损耗为 4dBm；

（5）设置 SMF 光纤的长度为 85km、损耗系数为 0.2dB/km、色散系数为 17ps/(nm·km)。

3. 相同传输距离，不同传输速率下的信号传输质量

保持光纤长度为 85km 不变，分别使系统工作在 2.5Gb/s、10Gb/s 和 40Gb/s 三种速率下，在眼图仪中分别得到如图 12.26、图 12.27 和图 12.28 所示的眼图。

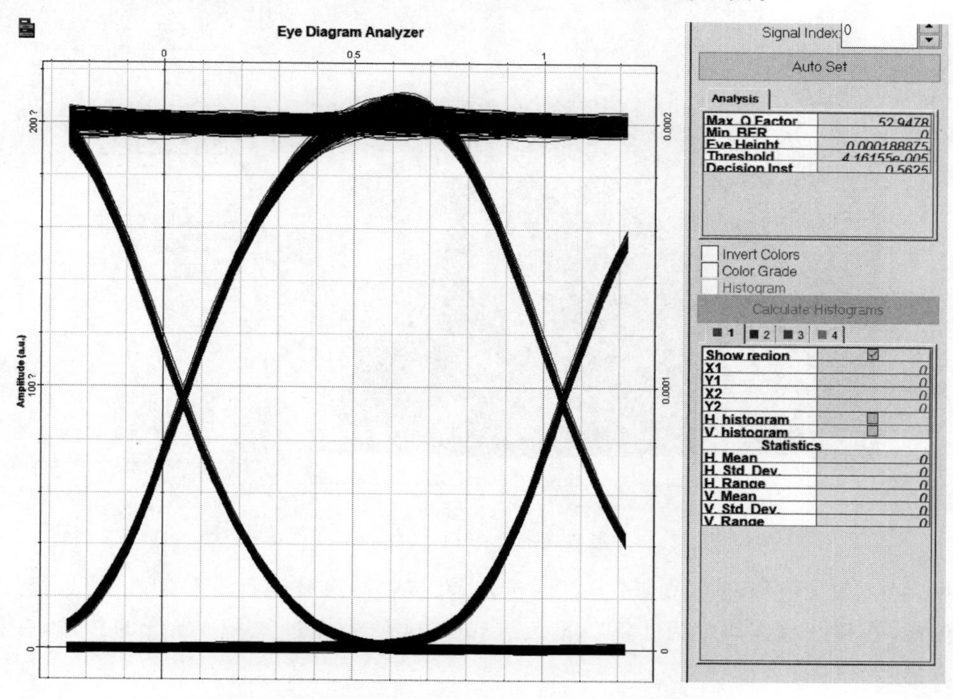

图 12.26　接收端的眼图 $Q=52.95$(85km, 2.5Gb/s)

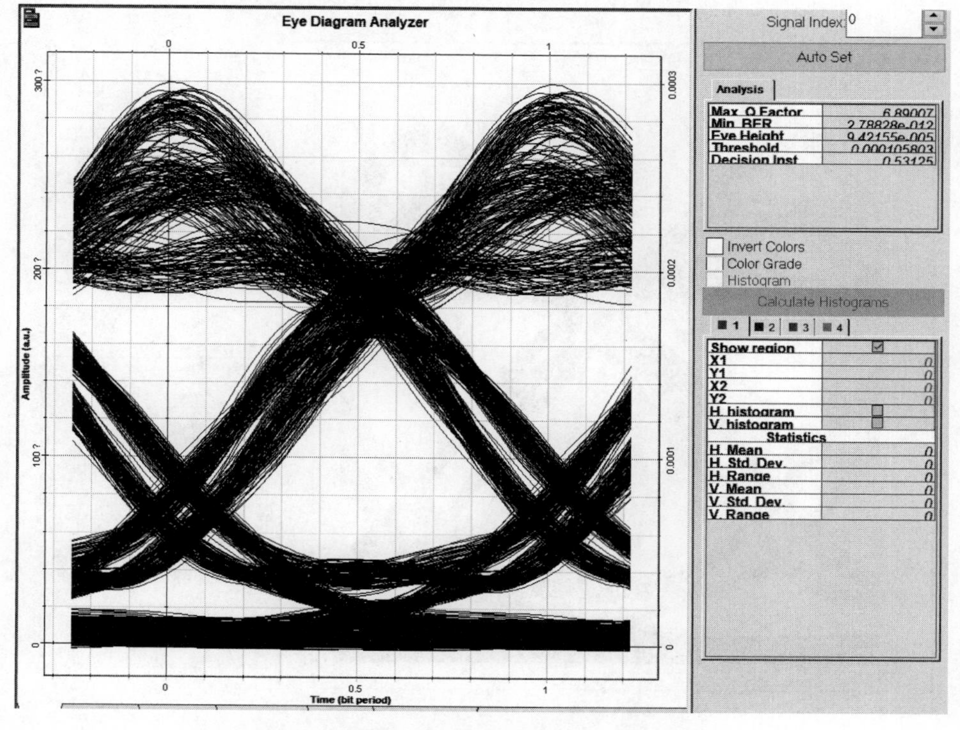

图 12.27　接收端的眼图 $Q=6.89$(85km, 10Gb/s)

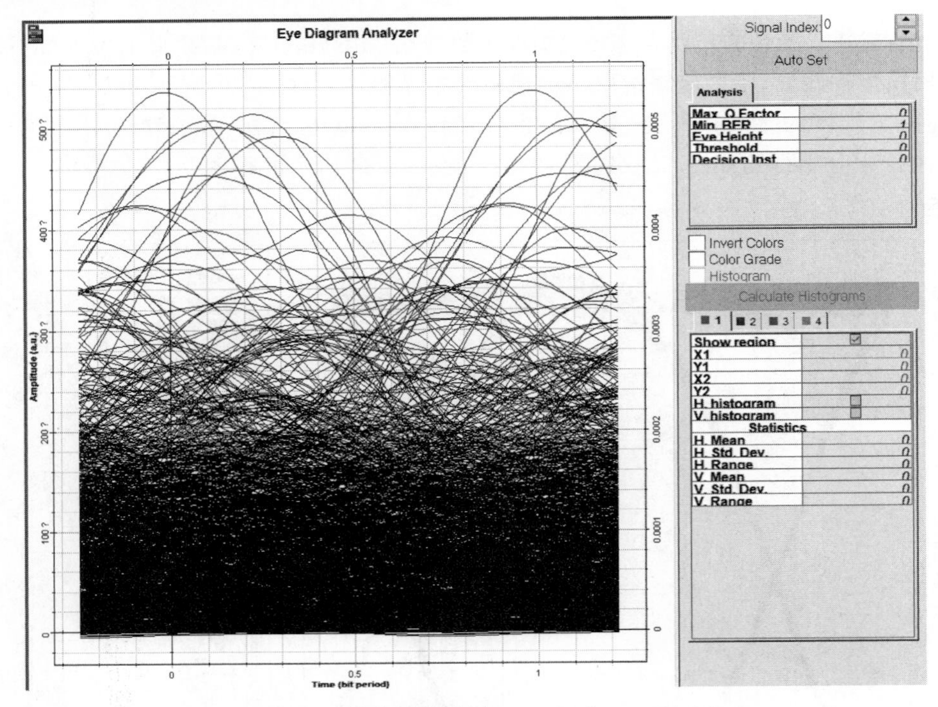

图 12.28 接收端的眼图 $Q=0$(85km,40Gb/s)

可见,2.5Gb/s 信号经过 85km 光纤的传输,在接收端没有误码。10Gb/s 信号经过 85km 光纤的传输,在接收端误码率为 10^{-12} 量级。40Gb/s 信号经过 85km 光纤的传输,在接收端无法读取信号。

保持其他条件不变,把光纤的长度设置为 5km,此时在眼图仪中得到 40Gb/s 信号经过 5km 光纤的传输的眼图,误码率为 10^{-12} 量级,如图 12.29 所示。

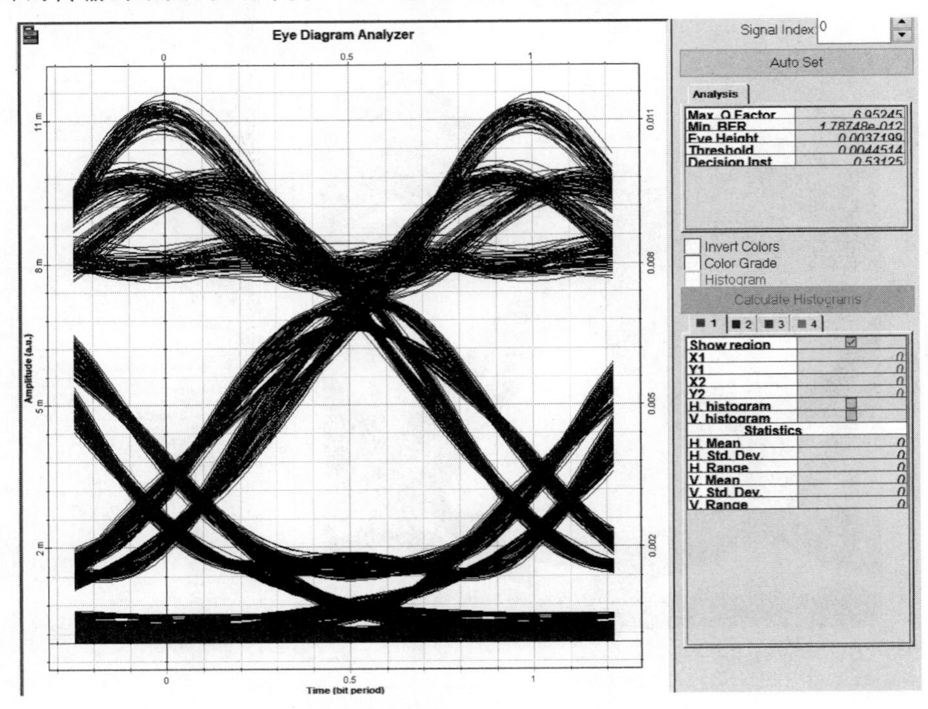

图 12.29 接收端的眼图 $Q=6.95$(5km,40Gb/s)

综上所述，在传输距离保持不变的情况下，当传输速率增加时，在接收端收到的信号误码率也在随之增加；同样，当传输速率一定时，接收端的误码率也随着传输距离的增加而增加。当传输速率为 40Gb/s 的信号经过 85km 的光纤时，产生光纤色散，在接收端接收不到信号。因此，要对光纤色散进行补偿，从而消除色散。

12.3.2 DCF 光纤色散补偿仿真

考虑由于经过 85km 传输后，在接收端无法正确接收到 40Gb/s 信号，所以在 SMF 光纤后加上色散补偿光纤(Dispersion Compensation Fiber，DCF)进行色散补偿。

1. 加入 DCF 后传输性能仿真

如图 12.30 所示，建立 DCF 色散补偿的仿真布局。在 SMF 光纤后加入 DCF 光纤，保持 SMF 光纤的传输距离为 85km 不变，设置 DCF 的长度为 18km、损耗系数为 0.6dB/km、色散系数为−80ps(nm・km)。系统信号传输速率为 40Gb/s，此时在接收端的眼图仪中得到如图 12.31 所示的眼图。

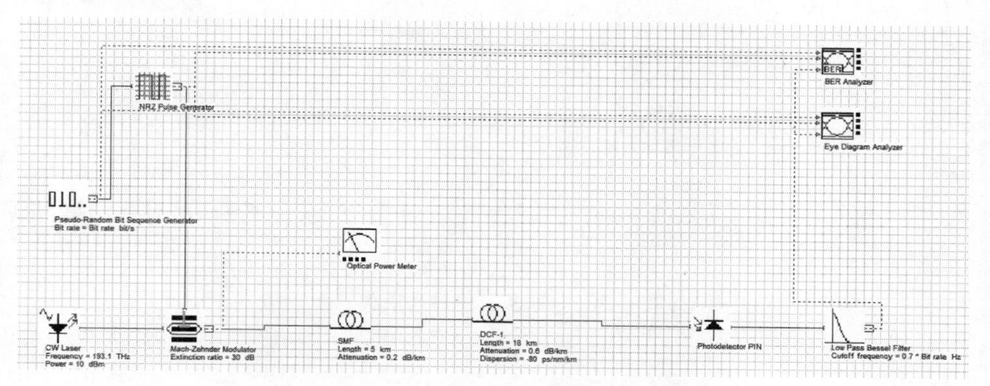

图 12.30 DCF 色散补偿仿真布局图

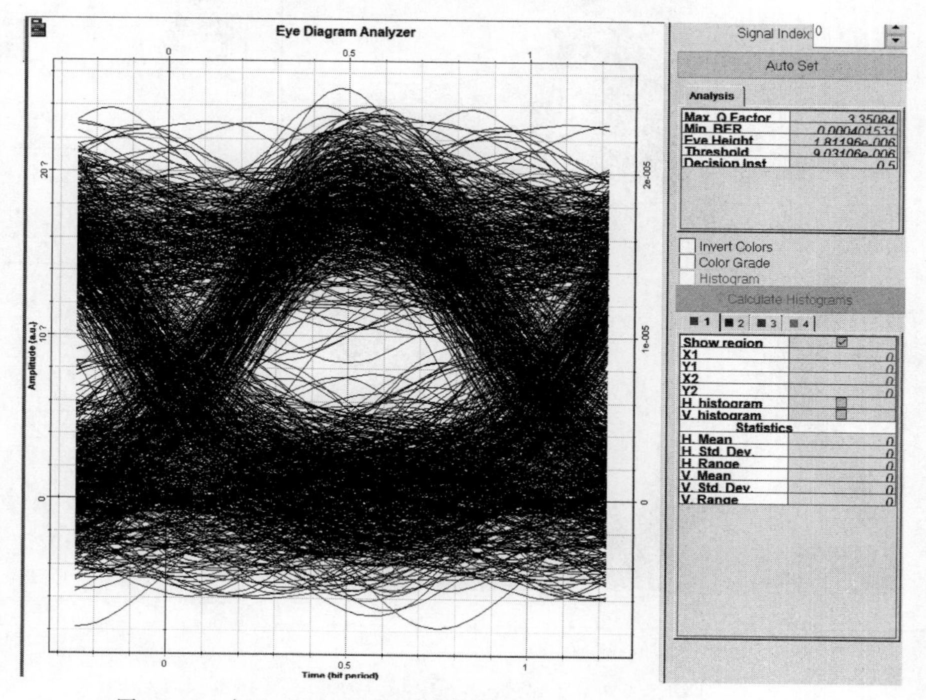

图 12.31 加入 18km DCF 后接收端眼图 $Q=3.35$(85km，40Gb/s)

从图 12.31 中可见，加入 DCF 后接收端的信号有所改善，但是误码率仍然很大，这主要是由 DCF 带来的额外损耗所致。

2. DCF+EDFA 传输性能

如图 12.32 所示，建立 DCF+EDFA 传输性能布局。其中器件的参数分别为：SMF 光纤的传输距离为 85km，并且保持不变；光纤通信系统的传输速率为 40Gb/s；DCF 色散补偿光纤的长度为 18km。分别设置 EDFA 的增益为 9dB、27.8dB。若设置 EDFA 的增益为 9dB、噪声系数为 4dB，此时误码率在 10^{-5} 量级，接收端眼图如图 12.33 所示；若 EDFA 的增益设置为 27.8dB、噪声系数为 4dB，则此时误码率在 10^{-8} 量级，接收端眼图仪中的眼图如图 12.34 所示。

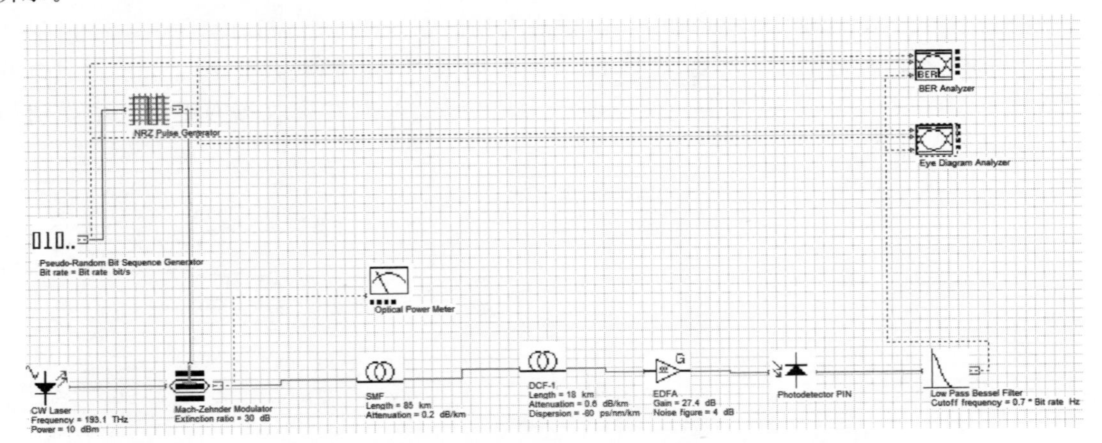

图 12.32 DCF+EDFA 传输性能仿真布局图

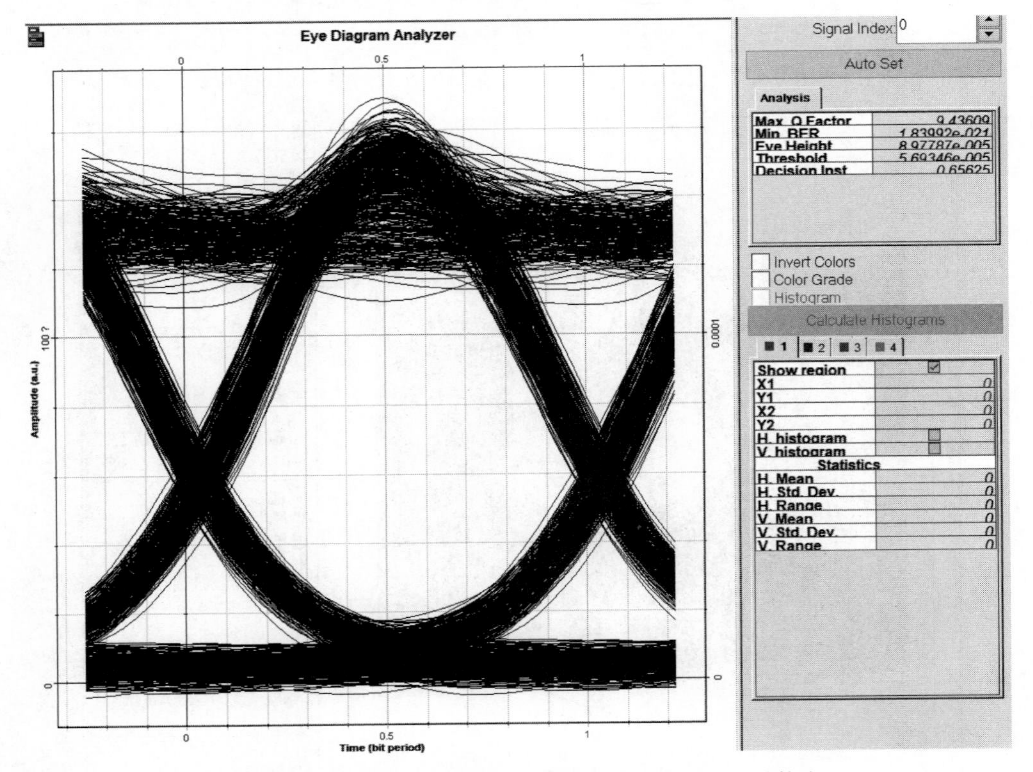

图 12.33 DCF+EDFA 接收端的眼图(增益为 9dB、噪声系数为 4dB)

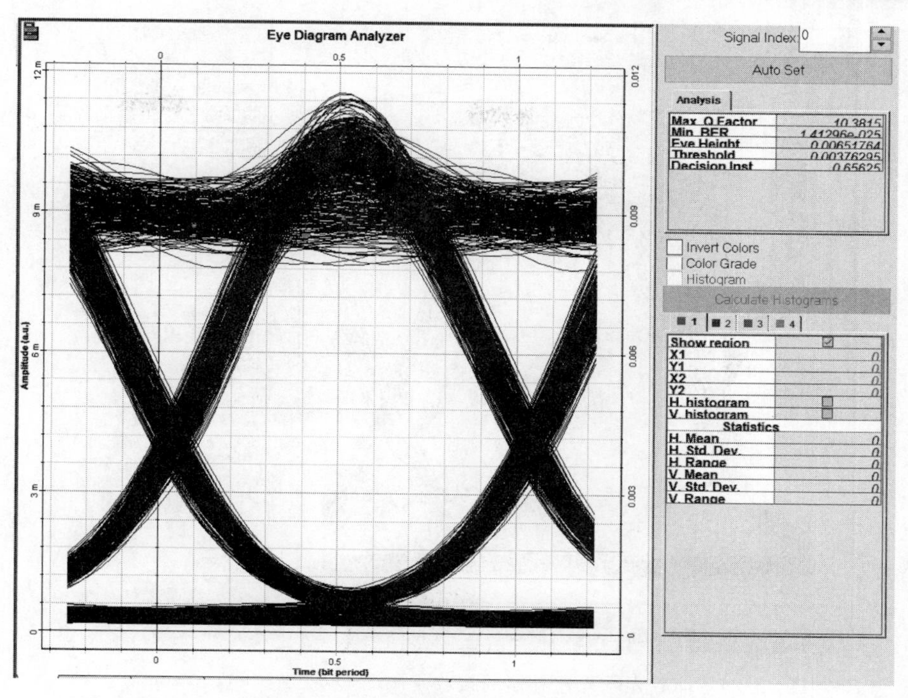

图 12.34　DCF+EDFA 接收端的眼图(增益为 27.8dB、噪声系数为 4dB)

显然,加入 EDFA 后,接收端误码率明显下降,接收端的信号质量也有了较大的提升。

12.3.3　光纤光栅(FBG)色散补偿仿真

1. 加入前置 FBG 的后传输性能仿真

如图 12.35 所示,建立光纤光栅色散补偿仿真。在 SMF 光纤前加入光纤光栅模块(Ideal Dispersion Compensation FBG)进行色散补偿。光纤光栅模块的工作波长和激光器的工作波长相同,色散量为−1445ps/nm。仿真得到眼图,如图 12.36 所示。

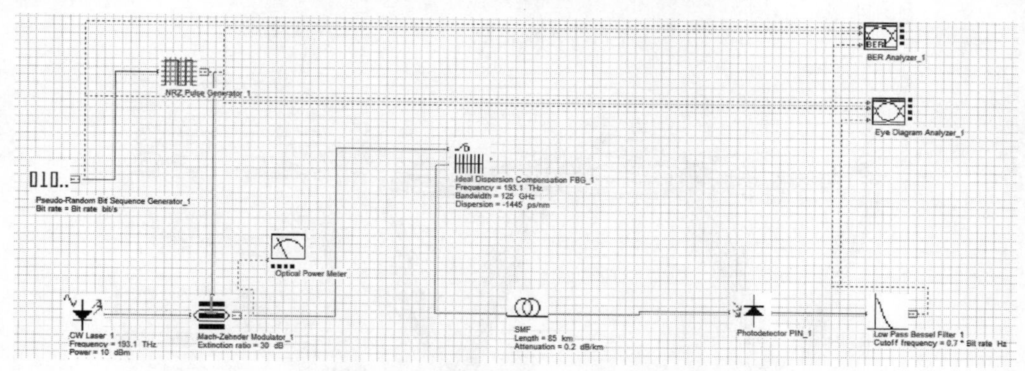

图 12.35　前置光纤光栅色散补偿性能仿真布局图

从眼图中可以看出,加入 FBG 后接收端的信号得到改善,此时误码率为 10^{-20} 量级,色散得到了补偿。

2. 加入后置 FBG 后的传输性能仿真

如图 12.37 所示,建立后置光纤光栅色散补偿仿真,在 SMF 光纤后加入光纤光栅模块。光纤光栅模块的工作波长和激光器的工作波长相同,色散量为−1445ps/nm。仿真得到的眼图如图 12.38 所示,可以看到误码率达到了 10^{-61} 量级。

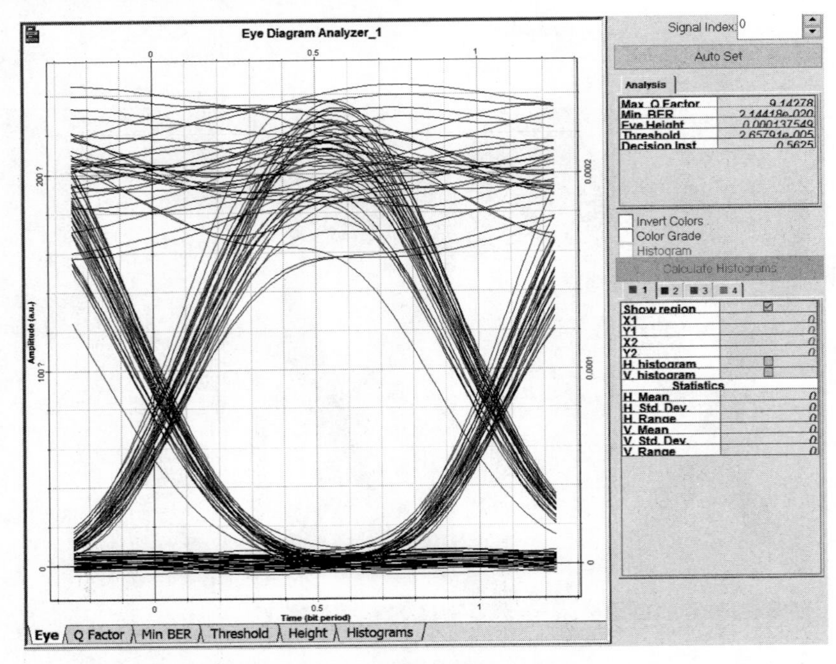

图 12.36　前置光纤光栅补偿的接收端眼图 $Q=9.14$(85km,40Gb/s)

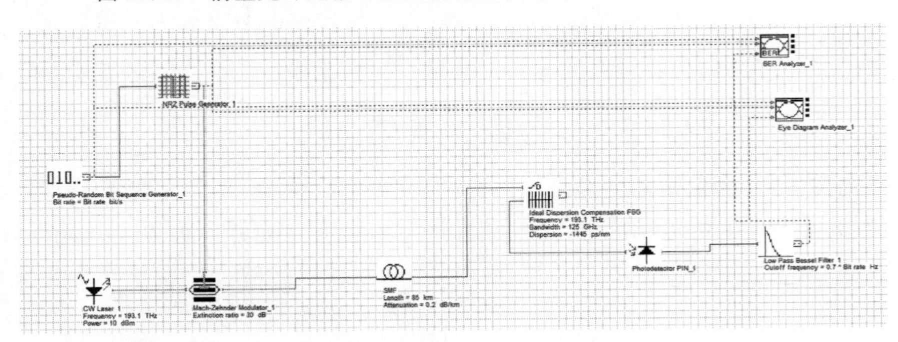

图 12.37　后置光纤光栅色散补偿性能仿真布局图

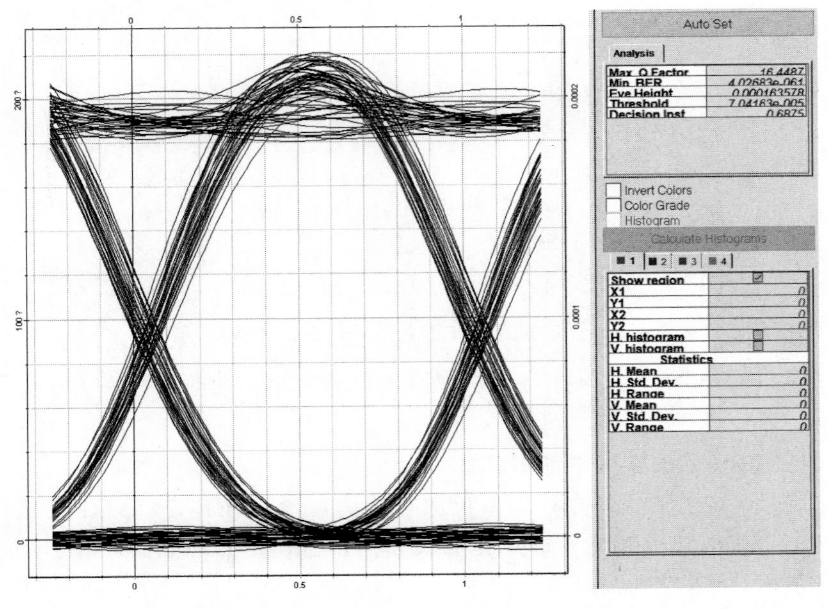

图 12.38　后置光纤光栅补偿的接收端眼图 $Q=16.45$(85km,40Gb/s)

从眼图中看到，在 SMF 光纤后加入 FBG 光纤光栅后，接收端信号的误码率为 10^{-61} 量级，此时接收端的信号误码率明显低于前置光纤光栅接收端的信号误码率，接收端信号明显得到改善。

3. 加入对称光纤光栅后的传输性能仿真

如图 12.39 所示，建立对称光纤光栅补偿仿真原理图。在 SMF 光纤前后各自加入光纤光栅模块。光纤光栅模块的工作波长和激光器的工作波长相同，色散量为 -1445ps/nm。仿真得到眼图，如图 12.40 所示，可以看到误码率达到了 10^{-8} 量级。

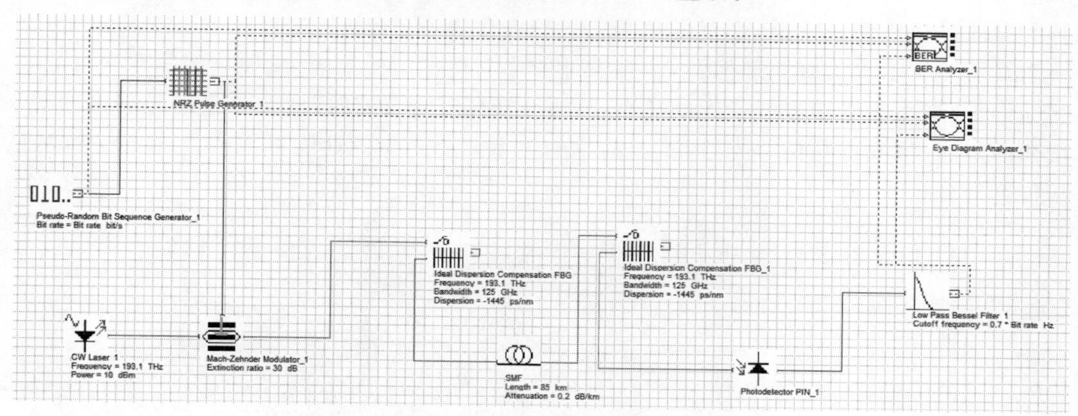

图 12.39　对称光纤光栅补偿仿真原理图

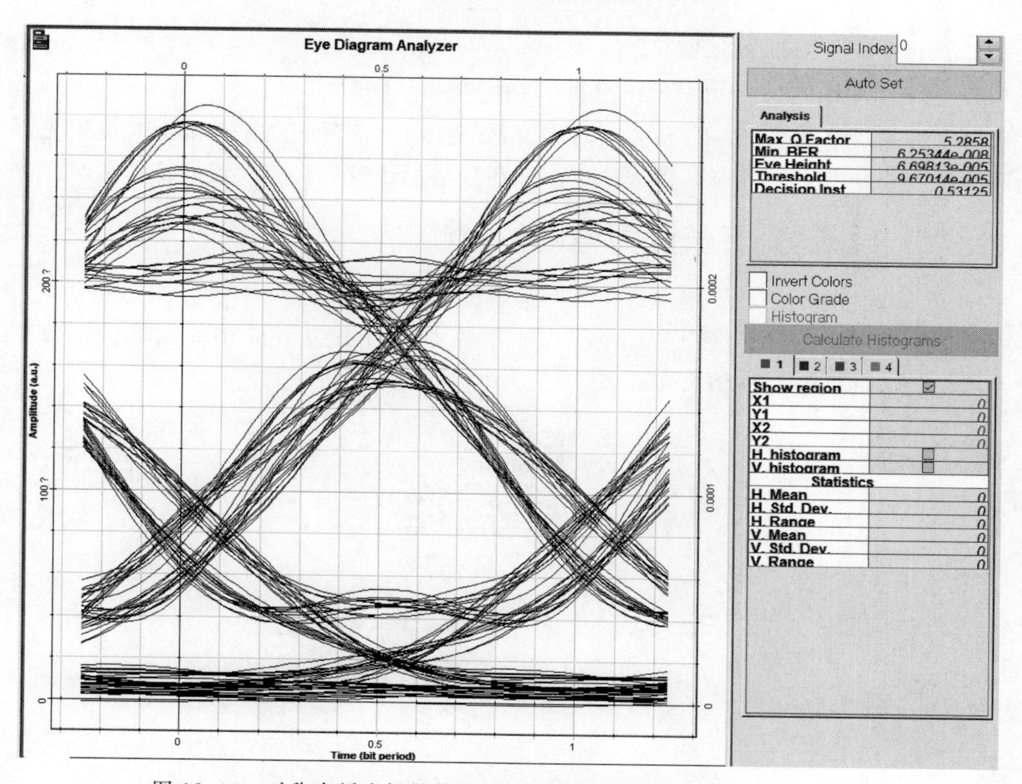

图 12.40　对称光纤光栅补偿的接收端眼图 $Q=5.29$(85km，40Gb/s)

从眼图中可以看到，加入对称 FBG 光纤光栅后，接收端信号的误码率为 10^{-8} 量级。色散得到补偿，但是与前置光纤光栅相比，对称 FBG 光纤光栅补偿方法仍具有较大的误码率。

12.4 掺铒光纤放大器的仿真设计

掺铒光纤放大器(EDFA)是由掺铒光纤、泵浦源、波分复用器、光隔离器和光滤波器等构成的。EDFA 因其具有较高的增益频宽、较高的饱和输出功率以及较低的噪声而被广泛地用于光纤通信领域。根据信号光和泵浦光的传输方向,可以将其分成 3 类:同向泵浦、反向泵浦和双向泵浦。掺铒光纤的长度、离子浓度、泵浦光功率和放大器的结构等因素对器件性能的影响较大。通过建立仿真模型,可获得它们之间的内在联系。

图 12.41 所示为仿真原理框图,仿真设计中将分析在同向泵浦、反向泵浦和双向泵浦 3 种泵浦结构下,增益与掺铒光纤长度的关系;分析同向、反向泵浦时,增益与泵浦光功率的关系;分析同向泵浦时,增益与信号光波长、光功率的关系。EDFA 的性能可以通过光谱仪和 WDM 分析仪进行分析。

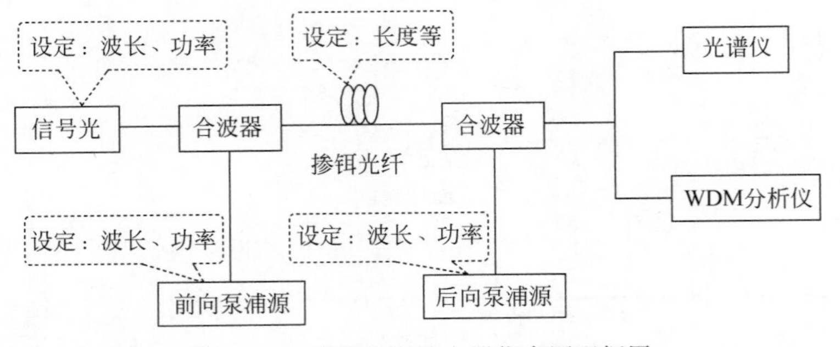

图 12.41 掺铒光纤放大器仿真原理框图

掺铒光纤的长度、泵浦方式、泵浦光功率、信号光波长、信号光功率等都会对掺铒光纤放大器的性能产生一定的影响。以下将进一步模拟和分析上述参数对放大器的特殊影响。

12.4.1 掺铒光纤长度对增益的影响

1. 建立仿真布局

如图 12.42、图 12.43 和图 12.44 所示,首先需要在 OptiSystem 中使用器件搭建 EDFA 三种泵浦结构下的增益特性仿真布局。

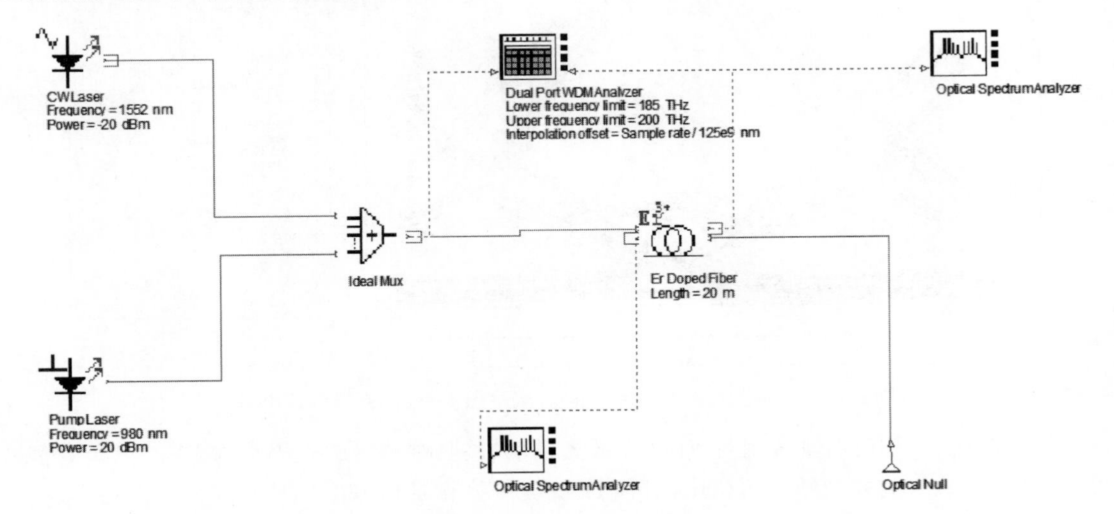

图 12.42 EDFA 同向泵浦结构下增益特性仿真布局图

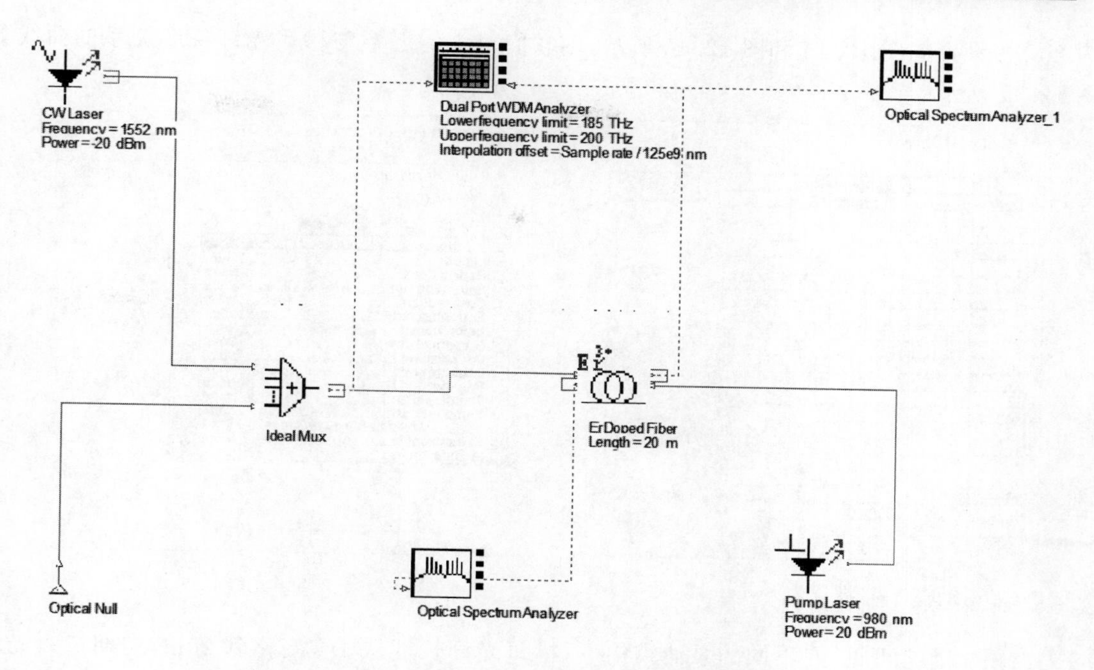

图 12.43　EDFA 反向泵浦结构下增益特性仿真布局图

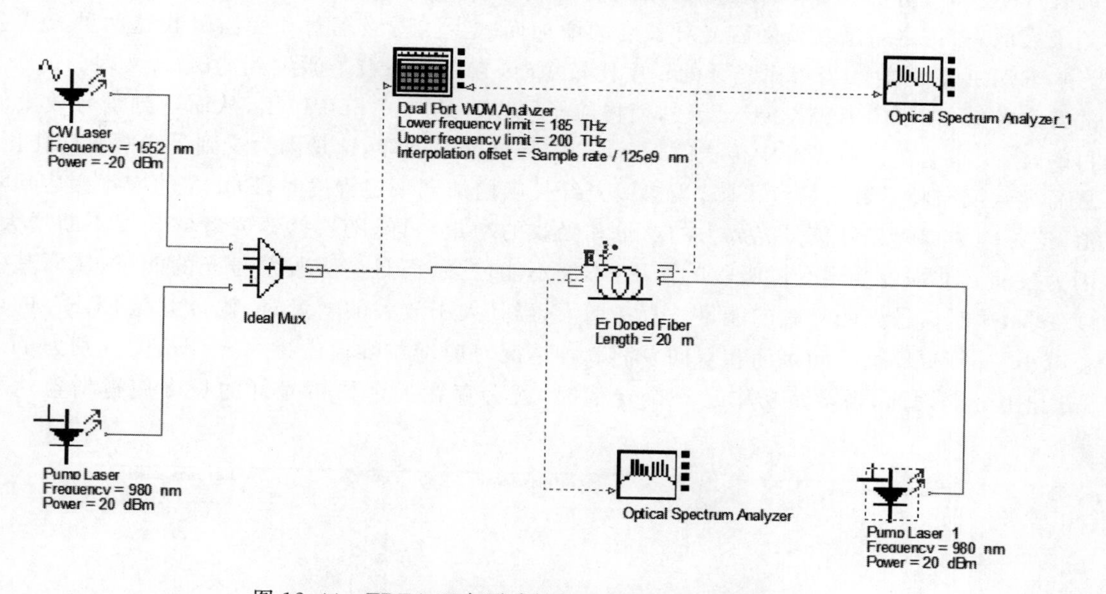

图 12.44　EDFA 双向泵浦结构下增益特性仿真布局图

2. 关键变量的设置

使用到的器件有泵浦激光器、CW 激光器、理想复用器、光谱仪、双端口波分复用仪和掺铒光纤。

(1) 设置信号光的工作波长为 1552nm，输出功率为－20dBm；

(2) 设置泵浦光的波长为 980nm、输出功率为 20dBm；

(3) 设置掺铒光纤的长度在 1～20m 范围连续变化。

3. 同向泵浦、反向泵浦和双向泵浦时，增益与掺铒光纤长度的关系

在同向泵浦、反向泵浦和双向泵浦情况下，掺铒光纤长度设置为扫描模式，总的扫描迭代为 20 次，设置如图 12.45 和图 12.46 所示，则它们对应的增益与掺铒光纤长度关系的曲线如图 12.47 所示。

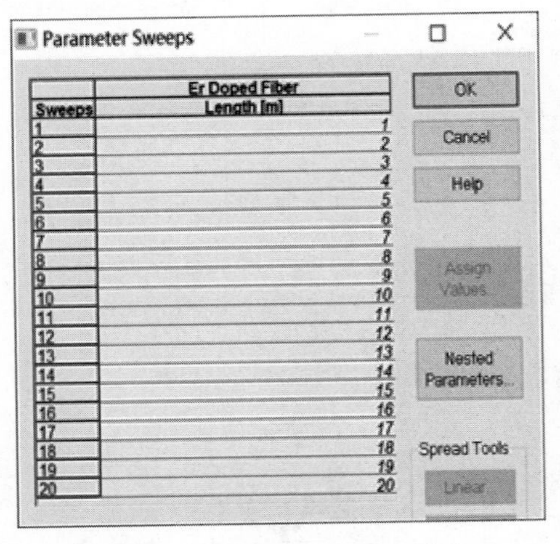

图 12.45　设置为 Sweeps 模式

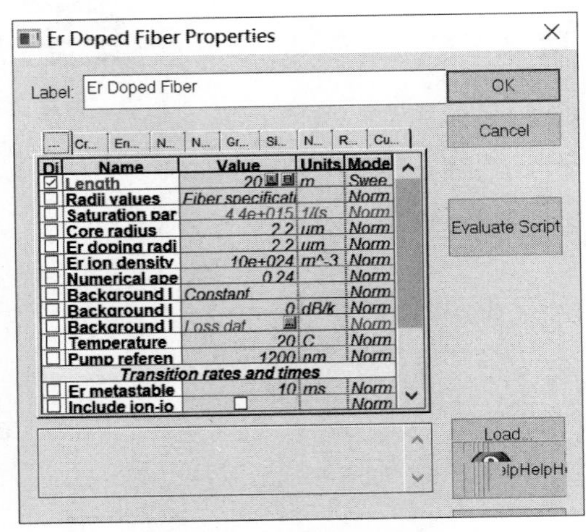

图 12.46　掺铒光纤长度分配

由图 12.47 可见，在不同的泵浦结构下，掺铒光纤长度从 1m 变化到 20m，初期掺铒光纤的长度不长时，增益随着光纤长度的增大而增大，当光纤长度增加到 6m 时，EDFA 的增益达到最大值，在这之后增益就随着光纤长度的增加而减少。受激辐射和受激吸收这两种方式会影响 EDFA 的增益。当掺铒光纤的长度比较短时，它将基态粒子激发到能级 3，又因为能级 3 的寿命较短，粒子向亚稳态能级跃迁，使得粒子可以和信号光相互作用，从而达到信号放大的目的，当泵浦光在掺铒光纤中传送时，泵浦光的强度逐渐下降，这是因为受到受激吸收的作用，从而导致反向粒子数目持续下降，当掺铒光纤长度增加到一定程度时，EDFA 的增益会达到峰值，这是因为掺铒光纤信号光放大的增量和吸收的增量一样，随着掺铒光纤的长度不断增大，因为泵浦光的强度受到受激吸收的作用，不仅不能增强，而且会吸收信号光的能量，从而其强度变弱，这时信号光的吸收的能量一直在增大，当其大于放大的增量时，就会引起 EDFA 的增益减小。同向泵浦、反向泵浦和双向泵浦 3 种情况对应增益峰值的掺铒光纤长度分别为 7m、8m 和 10m。因此，当泵浦功率是一个定值时，就会存在一个掺铒光纤的长度使得增益达到最大。

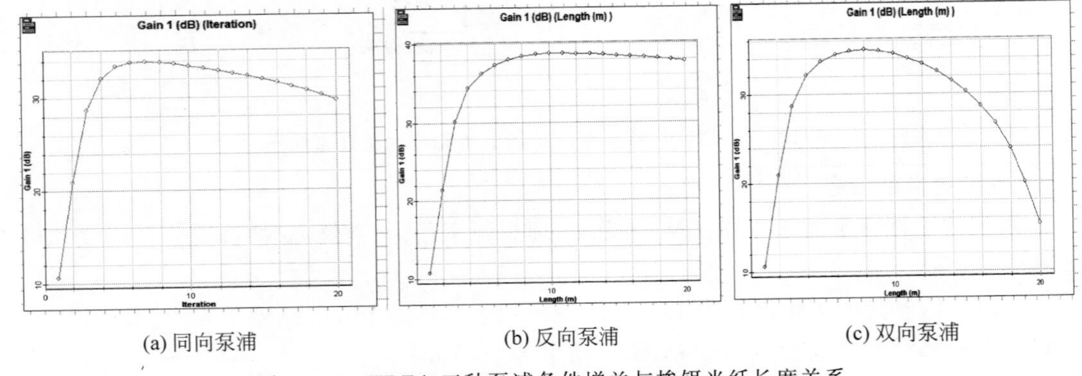

(a) 同向泵浦　(b) 反向泵浦　(c) 双向泵浦

图 12.47　EDFA 三种泵浦条件增益与掺铒光纤长度关系

不同的泵浦方式对于放大器增益的影响有所不同。通过增益随光纤长度的变化可以观察到，在双向泵浦结构下，EDFA 的增益为 38.3dB，由于使用了两个泵浦源，其增益要明显高于单个泵浦源的同向泵浦和反向泵浦。通过掺铒光纤长度在 1～20m 范围内与增益关系的曲线,可以看到仿真结果与理论结果是完全符合的。

12.4.2 增益与泵浦光功率的关系

关键变量设置如下:

(1) 设置信号光的工作波长为 1552nm、输出功率为－20dBm;

(2) 设置掺铒光纤的长度在两种泵浦结构下均为 8m;

(3) 设置泵浦光的波长为 980nm、输出功率为 1～39dBm;

将泵浦功率设置为 Sweeps 扫描模式,利用双端口 WDM 分析仪对每次扫描迭代时的对应增益进行测量,可以得到增益与泵浦光功率的关系曲线如图 12.48 所示。

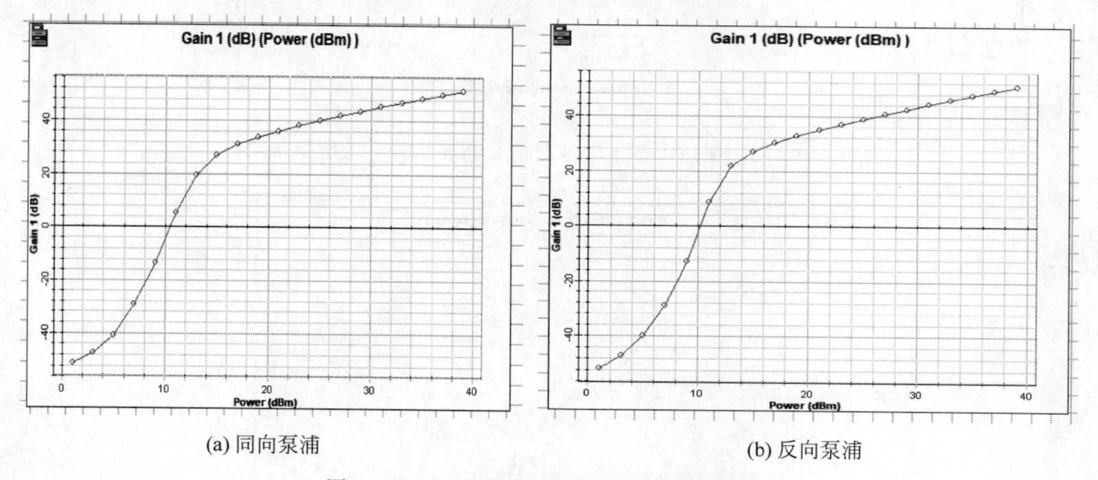

(a) 同向泵浦 (b) 反向泵浦

图 12.48 EDFA 增益与泵浦光功率的关系

如图 12.48 所示增益与泵浦光功率之间的关系,在同向泵浦、反向泵浦这两种情况下,只有泵浦功率大于 10dB 以后有正的增益,也就是说,在这个特定的掺铒光纤长度之下,增益看起来并不依赖于泵浦功率。这个观测的物理理由是,每一个泵浦都可以在沿 EDF 前进时,提供充分的光子能量,从而使泵浦得到同样的增益。这样下去,掺铒光纤的长度会越来越长,以至于最小的泵浦无法提供所需要的光子能量,从而造成信号损耗,而非增益。

由图 12.48 可以看到,增益随着泵浦功率的增加而增大,当其到达某个泵浦阈值时,增益不再增加,而是向定值接近。这是由于泵浦功率太小,无法将掺铒光纤中的 Er^{3+} 离子全部跃迁到亚稳态能级的功率阈值,其中一些 Er^{3+} 在放大信号光的过程中没有任何变化,当泵浦功率一直在升高,会出现 Er^{3+} 离子完成反转,这时全部的粒子都在使信号光得到放大。在这种情况下,放大器的放大能力不再仅仅依赖于泵浦功率,铒粒子的数目也会对其放大能力有一定的作用。可以看出,增益与泵浦光功率曲线变化与理论具有良好的一致性。

12.4.3 增益与信号光波长的关系

关键变量设置如下:

(1) 设置信号光的工作波长为 1525～1600nm、输出功率为－20dBm;

(2) 设置掺铒光纤的长度在两种泵浦结构下均为 7m;

(3) 设置泵浦光的波长为 980nm、输出功率为 20dBm。

同向泵浦时,增益与信号光波长关系的仿真布局如图 12.49 所示。此时,增益与信号光波长的关系曲线如图 12.50 所示。

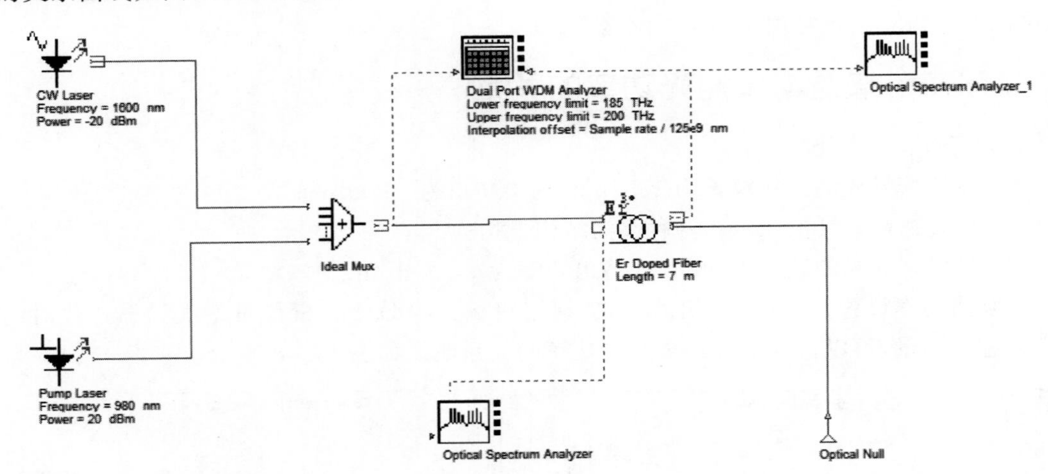

图 12.49 同向泵浦结构下增益与信号光波长关系的仿真布局图

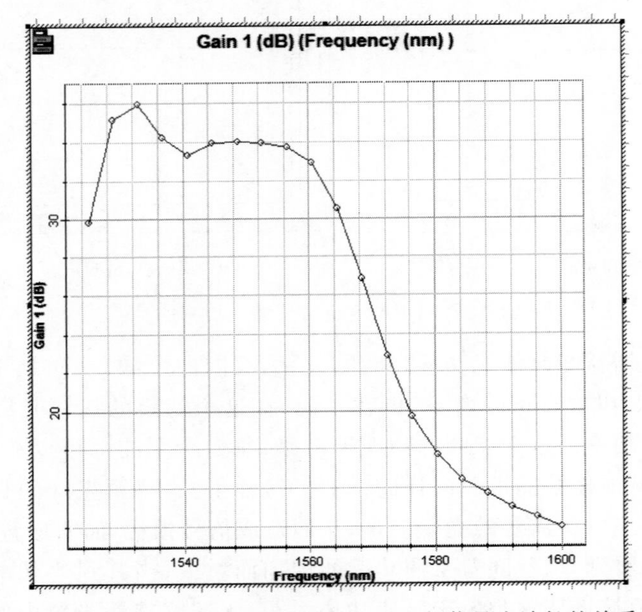

图 12.50 EDFA 同向泵浦结构下增益与信号光波长的关系

由图 12.50 仿真数据可以看出，1530nm 左右时出现明显的增益峰值，放大器的增益随着信号光波长的增加出现明显的下降，在 1540nm 左右时出现波谷，之后随着波长的增加，增益趋于平缓，在 1560nm 左右时，随着波长的增加出现增益下降的趋势，这是由于 1550nm 的光子能量与 Er^{3+} 离子的亚稳态和基态的能量相差不多，而且有一个振荡级，当工作波长为 1530～1560nm 的光经过时，能级 2 的电子会形成受激辐射效应，同时释放同波电子，但是超过 1560nm 波长的光经过时，受激辐射作用会降低，从而导致增益下降。由如图 12.50 所示的曲线关系，可以看到仿真结果与理论结果是完全符合的。

12.4.4 增益与信号光功率的关系

关键变量设置如下：

(1) 设置信号光的工作波长为 1550nm、输出功率为−40～0dBm；
(2) 设置掺铒光纤的长度在两种泵浦结构下均为 7m；
(3) 设置泵浦光的波长为 980nm、输出功率为 20dBm。

当泵浦结构为同向泵浦时，图 12.51 展示了增益与信号光功率关系的仿真布局。此时，图 12.52 展示了增益与信号光功率的关系。

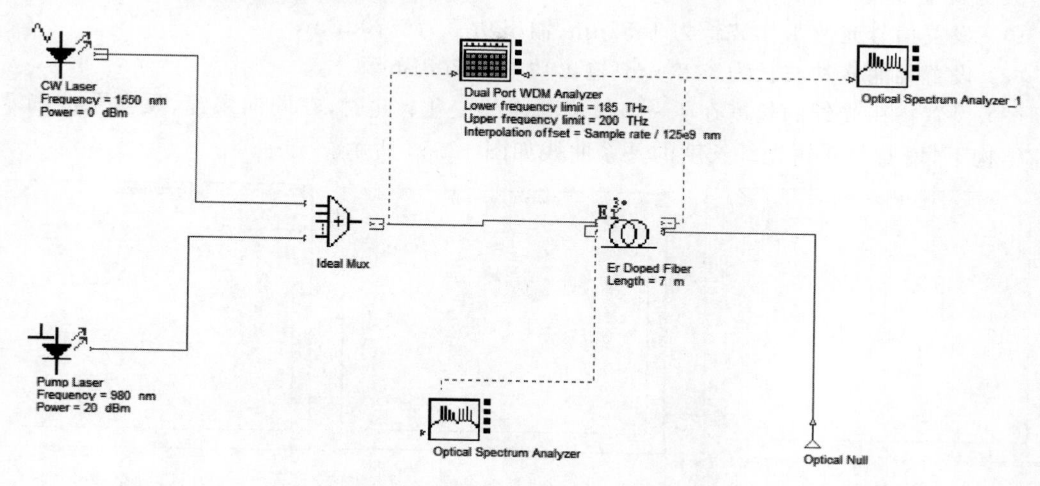

图 12.51 EDFA 同向泵浦结构下增益与信号光功率关系的仿真布局图

从仿真结果可以看出，在 EDFA 泵浦功率相同且信号输入的功率比较小的情况下，由于掺铒光纤中受激铒离子没有充分参与受激辐射过程，信号光中所有光子都被放大，这样，放大器的增益的升高并不能引起入射光信号的改变，而是保持不变。当输入信号的光功率增加至−30dB 时，增益会逐步下降。这是因为掺铒光纤中的铒离子已经消耗殆尽，信号光不能得到足够的放大。从 EDFA 的显微结构分析可知，光纤中的铒离子数量是影响其放大的因素，当输入功率继续增加时，受激辐射加快，掺铒光纤中的铒离子数量不会增加，而受到铒离子数量的限制，粒子反转数减少，输出功率也会逐渐降低。在实际应用中，还会产生弯曲损耗、熔接损耗等损耗，损耗形式会导致输出功率下降。因此，当输入功率持续增加时，增益会逐渐下降。从图 12.52 中可以看出，增益与信号光功率曲线变化与理论分析结果具有良好的一致性。

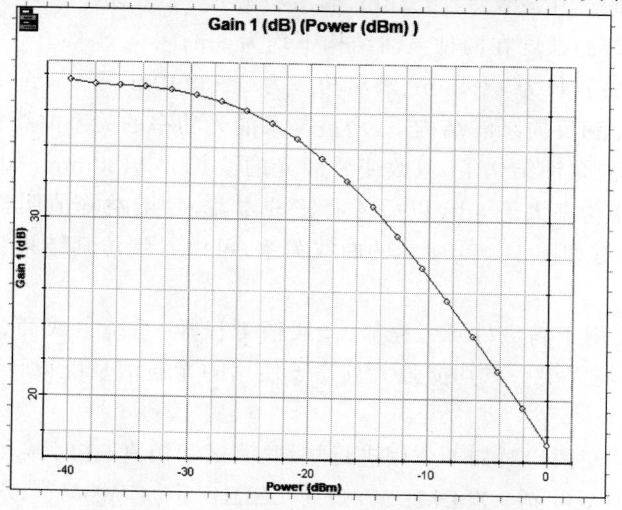

图 12.52 EDFA 同向泵浦结构下增益与信号光功率的关系

因此，我们决定将放大器的放大信号的功率范围设定为−30～0dBm，在信号功率不断增加的情况下，会出现增益饱和的现象，从而达到较稳定增益值的目的。

12.4.5 增益与掺铒光纤长度的关系仿真优化

关键变量设置如下：

(1) 设置信号光的工作波长为1552nm、输出功率为−20dBm；

(2) 设置泵浦光的波长为1480nm、输出功率为20dBm；

(3) 设置掺铒光纤的长度在1～20m范围连续变化；此时，在同向泵浦、反向泵浦和双向泵浦结构下，增益与掺铒光纤长度的关系曲线如图12.53所示。

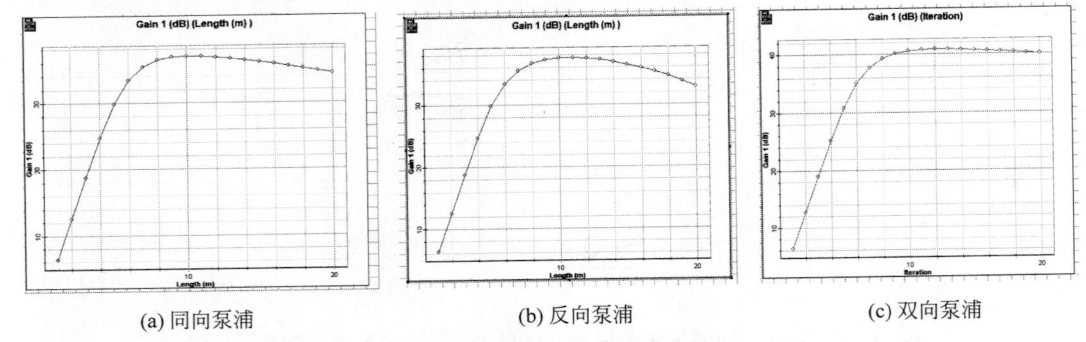

(a) 同向泵浦　(b) 反向泵浦　(c) 双向泵浦

图12.53 EDFA三种泵浦条件增益与掺铒光纤长度的关系优化

在同向、反向和双向泵浦结构下，设置泵浦激光器的工作波长为1480nm(其他条件不变)，由图12.53可见，在双向泵浦结构下，使用1480nm的泵浦激光器可以获得更大的增益；在同向和反向泵浦结构下，当掺铒光纤长度为10m时，增益达到最大值，与工作波长为980nm的泵浦激光器相比较，增益达到峰值后下降的较为缓慢。由如图12.53所示的曲线关系，可以看到其仿真结果与理论结果是完全符合的。

12.4.6 增益与泵浦光功率的关系仿真优化

关键变量设置如下：

(1) 设置信号光的工作波长为1552nm、输出功率为−20dBm；

(2) 设置掺铒光纤的长度在两种泵浦结构下均为8m；

(3) 设置泵浦光的波长为1480nm、输出功率为1～39dBm；

此时，在同向泵浦和反向泵浦结构下，增益与泵浦光功率的关系曲线如图12.54所示。

在同向泵浦和反向泵浦结构下，只改变泵浦光的波长为1480nm。如图12.54所示，在这两种情况下，只有泵浦功率大于8dB以后才有正的增益，且增益峰值明显高于泵浦光波长为980nm时的增益。通过如图12.54所示的曲线关系，可以看到仿真结果与理论结果是完全符合的。

OptiSystem主要用于满足科研工程师、光通信工程师、系统集成商、学生等用户的需要。不断发展的光通信市场需要一款功能强大且易于使用的光通信系统设计软件，OptiSystem正好满足了这一需求。

OptiSystem能够使用户对如下应用进行规划、测试和仿真(在时域和频域同时进行)。

(1) 光网络设计，包括OTDM、SONET/ SDH环、CWDM、DWDM、PON、线缆、OCDMA。

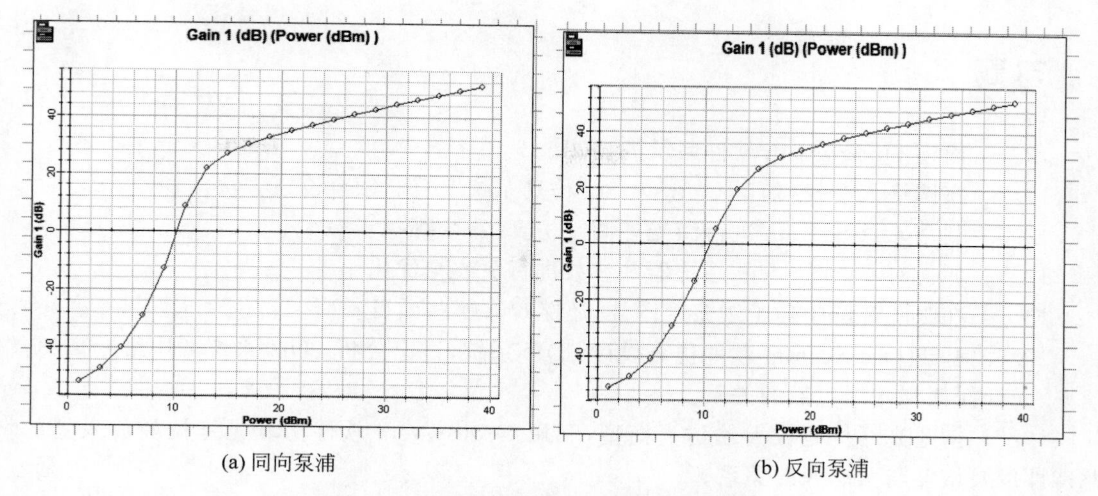

(a) 同向泵浦　　(b) 反向泵浦

图 12.54　EDFA 增益与泵浦光功率的关系优化

（2）单模和多模传输系统。

（3）自由空间光学 FSO、ROF、OFDM（直接检波、相干检波）。

（4）放大器和激光器（EDFA、SOA、拉曼、混频、GFF 优化、光纤激光器）。

（5）信号处理（电信号、数字信号、全光信号）。

（6）发射机和接收机（直接/相干）子系统。

（7）调制格式（RZ、NRZ、CSRZ、DB、DPSK、QPSK、DP-QPSK、PM-QPSK、QAM-16、QAM-64）。

（8）系统性能分析（眼图/*Q* 因子/误码率、信号功率/光信噪比、偏振态、星座图、线性和非线性劣化）。

本章小结

OptiSystem 是一个独立的产品，它不依赖于其他仿真框架。它是基于光纤通信系统实际建模的系统级仿真软件。它拥有强大的仿真环境以及器件和系统的分层定义。通过添加用户组件，可以轻松扩展其功能，并且可以无缝连接到各种工具；综合图形用户界面（GUI）控制光学器件布局、组件模型以及表示图形；庞大的有源和无源组件库包括真实的波长相关参数；参数扫描允许研究特定设备规格对系统性能的影响。

本章基于 OptiSystem 搭建光电子器件仿真模型，利用 OptiSystem 软件对半导体激光器的输出光功率的 P-I 特性曲线和调制响应特性以及 PIN 和 APD 光接收机的 *Q* 参数、误码率随接收光功率变化的情况、PIN 光电探测器的接收灵敏度进行了仿真分析。搭建色散补偿仿真模型，利用 OptiSystem 软件仿真经过不同传输速率、同传输距离时，接收端的光脉冲信号的变化。在 SMF 光纤的不同位置分别加入 DCF 补偿光纤和 FBG 光纤光栅。通过眼图分析接收端光脉冲信号的色散补偿情况。搭建掺铒光纤放大器（EDFA）性能仿真模型，仿真 EDFA 同向泵浦、反向泵浦结构下增益与掺铒光纤长度的关系；仿真 EDFA 同向泵浦、反向泵浦时，增益与泵浦光功率的关系；仿真 EDFA 同向泵浦时，增益与信号光波长、信号光功率的关系。分析了光路参数变化对同向泵浦、反向泵浦 EDFA 性能的影响。

习题

12.1　简述 OptiSystem 软件系统的功能。

12.2　在网络上查找“基于 OptiSystem 仿真系统”实例，领会设计方法。

12.3　利用 OptiSystem 进行激光外调制仿真，需要哪些步骤？

12.4　如何对 OptiSystem 系统器件参数进行更改与优化？

12.5　在眼图视图中除了观察眼图外，还能观察哪些项目？

12.6　基于 OptiSystem 软件仿真设计 SDH 系统，讨论分析 SDH 系统的中继距离、传输速率、光纤损耗和光纤色散的关系。

12.7　搭建光纤拉曼放大器仿真模型，利用 OptiSystem 软件仿真光纤拉曼放大器的增益特性以及增益与泵浦源的关系。

(1) 如何优化泵浦参数设计，得到多泵浦光纤拉曼放大器增益平坦度的优化算法？

(2) 利用仿真工具，如何进行光纤拉曼放大器增益平坦的优化设计？

12.8　搭建 DWDM 系统仿真模型，利用 OptiSystem 软件仿真 DWDM 系统的传输特性。通过仿真设计，配置各种参数，分析光源、复用器及光纤特性等参数对 DWDM 系统性能的影响，观察 DWDM 系统星座图和误码率。

12.9　搭建光纤通信系统仿真模型，利用 OptiSystem 软件对传输速率为 10Gb/s、传输距离为 40km 的光纤通信系统进行仿真分析。

12.10　设计一个 2.5Gb/s×4 的 WDM 系统。

12.11　搭建 100Gb/s 相干光通信仿真模型，修改各种参数，了解 100Gb/s 光通信系统的传输特性，注意观察星座图。

附录 A APPENDIX A

光纤通信常用术语

A

A/D(Analog converter/Digital converter)	A/D 转换器,模拟/数字转换器
AA(Adaptive Antenna)	自适应天线
ABM(Asynchroneus Balnnced Mode)	异步平衡模式
ADCCP(Advanced Data Communication Control Protocol)	高级数据通信控制协议
ADFE(Automatic Decree Feedback Equalizer)	自适应判决反馈均衡器
ADM(Add Drop Multiplexer)	分插复用器
ADPCM(Adaptive Differential Pulse Code Modulation)	自适应脉冲编码调制
ADSL(Asymmetric Digital Subscribe Line)	非对称数字用户环路
AF(Adapter Function)	适配功能
AGC(Automatic Gain Control)	自动增益控制
AIS(Alarm Indication Signal)	告警指示信号
AM(Amplitude Modulation)	振幅调制
AMI(Alternate Mark Inversion)	信号交替反转码
ANSI(American National Standard Institute)	美国国家标准协会
ANSI(American National Standard Institute)	美国国家标准学会
AODV(Ad Hoc On-Demand Distance Vector Routing)	自组网按需距离矢量路由
AON(Active Optical Network)	有源光网络
AON(All Optical Network)	全光网络
AOWC(All Optical Wave Converter)	全光波长转换器
APC(Automatic Power Control)	自动增益控制
APD(Avalanche Photo Diode)	雪崩光电二极管
APONATM(Passive Optical Network ATM)	无源光网络
APS(Automatic Protection Switching)	自动保护切换
APSK(Amplitude Phase Shift Keying)	幅相键控
ARM(Asynchronous Response Mode)	异步响应模式
ARP(Address Resolution Protocol)	地址解析协议
ARQ(Automatic Retransmission Request)	主动请求发端重发
ASE(Amplified Spontaneous Emission)	放大自动辐射
ASIC(Application Specific Integrated Circuit)	专用集成电路

ASK(Amplitude Shift Keying) 幅移键控
ATC(Automatic Temperature Control) 自动温度控制
ATM(Asynchronous Transfer Mode) 异步转移模式
ATPC(Automatic Transfer Power Control) 自动发信功率控制
AU(Administrative Unit) 管理单元
AU PTR(Administrative Unit Pointer) 管理单元指针
AU-AIS(Administrative Unit-Alarm Indication Signal) 管理单元告警指示信号
AUG(Administration Unit Group) 管理单元组
AU-LOP(Administrative Unit-Loss of Pointer) 管理单元指针丢失
AWF(All Wave Fiber) 全波光纤
AWG(Arrayed Waveguide Grating) 波导阵列光栅

B

BA(Booster(power) Amplifier) 光功率放大器
BBE(Background Block Error) 背景误块
BBER(Background Block Error Ratio) 背景误块比
BER(Bit Error Rate) 误比特率
BERT(Bit Error Rate Testing) 误比特率测试
B-F(Bellman-Ford) 贝尔曼·福特
BIP-n(Bit Interleaved Parity-n Code) 比特间插奇偶校验 n 位码
BITS(Building Integrated Timing System) 大楼综合定时校验
BLER(Block Error Rate) 误块率
BRA(Basic Rate Access) 基本速率接入
BRI(Basic Rate Interface) 基本速率接口
BS(Beam Splitter) 分光器

C

CATV(Cable Television) 有线电视
CDMA(Code Division Multiple Access) 码分多址接入
CGSR(Cluster head Gateway Switch Routing) 簇头网关交换路由
CL(Coherent Light) 相干光
CLP(Cell Loss Priority) 信元丢失优先级
CM(Cable Modem) 电缆调制解调器
CM(Code Modulation) 编码调制
CMI(Coded Mark Inversion) 传号反转码
CNR(Carrier Noise Ratio) 载噪比
COFC(Coherent Optical Fiber Communication) 相干光通信
CP(Cross polarization) 交叉极化
CPLD(Complex Programmable Logic Device) 复杂的可编程逻辑器件
CRP(Collision Resolution Period) 冲突分解期
CTS(Clear To Send) 清除发送

CVD(Chemical Vapor Deposition) 化学气相沉淀法
CWDM(Coarse Wavelength Division Multiplexing) 粗波分复用

D

DARPA(Defense Advanced Research Project Agency) (美国)国防高级研究计划局
DBR(Distributed Bragg Reflector) 分布布拉格反射
DCF(Dispersion Compensation Fiber) 色散补偿光纤
DCF(Distribution Coordination Function) 分布式协调功能
DDF(Dispersion-Decreasing Fiber) 低色散光纤
DECT(Digital Enhanced Cordless Telecommunications) 数字增强无线通信
DEDF(Distributed Erbium-Doped Fiber) 分布式掺铒光纤
DEDFA(Distributed Erbium-Doped Fiber Amplifier) 分布式掺铒光纤放大器
DEMUX(Demultiplexer) 解复用器
DFB(Distributed Feedback) 分布反馈
DFCF(Dispersion Flat Compensation Fiber) 色散平坦补偿光纤
DFF(Dispersion Flattened Fiber) 色散平坦光纤
DFSK(Differential Frequency Shift Keying) 差分频移键控
DH(Double Hetero Structure) 双异质结构
DI(Dispersion-Increasing) 色散增加
DIFS(Distribution Inter Frame Space) 分布式协调功能中的帧间间隔
DISC(DISConnect) 中断连接
DLC(Digital Loop Carrier) 数字环路滤波
DLC(Data Link Control) 数据链路控制
DM(Dispersion Management) 色散管理
DMF(Dispersion-Management Fiber) 色散管理光纤
DMS(Dispersion-Management Soliton) 色散管理孤子
DNS(Domain Name Service) 域名服务
DPSK(Differential Phase Shift Keying) 差分相移键控
DPT(Dynamic Packet Transport) 动态包传输技术
DQPSK(Differential Quadrature Phase Shift Keying) 差分四相相移键控
DR(Diversity Receiver) 分集接收
DREAM(Distance Routing Effect Algorithm for Mobility) 移动距离路由效应算法
DS(Dispersion Shift) 色散位移
DSBSC(Double Side-Band Suppressed Carrier) 双边带抑制载波
DSF(Dispersion Shift Fiber) 色散位移光纤
DSL(Digital Subscriber Line) 数字用户线
DSR(Dynamic Source Routing) 动态源路由
DST(Dynamic Soliton Transmission) 动态孤子传输
DTM(Dynamic Synchronous Transfer Mode) 动态同步传送模式
DTMF(Dual Tone Multiple Frequency) 双音多频

DU(Dispersion-Unshifted) 非色散位移
DWDM(Dense Wavelength Division Multiplexing) 密集波分复用
DXC(Digital cross connect equipment) 数字交差连接器

E

EA(Electricity Absorb Modulation) 电吸收调制器
EB(Errored Block) 误块
EBER(Excessive Bit Error Rate) 过高误比特率
EBS(Errored Block Second) 误块秒
EBSR(Errored Block Second Rate) 误块秒率
ECC(Embedded Control Channel) 嵌入控制通路
EDF(Er-Doped Fiber) 掺铒光纤
EDFA(Erbium-Doped Fiber Amplifier) 掺铒光纤放大器
EDFL(Erbium-Doped-Fiber Laser) 掺铒光纤激光器
EE(Electrooptic Effect) 电光效应
EE-LED(Edge-Emitting LED) 边发射发光二极管
EELS(Edge-Emitting Laser) 边发射激光器
EI(Electromagnetic Interference) 电磁干扰
EML(Element Management Layer) 网元管理层
ES(Errored Second) 误块秒
ESR(Errored Second Ratio) 误块秒比

F

FA(Frequency agility) 频率捷变
FBG(Fiber Bragg Grating) 光纤布拉格光栅
FCFS(First Come First Service) 先到先服务
FDDI(Fiber Distributed Data Interface) 分布式光纤数据接口
FDM(Frequency Division Multiplexing) 频分复用
FDMA(Frequency Division Multiple Access) 频分多址
FEC(Forward Error Correction) 前向纠错
F-EDFA(Forward pumped EDFA) 前向泵浦掺铒光纤放大器
FFP(Fiber Fabry-Perot) 光纤法布里-珀罗
FFP-TF(Fiber Fabry-Perot Tunable Filter) 光纤法布里-珀罗可调滤波器
FIM(Fiber Interface Module) 光纤接口模块
FITL(Fiber In The Loop) 光纤环路
FL(Filter Loss) 光纤损耗
FL(Focal Length) 焦距
FM(Fault Management) 故障管理
FN(Fiber Node) 光纤节点
FO(Fiber Optics) 光纤
FOA(Fiber Optic Amplifier) 光纤放大器
FOAN(Fiber Optic Access Network) 光纤接入网络
FOC(Fiber Optic Cable) 光缆

FOC(Fiber Optic Communication) 光纤通信
FOCN(Fiber Optic Communication Network) 光纤通信网
FOCUS(Fiber Optic Connection Universal System) 光纤连接通用系统
FOI(Fiber Optic Isolator) 光纤隔离器
FOL(Fiber Optic Laser) 光纤激光器
FOM(Fiber Optic Modem) 光纤调制解调器
FP(Focal Point) 焦点
FPSLA(Fabry-Perot Semiconductor Laser Amplifier) 法布里-珀罗半导体激光放大器
FSLS(Fuzzy Sighted Link State) 模糊链路状态
FSR(Fisheye State Routing) 鱼眼状态路由
FTLA(Fiber-To-the-Last Amplifier) 光纤到末级放大器
FTP(File Transfer Protocol) 文件传输协议
FTTB(Fiber To The Building) 光纤到楼宇
FTTC(Fiber To The Curb) 光纤到社区
FTTH(Fiber To The Home) 光纤到户
FTTO(FiberTo The Office) 光纤到办公室
FWC(Frequency and optical Wavelength Converter) 频率和光波长变换器
FWHM(Full Width at Half Maximum) 半高全宽
FWM(Four Wave Mixing) 四波混频
FWS(Fast-Wavelength-Switched) 快速波长交换

G

GE(Gigabit Ethernet) 千兆以太网技术
GFC(Generic Flow Control) 流量控制比特
GIF(Graded Index Fiber) 渐变折射率光纤
GIMM(Graded Index Multi-mode) 渐变折射率多模(光纤)
GI-PCF(Graded-Index Plastic-Cladding Fiber) 渐变折射率塑料包层光纤
GI-POF(Graded-Index Polymer Optical Fiber) 渐变折射率聚合物光纤
GISW(Graded-Index Slab Waveguide) 渐变折射率平面波导
GOD(Guided-wave Optical Device) 光波导器件
GOF(Glass Optical Fiber) 玻璃光纤
GPRS(General Packet Radio Service) 通用分组无线服务
GPSR(Greedy Perimeter Stateless Routing) 贪婪的周边无状态路由
GSM(Global System for Mobile communication) 全球移动通信系统
GVD(Group Velocity Dispersion) 群速色散

H

HDB3(High Density Bipolar Codes) 三阶高密度双极性码
HDF(High Dispersion Fiber) 高色散光纤
HDLC(High-level Data Link Control) 高级数据链路控制
HEC(Header Error Control) 信元头差错控制
HFC(Hybrid of Fiber and Coax) 光纤同轴电缆混合网
HP(High Path) 高阶通道

HPF(High Pass Filter) 高通滤波器
HPO(Higher Path Overhead) 高阶通道开销
HP-RDI(Higher Path-Remote Defect Indication) 高阶通道远端缺陷指示
HP-REI(Higher Path-Remote Error Indication) 高阶通道远端差错指示
HRDS(Hypothetical Reference Digital Section) 假设参考数字段
HSR(Hierarchical State Routing) 分层状态路由

I

IA(Input Aperture) 入射孔径
IDEN(Integrated Digital Enhanced Networks) 数字集群调度专网
IDLC(Integrated DLC) 综合数字环路载波
IM-DD(Intensity Modulation With Direct Detection) 强度调制-直接检测
ION(Intellectual Optical Network) 智能光网络
IP(Internet Protocol) 互联网协议
IS(Infrared Sensor) 红外传感器
ISDN(Integrated Service Digital Network) 综合业务数字网
ISI(Intersymbol Interference) 码间干扰
IS-IS(Intermediate System-to-Intermediate System) 中间件协议
ISO(International Standardization Organization) 国际标准化组织
ISU(Intergrated Seruice Unit) 综合业务单元

L

LA(Light Absorption) 光吸收
LA(Line Amplifier) 光线路放大器
LANE(LAN Emulation) 局域网仿真
LANMAR(Landmark Ad hoc Routing) 路标自组织路由
LAPB(Link Access Protocol Balanced) 平衡型链路接入协议
LAR(Location Aided Routing) 位置辅助路由
LB(Laser Beam) 激光束
LC(Light Current) 光电流
LCS(Laser Communications System) 激光通信系统
LD(Laser Diode) 激光二极管
LEAF(Large Effective Area Fiber) 大有效面积光
LED(Light Emitting Diode) 发光二极管
LLC(Logical Link Control) 链路逻辑控制
LMDS(Local Multipoint Distribution Service) 本地多点分配业务
LMDS(Local Multipoint Distribution System) 区域多点分配系统
LNA(Low Noise Amplifier) 低噪声放大器
LOF(Loss Of Frame) 帧丢失
LOP(Loss Of Path) 低阶通道
LOP(Loss Of Pointer) 指针丢失
LOS(Loss Of Signal) 信号丢失
LP-REI(Lower Path-Remote Error Indication) 低阶通道远端差错指示

LPW(laser pulse width) 激光脉冲宽度
LR-RDI(Lower Path-Remote Defect Indication) 低阶通道远端缺陷指示

M

MAC(Medium Access Control) 多址接入控制
MANET(Mobile Ad hoc Network) 移动自组织网络
MFD(Mode Field Diameter) 模场直径
MI(Modulation Instability) 调制不稳定性
MLCM(Multi-Level Coded Modulation) 多电平编码调制
MLM-LD(Multiple Longitudinal Mode-Laser Diode) 多纵模激光器
MMDS(Multichannel Multipoint Distribution Service) 多信道多点分配业务
MMF(Multi Mode Fiber) 多模光纤
MONET(Multi-wavelength Optical Network) 多波长光网络
MPN(Mode-Partition Noise) 模分配噪声
MPSK(Multiple Phase Shift Keying) 多相移键控
MQAM(Quadrature Amplitude Modulation) 多进制正交幅度调制
MQW(Multi-quantum Well) 多量子阱
MS(Multiplex Section) 复用段
MSA(Multiplex Section Adaptation) 复用段适配
MS-AIS(Multiplex Section-Alarm Indication Signal) 复用段告警指示信号
MSCM(MultichannelSubearrier Multiplexing) 多信道副载波复用
MSK(Minimal Shift Keying) 最小频移键控
MSOH(Multiplex Section Overhead) 复用段开销
MSP(Multiplexer Section Protection) 复用段保护
MST(Multiplex Section Termination) 复用段终端设备
MST(Minimum-weight Spanning Tree) 最小重量生成树
MVDS(Multipoint Video Distribution Service) 多点视频分配业务
MULDEM(Multiplexer-demodulator) 复用-解复用器
MWFL(Multi-wavelength Fiber Laser) 多波长光纤激光器
MWG(Multi-wavelength Grating) 多波长光栅
MWTN(Multi-wavelength Transport Network) 多波长传送网络
MZM(Mach-Zehnder Modulator) 马赫-曾德尔调制器

N

NA(Numerical Aperture) 数值孔径
NAV(Network Allocation Vector) 网络分配矢量
NC(Network Connection) 网络连接
NDF(Normal Dispersion Fiber) 正规色散光纤
NDS(Non Dispersion Shifted) 非色散位移
NDSF(Non-dispersion-shifted Fiber) 非色散位移光纤
NE(Network Element) 网元
NEL(Network Element Layer) 网元层
NMC(Network Management Center) 网络管理中心

NML(Network Management Layer)	网络管理层
NNI(Network Node Interface)	网络节点接口
NNTP(Network News Transfer Protocol)	网络新闻传输协议
NOA(Non-linear Optical Amplifier)	非线性光放大器
NRM(Normal Response Mode)	正常响应模式
NRZ(Non-Return-to-Zero)	不归零
NZDF(Non-Zero Dispersion Fiber)	非零色散光纤
NZDSF(Non-Zero Dispersion Shifted Fiber)	非零色散位移光纤

O

O&M(Operation and Maintenance)	运行和维护
O/E(Optical/Electrical)	光电变换
OA&M(Operations, Administration and Maintenance)	操作、管理和维护
OA(Optical Amplifier)	光放大器
OA(Optical Analyzer)	光分析器
OA(Optical Attenuator)	光衰减(衰耗)器
OA(Optical Axis)	光轴
OA(Output Angle)	输出角
OADD(Optically Amplified Direct Detection)	光放大直接检测
OADM(Optical Add-drop Multiplexer)	光分插复用器
OAM(Operation Administration and Maintenance)	运行、管理和维护
OAN(Optical Access Network)	光接入网
OAR(Optically Amplifed Regenerator)	光放大再生器
OAS(Optical Access System)	光接入系统
OAT(optical adaptive technique)	光自适应技术
OATM(Optical ATM)	光 ATM
OATS(Optical Amplifier Transmission System)	光放大器传输系统
OBD(Optical Branching Device)	光分路器
OBF(Optical Branching Filter)	光分路滤波器
OBMUX(Optical Bit-interleave Multiplexing module)	光比特间插复用模块
OC(Optical Circulator)	光环行器
OC(Optical Cable)	光缆
OC(Optical Channel)	光通道(通路)
OC(Optical Circuit)	光路
OC(Optical Communication)	光通信
OC(Optical Conduction)	光传导
OC(Optical Connector)	光连接器
OC(Optical Coupler)	光耦合器
OCA(Optical Cable Assembly)	光缆组件
OCC(Optical Cable Connector)	光缆连接器
OCC(Optical Cross Connect)	光交叉连接
OCH(Optical Channel Layer)	光纤信道层

OCL(Optical Conductor Loss)	光导体损耗
OCR(Optical Character Recognition)	光(光字)识别
OCS(Optical Coherent System)	相干光系统
OCS(Optical Communication System)	光通信系统
OD(Optical Demultiplexer)	光解复用器
OD(Optical Detector)	光检测器
OD(Optical Density)	光密度
OD(Optical Disk)	光盘
OD(Optical Distortion)	光失真
ODA(Optical Dispersion Attenuation)	光色散衰减
ODB(Optical Data Bus)	光数据总线
ODF(Optical Distribution Frame)	光纤配线架
ODL(Optical Data Link)	光数据线路
ODN(Optical Distribution Network)	光配线网
ODP(Optical Data Processing)	光数据处理
ODXC(Optical Digital Cross Connect)	光数字交叉连接
OE(Optical Emitter)	光发射器
OED(Optical Energy Density)	光能密度
OED(Optic-Electronic Device)	光学电子器件
OEO(Optical-Electrical-Optical)	光-电-光
OF(Optical Filter)	滤光器
OFA(Optical Fiber Amplifier)	光纤放大器
OFAC(Optical-Fiber Active Connector)	光纤有源连接器
OFAS(Optical-Fiber Acoustic Sensor)	光纤声传感器
OFBD(Optical Fiber Branching Device)	光纤分路器
OFBG(Optical Fiber Bragg Grating)	光纤布拉格光栅
OFC(Optical Fiber Communication)	光纤通信
OFDL(Optical-Fiber Delay Line)	光纤时延器
OFDM(Optical Frequency Division Multiplexing)	光频分复用
OFE(Optical Fiber Equalizer)	光纤均衡器
OFF(Optical Fiber Facing)	光纤端面
OFJ(Optical-Fiber Jacket)	光纤套层
OFL(Optical-Fiber Link)	光纤线路
OFLAN(Optical Fiber LAN)	光纤局域网
OFM(Optical Frequency Modulation)	光频调制
OFMF(Optical-Fiber Merit Figure)	光纤品质因数
OFP(Optical Fiber Path)	光纤通道
OFP(Optical Fiber Perform)	光纤预制棒
OFPC(Optical Fiber Pulse Compression)	光纤脉冲压缩
OFR(Optical-Fiber Ribbon)	光纤带
OFR(Optical-Fiber Radiation)	光纤辐射损害

OFS(Optical Fiber Sensor) 光纤传感器
OFS(Optical-Fiber Source) 光纤光源
OFS(Out of Frame Second) 帧失步秒
OFTF(Optical-Fiber Transfer Function) 光纤传递函数
OFVT(Optical-Fiber Video Trunk) 光纤视频干线
OFW(Optical Fiber Waveguide) 光纤波导
OG(Optical Glass) 光学玻璃
OI(Optical Isolator) 光隔离器
OIC(Optical Integrated Circuit) 光集成电路
OLA(Optical Fiber Limiting Amplifier) 光纤限幅放大器
OLE(Optical Line Equipment) 光线路设备
OLI(Optical Line Input) 光线路入口
OLI(Optical Line Interface) 光线路接口
OLO(Optical Line Output) 光线路出口
OLT(Optical Line Terminal) 光线路终端
OLTM(Optical Line Terminal Multiplexer) 光线路终端复用器
OLWS(Optical Lightwave Synthesizer) 光波合成器
OM(Optical Multiplexer) 光复用器
OM(Optical Mixing) 光混合
OM(Optical Modulator) 光调制器
OMN(Optical Multiplexer Network) 光复用网络
OMN(Optical Transport Network) 光传送网管理网
OMS(Optical Multiplexer Section layer) 光复用段层
OMSP(Optical Multiplex Section Protect) 光复用段保护
ON(Optical Network) 光网络
ONA(Off-Net Access) 网外接入
ONA(Optical Network Analyzer) 光网络分析仪
ONI(Optical Network Interface) 光网络接口
ONL(Optical Network Layer) 光网络层
ONT(Optical Network Terminal) 光网络终端
ONU(Optical Network Unit) 光网络单元
OOC(Optical Orthogonal Code) 光正交码
OOF(Out-Of-Frame) 帧失步
OP(Optical Plastic) 光学塑料
OP(Optical Power) 光功率
OPB(Optical Power Budget) 光功率分配
OPD(Optical Path Difference) 光程差
OPL(Optical Path Length) 光程长度
OPLL(Optical Phase Lock-Loop) 光锁相环路
OPP(Optical Power Penalty) 光功率损耗
OPXC(Optical Path Cross Connect) 光通路交叉连接

OR(Optical Reflectance)	光反射比
OR(Optical Receiver)	光接收机
OR(Optical Repeater)	光中继器
OR(Optical Rotation)	旋光性
O-REP(Optical Repeater)	光中继器
ORL(Optical Return Loss)	光回波损耗
ORM(Optical Receiver Module)	光接收机模块
ORP(Optical Reference Point)	光参考点
ORU(Optical Receive Unit)	光接收单元
ORU(Optical Repeater Unit)	光中继单元
OS(Optical Section)	光纤段
OS(Optical Sender)	光发射机
OS(Optical Soliton)	光孤子
OS(Optical Switch)	光交换
OS(Optical Scanner)	光扫描器
OS(Optical Signal)	光信号
OS(Optical Switch)	光开关
OSA(Optical Spectrum Analyzer)	光谱分析仪
OSAN(Optical Subscriber Access Node)	光用户接入节点
OSC(Optical Supervisory Channel)	光监控信道
OSDM(Optical Space Division Multiplexing)	光空分复用
OSDS(Optical Space Division Switching)	光空分交换
OSHN(Optical Self Healing Network)	自愈光纤网络
OSI(Open Systems Interconnection)	开放系统互连
OSN(Optical Subscriber Network)	光纤用户网
OSNC(Optical Section Network Connection)	光纤段网络连接
O-SNCP(Optical Subnetwork Connection Protection)	光子网连接保护
OSNR(Optical Signal Noise Ratio)	光信噪比
OSNR(Optical Signal to Noise Ratio)	光信噪比
OST(Optical Soliton Transmission)	光孤子传输
OST(Optical Section Termination)	光纤段终端
OSU(Optical Subscriber Unit)	光用户单元
OT(Optical Thickness)	光学厚度
OT(Optical Transceiver)	光收发机
OT(Optical Transmitter)	光发射机
OTDM(Optical Time Division Multiplexing)	光时分复用
OTDR(Optical Time Domain Reflectometer)	光时域反射仪
OTDS(Optical Time Division Switching)	光时分交换
OTN(Optical Transport Network)	光传送网
OTN(Optical Transmission Net)	光传送网
OTT(Optical Transmission Technology)	光传输技术

OTTN(Optical Trunk Transmission Network)	光干线传输网络
OTU(Optical Translator Unit)	光转换器单元
OW-ADM(Optical Wavelength ADM)	光波长 ADM
OWC(One-Way Channel)	单向信道
OWC(One-Way Communication)	单向通信
OWC(Optical Wavelength Converter)	光波长转换器
OWC(Optical Waveguide Connector)	光波导连接器
OWC(Optical Waveguide Coupler)	光波导耦合器
OWDM(Optical Wavelength Division Multiplexing)	光波分复用
OWDS(Optical Wavelength Division Switching)	光波分交换
OWF(Optical Waveguide Fiber)	光导纤维
OXC(Optical Cross Connector)	光交叉互连器
OXCN(Optical Cross Connect Node)	光交叉连节点

P

PA(Pre Amplifier)	光前置放大器
PAMR(Public Access Mobile Radio).	共用调度集群移动通信网
PARIS(Packetized Automatic Routing Integrated System)	分组自适应路由集成系统
PC(Photoconductive Cell)	光敏电阻
PCF(Point Coordination Function)	点协调功能
PCM(Pulse Code Modulation)	脉码调制
PD(Phase Discriminator)	鉴相器
PD(Photoconductive Device)	光电导器件
PDH(Plesiochronous Digital Hierarchy)	准同步数字系统
PDL(Polarization Dependent Loss)	偏振相关损耗
PE(Photoemissive Effect)	光电发射效应
PFM(Pulse Frequency Modulation)	脉频调制
PIFS(Point(Coordination Function) Inter Frame Space)	点协调功能中的帧间间隔
PIN(Positive-Intrinsic-Negative Photodiode)	光电二极管
PJE(Pointer Justification Count)	指针调整事件
PLL(Phase Locked Loop)	锁相环
PMD(Polarization Mode Dispersion)	偏振模色散
PMR(Private Mobile Radio)	专用集群移动通信网
PO(Physical Optics)	物理光学
POF(Plastic Optical Fiber)	塑料光纤
POF(Polymer Optical Fiber)	聚合物光纤
POH(Path Overhead)	通道开销
PON(Passive Optical Network)	无源光纤网
PP(Path Protection)	通道保护
PP(Photoconductive Photodetector)	光电导检测器
PP(PIN Photodiode)	PIN 光电二极管
PP(Point to Point)	点到点

PPF(Polarization Preserving Fiber)	保偏光纤
PPS(Path Protection Switching)	通道保护倒换
PRI(Primarily Rate Interface)	基群速率接口
PRNET(Packer Radio Network)	分组无线电网络
PS(Protection Switching)	保护倒换
PSG(Phase-Shifting Grating)	相移光栅
PSK(Phase Shift Keying)	相移键控
PSTN(Public Switched Telephone Network)	公用电话交换网
PT(Paycheck Type)	负荷类型

Q

QASK(Quadrature Amplitude Shift Keying)	正交幅移键控
QDPSK(Quardrature DPSK)	四相 DPSK
QN(Quantum Noise)	量子噪声
QPSK(Quadrature Phase Shin Keying)	四相位移键控
QOS(Quality of Service)	服务质量

R

RAI(Remote Alarm Indication)	远端告警指示
RAPD(Reach Through Avalanche Photo Diode)	拉通型雪崩光电二极管
RARP(Reverse Address Resolution Protocol)	反向地址转换协议
RDI(Remote Defect Indication)	远端缺陷显示
REG(Regenerator)	再生中继器
REI(Remote Error Indicator)	远端误码指示
REJ(Reject)	拒绝接收
REQALL(Request for Allocation)	分配请求
RFA(Raman Fiber Amplifier)	拉曼光纤放大器
RFI(Remote Failure Indication)	远端失效指示
RFNM(Ready For Next Message)	已准备接收下一条信息
RI(Reflective Index)	折射率
RIP(Refractive-Index Profile)	折射率分布
RL(Reflective Loss)	反射损耗
R-LOF(Receiver-Loss of Frame)	接收帧丢失
R-LOS(Receiver-Loss of Signal)	接收信号丢失
RM(Radiative Mode)	辐射模
RNP(Routing Information Protocol)	接收未准备好
RR(Receive Ready)	准备接受
RS(Regeneration Section)	再生段
RSOH(Regeneration Section Overhead)	再生段开销
RTS/CTS(Request to Send/ Clear to Send)	请求发送/允许发送协议
RZ(Return to Zero)	归零

S

SABM(Set Asynchronous Balanced Mode)	置异步平衡模式
S-AIS(Section Alarm Indication Signal)	段告警指示信号
SAM(Separate Absorption and Multiplication)	分别吸收和倍增
SARM(Set Asynchronous Response Mode)	置异步响应模式
SBS(Stimulated Brillouin Scattering)	受激布里渊散射
SCM(Subcarrier Modulation)	副载波调制
SCM(Subcarrier Multiplexed)	副载波复用
SCP(Service Control Point)	业务控制点
SD(Signal Degrade)	信号劣化
SDH(Synchronous Digital Hierarchy)	同步数字系列
SDM(Space Division Multiplex)	空分复用
SDMA(Space Division Multiple Access)	空分多址接入
SDXC(Synchronous Digital Cross Connector)	同步数字交差连接器
SES(Severely Errored Second)	严重误码秒
SESR(Severely Errored Second Ratio)	严重误码秒比
SETS(Synchronous Equipment Timing Source)	同步设备定时源
SH(Single-hetero Structure)	单异质结构
SIF(Step Index Fiber)	突变折射率光纤
SLA(Semiconductor Laser Amplifier)	半导体激光放大器
SLIP(Short Inter Frame Space)	短帧帧间间隔
SLM(Single Longitudinal Mode)	单纵模
SM(Single Mode)	单模
SMF(Single Mode Fiber)	单模光纤
SML(Service Management Layer)	业务管理层
SMN(SDH Management Network)	SDH 管理网
SMS(SDH Management Subnetwork)	SDH 管理子网
SMSR(Side-Mode Suppression Ratio)	边模抑制比
SMTP(Simple Mail Transfer Protocol)	简单邮件传输协议
SN(Service Node)	业务节点
SNC(Synchronous Network Clock)	同步网络时钟
SNI(Service Node Interface)	业务节点接口
SNI(Service Network Interface)	业务节点接口
SNR(Signal to Noise Ratio)	信噪比
SNRO(Signal to Noise Ratio for Optics)	光信噪比
SOA(Semiconductor Optical Amplifier)	半导体光放大器
SOH(Section Overhead)	段开销
SONET(Synchronous Optical Network)	同步光纤网
SPM(Self-Phase Modulation)	自相位调制
SREJ(Selective Rejected)	选择拒绝
SRS(Stimulated Raman Scattering)	受激拉曼散射

SSM(Synchronization Status Message) 同步状态信息
SSR(Signal Stability Routing protocol) 信号稳定路由协议
STM(Synchronous Transfer Mode) 同步转移模式
STS(Synchronous Transport Signal) 同步传送信号

T

TCM(Time Compression Multiplexer) 时间压缩复用器
TCM(Trellis Coded Modulation) 网格编码调制
TDM(Time Division Multiplexing) 时分复用
TE(Transverse Electric) 横电模
TIM(Trace Indentifier Mismatch) 踪迹识别符失配
TM(Terminal Mulplexer) 终端复用器
TM(Transverse Magnetic) 横磁模
TM(Terminal Multiplexing) 终端复用器
TMN(Telecommunication Management Network) 电信管理网
TORA(Temporally Ordered Routing Algorithm) 时序路由算法
TSI(Time Slot Interchange) 时隙交换
TU(Tributary Unit) 支路单元
TU PTR(Tributary Unit Pointer) 支路单元指针
TU-AIS(Tributary Unit-Alarm Indication Signal) 支路单元告警指示信号
TUG(Tributary Unit Group) 支路单元组
TU-LOP(Tributary Unit-Loss of Pointer) 支路单元指针丢失
TWC(Tunable Wavelength Converter) 可调波长变换器
TWF(True Wave Fiber) 真波光纤

U

UA(Unnumbered Acknowledgment) 无编号帧
UI(Unit Interval) 单位间隔
UNI(User Network Interface) 用户网络接口

V

VC(Virtual Container) 虚容器
VCI(Virtual Channel Identifier) 虚信道标识
VDSL(Very high speed Digital Subscriber Line) 甚高速数字用户线
VPI(Virtual Path Identifier) 虚通道标识
VRP(Virtual Route Pacing) 虚拟路由调度
VSB(Vestigial Sideband Modulation) 残留边带调制

W

WAM(Wireless Access Manager) 无线接入管理器
WDM(Wavelength Division Multiplexing) 波分复用
WLA(Wireless in-line Amplifier) 波长线路放大器
WLL(Wireless Local Loop) 无线本地用户环路
WPA(Wavelength Power Amplifier) 波长功率放大器
WPA(Wavelength Pre-Amplifier) 波长前置放大器

WRP(Wireless Routing Protocol) 无线路由协议
WRS(Wavelength Router Switch) 波长选路开关
WTF(W-Type Fiber) W形光纤
WXC(Wavelength Cross Connect) 波长交差连接

X

XPIC(Cross-polarisation Interference counteracter) 交差极化干扰抵消器
XPM(Cross-phase Modulation) 交差相位调制

附录 B 光纤通信系统文字符号对照表

APPENDIX B

I_{th}	阈值电流
P_o	输出功率
η	微分转换效率(量子效率)
λ_P	峰值波长
t_r、t_f	脉冲响应时间
A_u	电路增益
$\mathrm{EXT}=10\lg\frac{P_1}{P_0}$	光发端机的消光比
$\mathrm{EX}=10\log(A/B)$	光发送机的光脉冲的消光比
R	响应度
S_r	光接收灵敏度
P_r	随机码情况下的接收平均光功率
$D=10\lg\frac{P_{max}}{P_{min}}(\mathrm{dB})$	光收端机动态范围
$\alpha(\lambda)=-10\log\frac{P(Z_L)}{P(0)}$	光纤的衰减系数

参考文献

[1] Gerd Keiser. 光纤通信[M]. 4 版. 蒲涛，徐俊华，苏洋，译. 北京：电子工业出版社，2011.
[2] 刘增基. 光纤通信[M]. 2 版. 西安：西安电子科技大学出版社，2008.
[3] 顾婉仪. 光纤通信[M]. 2 版. 北京：人民邮电出版社，2011.
[4] 韦乐平. 光同步数字传输网[M]. 北京：人民邮电出版社，1993.
[5] 张成良. 光网络新技术解析与应用[M]. 北京：电子工业出版社，2016.
[6] 黄章勇. 光纤通信用新型光无源器件[M]. 北京：北京邮电大学出版社，2003.
[7] 原荣. 光纤通信简明教程[M]. 北京：机械工业出版社，2019.
[8] 董天临等. 光纤通信[M]. 北京：清华大学出版社，2012.
[9] 袁国良. 光纤通信简明教程[M]. 2 版. 北京：清华大学出版社，2016.
[10] 满文庆. 光纤通信[M]. 北京：电子工业出版社，2021.
[11] 王辉. 光纤通信[M]. 4 版. 北京：电子工业出版社，2019.
[12] 梁瑞生，王发强. 现代光纤通信技术及应用[M]. 北京：电子工业出版社，2018.
[13] 胡庆，殷茜，张德民. 光纤通信系统与网络[M]. 4 版. 北京：电子工业出版社，2019.
[14] 方志豪，朱秋萍，方锐. 光纤通信原理与应用[M]. 3 版. 北京：电子工业出版社，2019.
[15] 沈建华，陈健，李履信. 光纤通信系统[M]. 3 版. 北京：机械工业出版社，2022.
[16] 孙学康，张金菊. 光纤通信技术基础[M]. 北京：人民邮电出版社，1993.
[17] Bao Xiaoyi, Chen Liang. Resent progress in distributed fiber optic sensors[J]. Sensors, 2012, 12: 8601-8639.
[18] 顾畹仪. WDM 超长距离光传输技术[M]. 北京：北京邮电大学出版社，2006.
[19] 柯熙政，席晓莉. 无线激光通信概论[M]. 北京：北京邮电大学出版社，2004.
[20] 裴昌幸，朱畅华，聂敏，等. 量子通信[M]. 西安：西安电子科技大学出版社，2013.
[21] 王玉田，郑龙江，张颖，等. 光纤传感技术与应用[M]. 北京：北京航空航天大学出版社，2009.
[22] 廖延彪，黎敏，张敏，等. 光纤传感技术与应用[M]. 北京：清华大学出版社，2009.
[23] 李川. 光纤传感器技术[M]. 北京：科学出版社，2012.
[24] 宋丰华. 现代光电器件技术及应用[M]. 北京：国防工业出版社，2004.
[25] 胡先志. 光器件及其应用[M]. 北京：电子工业出版社，2010.
[26] 李立高. 通信光缆工程[M]. 3 版. 北京：人民邮电出版社，2016.
[27] 敖发良，陈名松，敖珺，等. 现代光纤通信[M]. 西安：西安电子科技大学出版社，2011.
[28] 朱宗玖，谭振建，白志青. 光纤通信原理与应用[M]. 北京：清华大学出版社，2013.
[29] 陈海燕，陈聪，罗江华，等. 光纤通信技术[M]. 北京：国防工业出版社，2016.
[30] 邱琪，史双瑾，苏君. 光纤通信技术实验[M]. 北京：科学出版社，2017.
[31] 郭建强，高晓蓉，王泽勇. 光纤通信原理与仿真[M]. 成都：西南交通大学出版社，2013.